国家社科基金后期资助项目

创新引领关键核心技术突破的重要机制研究

刘海兵 著

清华大学出版社

北京

内容简介

本书探索性地提出"创新引领"范式；采用案例分析法、问卷调查法，刻画了突破前沿引领技术、关键共性技术、颠覆性技术、现代工程技术的关键路径，为中国科技破局和中国企业突破关键核心技术提供有益帮助。

研究成果如下。

（1）创新引领的"前沿引领技术"突破的主要机制：激发创新引领的创始人印记使能机制、以创新引领为内核的创新文化嵌入机制、支撑创新引领的战略协同机制、保障创新引领的科技安全治理机制。

（2）创新引领的"关键共性技术"突破的主要机制：资源编排模式演进机制、以创新引领为核心的创新认知与战略重构机制、以知识积累为核心的自主创新机制和以社会责任为核心的文化驱动机制。

（3）创新引领的"颠覆性技术"突破的主要机制：战略认知与重构机制、技术创新能力积累机制、数字化能力构建机制、用户导向的创新机制和基于开放式创新的资源协同机制。

（4）创新引领的"现代工程技术"突破的主要机制：中心式技术创新决策机制、差序式技术创新组织机制、长尾式技术创新攻关机制。

本书封面贴有清华大学出版社防伪标签，无标签者不得销售。
版权所有，侵权必究。举报：010-62782989，beiqinquan@tup.tsinghua.edu.cn。

图书在版编目(CIP)数据

创新引领关键核心技术突破的重要机制研究 / 刘海兵著.
北京：清华大学出版社, 2025.2. --ISBN 978-7-302-68011-6
Ⅰ. N12
中国国家版本馆 CIP 数据核字第 2025ST4457 号

责任编辑：高 姗
封面设计：马筱琨
版式设计：思创景点
责任校对：成凤进
责任印制：丛怀宇

出版发行：	清华大学出版社
网　址：	https://www.tup.com.cn，https://www.wqxuetang.com
地　址：	北京清华大学学研大厦 A 座　　邮　编：100084
社 总 机：	010-83470000　　邮　购：010-62786544
投稿与读者服务：	010-62776969，c-service@tup.tsinghua.edu.cn
质 量 反 馈：	010-62772015，zhiliang@tup.tsinghua.edu.cn
印 装 者：	三河市铭诚印务有限公司
经　　销：	全国新华书店
开　　本：	165mm×238mm　　印　张：24.75　　字　数：431 千字
版　　次：	2025 年 4 月第 1 版　　印　次：2025 年 4 月第 1 次印刷
定　　价：	198.00 元

产品编号：109720-01

前　言

"关键核心技术"是长期、持续、高投入研发形成的独特技术体系，是国家发展的核心驱动力，更是中国经济高质量增长、国家安全保障的关键支撑。它不仅建立了并维持着产业的竞争优势，而且在复杂多变的国际环境中，为中国产业链、创新链、价值链向中高端迈进提供了坚实阶梯。

笔者认为关键核心技术是一个"大伞"概念。考虑到每类关键核心技术突破的路径存在一定的差异，本书提出从技术轨道、技术趋势、技术位势和技术扩散性这4个维度来刻画和区分关键核心技术，将关键核心技术分为关键共性技术、前沿引领技术、现代工程技术、颠覆性技术4类。对于处在由追赶到超越阶段的后发企业而言，关键核心技术的突破并不能完全照搬西方的已有模式；在一个非对称的市场和技术国际情境中，更需要创新范式的升级和更新。在此语境下，本书探索性地提出了用于促进关键核心技术突破的新范式——"创新引领"范式（也称"引领性创新"范式，本书将交替使用这两个术语），在与战略导向和创新驱动两个核心概念相区别的基础上，将创新提升至战略先导的位置，强调在平衡企业自身利益与外部公共利益的基础上，通过创新实现企业战略，主张创新的工具性和价值性相统一。作为一种秉持创新价值导向的、通过积极的创新行为构建企业在行业内长期竞争优势的可持续发展机制，创新引领范式对企业核心能力提升起了根本性的推动作用，包括引领性创新认知模型和引领性创新机制模型。

笔者采用案例研究法，分别选择典型案例对创新引领关键核心技术突破的微观机制进行了研究。

（1）在前沿引领技术方面，选择华为作为典型案例企业，总结出创新引领的"前沿引领技术"突破的机制：激发创新引领的创始人印记使能机制、以创新引领为内核的创新文化嵌入机制、支撑创新引领的战略协同机制，以及保障创新引领的科技安全治理机制。

（2）在关键共性技术方面，选择方大炭素与青山控股作为典型案例企业，总结出创新引领的"关键共性技术"突破的机制：资源编排模式演进机制、以创新引领为核心的创新认知与战略重构机制、以知识积累为核心的自主创新机制和以社会责任为核心的文化驱动机制。

（3）在颠覆性技术方面，选择美的集团作为典型案例企业，总结出创新引领的"颠覆性技术"突破的机制：战略认知与重构机制、技术创新能力积累机制、数字化能力构建机制、用户导向的创新机制和基于开放式创新的资源协同机制。

（4）在现代工程技术方面，选择中石油作为典型案例，总结出创新引领的"现代工程技术"突破的主要机制：中心式技术创新决策机制、差序式技术创新组织机制、长尾式技术创新攻关机制。

笔者也采用问卷调查法，针对关键核心技术突破的创新活动和关键核心技术突破的机制分别进行了问卷调查，并采用定量分析法，对企业创新战略、创新组织模式、创新合作网络、创新资源投入4个方面进行了比较分析，认为4类关键核心技术的突破在这4个方面都存在异同，对差异性机制进行了总结。如在创新组织模式方面，关键共性技术多构建集权型的创新组织模式；前沿引领技术则侧重于借助分权型组织模式实现技术的突破性进展；颠覆性技术推动了企业向分权型组织模式的转变，能够更快速地响应市场变化，激发组织的创新活力；现代工程技术与关键共性技术一样，多倾向于采用集权型组织结构，主张通过集中调配资源、统一决策指挥，以确保创新活动的系统性与高效性。

笔者基于案例研究和定量研究的结果，运用比较分析法，总结出创新引领4类关键核心技术突破的几个共性机制。一是布局高瞻远瞩的创新战略，4类创新技术均遵从了"使命—逻辑—行动"三位一体的创新指南；二是建设二元协同的研发组织结构，对于创新引领关键核心技术突破过程中的企业而言，也要平衡好探索性创新与利用性创新两者之间的关系；三是高强度的创新资源投入；四是形成价值共创的创新生态系统，强大的知识触达能力和成员协调能力是创新生态系统得以保持强大竞争力的核心能力；五是建立全面创新的制度；六是建设鼓励冒险、宽容失败的创新文化；七是形成科学的创新管理系统。

不可否认的是，不论是创新引领关键核心技术的差异性机制还是共性机制，制度的底层始终是文化，因此，只有以创新引领为核心的创新文化嵌入机制充分发挥了作用，才能促进组织"自运行"地持续提升创新能力，推动关键核心技术持续突破。对此，笔者提出了创新引领文化的建设路径：①以用户为中心的长期主义；②价值共创的整体观；③家国情怀的人民性；④环境友好型、资源节约型工程的宇宙观；⑤兄长式领导模式的平等观念；⑥工匠精神打造集体主义团队的蚂蚁精神；⑦法律和伦理道德的社会底线和生命红线。

本书的研究特色和理论贡献在于，探索性地提出创新引领范式，对前沿引领技术、关键共性技术、颠覆性技术、现代工程技术4类关键核心技术进行分类研究，通过不同案例分别刻画了创新引领关键核心技术突破的机制。同时，对关键核心技术突破路径进行了实证分析，发掘了创新引领关键核心技术突破的差异性机制和共性机制。此外，提出创新引领文化对创新引领突破机制的重要性，并提出了关于创新引领文化建设的多条路径，为中国企业突破关键核心技术提供了有益帮助。

刘海兵教授负责本书的总体统筹和策划。本书第一章由刘海兵、娄凯旋撰写，第二章由刘海兵、杨磊撰写，第三章由刘海兵、杨磊、夏长衍、黄天蔚撰写，第四章由刘海兵、杨磊、阮微、黄天蔚撰写，第五章由刘海兵、周杞贞、刘洋帆撰写，第六章由刘海兵、杨磊、辛肖阳撰写，第七章由刘海兵、辛肖阳、陈劲撰写，第八章由刘海兵、阚玉月撰写。

本书是国家社科基金后期资助项目的结项成果。特别感谢许庆瑞院士、陈晓红院士、陈劲教授对本项目的前瞻性引领和积极鼓励，感谢黄鲁成教授、王宗军教授、马力教授的支持和关心。感谢武汉科技大学技术创新管理研究团队的师生们，感谢黄天蔚、舒丽慧、张洪、简利君、杨依依、尹西明、王旭等老师对项目的投入和支持。

本书第三章、第六章的部分内容已正式在期刊上发表，在此特别感谢蒋春燕、刘洋、尹西明等教授对后续研究的支持和提升。感谢杨磊博士组织了针对华为、青山控股及中石油等企业的案例研究，感谢硕士研究生辛肖阳在本书编校过程中的辛勤付出。

感谢清华大学出版社的各位编辑，他们一丝不苟的工作态度令人敬佩，使本书出版质量有了很大提升。

作为一项持续推进的研究，我们深知本研究还存在诸多不足之处。在研究过程中，我们尽可能尊重专家学者的研究成果，对已引用的文献都作了标注，特别感谢这些出色的研究。若有遗漏和错误，敬请批评指正，也请及时联系我们，我们将在后续修订中完善。

刘海兵
2024年10月

目 录

第一章 绪论 … 1
第一节 研究背景 … 1
第二节 概念界定 … 4
一、"关键核心技术"概念 … 4
二、"创新引领"概念 … 10
第三节 国内外研究综述 … 16
一、后发企业技术追赶理论 … 16
二、关键核心技术创新研究现状 … 22
第四节 研究思路、方法和内容 … 27
一、研究思路 … 27
二、研究方法 … 29
三、研究内容 … 30

第二章 创新引领：理论脉络与内涵 … 34
第一节 创新引领的理论基础 … 35
一、全面创新管理理论 … 35
二、包容性创新 … 39
三、责任式创新 … 42
四、有意义的创新 … 43
五、朴素式创新 … 45
六、使命驱动型创新 … 47
七、小结 … 49
第二节 创新引领的基本内涵 … 52
一、理论溯源与现实需求 … 52
二、系统框架 … 57
第三节 创新引领与核心能力的关系 … 58
一、创新引领演进规律 … 59
二、创新引领促进核心能力的提升 … 60

第四节　创新引领的构件 ·· 61
　　一、创新引领的企业层微观机制 ································ 62
　　二、创新引领的行业层中观生态 ································ 63
　　三、创新引领的国家层宏观政策 ································ 65
第五节　总结 ·· 66

第三章　创新引领的"前沿引领技术"突破的机制 ············ 68
第一节　前沿引领技术能力相关研究动态 ······················ 68
　　一、前沿引领技术的概念界定 ···································· 68
　　二、前沿引领技术突破的意义 ···································· 70
　　三、前沿引领技术创新研究现状 ································ 71
第二节　中国前沿引领技术突破现状 ···························· 73
　　一、中国前沿引领技术取得的成果 ······························ 74
　　二、中国前沿引领技术突破的约束 ······························ 75
第三节　典型案例——华为 ·· 77
　　一、理论基础 ·· 79
　　二、研究设计 ·· 84
　　三、案例分析与主要发现 ·· 86
　　四、研究发现与案例讨论 ·· 101
　　五、华为前沿引领技术突破的关键机制 ······················ 107
第四节　机制总结 ·· 109
　　一、激发创新引领的创始人印记使能机制 ···················· 109
　　二、以创新引领为内核的创新文化嵌入机制 ················ 110
　　三、支撑创新引领的战略协同机制 ···························· 111
　　四、保障创新引领的科技安全治理机制 ······················ 112
第五节　总结 ·· 113

第四章　创新引领的"关键共性技术"突破的机制 ············ 114
第一节　关键共性技术突破相关研究动态 ······················ 114
　　一、关键共性技术的概念界定 ···································· 114
　　二、关键共性技术突破的意义 ···································· 116
　　三、关键共性技术研究述评 ······································ 117
第二节　中国关键共性技术突破现状 ···························· 119
　　一、中国关键共性技术取得的成果 ······························ 120
　　二、中国关键共性技术突破的约束 ······························ 121

第三节　典型案例1——青山控股 122
　　　一、文献综述 124
　　　二、研究设计 126
　　　三、案例分析 129
　　　四、案例讨论 133
　　　五、基本结论 140
　　第四节　典型案例2——方大炭素 142
　　　一、理论基础 144
　　　二、研究方法和数据来源 147
　　　三、案例讨论 148
　　　四、主要结论 154
　　第五节　机制总结 156
　　　一、资源编排模式演进机制 156
　　　二、以创新引领为核心的创新认知与战略重构机制 157
　　　三、以知识积累为核心的自主创新机制 158
　　　四、以社会责任为核心的文化驱动机制 158
　　第六节　总结 159

第五章　创新引领的"颠覆性技术"突破的机制 160
　　第一节　颠覆性技术突破相关研究动态 160
　　　一、颠覆性技术突破的内涵、特征及范围 160
　　　二、颠覆性技术突破的意义 163
　　　三、颠覆性技术突破研究综述 164
　　第二节　中国颠覆性技术突破现状 165
　　　一、中国颠覆性技术取得的成果 166
　　　二、中国颠覆性技术突破的约束 166
　　第三节　典型案例——美的 170
　　　一、理论基础 172
　　　二、研究设计 176
　　　三、研究发现 180
　　　四、数字技术驱动高端颠覆性创新的一个理论模型 196
　　　五、主要结论 200
　　　六、理论贡献 202
　　第四节　机制总结 203

一、战略认知与重构机制……………………………………203
　　　二、技术创新能力积累机制…………………………………204
　　　三、数字化能力构建机制……………………………………204
　　　四、用户导向的创新机制……………………………………204
　　　五、基于开放式创新的资源协同机制………………………205
　第五节　总结……………………………………………………205

第六章　创新引领的"现代工程技术"突破的机制……………208
　第一节　现代工程技术突破相关研究动态……………………208
　　　一、现代工程技术突破的内涵和特征………………………208
　　　二、现代工程技术突破的研究现状…………………………209
　　　三、现代工程技术突破的意义………………………………214
　　　四、现代工程技术突破研究述评……………………………216
　第二节　中国现代工程技术突破现状…………………………217
　　　一、中国现代工程技术取得的成果…………………………217
　　　二、中国现代工程技术突破的约束…………………………218
　第三节　典型案例——中国石油………………………………218
　　　一、理论基础…………………………………………………220
　　　二、研究方法和数据来源……………………………………223
　　　三、案例分析…………………………………………………225
　　　四、案例讨论…………………………………………………229
　　　五、主要结论与贡献…………………………………………246
　第四节　机制总结………………………………………………249
　　　一、中心式技术创新决策机制………………………………249
　　　二、差序式技术创新组织机制………………………………249
　　　三、长尾式技术创新攻关机制………………………………250
　第五节　总结……………………………………………………251

第七章　创新引领的关键核心技术突破机制——实证分析……253
　第一节　实施关键核心技术突破的企业的创新活动现状……253
　　　一、企业创新的基本现状……………………………………254
　　　二、企业创新活动的主要特征………………………………265
　　　三、企业创新活动存在的短板………………………………276
　第二节　关键核心技术突破的实证研究………………………281
　　　一、指标选择…………………………………………………281

二、问卷设计 ………………………………………………… 283
　　三、数据收集 ………………………………………………… 283
　　四、实证分析 ………………………………………………… 285
　　五、信效度检验 ……………………………………………… 287
　　六、差异性分析 ……………………………………………… 288
第三节　关键核心技术突破的差异性机制分析 …………………… 293
　　一、关键共性技术方面 ……………………………………… 293
　　二、前沿引领技术方面 ……………………………………… 294
　　三、颠覆性技术方面 ………………………………………… 294
　　四、现代工程技术方面 ……………………………………… 295
第四节　关键核心技术突破的共性机制分析 ……………………… 296
　　一、制定高瞻远瞩的创新战略 ……………………………… 296
　　二、建设二元协同的研发组织结构 ………………………… 299
　　三、高强度投入创新资源 …………………………………… 302
　　四、形成价值共创的创新生态系统 ………………………… 305
　　五、建立全面创新的制度 …………………………………… 308
　　六、建设鼓励冒险、宽容失败的创新文化 ………………… 310
　　七、形成科学的创新管理系统 ……………………………… 312
第五节　总结 ………………………………………………………… 312

第八章　建设具有中国特色的创新引领企业文化 ……………… 314
第一节　理论基础 …………………………………………………… 314
　　一、研究背景 ………………………………………………… 314
　　二、理论基础 ………………………………………………… 315
第二节　企业文化的典型实践 ……………………………………… 318
　　一、西欧国家企业文化的特质 ……………………………… 319
　　二、美国企业文化特质 ……………………………………… 320
　　三、日本企业文化特质 ……………………………………… 321
第三节　中国企业文化的内核 ……………………………………… 323
　　一、中华传统文化内核 ……………………………………… 323
　　二、面临的挑战 ……………………………………………… 325
第四节　培育创新引领的企业文化 ………………………………… 325
　　一、长期主义：以用户为中心 ……………………………… 326
　　二、整体观：价值共创 ……………………………………… 327

三、人民性：家国情怀 …………………………………… 327
　　四、宇宙观：环境友好型、资源节约型工程 …………… 328
　　五、平等观念：兄长式领导模式 ………………………… 329
　　六、蚂蚁精神：工匠精神打造集体主义团队 …………… 329
　　七、社会底线和生命红线：法律和伦理道德 …………… 331
　第五节　总结 ……………………………………………… 333

第九章　研究总结 …………………………………………… 335
　第一节　研究结论 ………………………………………… 335
　第二节　研究不足之处与展望 …………………………… 341

参考文献 …………………………………………………… 343

第一章　绪　论

党的十八大以来，习近平总书记站在中国和世界发展的历史新方位，坚持把创新作为引领发展的第一动力，把科技创新摆在国家发展全局的核心位置，对科技创新发展进行了顶层设计和系统谋划，提出一系列新理念新思想新战略，制定推进一系列重大科技发展和改革举措，为国家中长期科技创新战略把舵领航。世界科技竞争，比拼的是国家战略科技力量，党的二十大报告提出了"强化国家战略科技力量"。不断突破关键核心技术，提升以企业为创新主体的技术突破能力是实现国家科技自立自强的内在逻辑和必然要求。本章旨在明确研究问题、界定核心概念、梳理研究现状，进而提出研究进路和研究内容。

第一节　研究背景

中国改革开放以来取得的发展成绩是全方位的，也是举世瞩目的。作为国民经济核心支柱的制造业同样获得了飞速进步。新时代以来，中国制造业韧性更强、潜力更大、动力更足，规模发展巩固扩大，质量效益平稳提升。2023 年，中国全部工业增加值为 39.9 万亿元，制造业增加值占全球比重超过 30%，连续 14 年位列全球第一，规模发展已经成为中国制造业强项。随着制造业数字化、智能化转型的加快推进，传统产业提档升级，新兴产业发展壮大，制造业不断向产业链价值链高端延伸。总体来看，中国制造业形成了独特的规模优势、产业优势、市场优势和体制优势。

研究技术经济、制造业产业政策、创新管理的学者们从不同角度总结提炼了中国制造业由小变大的规律，术语十分丰富，但总体上呈现出"技术引进—消化吸收模仿—自主创新"的路径，以技术为核心资产的创新是制造业发展的根本。目前，500 种主要工业品中，中国有 220 多种产量位居全球第一，华为、海尔、联想等一批中国制造业品牌已经成为国际市场上的"中国名片"（许庆瑞，刘海兵，2020）。

然而，全球制造业竞争格局正深刻调整，根据海尔集团的斜坡球体理论，这是一个不进则退的斜面。中国制造已处于"超越追赶"的风口浪尖。中国制造在顺应新一轮科技革命和产业革命、重塑制造业发展新优势的大潮下，坚守"由大到强"的主攻方向是中国的战略选择（李廉水，2019）。那么，中国制造如何实现由大变强，加快构建新发展格局，实现高质量发展，与世界工业强国的领先企业同处于价值链高端呢？

习近平总书记在2018年5月28日召开的中国科学院第十九次院士大会、中国工程院第十四次院士大会上指出"我国基础科学研究短板依然突出，企业对基础研究重视不够，重大原创性成果缺乏，底层基础技术、基础工艺能力不足，工业母机、高端芯片、基础软硬件、开发平台、基本算法、基础元器件、基础材料等瓶颈仍然突出，关键核心技术受制于人的局面没有得到根本性改变"。缺乏核心技术，一直是中国产业创新和参与国际竞争的"软肋"和"瓶颈"，也是制造业大而不强的根源之一。[①]中国需要关键核心技术，但从未像今天这样紧迫。[②]因此，在形势逼人、挑战逼人、使命逼人的环境下，习近平总书记再次强调要充分认识创新是第一动力。党的十九届五中全会提出"把科技自立自强作为国家发展的战略支撑"，由此突破"卡脖子"技术提升技术创新能力成为中国制造业面临的重任，也是在新发展格局下实现高质量发展的强烈诉求，中国对科技创新的重视已经达到前所未有的程度。

2021年5月28日，习近平总书记在中国科学院第二十次院士大会、中国工程院第十五次院士大会、中国科协第十次全国代表大会上再次强调要"坚决打赢关键核心技术攻坚战"，还强调"科技攻关要坚持问题导向，奔着最紧急、最紧迫的问题去，要从国家急迫需要和长远需求出发"。2022年10月16日，习近平总书记在中国共产党第二十次全国代表大会报告里提出，要坚持创新在中国现代化建设全局中的核心地位，强化国家战略科技力量，优化配置创新资源，必须坚持科技是第一生产力、人才是第一资源、创新是第一动力，深入实施创新驱动发展战略，不断塑造发展新动能新优势。习近平总书记关于科技创新的重要论述，深刻揭示了实现高水平科技自立自强的理论逻辑、历史逻辑与现实逻辑，开辟了马克思主义科技

---

① 李显君，熊昱，冯堃. 中国高铁产业核心技术突破路径与机制[J]. 科研管理，2020，41(10): 1-10.

② 王海军. 关键核心技术创新的理论探究及中国情景下的突破路径[J]. 当代经济管理，2021，43(6): 43-50.

观的新境界，有很强的政治性、思想性和纲领性，是新时代加快实现高水平科技自立自强、建设科技强国、坚定不移走中国特色自主创新道路的根本遵循和行动指南。

目前，中国制造业企业科技创新综合能力显著提高，部分领域已经处于世界领先水平，但大多数技术领域依然处于"并跑"和"跟跑"状态。那么，中国企业如何突破关键核心技术呢？在逆全球化、单边主义、保护主义思潮暗流涌动，科技创新成为国际战略博弈的主要战场，围绕科技制高点的竞争空前激烈的外部环境下，中国制造企业置身"超越追赶"情境中如何突破关键核心技术缺乏基于中国情境的管理理论或管理范式的系统性解答。

目前大多数创新管理理论的研究没有跳脱出西方管理学范式的"圈子"。2021年《管理世界》杂志社邀请管理学领域知名学者召开了"深入贯彻落实习近平总书记在哲学社会科学工作座谈会上的重要讲话精神，加快构建中国特色管理学体系"研讨会①，与会专家从不同角度指出了中国管理学研究的不足，如王永贵教授认为"有些理论研究与管理实践相互脱节、生搬硬套西方管理学理论、过度追求研究规范化，难以发现管理实践背后的中国逻辑和中国规律等"。②显然，遵循西方管理学主流方式，所进行的复杂定量研究的成果较多，而基于中国情境和中国案例的案例研究很少；这已成为学界共识。对此，与会专家纷纷表示，要弘扬不唯洋、不唯书、只唯实的学风文风，聚焦新时代、大场景、真问题，深入挖掘和提炼中国制度情境下的管理实践创新和理论故事。如吴晓波教授认为"大力发展扎根中国管理实践的质性研究，讲好中国故事，凝练标识性新概念，离不开扎实的定性研究"。③毛基业也认为"我们应该大力推动质性研究，这样的归纳性研究方法，天然扎根在管理实践中，因而更适合从实践中提炼新颖的管理理论"。④迫切需要当前现实情境下的中国创新管理理论破茧而出。

关键核心技术是产业竞争优势建立和维持的根本，是在国际经贸环境高度不确定和"超越—追赶"情境下中国产业链、创新链、价值链向中高端攀升的阶梯。科学技术与创新日益成为现代化程度较高国家和地区发展

---

① 王永贵，汪寿阳，吴照云，等. 深入贯彻落实习近平总书记在哲学社会科学工作座谈会上的重要讲话精神，加快构建中国特色管理学体系[J]. 管理世界，2021(6)：1-35.
② 王永贵. 加快构建高质量的中国特色管理学体系——使命、进展与展望[J]. 管理世界，2021(6)：1-35.
③ 吴晓波. 中国管理学体系的国际话语权[J]. 管理世界，2021(6)：1-35.
④ 毛基业. 构建有国际影响的中国特色管理理论[J]. 管理世界，2021(6)：1-35.

的"内生变量"。地缘政治冲突、产业链断裂、供应链国内化等影响，都在强化和加剧国际科技创新竞争的激烈程度。习近平总书记在中国科学院第十九次院士大会、中国工程院第十四次院士大会上指出："以关键共性技术、前沿引领技术、现代工程技术、颠覆性技术创新为突破口，敢于走前人没走过的路，努力实现关键核心技术自主可控，把创新主动权、发展主动权牢牢掌握在自己手中。"根据习近平总书记这一重要阐述，本书将关键核心技术分为关键共性技术、前沿引领技术、现代工程技术、颠覆性技术4类典型特征技术，分别选择在技术能力突破方面具有代表性的企业，采用基于扎根理论的案例研究方法，在"创新引领"的创新管理理论范式中深入讨论如何突破核心技术。

第二节 概念界定

关键核心技术和创新引领是本研究的两个核心概念，其中，创新引领相比战略导向而言是一种发展范式上的跃迁。

一、"关键核心技术"概念

（一）研究现状

党的十八大以来，以习近平同志为核心的党中央对科技创新高度重视，习近平总书记在多次重要会议上强调创新的重要性，并多次就关键核心技术问题做出重要指示，强调"关键核心技术是要不来、买不来、讨不来的。只有把关键核心技术掌握在自己手中，才能从根本上保障国家经济安全、国防安全和其他安全"。2021年《政府工作报告》中将"关键核心技术攻关"放在了重要位置，至少有三处提及。从"加强关键核心技术攻关"到"打好关键核心技术攻坚战"，再到"实施好关键核心技术攻关工程"，层层递进。[①]攻克关键核心技术、突破"卡脖子"技术由此成为国家重大战略，并激发了学者们极大的研究热情。

然而，笔者严格限定以"关键核心技术"为核心词检索中国知网的文献，截至2023年12月31日，共得到570条结果。其中，期刊论文348篇，硕博士学位论文8篇，会议8篇，报纸206篇。而在2022年6月，笔

[①] 赖红波. 从《政府工作报告》看"关键核心技术攻关"[N]. 社会科学报，2021-03-18(2).

者做过此项统计,共有272条严格相关的结果。其中,期刊论文179篇,硕博士学位论文5篇,会议4篇,报纸84篇。显然总体上对"关键核心技术"的研究文献近两年来增长得特别快,关于"关键核心技术能力如何突破"在实践上的强烈诉求和理论上的研究供应方面都存在明显的研究缺口。

图1.1展示了2005—2023年文献变化趋势,可以看出,2018年是"关键核心技术"研究的分水岭,较先前年份数量显著增长,2018—2023年六年文献数分别为22篇、27篇、42篇、95篇、155篇和196篇。呈现递增趋势、研究成果逐步增加。

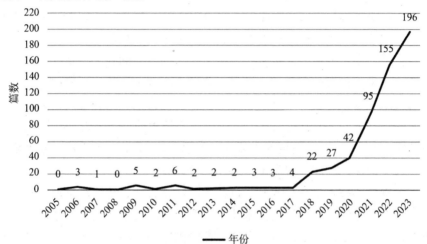

图1.1 2005—2023年知网"关键核心技术"文献篇数

已有的研究性论文中,绝大多数从国家政策层面和企业战略层面讨论关键核心技术突破的路径(张树满,2022),研究类型有案例研究和一般性论述(黄曼,2020;胡登峰,2022;王瑞琪,2022)。已有的研究大多集中在对关键核心技术的内涵、特征的分析(陈劲,2020,2021;刘云,2022)、对于中国目前关键核心技术突破存在的障碍与解决办法的分析(陈光,2020;王敏,2022),极少数文献涉及对关键核心技术突破路径的探讨。

但这些研究共性的不足是对"关键核心技术"这一概念"拿来就用",没有分析文中所讨论的技术到底是不是关键核心技术,关键核心技术与非关键核心技术差别在哪里。换言之,缺乏对技术的特征及技术对产业链创新链产生影响的分析,导致研究整体还处于表层,所谓的"微观机制"还属于"中观机制"的范畴,微观机制的研究不够深入。而理解什么是关键核心技术是进行这些研究的重要基础。

（二）对"关键核心技术"的理解

2016年4月，习近平总书记在网络安全和信息化工作座谈会上的讲话中指出，核心技术可以从三个方面来把握：一是基础技术、通用技术；二是非对称技术、"杀手锏"技术；三是前沿技术、颠覆性技术。核心技术是指在生产中起到关键或核心作用的技术，而关键核心技术是核心技术最紧要的部分（辜胜阻，2018）。通常认为"关键核心技术"是一个由"关键技术"和"核心技术"构成的复合型概念，是指在特定行业、特定的历史背景下，处于核心地位并发挥关键作用的技术（王可达，2019）。这为我们推动关键核心技术突破机制的研究提供了根本性遵循依据。

目前，学术界对"关键核心技术"定义的研究尚处于起步阶段，还没有统一定义。已有的文献中，针对"关键核心技术"的外文文献不多，国内的文献主要集中在归纳国家领导讲话、会议公报、政府会议、关键核心技术的识别方法（张治河，2021）、关键核心技术的创新障碍（张杰，2019；王靖宇，2023）、突破发展的重要性（杨思莹，2020）、关键核心技术案例描述（樊继达，2020；曾宪奎，2020）等议题。

关键核心技术是在技术开发过程中，通过长期、持续、高投入研发形成的具有关键性、独特性的技术体系。关键核心技术所代表的往往是国之重器，是推动中国经济高质量发展、保障国家安全的重要加速器。在产业关键核心技术积累及突破的实践过程中可以发现，关键核心技术首先需要消耗大量的研发资源，研发难度高（胡旭博，2022）、研发周期长。但关键核心技术又是可以为企业带来行业绝对优势地位的先进技术及壁垒收益（阳镇，2023）。从企业外部来看，关键核心技术占据行业内的技术制高点，其带来的发展优势在短期内具有不可复制性或难以模仿性，因而能为企业和国家在激烈的市场竞争中占据优势地位（王靖宇，2023）。归纳来看，关键核心技术具有以下特性。

（1）科学及技术紧密结合的科技先进性（张学文，2021）。关键核心技术是制约共性技术突破的科学理论及核心工艺，具有不可替代、不易掌握、难以超越的关键核心作用。它不仅可以影响产业的转型升级，还可以对国家的科技国际竞争优势和经济社会安全产生巨大影响（余维新，2020）。

（2）发展紧迫性与全局性的公共物品性。关键核心技术的攻关因为是坚持问题导向，奔着最紧急、最紧迫问题去的，因此，往往从国家急迫需要和长远需求出发，在石油、天然气、基础原材料、高端芯片等关系国计民生的行业的关键核心技术上全力攻坚。因此，关键核心技术不但能为企业带来较高的经济效益，且可以推动企业与产业攀向价值链的中高端，事关发展全局和国家安全的基础核心领域，具有公共物品属性。

（3）高投入性和长期性的科技攻关性。关键核心技术是长期高投入、众多高水平的研究开发过程所形成的具有关键性、独特性的技术体系（陈劲，2020）。隶属于科技与知识密集型领域的关键核心技术的突破必然需要长期的、高水平的研发投入，其中包括资金、创新人才、时间等因素的投入，是高投入、长期性、多维因素共同促成的攻关成果。

（4）高壁垒性和垄断性的行业优势性。受扎根理论（Eisenhardt，1989；Pettigrew，1990；Yin，1994）的启发，笔者从诸多技术进行提炼和反向对比，以寻找关键核心技术、核心技术和"卡脖子"技术三者概念的差异，而差异点正是三个概念的本质特征。

比如，BIM是"中国建造2035"的重要支撑之一，BIM的关键核心技术是一套"不依赖于任何具体软件系统的，适于描述贯穿整个建筑物全生命期内产品数据的中间数据标准"，IFC标准就是其中之一。①新型显示作为数字时代的信息载体和人机交互窗口，是5G通信、人工智能、物联网、智能汽车、超高清视频等新兴产业发展的核心技术之一，而玻璃基板则是显示面板的核心原材料，玻璃基板承载显示面板的电子线路，其质量好坏直接影响面板的性能，被视为后入者的投资禁区。②高效电机是制造压缩机的核心技术，而压缩机质量好坏又关系到家电产品质量的好坏，但真正去突破高效电机技术的是磁材料和线圈材料的研发和生产。圆珠笔滚珠的钢珠材料随处可得，而决定圆珠笔滚珠生产技术的是精密制造装备和制造能力。日本限制出口的"永不松动的螺丝"，其制造的关键是掌握特有的制造工艺、方法和诀窍。《科技日报》总编辑刘亚东在2019年发表了"35项'卡脖子'技术"，其中包含了芯片，认为低速的光芯片和电芯片已实现国产，但高速的仍然全部依赖进口，国外最先进芯片量产精度为3纳米，中国只有14纳米。芯片是一个包含设计、生产、制造、封装、测试等若干环节的生态产业，华为海思有芯片设计能力，但缺乏芯片制造技术。这些"卡脖子"技术还是中国工业发展的瓶颈。经逐项检索公开资料，对比权威信息，可以发现已经在其中的21项关键技术上有所突破，但仅仅是实现了0到1的突破，还无法达到世界先进水平，还需要从1到10、到100的量变式发展。

---

① 黄强. BIM的关键核心技术[J]. 建设科技，2020(1)：1.
② 李淼. 聚焦关键核心技术促进基板玻璃产业规模化发展[N]. 中国电子报，2021-01-22(3).

通过对上述技术案例的反复对比和提炼，发现知识基、技术壁垒、创新链层和技术供给4个变量可以比较完整地刻画技术在整个产品系统中的位置及其对企业价值创造和竞争优势获取的影响程度，同时，这4个变量也形成了区分关键核心技术、核心技术和"卡脖子"技术的关键变量，见表1.1。

表1.1 关键核心技术、核心技术与"卡脖子"技术

变量	关键核心技术	核心技术	"卡脖子"技术
知识基	很强	较强	很强
技术壁垒	很高	较高	很高
创新链层	最底层	比较底层	最底层
技术供给	较少	较多	垄断

知识基是企业在搜索创新解决方案时所依赖的信息、投入、诀窍及能力等[①][②]。知识基越强，意味着企业可依赖的创新资源越多，从技术工程向知识原理的方向进行得越深入，越倾向于进行探索性创新（exploratory innovation）、突破性创新（breakthrough innovation）。相比核心技术的突破，关键核心技术的突破更加依赖一般性知识原理，如磁材料技术研究能对磁场做出某种方式反应的材料，不仅属于工程科技，还属于应用物理、化学等原理性知识的创新，磁材料技术是电机的关键核心技术，而电机技术是制造压缩机的核心技术，压缩机是家电产品的核心器件，前后构成了一个由里及表的知识链和创新链，其对应的知识基也由强及弱。医用疫苗也是如此，掌握病毒存活及传播的机理与规律是疫苗研发的关键核心技术，这种机理与规律已经属于知识原理的范畴。

大数据的使用在加快知识流动，带来创新资源优化配置的同时，也创造出了新的更复杂的任务，可能形成技术壁垒（任曙明，2023）。技术壁垒是由于技术创新导致的技术距离而产生的进入壁垒，这是在位企业防止潜在进入者对自身竞争位势构成威胁的基本手段，技术壁垒的高低取决于对核心技术的掌握程度。由于关键核心技术创新所需知识基最强，其所建立的技术壁垒也就更难突破。次之为核心技术。

---

① Luo Y, Sun J, Wang S L. Emerging economy copycats[J]. Academy of Management Perspectives, 2011, 25 (2): 37-56.
② 刘洋，应瑛，魏江，等. 研发网络边界拓展、知识基与创新追赶[J]. 科学学研究，2015，33(6): 915-923.

创新链层反映了技术创新在整个创新链中的位置，越向新科学发现和新知识探索靠近，越能揭示技术未来趋势及为该技术支撑的群组化产品创新提供知识原理，是技术创新新颖度、强度和广度的决定性因素。关键核心技术揭示了核心技术的更底层知识原理，也有助于把握核心技术未来的创新方向，因而，关键核心技术创新是处于最底层创新链层的基于科学的创新活动，核心技术创新则是处于次底层创新链层的技术创新和部分产品创新活动。

关键核心技术和核心技术是在技术范畴内有明确前后逻辑关系的创新活动，但"卡脖子"技术是在供应链中用以反映技术系统的部分技术环节因为无法在公平开放对称的市场机制中得到保障而遭受系统稳定性危机的状态，常常出现在政府规章、文件及人们非学术研究的日常交流中（Genin，2021；Chang，2021；张亚东，2023；谭劲松，2022），其与关键核心技术和核心技术不属于同一个讨论维度。也就是说，"卡脖子"技术可能是关键核心技术，也可能是核心技术。这说明，技术创新链是一个包含从科学原理发现、知识形成、技术创新活动到产品生产制造的完整生态，只要生态的节点能力不强，就会导致整个生态连接不安全而存在"卡脖子"风险。当然，一般意义上讲，"卡脖子"技术是那些"垄断性更强、威胁性更高、技术供给方具有绝对话语权"①的关键核心技术，可以说，关键核心技术是"卡脖子"技术的充分非必要条件。

综上，我们所要讨论的关键核心技术，是指拥有较强知识基、能够导致显著技术壁垒、处于最底层创新链层的基于科学和知识原理发现的核心技术，是核心技术的"前知识"和"潜知识"，是"卡脖子"技术的来源，是产业链技术系统的架构基础，也是产业链系统安全性的重要保障。

（三）"关键核心技术"的典型特征

已有文献对关键核心技术的场域尚十分缺乏深入讨论（邬欣欣、沈尤佳，2022），绝大多数研究在讨论技术创新能力时直接使用"关键核心技术"这一术语。笔者认为关键核心技术存在于共性技术、前沿技术、工程技术和技术创新4类典型场域中，但只有共性技术中的关键技术、前沿技术中的引领技术、工程技术中的现代技术、技术创新中的颠覆性技术才是中国企业着力突破的关键核心技术。

---

① 汤志伟，李昱璇，张龙鹏. 中美贸易摩擦背景下"卡脖子"技术识别方法与突破路径——以电子信息产业为例[J]. 科技进步与对策，2021，38(1)：1-9.

我们将通过技术轨道、技术趋势、技术位势和技术扩散性4个核心变量来刻画4类关键核心技术,从而反映4类关键核心技术的典型特征,这是理解不同关键核心技术如何突破的基础,见表1.2。

表1.2　4类关键核心技术的典型特征比较

类型	技术轨道	技术趋势	技术扩散性	技术位势
关键共性技术	成熟轨道	可明确预见	应用多个产业	公共性
前沿引领技术	成熟轨道	可明确预见	应用单一产业	独占性
现代工程技术	成熟轨道	可明确预见	应用单一产业	公共性
颠覆性技术	新兴轨道	无法明确预见	应用多个产业	独占性

1977年,纳尔逊和温特从技术进步的角度,提出技术演进必然沿着一条确定的轨迹发展,他们将轨迹定义为技术轨道。1982年,多西正式提出了技术范式和技术趋势的概念,所谓技术范式是解决选择技术问题的一种模型,决定技术研发领域、问题、程序和任务。技术趋势反映了技术是否可以明确预见,颠覆性技术往往无法明确技术趋势。而关键共性技术、前沿引领技术和现代工程技术则在成熟技术轨道上有明确的技术发展趋势,是已有知识的拓展。技术扩散性反映了技术可推广的范围,主要以能否应用于多个产业为判断依据。关键共性技术和颠覆性技术可应用于多个产业,而前沿引领技术和现代工程技术则更多应用于单一产业。技术位势说明了技术主要集中在公共部门还是私营部门,从而体现为公共性或独占性,关键共性技术和现代工程技术因为投资力度大、周期长、风险大、社会价值突出等特征,主要由公共部门投入资源进行突破,具有公共性,而前沿引领技术和颠覆性技术具有明显的独占性。当然,技术轨道、技术趋势、技术扩散性和技术位势在每一类技术上的刻画并不是绝对的,只是将更显著的特征标识出来以便为讨论不同类型关键核心技术突破机制的差异提供基础。

二、"创新引领"概念[①]

本研究认为关于创新引领概念的研究需要从三个方面展开。一是战略

[①] 关于创新引领的概念,部分内容已发表于前期发表的两篇论文:刘海兵,许庆瑞. 引领性创新:一种创新管理新范式——基于海尔集团洗衣机产业线的案例研究(2013—2020年)[J]. 中国科技论坛,2020(9):39-48;刘海兵,许庆瑞,吕佩师. 从驱动到引领:"创新引领"的概念和过程——基于海尔集团的纵向案例研究(1984—2019)[J]. 广西财经学院学报,2020,33(1):127-142.

引领与创新引领的关系，二是创新驱动与创新引领的关系，三是创新引领的基本内涵。

（一）战略引领与创新引领的关系

与创新引领极易交织在一起的是战略引领。一般认为，战略是企业发展中的原点，战略规划了企业发展逻辑、目标和路径，如海尔集团十分强调不同发展阶段战略的导向作用，因此会根据市场上用户需求与产品供给之间主要矛盾的变化进行战略调整（演进），从而增强企业动态环境中的市场竞争力。在战略引领的语境中，战略观是战略选择的核心，在战略管理的分析范式中决定了企业遵循什么样的路径构建竞争优势，因为即使面对相同的环境，不同的战略观也将导致不同的战略选择。从20世纪60年代至今，先后主要出现了企业政策、经济绩效导向的战略规划、五力模型、资源基础观、动态能力观及数据基础观等战略观。

20世纪60年代的企业政策研究（Learned，Christensen，Andrews，Guth，1965；Andrews，1971）一般被认为是战略管理的起点。由Learned和他的同事Andrews创立的SWOT分析框架从总体上构建了企业与环境的关系，以解释企业利润率的差别；尽管研究主要集中在概念性层面，但初步桥接了环境与战略的关系。同时期，Alfred Chandler则从企业内部深入论证结构与战略的关系，提出了"结构跟随战略"这一命题，并在随后得到不断补充（Ansoff，1965；Fouraker，Stopford，1968），这一研究确立了战略对于组织绩效的导向作用。

20世纪70年代，经济绩效导向的战略规划（Rumelt，1974；Schendel，Patton，1978；Carroll，1979）日益流行，以Rumelt为代表的战略管理学者投身于研究多元化经营对企业经济绩效的影响。这种尊崇实证研究的公司战略分析法扩展到业务战略，如PIMS（Profit Impact of Marketing Strategy）（Schoeffler，Buzzel，Heany，1974）和战略分类法（Miles，Snow，1978）。这一时期的战略规划尽管开始向实证主义和科学范式发展，然而是以经济绩效为导向的，缺乏对环境动态性的捕捉和对绩效长短期目标的均衡。

波特提出的五力模型（Five Forces Model）是20世纪80年代战略领域的主导范式，源于Mason和Bain提出的应用于产业组织中的"结构—导向—绩效"（S-C-P）范式。可以说，战略管理学领域经历了一次产业经济组织学的全面侵袭和洗礼（马浩，2018）。五力模型说明了产业结构在决定或限制战略行为中扮演了中心角色（Teece，1997）。尽管它是一种有助于企业识别并确定自身在某一产业中位势的工具，进而在具有吸引力的产业中占据强势位置，但缺乏对利益相关者的动态判断和反应，也不可避免地晃动着环境决定论的影子（刘海兵、许庆瑞，2018；马浩，2018）。而在充满跨界颠覆、充满不确定性的当前环境中（刘海兵，2018），分析行业位势的五力模型在战略的前瞻性设计方面更显得捉襟见肘。在五力模型提出的同时期，Carl Shapiro 提出了战略冲突理论（Strategy Conflict Theory）。战略冲突理论揭示了企业可通过战略性策略影响竞争对手行为从而影响整个市场环境。但这种理论作为战略观用于设计战略时受到学术界质疑，认为管理者可能忽视寻求建立企业竞争优势的可持续资源。

20 世纪 80 年代涌现出资源基础观（Resource Based View，RBV），战略管理的研究开始由关注行业结构向关注企业内部要素转变。资源基础观认为，企业拥有那些有价值的（Valuable）、稀缺的（Rare）、不可模仿的（Inimitable）和难以替代的（Non-substitutable）资源能够为企业带来可持续竞争优势（Wernerfelt，1984；Barney，1991），这种可持续的竞争优势体现为公司战略层面的核心竞争力（Prahalad，Hamel，1990）。在受到"资源从何而来"的广泛质疑后，后来的一些学者（Conner，1991；Amit，Schoemaker，1993；Collis，1994）也试图借助产业分析法和资源分析法的融合为产业环境、企业资源和战略搭建桥梁，但效果甚微。尽管 Barney 还在为资源基础观没有得到更好利用和发展而寻找原因，却终究无法解释为什么大量不具备"有用"能力的高价值技术资产公司走向衰落（Teece，1997）。

20 世纪 90 年代的动态能力观在学者 Conner、Amit、Schoemaker、Collis 前期研究基础上正式由 Teece 提出，较好地架起了外部环境与企业自身资源之间的桥梁。动态能力观主张根据市场变化不断对资源进行调适（Adapting）、整合（Integrating）和重构（Reconfiguring），以保持企业资源组合与外部环境动态匹配。动态能力观提出后，在 21 世纪仍然是战略管理领域的主导范式，研究者们开始探讨动态能力的微观基础（Winter，2003；Teece，2007；Barney，Felin，2013；Foss，Polyhart，2015），同时向市场营销领域渗透（Teece，2014）。动态能力观作为一种基本战略观，对企业战略柔性化起到了积极作用。

在"ABCD+5G"为代表的数字经济时代，数字技术正在颠覆传统产业结构、市场结构及企业能力构建基础。魏江提出了数据基础观，该观点认为，在数字经济时代，数据成为"新石油"，数据要素成为数字经济最核心的战略资源，数字生态系统的构建要通过打破生态壁垒及重构产业组织关系的结构来实现。此外，焦豪提出了平台生态观，认为数字平台生态成为数字经济时代企业获得可持续竞争优势新来源,在位企业可以通过激发网络效应构建数字平台生态、通过战略变革与数字平台生态构建共演、通过开源社区这类数字平台进行有效治理来获取持续竞争优势;新进入者则可以通过互惠主义构建新的数字平台生态,或者通过模块嵌入构建新的数字平台生态获得持续竞争优势。数据基础观和平台生态观代表了数字经济时代战略管理的新方向,数据资源的管理和平台生态的治理成为战略管理的核心议题,也是获得可持续竞争优势的核心途径。

综合上述战略观的演进逻辑,作为战略设计的灵魂,战略观在由环境到战略方向的行进中充当了十字路口的"指南针",可以说战略观为"战略引领"在战略管理范式中形成的无可撼动的地位发挥了关键作用。然而,从企业政策(Business Policy)到动态能力(Dynamic Capability)战略观的演进过程中可以看到一个基本不变的逻辑,即战略要适应环境,战略来源于现实中的真实环境,甚至在一些阶段还表现出"环境决定战略"。然而,"战略引领"忽视了企业家和企业管理者面对环境时的主观能动性和积极性,尽管Burgerman在其《七次转型》一书中极力倡导战略可以影响环境的理念,但并没有引起战略管理主流范式的根本改变。立足相对静态环境的"战略引领"更无法解释今天行业内的颠覆性创新(disruptive innovation)和跨界颠覆。习近平总书记提出,要以创新为第一动力,突破关键共性技术、重大前沿技术;仅依靠"战略引领"就很难将这些要求有效落地。这说明,仅仅以"战略引领"作为提升企业创新能力的路径还不够,迫切需要发挥"创新引领"作用,将"战略引领"上升到"创新引领"。

(二)创新驱动与创新引领的关系

创新驱动的核心意涵是指让创新成为继土地、资金、劳动力之后的又一产生价值的核心要素,通过管理者有意识的资源编排、创意设计、流程变革、研发等核心活动,提升企业全要素生产率,因此,创新能力成为企业绩效和核心竞争力的重要动力。创新驱动充分强调了企业作为创新主体的能动者的作用,往往带来企业价值的非线性增长。这与传统发展逻辑中强调土地、资金、劳动力等驱动要素形成鲜明的对比。创新引领继承了创新作为企业创造价值的核心途径和关键要素的观点,在此基础上,进一步将创新的重要性提升到企业管理中更重要的位置。因此,创新驱动与创新引领既有区别也有联系。我们将重点阐述创新驱动与创新引领的区别。主要体现在以下几点。

(1)两者发展的底层逻辑不同。底层逻辑主要包括经济逻辑和创新逻辑。创新驱动的发展逻辑主要是经济逻辑,即建立在经济与效率衡量基础上的创新选择,如创新方向、技术路线、产品决策等依靠效率最大化的数理模型。创新引领的发展逻辑主要是创新逻辑,即更多建立在使命、愿景驱动的创新选择,如创新方向和技术战略的选择不仅要考虑经济性,而且要考虑创新的外部性。

(2)两者发展的文化基础不同。创新驱动的文化基础是企业价值或企业绩效,企业是创新决策的核心考虑对象。如一件结构复杂的工业产品,既有技术密集度低的产品模块,又有技术密集度高的产品模块,既有可以依靠企业自身研发制造体系就能完成的产品模块,又有可以通过购买、外包等方式从外部获得的产品模块。在创新驱动的文化基础上,能使企业绩效最大化的选择似乎就是合乎理性的行为,企业甚至没有进行核心技术的攻关。而创新引领的文化基础是底线思维和科技安全,其植根于产业、国家视野追寻创新更广泛的意义;创新问题不仅关乎企业自身生存,也是产业和国家竞争力的关键所在。那么,在这样一种文化基础上,上述一件构成复杂的工业产品,就不是简单地考虑企业自身经济效率,而是思考和分析关键核心技术攻关对企业、对产业、对国家的重要性。比较两种不同的文化基础,面对同样的技术难点,企业可能会做出不同的决策。简而言之,对于关键核心技术如何突破的问题,创新驱动和创新引领提供了两种不同的文化基础,也会产生可能完全不同的路径。

(3)两者的重要位次不同。创新驱动的作用处在战略管理的范式中,先有企业明确的战略目标,而创新同组织、文化、激励职能一样,是实现企业战略的一种手段和工具。当然,企业的战略并不总是很好地保持企业自身利益和产业乃至公共利益的平衡。这导致创新的工具性突出而价值性缺乏。而创新引领将创新提升到更高的位置,在思考企业战略时首先是以创新引领为先导,在平衡好企业自身利益和外部公共利益的基础上,着重谋划如何通过创新实现企业战略,创新引领主张创新的工具性和价值性应统一。

(三)创新引领的基本内涵

"创新是引领发展的第一动力",创新引领与战略导向是既相互联系又相互区别的两种本质上不同的企业演进逻辑。已有研究者注意到企业价值观(目标)对企业战略的影响,如谢克海提出的 GREAT 模型中认为"财务健康,通过价值观引领、专业化服务促进人类社会进步"的企业才可能是"伟大的企业"[①],这类企业将社会价值与企业财务目标进行了平衡。

---

① 谢克海. 谁上谁下:清晰区分企业人才的"361体系"——基于实践层面的人力资源战略管理决策[J]. 管理世界, 2019(4): 160-170.

但如何在企业战略设计中导入社会价值，从而形成愿景导向、使命嵌入的企业战略逻辑，在理论上尚未形成体系。

中国工程院院士许庆瑞、清华大学技术创新研究中心主任陈劲和笔者（武汉科技大学管理学院刘海兵教授）是最早关注并研究创新引领的创新管理学者。笔者以国内外领先企业为案例，通过案例研究的方法进行了创新引领的概念界定，这些前期研究为笔者的研究项目取得成果打下了比较坚实的理论基础。

可以从战略逻辑、创新动力、创新认知、创新效应4个方面理解创新引领。在战略逻辑方面，创新引领推动战略设计的逻辑起点由市场逻辑提升为创新逻辑，其内核是企业以人类发展趋势中确定的意义性创新为创新战略目标；在创新动力方面，除了基本的企业自身利益外，更注重社会责任导向的愿景和使命，这些愿景和使命有利于企业基于长期主义确定创新文化，将追求伟大愿景和使命与组织惯例和员工价值观融为一体；在创新认知方面，将创新的价值导向和意义提升到比企业战略更重要的高度，认为应由传统的经济利益驱动的战略设计发展到创新导向的战略设计；在创新效应方面，除了构建企业可持续的竞争优势，更重要的在于对行业技术和社会进步的贡献。

而在"形势逼人、挑战逼人、使命逼人"的环境下，"单边主义、保护主义和霸权主义对世界和平和发展构成威胁"[①]，企业要想突破"卡脖子"技术，打赢关键核心技术攻坚战，就必须摒弃战略设计仅惠及自身利益的发展模式，而应实施创新引领的发展模式，将企业的发展更加积极主动地嵌入提升自身技术创新能力、和其他合作伙伴协同突破行业产业链中的关键核心技术中，谋划创新，从而推动企业自身创新能力和产业链创新能力的良性互动，促进产业链的国际竞争力不断攀升，对行业技术和社会进步做出贡献，以保障产业链、供应链安全稳定。创新引领需要依赖强大的企业家精神。习近平总书记在企业家座谈会上指出，企业家爱国有多种实现形式，但首先是办好一流企业，带领企业奋力拼搏、力争一流，实现质量更好、效益更高、竞争力更强、影响力更大的发展。企业家首要的也是最重要的社会责任就是将创新摆在比战略更重要的位置上，以创新应对风险和危机，努力把企业打造成强大的创新主体。

---

① 中国共产党第十九届中央委员会第五次全体会议文件汇编[M]. 北京：人民出版社，2020年，第21页。

第三节 国内外研究综述

国内外相关研究主要集中在后发企业追赶和关键核心技术创新两个方面，又以后者为主。

一、后发企业技术追赶理论

后发企业（Latecomer Firm）是面临技术劣势和市场劣势并试图参与国际竞争的制造企业（Hobday，1995；Choi，1996；Kim，1999）。越来越多的后发企业已经完成了较好的知识和能力的积累，帮助它们在国际市场竞争中建立了有差异的竞争优势（distinctive competence），完成了从"后来者""追随者"到"领先者"的转变，再到全球行业的"引领者"角色的飞跃。中国后发企业也是如此，他们从引进利用为主的技术研发方式转型到创新探索为主的"超越追赶"新阶段（Fu 等，2020；彭新敏等，2017；吴晓波、李思涵，2020）。因此，学者们对后发企业追赶的微观机制进行了深入研究，国内外关于后发企业追赶成功的路径的文献已十分丰富（Belland Pavitt，1993；Hobday，1995；Choi，1996；Kim，1980；Mathews，Cho，1999；Mathews，2002；Cho，Lee，2003；Hobday，2005；Fan，2006；朱瑞博、刘志阳、刘芸，2011；江诗松、龚丽敏、魏江，2011；苏勇、李作良、马文杰，2014；吴晓波，2019，2020，2021；许庆瑞，2020；刘海兵，2019，2020；欧阳桃花，2023）。

（一）技术追赶的 U-A 模型

对后发企业追赶的研究源于欧洲。Gerschenkron 认为后发国家通过借鉴与吸取先进国家的技术和知识，利用先进技术实现大规模产业化，从而获取"后发优势"①。后发优势首先体现在以先进国家的先进技术作为技术创新的目标，减少了技术预见的成本，通过模仿、吸收、消化进行技术产业化从而减少了技术创新的探索性投入和时间，因此，后发优势表现出后发企业前期能够在成熟市场内快速追赶先进企业，在较短时间内缩短技术距离，并以成本优势赢得一定的市场地位。

在后发企业动态模型研究中，Hobday 基于韩国、中国台湾、中国香港、

---

① Gerschenkron A. Economic backwardness in historical perspective: a book of essays[R]. Cambridge, MA: Belknap Press of Harvard University Press, 1962.

新加坡等国家和地区的电子产业的发展总结出"OEM-ODM-OBM"的后发企业追赶路径。[1]Kim 基于韩国现代、三星等案例研究发现，后发企业技术演化遵循"引进—消化吸收—改进"路径[2][3]，这一路径与 Utterback 和 Abernathy 基于美国灯泡及汽车制造业等案例提出的 A-U 模型正好相反。[4][5]A-U 模型认为技术从兴起到成熟要经历流动、过渡和明确三个阶段，同时伴随着产品创新、工艺创新和组织创新频率的变化。Lee 和 Lim 在对韩国 DRAM 芯片技术上的追赶过程进行了研究后，从技术和市场双线展开的追赶的角度提出了三种追赶模式，即①路径追随（Path following）；②路径创造（Path creating）；③路径跳跃（Path skipping）[6]。路径追随是技术轨道的线性演化，路径创造和路径跳跃是技术轨道的非线性演化[7]。路径跳跃与诺贝尔经济学奖得主 Krugman 及其同事提出的"蛙跳模型"（Leap-frogging）[8]容易混淆，但本质不同。路径跳跃是指在技术轨道、技术突破方向明朗情况下企业有意跳过一些研发阶段，其依赖于后发企业基于组织学习的技术积累；而"蛙跳模型"指的是新兴市场改变技术范式、转换技术轨道，跳过成熟技术而发展新兴技术，追赶甚至超越原有先进国家。

尽管技术追赶的 U-A 模型为后发企业超越追赶发展提供了重要启发，但该模型所解释的是在一个特定技术范式内的技术创新活动。很多企业纷纷实施该模型，但时至今日并没有从根本上摆脱关键核心技术受制于人的局面，导致"中国需要关键核心技术，但从未像今天这样紧迫"。[9]显而易见，在由发达国家主导的经济规则、技术范式、专利布局的知识网络中，

---

[1] Hobday M. Innovation in East Asia：The challenge to Japan[M]. Cheltenham, UK：Edward Elgar Publishing Limited, 1995.

[2] Kim L. Imitation to innovation：The dynamics of Korea's technological learning[M]. Cambridge，MA：Harvard Business School Press, 1997.

[3] Kim L. Stages of development of industrial technology in a developing country：A model[J]. Research Policy, 1980, 9(3)：254-277.

[4] Utterback J M, Abernathy W J. A dynamic model of process and product innovation[J]. Omega, 1975, 3(6)：639-656.

[5] Utterback J M. Mastering the dynamics of innovation[M]. Cambridge, MA：Harvard Business School Press, 1996.

[6] Lee K, Lim C. Technological regimes, catching-up and leapfrogging：findings from the Korean industries[J]. Research policy, 2001, 30(3)：459-483.

[7] 吴晓波，余璐，雷李楠. 超越追赶：范式转变期的创新战略[J]. 管理工程学报，2020，34(1)：1-8.

[8] Krugman P, Brezis E. Technology and the Life Cycle of Cities[M]. New York: National Bureau of Economic Research, 1993.

[9] 王海军. 关键核心技术创新的理论探究及中国情景下的突破路径[J/OL]. 当代经济管理：1-9[2021-06-22]. http://kns.cnki.net/kcms/detail/13.1356.F.20201120.1410.002.html.

后发企业始终处于"技术追赶—再落后—再追赶"的循环中，无法从全球价值链的中低端锁定中跳脱，与先进国家的技术距离会在公共部门对经济活动的大量随机性干预中得以保持。因此，技术追赶的 U-A 模型可以为后发企业的追赶提供参考，但无法形成超越追赶的理论。而"蛙跳模型"并没有解释企业的颠覆性创新能力从何而来，语焉不详。

（二）二次创新动态过程模型

吴晓波教授于 1995 年首次提出"二次创新"的概念，并在此基础上提出"二次创新动态过程模型"。①二次创新被认为是在引进成熟技术的基础上不断进行改进型创新，而一次创新则遵循发达国家"基础研究—应用研究—技术开发—生产销售"的 A-U 模型。二次创新动态过程模型揭示了从引进成熟技术、引进新兴技术到自主探索实验室技术的技术创新过程。

二次创新分为三个阶段：

（1）第一个阶段是模仿中学习。通过模仿学习掌握新技术，基于"后发优势"②的获取达到降低产品成本的目的。

（2）第二个阶段是改进型创新，即结合本地化的市场需求进行一定程度的衍化产品创新。

（3）第三个阶段是真正的"二次创新阶段"，在企业已具备一定自主研发能力基础上，有意识地开始开发运用或再引进新兴技术，结合目标市场用户需求进行比较重大的创新，甚至有能力上升到原始创新、突破式创新。

二次创新动态过程模型是 U-A 模型基础上较大的理论突破，指出后发企业可以在旧有技术范式中通过组织学习，来培育、积累和提升自主创新能力，而在满足目标市场用户需求的过程时，有能力引进或开发新兴技术以在新技术轨道上进行原始创新，从而避免路径锁定。然而，比较遗憾的是该模型过于强调将后发企业作为整体对象探讨技术演化的一般规律，忽视了后发企业的技术情境。不同的技术情境决定了技术活动所需的知识基不同，因而对应的创新范式也应不同。如李显君以"清华—绿控"2000—2016 年 AMT 技术突破为案例发现，核心技术经历了从功能性核心技术到性能性核心技术再到可靠性核心技术的演化路径，其技术演化规律并非学习模仿后再创新，而是理论研究切入实现技术原理的创新，进而为核心技

---

① 吴晓波. 二次创新的进化过程[J]. 科研管理，1995(2)：27-35.
② Gerschenkron A. Economic backwardness in historical perspective：a book of essays[R]. Cambridge, MA：Belknap Press of Harvard University Press, 1962.

术突破奠定理性知识基础，即采取正向研发思路。①②③后来有学者进一步证实了汽车产业、高铁产业均符合李显君等人提出的路径。

（三）全面创新管理理论

全面创新管理理论由中国工程院院士、浙江大学创新与发展研究中心主任许庆瑞教授提出。他在长期跟踪海尔、杭氧等一批企业发展的过程中，于 2003 年创造性地提出了包含全员创新、全时空创新、全方位创新的全面创新管理理论体系。当时的问题是，部分企业孤立地抓技术要素（如研发）方面，而忽视了其他非技术要素（如战略、组织、文化、制度、市场等）对技术要素的全面协同作用，导致创新项目绩效不佳。全面创新管理理论为企业在激烈的市场竞争中赢得可持续竞争优势提供了新的创新管理范式。

2022 年 10 月习近平总书记在二十大报告中提出"加快实施创新驱动发展战略"后，学术界针对如何突破"卡脖子"技术高度关注，越来越多学者加入这一研究中。其中，笔者所在的团队承担了中国工程院工程管理学部项目"中国制造：超越追赶的创新战略与治理结构"，该项目运用案例研究方法对中车、华为、海尔、海康威视等一批中国领先企业由小变大、由大变强的战略与治理结构进行了深入剖析。但每家企业的情况不同，因此，该项目根据知识技术密集度、产业链的生态特征、产品生命周期、国际化程度等核心变量将典型性案例企业分为成本领先、高新技术、复杂产品、隐形冠军 4 类，认为这 4 类企业在技术追赶上呈现不同路径。以徐工、吉利为代表的复杂产品采取集成创新战略，以中国中车、华为、海康威视为代表的高新技术企业选择突破创新战略，以海尔、万向为代表的成本领先企业重视精益创新战略，以双环、双童为代表的隐形冠军实施利基创新战略④。这项研究是对全面创新管理理论的进一步发展。

笔者根据知识技术密集度、产业链的生态特征、产品生命周期、国际化程度、文化传统等核心变量将中国制造划分为传统制造、高新技术、复杂产品和中华老字号 4 类典型特征制造企业，认为这 4 类制造企业尽管在

---

① 李显君, 熊昱, 冯堃. 中国高铁产业核心技术突破路径与机制[J]. 科研管理, 2020, 41(10): 1-10.
② 李显君, 孟东晖, 刘暲. 核心技术微观机理与突破路径——以中国汽车 AMT 技术为例[J]. 中国软科学, 2018(8): 88-104.
③ 孟东晖, 李显君, 梅亮, 齐兴达. 核心技术解构与突破："清华－绿控"AMT 技术 2000—2016 年纵向案例研究[J]. 科研管理, 2018, 39(6): 78-87.
④ 许庆瑞, 等. 中国制造：超越追赶的创新战略与治理结构[M]. 北京：科学出版社, 2020.

动态的战略演进中都遵循"单一创新—组合创新—全面创新"的路径，但这一路径的趋同性并不能完全解释各自发展的底层逻辑。通过案例研究发现，创新能力提高的共性机制是战略导向、需求牵引、创新驱动、人才支撑和开放创新，4 类典型特征企业创新能力提升的机制还存在差异性，这种差异性也呈现了其创新的显著特征。传统制造强调管理创新，中华老字号强调传承创新，高新技术强调知识创新，复杂产品强调继承创新。传统制造的典型特征是产品具有中长生命周期性，用户需求牵引、市场驱动的产品创新速度较快，行业的知识密集度一般。这类企业创新能力的提升以管理创新为基础，通过战略、组织、人力、市场、管理、文化等方面的协同创新增强对环境变化的敏感度，并及时捕获价值信号，进而整合内外部资源满足市场需求。相对于迭代速度较快的产品创新，技术变化具有中长周期性，技术创新往往没有产品创新的速度快，因此，未来传统制造还要关注技术创新能力的提升。中华老字号的典型特征是跨越时间维度，传承产品的历史文化属性，历史文化传统是竞争力的核心，产品具有长甚至超长生命周期性。因此，这类特征的制造企业创新能力应更加强调传承创新，即在发展过程中要活化传承中华老字号蕴含的优势资源，这种优势资源是中华老字号产品区别于其他产品的异质性资源。高新技术企业创新能力提升的根本是知识创新，企业不同阶段的知识结构及学习模式形成一个螺旋递进的上升机制，知识创新是技术创新和产品创新的基础，随着高新技术企业创新能力的提升，其创新越来越由底层知识创新驱动。复杂产品创新能力提升的根本是集成创新，复杂价值网络中的中心企业强调系统地将外部创新资源有序整合，体现协同效益发挥合力。因此，设计复杂产品的系统架构，并甄别选择与复杂产品系统匹配的资源，然后通过机制有序整合供给端、需求端、企业自身及政府政策等各方资源是复杂产品集成创新能力提升的关键。

全面创新管理理论持续发展，然而，始终没有解释当后发企业发展到与先进企业并跑甚至局部地方领跑时，要进行什么样的创新和创新的动力从何而来这一根本问题。全面创新管理的实质是战略管理范式下的创新发展问题。

（四）创新引领理论

自习近平总书记提出"创新是引领发展的第一动力"这一重要创新思想后，许庆瑞院士敏锐地注意到"创新引领"的提法，他认为创新引领是突破"卡脖子"技术的根本路径，其关键是要建构不同于创新驱动的创新引领的内在驱动机制、运行机制和管理机制，根本是创新范式的变化。

笔者前期通过海尔的案例研究，先从价值导向、对创新的态度、效应、驱动力（VAED）这4个维度探索性界定创新引领的概念，再建构了创新引领要经历的这4个过程，即创新意愿（innovation intention）、创新战略（innovation strategy）、创新行为（innovation action）和核心能力（core competence）。用户需求是创新意愿的触发器，创新意愿是创新引领的"领航者"，充当"大脑"；创新战略是创新意愿引领下的关于技术和互补资产（complementary asset）的创新规划；创新行为是创新引领的载体，包括技术创新和互补资产创新；核心能力是创新引领的目标，是技术能力、市场能力、组织能力和文化能力的有机统一体[①]。

创新引领过程诠释了创新引领核心能力提升的微观机制，但发挥创新引领的作用还离不开创新引领机制的保障，主要包括价值观引领机制、战略管理机制和组织适应性机制，创新引领的三个主要机制嵌入"用户需求—创新意愿—创新战略—创新行为—核心能力"的各节点中。价值观引领机制解决了创新引领中的"为什么创新"（why）问题。战略管理机制起到了确保创新引领中创新战略实施的保障作用，具体有领导机制、学习机制和协同机制（许庆瑞，2007）。组织的核心是责、权、利的统一体，一个能够适应组织发展的组织设计有助于创新引领的实现，反之，则会使创新引领束之高阁、缺乏活力。当然，组织变革不是为变而变，而是始终以创新引领为导向，采取与企业创新引领发展阶段相适应的组织设计才能保障创新引领的实现。伴随着创新引领由低阶的二次创新阶段向高阶的全面创新阶段的发展，需要越来越灵活、越来越强的组织适应性，组织设计需要完成从"管理"（management）到"治理"（governance）的转变。

下面进一步探讨创新引领的实现机制。

（1）以引领性创新观为基础的决策机制。引领性创新观是思想基础，领先用户的有效需求和行业主要矛盾是市场依据，还有包括标准、过程和选择三要素的引领性创新决策系统。

（2）引领性创新的创新战略选择机制。首先，适应环境变化的开放式创新不仅增强了组织对外部环境的感知能力，还提升了跨越组织边界的资源整合能力和创新能力；其次，体系化的研发战略使企业平衡了短期绩效和长期发展之间的关系。开放式创新模式和体系化的研发战略打造了企业的创新生态，为引领性创新奠定了创新能力基础。

---

① 刘海兵，许庆瑞，吕佩师. 从驱动到引领："创新引领"的概念和过程——基于海尔集团的纵向案例研究(1984—2019)[J]. 广西财经学院学报，2020，33(1)：127-142.

（3）引领性创新的管理机制，即领导机制、学习机制和协同机制。有力的领导机制能将用户需求导向的创新的价值观体现在公司决策过程中；有效的学习机制能够使全员"干中学"（learning by doing），提高理解用户需求的能力、锻炼创新思维、培养创新能力；便捷高效的协同机制能够保证创新的过程有序衔接，从而保证了创新效率。

（4）引领性创新的组织柔性化机制。组织的变革不是为变而变，而始终以创新引领为导向，采取与企业创新引领发展阶段相适应的组织设计才能保障引领性创新的实现。

创新引领为关键核心技术突破提供了新的理论基础，然而，以完整理论范式的视角看创新引领，还有微观机制等问题亟待完善。

二、关键核心技术创新研究现状

如前文所述，关键核心技术是产业链技术系统的架构基础，也是产业链系统安全性的重要保障，具有高投入和长周期、核心系统与核心部件市场寡头垄断、核心技术突破的商用生态依赖性等特征[①]。

2018年中兴事件发生后，国内学术界开始高度关注关键核心技术问题，涌现出一批优秀的研究成果（王可达，2019；张杰，2019，2020；谢富纪，2020；李显君，孟东晖，刘瞳，2018，2020；项国鹏，2020；陈劲等，2020；王海军等，2021；龚红，2023），为关键核心技术准备了比较丰富的理论基础。学者们认为提升关键核心技术能力是中国企业避免被制裁，并获取和维持国际竞争优势的关键和根本，也是中国产业由价值链中低端向中高端甚至高端攀升的必由之路，是保证中国产业和经济安全的内在诉求，是实现双循环新发展格局、建设科技强国、实现科技自立自强的内生动力（陈劲等，2020；王海军等，2021；韩祥宗，2022；王敏，2022）。

目前，关于核心技术的研究主要集中在关键核心技术的特征（张杰，2020）、发展阻碍（Gereffi，2012；曾宪奎，2020）等方面，且从举国体制（王可达，2019；刘钒，2020；李显君，2020）、创新人才（张羽飞，2022；Melnychuk，2021）、激励制度（尚涛，2016）、创新生态系统（谭劲松，2019；江鸿，2019）、组织学习（余义勇，2020；王钰莹，2023）、创新范式（陈劲，朱子钦，2019；刘海兵，2022）、核心技术能力建构与追赶效应（岑杰，2021；张志菲，2023）等角度提出了对策。

---

① 王海军. 关键核心技术创新的理论探究及中国情景下的突破路径[J/OL]. 当代经济管理：1-9[2021-06]. http://kns.cnki.net/kcms/detail/13.1356.F.20201120.1410.002.html.

（一）关键核心技术突破的阻碍因素研究

关键核心突破的阻碍因素如下。

（1）容易被低端锁定。后发企业试图通过技术、市场深度切入由发达国家主导的价值链（张杰，2020），但价值链的布局、规则、节点模式是利于发达国家控制的经济权力话语体系，往往以技术实力强、品牌忠诚度高、运营能力突出的一流企业为载体。当以技术储备、技术效率为核心的技术创新能力在后发企业与发达企业间差距日趋变小，甚至由于技术范式的转换而产生反向距离时，将引起发达国家的集体恐慌，担心失去主导权（刘海兵，杨磊，2020）。发达国家往往以知识产权、贸易壁垒、制造贸易摩擦等对全球价值链中的先进技术进行封锁和压制[①]，不惜采用马基雅维利主义式手段破坏价值链的系统性、完整性、流畅性，以打压后发企业，进一步迫使后发企业不得不放弃关键核心技术的突破而沦为价值链的中低端成员；这称为低端锁定。纵观世界工业发展史，日本、巴西、土耳其先后受到制裁和打压，所幸日本以精密制造、新兴技术保持着技术创新能力的世界领先水平。对中国后发企业而言，低端锁定仍是短期内挑战大、形势严峻的障碍。2022年，全球三足鼎立的中美欧三大经济体合计GDP超过全球GDP总量的60%。具体来看，中国占17.8%、美国占24.7%，欧盟27国占17.9%。而2023年中国制造业增加值占全球比重约为30%，制造业规模已经连续14年居世界首位。全球价值链（GVC）地位指数显示，在不做细分的全产业中，欧盟＞美国＞中国。而在细分类的制造业中，中国的GVC地位优势主要体现在食品饮料烟草制备、化学和非金属矿产制品两个部门。中国在低端制造业中的优势非常明显，中端制造业正在赶超，但高端制造业与欧美相比仍有很大差距。

（2）国家层面和企业层面的基础研究投入不足。国家统计局于2024年2月29日发布的《中华人民共和国2023年国民经济和社会发展统计公报》显示，全年研究与试验发展（R&D）经费支出33 278亿元，比上年增长8.1%，与国内生产总值之比为2.64%，其中基础研究经费2212亿元，比上年增长9.3%，占R&D经费支出比重为6.65%。基础研究投入的持续增加，极大地推动了中国原始创新能力提升。2020年以来，中国基础研究经费投入规模持续保持全球第2位。2020年基础研究经费占全社会研发总经费的比重首次超过6%。尽管基础研究经费投入增速很快，但这一比重远低于

[①] 于璐瑶，冯宗宪. 金砖国家贸易壁垒和争端解决方案[J]. 东南学术，2017(4)：112-120.

美国等发达国家（15%）。[1]以2019年为例，中国42%的基础研究经费由政府支持，高校占54%，而企业只占4%。可以看出，企业基础研究投入占比很低，而美国企业是基础研究投入的主体。德国西门子公司研发投入占整个德国电子行业研究经费的比例约为1/3。基础研究投入规模和强度是关键核心技术突破的基础。

（3）技术积累不足导致自主创新能力不强。长期以来习惯了"引进—消化—吸收—再创新—再引进"循环的中国后发企业，由于前瞻性技术、竞争前技术的创新方面没有足够的技术积累，容易被资本效率驱使的低价值模仿创新吸引而削弱长期战略的定力、降低对长期主义的坚守。2018年以来，从中央到地方纷纷出台文件，要求国资委监管的企业带头示范，要做到主业突出、技术和产品先进，追赶世界一流。这说明中国后发企业总体上技术积累尚不足、自主创新能力不强，难以有效吸收跨国公司先进技术[2]，难以攻克关键核心技术。

（4）高校等科研机构的科研成果转化率低。与发达国家相比，中国科技成果转化率仍较低，在30%左右，远低于发达国家的70%。截至2021年，全国高校拥有100多个国家重点实验室，承担了超过2/3的国家自然科学基金项目，高校完成的重大科技成果占全国的20%，但其中仅有约30%的科技成果得到转化。高等学校、科研院所支撑下的基础研究并未与企业重视的应用研究协同，部门之间的利益捆绑和吸附成为中国基础研究能力不足的核心因素（张杰，2020）。

（5）人才考评机制和激励机制问题依然突出。人才是创新的根本。合理、有效的人才考评机制和激励机制是激发创新热情、持续创新投入、产生创新成果的基本保障。当前各种人才评审制度，从职称晋升、年终考评到两院院士评审，都存在一定程度的不合理性，如张杰于2020年提出了"学阀控制效应"；该效应在某种程度上阻碍从事前沿基础科学研究、颠覆性创新研究人才的成长。也有学者注意到现有的金融体系和金融制度并没有成为关键核心技术突破的有效支撑[3]。

---

[1] 张杰. 中国关键核心技术创新的机制体制障碍与改革突破方向[J]. 南通大学学报(社会科学版)，2020，36(4)：108-116.
[2] 王海军. 关键核心技术创新的理论探究及中国情景下的突破路径[J/OL]. 当代经济管理：1-9[2021-06-22].
[3] 同[1].

（二）关键核心技术突破的路径研究

关键核心技术突破的路径如下。

（1）发挥党领导下的举国体制优势[①][②]。举国体制是中华人民共和国成立以来突破西方技术封锁、攻克关键核心技术难关、保障国家安全的制胜法宝。"十四五"规划纲要提出"健全社会主义市场经济条件下新型举国体制"。2020年12月召开的中央经济工作会议提出"要发挥新型举国体制优势"。习近平总书记反复强调"要完善关键核心技术攻关的新型举国体制"。发挥举国体制优势的路径是学者们研究的重点，包括强化顶层设计和组织保障、加强制度政策供给、突出央企引领作用、注重创新融通发展、实施专项人才支持计划、实施科技金融计划等，特别是建立与关键核心技术突破目标相匹配的现代金融制度。[③]

（2）多方位增加用于基础研究的投入。一方面，强化各级政府在基础研究中的投入主体责任，另一方面，作为关键核心技术创新突破的主要承担者和主力军，企业要逐步提高研发经费，特别是用于基础研究的经费。据陈劲对世界一流企业的研究，世界一流企业研发经费强度约为8%，而其中基础研究经费占研发总投入的比例达到6.8%[④]。

（3）发展开放合作的全球创新生态系统。创新生态系统可以通过开放合作发展全球价值网络，不仅能降低研发成本、提高研发效率，有利于形成创新资源流转的功能，还能向用户提供更复杂的解决方案，从而加速关键核心技术突破。[⑤][⑥]中国企业一方面要继续实施开放合作，积极嵌入全球价值网络，另一方面，要培育自身核心研发能力，从而形成"自主可控的开放式创新"模式。[⑦]

（4）加强人才组织和科研组织体系建设。全球一流的人才组织和科研组织体系才是关键核心技术突破的关键（余江，2020）。要特别重视企业全

---

① 曾宪奎. 我国构建关键核心技术攻关新型举国体制研究[J]. 湖北社会科学，2020(3)：26-33.
② 刘钒. 构建关键核心技术攻关新型举国体制[N]. 中国社会科学报，2020-06-16(1).
③ 陈劲，朱子钦. 关键核心技术"卡脖子"问题突破路径研究[J]. 创新科技，2020，20(7)：1-8.
④ 陈劲，国容毓，刘畅. 世界一流创新企业评价指标体系研究[J]. 创新科技，2020，20(6)：1-9.
⑤ 项国鹏. 创新生态系统视角的企业核心技术突破机制——以华为基带芯片技术为例[J]. 技术经济与管理研究，2020(10)：36-42.
⑥ 王海军. 关键核心技术创新的理论探究及中国情景下的突破路径[J]. 当代经济管理，2021(4)：1-9.
⑦ 刘海兵. 海尔生态化战略[M]. 延边：延边大学出版社，2020.

体员工的能力提升，尊重劳动者的主人翁地位和首创精神，形成符合创新发展要求的人才队伍（谢富胜，王松，2019）。有效的知识产权保护和产权激励也是提升人才创新积极性的重要手段。①

（5）重构研发流程。如孟东晖、李显君以"清华—绿控"2000—2016年 AMT 技术突破为案例发现，产业及企业不应再从技术引进开始通过逆向开发来实现核心技术突破，而应从理论研究切入实现技术原理的创新，进而为核心技术突破奠定理性知识基础，即采取正向研发思路。②③④

（三）研究述评

技术追赶理论和关键核心技术突破研究为理解关键核心技术突破的战略意义、阻力障碍和路径提供了丰富的理论基础，引起了学术界"立足科技自立自强战略探讨中国企业发展"的广泛讨论，也引起了企业高度重视。然而就已有理论和关键核心技术突破的文献看，仍然存在以下研究缺口。

（1）以传统战略管理为导向的创新驱动模式已无法从根本上引领关键核心技术突破的实践，这是由战略管理范式本身的缺陷造成的，比如在组织绩效与创新使命之间如何均衡，又如当前最急迫的社会责任是什么，创新该延伸到何方等，这些问题都无法得到回应。创新引领是创新范式的高阶形式，然而距离一个成熟的、概念和内涵上周全的、逻辑自洽的理论体系还比较远，亟待以关键核心技术突破的体系补充、完善创新引领理论中的微观机制。

（2）已有的绝大多数文献对关键核心技术基于高投入和长周期、复杂性和嵌入性知识等特征作为一个整体概念把握，但不同情境下的关键核心技术的知识基、技术壁垒、创新链、供给等均呈现出差异，往往导致某项关键核心技术的突破机制与众不同，这就说明，现有文献尚没有真正深入到关键核心技术突破的微观机制。

（3）已有文献讨论关键核心技术突破的路径更多站在社会的角度，因而形成的突破机制是政府、行业、企业不同创新主体发出的，容易造成理

---

① 王海军.关键核心技术创新的理论探究及中国情景下的突破路径[J/OL].当代经济管理：1-9[2021-06-22].
② 李显君,熊昱,冯堃.中国高铁产业核心技术突破路径与机制[J].科研管理,2020,41(10):1-10.
③ 李显君,孟东晖,刘暐.核心技术微观机理与突破路径——以中国汽车 AMT 技术为例[J].中国软科学,2018(8):88-104.
④ 孟东晖,李显君,梅亮,齐兴达.核心技术解构与突破："清华—绿控"AMT 技术2000—2016 年纵向案例研究[J].科研管理,2018,39(6):78-87.

解上的错位，也没有深入企业层微观机制研究。

第四节　研究思路、方法和内容

一、研究思路

本书整体呈现出"理论基础—案例研究—实证分析—策略层"的研究逻辑，见图1.2。

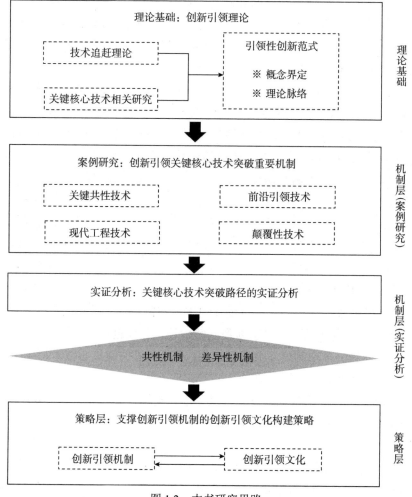

图1.2　本书研究思路

下面做具体介绍。

(1) 本研究的理论基础，即本研究的核心支撑理论是"创新引领"。"创新引领"作为笔者提出的原创性理论，还面临着与相关理论区别的讨论，以及内涵的挖掘。本研究认为，关键核心技术如何突破，要植根于创新管理范式中思考，不同范式决定了不同的突破路径，而创新引领正是科技自立自强国家战略背景下的关键核心技术突破的重要范式。将重点挖掘和进一步补充创新引领的概念，介绍其理论脉络和结构构件。

(2) 研究创新引领关键核心技术突破机制的典型案例。关键核心技术是一个范畴较大的宏观概念，需要进一步分类研究。突破机制是一个 know-how 类型的研究，侧重于挖掘技术突破过程中的内在机理。本研究将关键核心技术按照技术特征划分为关键共性技术（或产业共性技术）、前沿引领技术、现代工程技术和颠覆性技术 4 类，进而选择在 4 类关键核心技术突破方面有代表性的企业作为案例研究对象，严格遵循案例研究方法，进行了核心机制的挖掘。

(3) 给出关键核心技术突破的实证分析。通过问卷调查的方式收集了 25 家在关键核心技术突破方面表现积极的企业的基本数据，以挖掘关键核心技术突破过程中企业的创新活动特征及存在的不足之处。通过问卷调查的方式收集了另外 25 家企业在关键核心技术方面有突破的企业，重点剖析突破过程中采取的创新组织模式、创新投入、创新制度等，形成关键核心技术突破路径设计的基础。

(4) 提出创新引领关键核心技术突破的路径。立足世界一流企业的建设背景，论述了关键核心技术突破与跻身世界一流企业的重要性，从创新战略、创新组织、创新制度、创新生态、创新文化等体系化的角度提出了创新引领关键核心技术突破的路径。

(5) 延伸性地提出如何建设创新引领文化的策略。制度的底层是文化，关键核心技术突破机制的底层则是创新引领文化建设；只有树立了创新引领文化，创新的各项制度才会发挥作用，从而促进关键核心技术持续突破，助力中国企业实现高质量发展。

总体上看，理论基础为研究提供了理论支撑，案例研究为分析关键核心技术突破机制提供了依据，实证分析从较大样本研究关键核心技术突破的现状、问题和经验。

理论基础主要从技术追赶理论和关键核心技术相关研究出发，提出创新引领范式的必要性，并进一步对创新引领范式做理论上的演绎，包括概念界定、理论发展逻辑关系梳理，以及所要研究的核心命题。

关键核心技术的突破需要创新引领范式的支撑。因此，本书选择案例企业的主要标准有两个：一是实施了创新引领的创新范式，而是否实施该范式的判断依据是笔者提出的"VAED 模型"；①二是在关键核心技术领域有突破。根据关键核心技术的分布范围，分别在关键共性技术、前沿引领技术、颠覆性技术和现代工程技术中选择代表性企业。根据以上标准，本书选择方大炭素和青山控股作为创新引领"关键共性技术"突破的典型案例企业，选择华为作为创新引领"前沿引领技术"突破的典型案例企业，选择美的集团作为创新引领"颠覆性技术"突破的典型案例企业，选择中国石油作为创新引领"现代工程技术"突破的典型案例，见图 1.3。

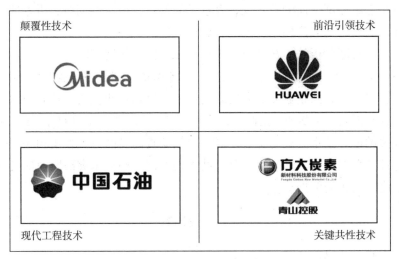

图 1.3　本书选择的案例企业

他山之石，可以攻玉。分析世界一流企业的创新机制可以进一步补充创新引领关键核心技术突破的机制。在此基础上分析引领性创新能力构建策略，因为引领性创新能力是企业组织绩效以及在高端价值链获得可持续竞争优势的根本，引领性创新能力构建策略包括引领性创新能力形成机制和引领性创新文化形成机制。

二、研究方法

研究方法如下。

（1）田野调查法。实地对美的集团、方大炭素、华为、中国石油、青山控股 5 家代表性企业做深入的访谈交流、参观体验、工作体验，形成丰

---

① 刘海兵，许庆瑞，吕佩师. 从驱动到引领："创新引领"的概念和过程——基于海尔集团的纵向案例研究(1984—2019)[J]. 广西财经学院学报，2020，33(1)：127-142.

富的一手资料；同时，查阅公司报表、宣传画册、内部报刊、国内外论文期刊库，形成一手资料的验证性材料或辅助资料。

（2）案例研究法。案例研究适用于解答过程和机理问题。基于4家代表性案例企业的调研资料，遵循案例研究的规范，通过"编码—讨论—总结"过程，提炼创新引领关键核心技术突破的微观机制，并发现不足之处。本研究采用的是多案例研究法，有助于总结可扩展的一般性规律，使研究结论更具稳健性和普适性。

（3）文献研究法。查阅国内外相关研究文献，梳理创新能力理论发展脉络，总结提炼全面创新管理、有意义的创新、根本性创新、引领性创新等理论的核心观点，为本研究准备理论基础。

（4）实证分析法。在分析关键核心技术突破的现状时，笔者先后赴甘肃、重庆、山东、湖北、广东等地进行了25家重点制造型企业的现场调研。除了访谈外，还向企业负责人发放问卷，收集本企业在关键核心技术突破中的一些创新行为数据，据此分析企业创新行为特征。又选择了25家已经实现关键核心技术突破的企业，通过发放调查问卷的方式收集相关问题，并进行了数据分析。这些实证分析结果为关键核心技术突破路径的设计提供了比较充实的依据。

三、研究内容

本研究共包含9章。

第一章"绪论"（即本章）首先介绍本研究的问题背景和研究意义，界定关键核心技术和创新引领两个基本概念，进而从后发企业追赶研究和关键核心技术创新研究两个方面综述国内外研究文献，最后阐述研究思路和研究方法。

第二章"创新引领：理论脉络与内涵"首先阐述创新引领的理论基础，包括全面创新管理、包容性创新、责任式创新、有意义的创新、朴素式创新及使命驱动型创新等创新范式，从特定角度回应了创新管理中的关键问题，对创新管理理论做出了积极的贡献。然后基于上述理论基础，对创新引领的基本内涵进行了深入分析，认为创新引领是充分吸取二次创新、组合创新和全面创新理论养分基础上的第四代创新范式，植根于中国企业发展的路径和现实困境。同时，归纳出创新引领的演进规律和创新引领与核心能力的关系，以揭示创新引领的重要机制。最后，由于创新引领实质上是一个跨越企业层、行业层、国家层三个层次的系统性创新范式，该章从企业层微观机制、行业层中观生态、国家层宏观政策层面系统分析了创新引领的结构构件。

第三章是"创新引领的'前沿引领技术'突破的机制"。前沿引领技术的突破已经成为国家发展战略的重要目标，也是世界经济发展、社会进步的重要驱动力。首先，该章全面梳理了前沿引领技术能力相关研究动态，发现目前主要集中在两方面：一方面探讨前沿技术在不同情境下预测方法的改进，另一方面聚焦前沿引领技术能力突破的过程机理。其次，结合现实情况，对中国前沿引领技术能力现状与困境进行了分析，认为前沿引领技术在中国的发展正面临着机遇与挑战并存的局面。对此，该章基于华为前沿引领技术突破的创新实践，运用扎根案例研究方法探讨了创新引领前沿引领技术突破的模式。研究发现，激发创新引领的创始人印记使能机制、以创新引领为内核的创新文化嵌入机制、支撑创新引领的战略协同机制、保障创新引领的科技安全治理机制是创新引领前沿引领技术突破的具体机制，为中国企业开展前沿引领技术突破提供了实践指引。

第四章是"创新引领的'关键共性技术'突破的机制"。发展关键共性技术是中国突破技术封锁、实现高水平科技自立自强的重要途径。因此探究关键共性技术突破的机制和路径具有理论意义和现实意义。该章通过梳理相关文献对关键共性技术的概念进行界定并总结关键共性技术的特征，从国家科技竞争力、产业发展和企业研发创新三个方面探究突破关键共性技术的意义。同时，分析了中国关键共性技术突破现状与困境，研究发现，近年来中国对基础研究的投入逐渐升高，但由于对关键共性技术的投入总体偏低，缺乏整体性和长期性布局及"产学研"研发体系较为松散，与发达国家仍存在差距。基于此，该章选取青山控股集团和方大炭素作为案例企业，基于资源编排理论，结合关键共性技术突破研究，探索组织能动地管理组织资源的途径及推动企业突破关键共性技术背后的动力机制。通过青山控股和方大炭素的案例分析，总结出创新引领关键共性技术的机制主要为以下4点：资源编排模式演进机制，以创新引领为核心的创新认知与战略重构机制，以知识积累为核心的自主创新机制，以社会责任为核心的文化驱动机制。

第五章是"创新引领的'颠覆性技术'突破的机制"。包含颠覆性技术在内的关键核心技术的突破是国家所迫切需要攻克的核心工程，也是中国企业突破国外技术封锁的重要武器。首先，该章通过对颠覆性技术相关研究的梳理，归纳出了颠覆性技术的概念内涵、特征及涵盖范围，并从国家和企业层面分别指出实现颠覆性技术突破的核心意义。其次，对中国目前颠覆性技术突破的现状和约束进行了系统性总结，点明目前中国在攻克颠覆性技术难题时存在的痛点和难点。最后，研究聚焦于数字化驱动的视角，选取了美的微蒸烤一体机作为案例研究对象，提出了数字技术驱动高端颠覆性创新的理论模型，完整展示了数字技术驱动的过程、逻辑与实施细节，并从微观角度系统分析了数字技术的不同特性对高端颠覆性创新发挥功能的机理，展示了数字技术促进创新的完整逻辑框架。

第六章是"创新引领的'现代工程技术'突破的机制"。首先，该章回顾了现代工程技术突破的研究动态，明确了其内涵和特征。对于复杂产品系统、工程人才培养、信息技术嵌入、工程环节管理及环境治理保护等方面的研究现状进行了详细梳理，进一步凸显了现代工程技术突破在企业竞争和国家崛起中的重要地位。其次，该章明确了中国现代工程技术突破的现状与挑战，发现中国在现代工程技术突破方面还存在技术创新能力不足、产业结构不合理、市场机制不完善和国际环境不利等现实约束。最后，该章引入中国石油的案例，探究了中心式技术创新决策机制、差序式技术创新组织机制和长尾式技术创新攻关机制在案例中发挥的突出作用。通过梳理，该章提炼出工程技术情境下的创新范式，克服了现有研究分析逻辑和研究结论碎片化的缺陷，扩展了技术突破体系研究的理论脉络。

第七章"创新引领的关键核心技术突破机制——实证分析"结合前述研究，对关键核心技术突破路径进行了实证研究。首先对关键核心技术突破的企业进行了现状研究，梳理得到现有企业创新活动的特征和存在的不足之处。其次，根据先前案例研究的结论进行了指标选择，分别选取创新战略、创新组织模式、创新合作网络和创新资源投入4个指标来评测关键核心技术突破，通过采访二十余家企业，得到了严谨准确的数据。最后，通过对数据进行差异性分析，发现关键共性技术、前沿引领技术、颠覆性技术和现代工程技术在创新战略、创新组织模式、创新合作网络和创新资源投入上各有侧重和特点。在制定创新战略时，需要充分考虑不同技术的特性和需求，选择合适的组织模式和合作网络，并合理配置创新资源，以实现技术创新的最大效益。当然，关键核心技术突破也有共性机制：制定高瞻远瞩的创新战略，建设二元协同的研发组织结构，高强度投入创新资源，形成价值共创的创新生态系统，建立全面创新的制度，建设鼓励冒险、宽容失败的创新文化，形成科学的创新管理系统等。该章分别从战略、文化、组织、管理、研发等维度指明了实践路径，为工程技术企业技术创新突破提供了针对性启示。

第八章是"建设具有中国特色的创新引领企业文化"。首先基于现实背景和理论基础，发现当前立足于"超越追赶"的中国管理理论并未得到充分的挖掘，理论滞后于管理实践、与管理实践脱节的问题较为突出。其次，创新驱动发展已进入"创新引领"阶段，各个行业的领先企业在实施引领性创新的过程中需要借助怎样的企业文化力量实现超越追赶的相关研究却有所欠缺。基于此，该章以西欧国家、美国、日本等为典型代表，梳理企业文化的历史脉络和本土化应用，挖掘不同国家和地区企业文化发展的底层逻辑，试图探究出中国企业文化与西方发达国家企业文化的不同之处。最后，在消化吸收外国先进企业文化的基础上，围绕长期主义、整体观、人民性、宇宙观、平等观念、蚂蚁精神、社会底线和生命红线，探究如何培育创新引领企业文化，并将之发展成为中国特色的企业创新文化，帮助领先企业实现超越追赶。

第九章"研究总结"对上述关键核心技术突破路径和机制的研究结论进行了总结，简要阐述了前沿引领技术、关键共性技术、颠覆性技术和现代工程技术的突破机制，并提出了本研究的不足之处，针对不足提出了研究展望。

第二章　创新引领：理论脉络与内涵

党的二十大报告提出，"加快实施创新驱动发展战略。坚持面向世界科技前沿、面向经济主战场、面向国家重大需求、面向人民生命健康，加快实现高水平科技自立自强。以国家战略需求为导向，集聚力量进行原创性引领性科技攻关，坚决打赢关键核心技术攻坚战"。其中的"坚决打赢"说明对关键核心技术已经取得的成绩、不足和未来的谋划，党的二十大报告给出了科学的回答。近年来，围绕关键核心技术的突破，从政府到企业开展了一系列富有成效的创新实践，然而在诸多技术领域还存在对外依存度高、技术不够成熟、技术生态尚未完全形成等现象，这说明关键核心技术尚未完全掌握，制约了中国制造向全球价值链高端攀升。

中国改革开放以来取得的发展成绩是全方位的，举世瞩目。作为国民经济核心支柱的制造业同样获得了飞速进步。研究技术经济、制造业产业政策、创新管理的学者们从不同角度总结提炼了中国制造业由小变大的规律，术语十分丰富，但总体上呈现出"技术引进—消化吸收模仿—自主创新"的路径，以技术为核心资产的创新是制造业发展的根本。

然而，当前国际形势对中国企业发展构成的挑战呈现增长态势，在一个非对称的国际市场环境中，中国企业（特别是制造企业）是否能扭转"大而不强"的局面，全面实现从追赶到超越乃至引领的蜕变，事关国家经济安全、科技安全、整体安全。为此，2022年2月28日召开的中央全面深化改革委员会第二十四次会议审议通过的《关于加快建设世界一流企业的指导意见》提出了"产品卓越、品牌卓著、创新领先、治理现代"十六字方针。因此，追切需要当前现实情境下的中国创新管理理论破茧而出，来回答在超越追赶的道路上中国制造何以由大变强。显然新的管理理论离不开超越追赶的情境，同时离不开改革开放以来中国创新管理理论的积累。

创新引领是在充分吸收二次创新、全面创新管理等理论养分的基础上形成的新创新管理范式，聚焦于国家、行业、企业协同作用，要求企业以价值实现、社会责任为追求，以长期主义、开放共享、价值共创和意义驱动为底层逻辑，致力于社会价值和自身经济价值共同发展；创新引领是跨越企业层、行业层和国家层的系统性创新体系（刘海兵，2022），其主旨是实现价值引领、技术引领和市场引领。

第一节 创新引领的理论基础

全面创新管理理论从创新主体、创新要素、创新时空等维度全面而深刻地揭示了企业创新能力提升的内部微观机制。在战略导向的管理范式中，全面创新是促进创新能力提升进而达成企业战略目标的有力手段，也是"创新驱动发展"的内核。包容性创新、责任式创新、有意义的创新、朴素式创新、使命驱动型创新等重视创新外部性的创新范式，正在鼓励越来越多的企业超越自身，寻找更广泛意义上的企业价值。这些理论为引领性创新提供了丰富而重要的理论基础。

一、全面创新管理理论

中国创新管理理论的发展与中国经济社会发展所要解决的问题是紧密结合的。全面创新管理理论的开拓者、中国创新管理之父、中国工程院院士许庆瑞教授认为，全面创新管理理论的提出是中国创新研究的一个缩影，是长期以来创新研究解决国家经济社会发展实际问题的积累和沉淀。

（一）提出的背景

全面创新管理理论主要分 4 个研究阶段，每个阶段对应解决不同问题，见图 2.1。

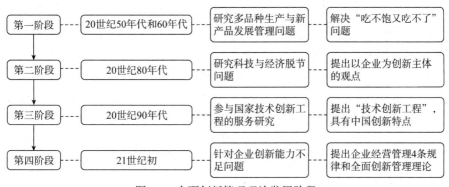

图 2.1 全面创新管理理论发展阶段

第一个阶段是 20 世纪五六十年代研究多品种生产与新产品发展管理问题，解决企业"吃不饱又吃不了"的问题。这一时期社会呈现产品多元化趋势，但当时很多企业并没有生产多品种的能力，企业出现了"吃不饱又吃不了"的问题。"吃不饱"主要指很多企业接不到订单，无法维持企业的经营活动；而"吃不了"则指没有能力去接别人的订单，无法生产出客户想要的东西。例如，上海机床厂当时就面临这样的局面。为此，需要重点解决生产技术准备问题和新产品研究发展管理问题。在参考了苏联的提法后，于 20 世纪七八十年代提出"要走出生产型，变成经营管理型"。

第二个阶段是 20 世纪 80 年代出现科技与经济脱节问题时，许庆瑞研究团队在 1982 年提出以企业为创新的主体，1988 年受到国家重视并写入国家经济贸易委员会（简称经贸委）文件。20 世纪 80 年代，从中国科学院、省市级研究院到学校，再到工厂，都不能拧成一股绳满足国家发展的需要。比如，企业缺乏创新主体意识和自主创新动力，科研单位研发的成果主要是论文和奖项，并不追求通过创新解决发展实际难题等。国家当时出现了科技与经济"两张皮"问题，科技成果向现实生产力转化不力，而且在"以研究院所为创新主体，还是以企业为创新主体"这个问题上，很多人都认为应该将研究院所作为创新主体。

第三个阶段是 20 世纪 90 年代参与国家技术创新工程的服务研究，研究具有中国创新特点的道路。20 世纪 90 年代，国家经贸委牵头提出"技术创新工程"，当时国家选了 5 个试点企业，大部分是国有企业，如北大方正、南京化工、华北制药、江南造船，也选取了一个当时较小的企业——海尔。值得提出的是，许庆瑞研究团队自此开启了与海尔 30 多年的合作研究。

第四个阶段是 21 世纪初针对企业创新能力不够问题，许庆瑞研究团队主要研究了两大规律性结论。首先是企业经营管理的 4 条规律，即战略制胜、全面创新、人企合一、自我积累。战略制胜，即以需求为导向，以核心能力为基础的优势战略制胜规律。全面创新，即战略导向，以技术创新为中心的全面创新规律；这一点和西方不同，西方只承认技术创新，而我们提出，除了技术，管理、思想、文化都要创新。人企合一，是凝聚以知识工作者为主体的全体员工，运用多种激励手段，充分发挥他们的创造性与积极性，融育人与用人为一体的规律；不同于西方管理学的"只讲方法、不讲人"，研究团队提出，企业是人组成的，要重视人。自我积累，即节约劳动为基础，重视资本增值的自我积累和发展规律。也就是说，企业"吃光用光"、没有积累是不行的，企业要实现技术发展，需要靠自我积累。其次，创造性提出了全面创新管理理论，逐渐构建了"二次创新—组合创新—全面创新"的中国管理理论体系，走出了一条有中国特色的自主创新道路。

上述的"全面创新"即是许庆瑞教授等人在其主持完成的国家自然科学基金重点课题《企业经营管理基本规律研究》中首次提出的，他构建了全面创新管理理论的内涵和理论架构。全面创新有两层含义，一是涉及企业各创新要素的全面创新，二是各创新要素间的有机协同。

（二）核心观点

全面创新管理（total innovation management，TIM）是2002年许庆瑞院士团队在提出组合创新管理范式后，基于环境变化新特点和国内外创新管理理论新进展提出的新的创新管理范式。自2002年首次提出后，经过2003年、2004年持续深入地加以改进，全面创新管理理论的体系日臻完善，是自熊彼特提出创新之后的第三代创新管理理论，基于创新生态观提出了全要素创新、全员创新和全时空创新。第一代是单个的创新管理理论，如技术创新（Dosi，1982）、组织创新、文化创新（Shelby Danks，2017）。第二代是组合集成创新管理，强调要素间的协同创新，组合创新至少包含5个方面的组合关系，即产品创新与工艺创新的协调，重大创新与渐进创新的协调，创新的显性效益和隐性效益的协调，技术创新与组织文化创新的协调，企业内部独立创新与外部组织合作创新的协调（许庆瑞，王伟强，1996；郭斌等，1997，2000）。

全面创新管理理论的提出是十分必要的，因为第一代和第二代创新管理理论无法有效解释和控制创新退化。随着市场环境的复杂性、快速变动及用户需求的多样化，创新必须全面、系统地考虑所有可能的影响因素，以及各影响因素之间的关联产生的影响，比如若研发投入过度，不仅降低研发资源配置的效率，还会影响企业正常发展，导致创新退化（许庆瑞等，2004），也称为过度研发。全面创新管理理论的独特之处在于将创新过程看作一个系统过程，也是一个社会过程，强调各要素间的创新协同。

图2.2为全面创新管理的理论框架，可以概括为全要素创新、全员创新和全时空创新。其中，全要素创新解释了创新的内容，主要包括技术因素（技术、工艺及其组合）与非技术因素（制度、市场、文化等）在内的要素创新及要素之间的协同创新，说明了创新不仅是技术领域的创新，还包括管理方面的创新。且随着企业在技术上的进步，要愈发重视通过管理的创新来提升协同效率和整体效率，战略柔性（strategy flexibility）在避免技术刚性（technology rigid）弊端方面的贡献即是例证。也正因为如此，

Teece 的动态能力（dynamic capability）观点成为继资源基础观之后的管理理论的重大突破。全要素创新是对技术领域的创新及动态能力观的拓展。全员创新是针对传统上将创新视为企业研发部门职责的观点而提出的，认为企业的创新活动不仅发生在产品的设计和研发环节，也不仅是由研发人员完成的，还包括创意收集、产品营销、组织管理等环节，这些环节仍然有通过创新提升产品竞争力和企业核心能力的机会，并且在每一个环节中都可吸纳不同岗位的员工一起创新。因此，创新的主体包括了企业各个岗位、各个流程的员工，全体人员在主动、协同、团队的氛围中都要创新。全时空创新是企业通过调整内部流程等的时间和空间属性获取超额收益，实现全球 24 小时接力创新（许庆瑞等，2004），具体的表现行为有全时创新、全地域创新、具体落实到企业全流程全价值链的全时空创新、企业外延扩大化的全时空创新等。

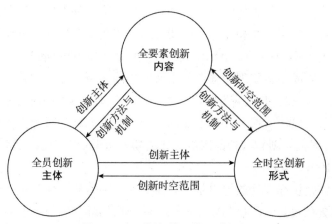

图 2.2　全面创新管理的理论框架

全面创新管理理论是企业创新管理的新范式，许庆瑞团队深挖全面创新管理在不同类型企业中发挥的作用。利用这一理论分析了中小企业如何利用企业中的所有创新要素，包括战略创新、技术创新、营销创新、组织创新、文化创新、学习与知识管理创新、高参与度创新、合作创新等，来发挥创新能力（Xu 等，2012）。进一步地，该研究团队在研究中国大型企业的创新体系时引入了全面创新管理范式，并探讨了实现创新能力的途径及从二次创新到原始创新的路径（Xu 等，2014）。冯文等学者在全面创新管理研究框架下，从战略、业务、支持等层面分析了企业集团的战略、客户、研发、管理、财务、人才等因素对协同创新管理模式和协同盈余形式的影响。与此同时，国外关于全面创新管理的相关研究也不时涌现，如

Rudskaia 和 Rodionov 分析了市场全球化、数字革命及技术、产品和服务动态发展背景下的创新管理体系，对全面创新管理的概念进行了深度刻画，认为全面创新管理理论是提高国家创新体系竞争力的有力工具。还有学者聚焦于具体地区，研究了克尔曼省以全面创新管理为重点的棕榈加工业发展模式（Assadi 等，2021）。

全面创新管理理论的应用，使包括海尔在内的一批中国企业提升了自己的创新能力，为攀升到价值链的中高端提供了强大动力。全面创新为海尔颠覆性商业模式创新贡献了重要的理论指导。然而，随着中国后发企业（latecomer firms）在追赶过程中逐步缩小与西方发达国家领先企业的发展差距，以美国为首的西方阵营掀起了"反全球化""贸易保护主义"声浪，对华制裁跃跃欲试，其背后深层次的原因是西方发达国家领先企业对中国后发企业追赶发展的不安。

在这样的关口，引领并凝聚各个产业界创新力量共同突破习近平总书记在两院院士大会上指出的"关键共性技术"十分必要，但全面创新管理理论更多地阐释了在追赶过程中一家企业的创新路径，而在一些方面亟待进一步发展，包括创新观的确立、创新链和创新网络的发展、创新文化的营造、创新社群的组织等。其核心本质仍然是创新驱动，即强调创新作为战略要素之一，作为实现战略的必由之路，服务于战略目标的达成，不同的战略选择决定了不同的创新驱动方式。事实上，这样的创新很难超越传统的企业追寻超前技术研发，从而难以指导"超越追赶"阶段的企业实践。不同于创新驱动，创新引领则是将创新的重要性、必要性提升到企业经营的思想和文化中，形成了相对稳定的企业价值观，创新作为直面环境、直面用户的必要手段服务于用户价值的实现，可以说，创新引领嵌入企业经营哲学中指导企业具体实践，其地位和重要性高于战略引领。综上，创新引领更适合指导当前国际政治经济背景下，中国后发企业进行原始性创新、关键核心技术突破的企业实践。

二、包容性创新

包容性创新（inclusive innovation）源自于 2007 年亚洲开发银行包容性增长（inclusive growth）的概念，此后经 George 等学者将这一理念引入企业发展范畴。这种创新思想不仅有助于彰显社会公平正义（George，2012），也有助于企业以新的发展逻辑，以新的资源和能力构建新的竞争优势（Kelly，2009）。包容性创新通过对贫困人口"授人以鱼不如授人以渔"的创新卷入，试图改善贫困人口的生计，提升底层能力，把解决贫困问题转化为促进经济与社会可持续发展的动力与机会，改变了传统范式中创新范式更多属于 TOP 群体的支撑逻辑，是一种新的创新理念（邢小强等，2015）。

自包容性创新提出以后，其理论构架受到学者们的高度关注，并从营销（Prahalad，Hammond，2002；Weidner，2009；Chikweche，Fletcher，2012）、战略（Hart，London，2005；Pitta，2008；Tashman，Marano，2010）、制度（Khanna，Palepu，1997；Reficco，Márquez，2012）与组织（Hart，Milstein，2003）4 个视角进行了理论方面的探索与填补。

从营销视角看，具有代表性的如 Anderson 和 Markides 提出针对贫困顾客创新的"4A"框架，即可负担性（affordability）、可接受性（acceptability）、可获得性（availability）与可感知性（awareness），成为包容性创新的指导框架。

从战略视角看，学者们普遍关注基于贫困群体和 BOP（bottom of pyramid，金字塔底）市场的企业如何获取、利用、整合、构建新的资源（Pitta，2008；邢小强等，2015），认为传统的创新范式并没有准备好为贫困群体服务，贫困群体仍然游离于创新体系之外而无法分享创新收益，因此需要开发一种深入低社区学习的本地化能力（Hart and London，2005）。此后越来越多的学者认同需要立足 BOP 市场和贫困群体的特征设计全新的商业模式（Seelos and Mair，2007；Tashman and Marano，2010；Schrader，2012），在这个过程中，企业应该从低社区中吸取经验，之后创新商业模式，而非依靠自上而下的战略推动。Peerally 等人研究了一个最不发达国家的企业如何首先创建运营能力（OC），再随着时间的推移建立创新能力（IC），以满足社会需求、自我维持并实现包容性创新。

从制度视角看，Khanna 和 Palepu 认为在贫困地区支持正规市场体系运作的正式制度安排存在不同程度的缺失或无法发挥应有作用，从而形成制度空洞。根据文化人类学、民族学和社会学的研究，贫困地区往往在正式制度外夹杂着宗教习俗、传统惯例、宗族传统、社区能人等因素的影响，这些因素潜移默化地对低收入贫困群体的生活行为产生较强的"约束"作用。研究还发现，应该注重从非正式制度入手激活底层的创新活力，如 Reficco 与 Márquez 提出应通过建立激励机制来协调行为并促进共同决策。有学者从情境机制的角度研究了包容性创新，研究认为这一概念未能充分考虑弱势群体的具体需求和情景，需要进一步加以研究和发展（Jiménez，2019）。

从组织视角看，内部结构和管理控制是包容性创新的重要议题，主张采取结构化的二元组织（ambidextrous）应对核心业务和 BOP 业务不兼容的问题（Hart and Milstein, 2003；邢小强, 2010），企业高层可通过集中注意力和配置资源来提升 BOP 业务在企业业务中的重要性（Kanter, 2007）。包容性创新能够推动更多的人参与国家管辖范围以外的生物多样性保护和可持续利用（Collins 等, 2019）。

通过对已有理论的分析，可以清楚地识别出包容性创新要么是自然形成的，要么是通过开放获取、通过能力建设和合作措施积极推动的。目前，包容性创新的概念已发展为 5 个集群：作为负担能力工具的创新、作为包容性工具的创新、能力建设与创新、与社会赋权相关的创新制约因素及作为包容性系统的创新（Mortazavi 等, 2021）。

包容性创新的发展理念传递着正义和公正的价值核心，该创新范式一经推出，就受到多国政府的重视。印度《第十一个五年计划（2007—2012）》明确把"包容性增长"纳入国家经济社会战略层面，将其作为减贫、实现社会公平正义的指导原则，并嵌入减贫政策体系的构建中。泰国《国家科技与创新政策和计划（2012—2021）》也明确提出了包容性创新的实施路径。南非科技部出台的"能够产生社会影响力的科学技术"计划、哥伦比亚政府发起的"国家社区增强计划"、泰国的"一村一品"项目等，都是旨在促进包容性创新而制订的科技计划（郝君超, 2016）。2022 年 4 月，世界银行在半年度经济报告中提出，东亚与太平洋地区的发展中国家正面临应对通胀和支持经济复苏的艰难权衡，为应对全球增长放缓，各国应当调整阻碍长期发展的国内政策，开拓新思维。2023 年 9 月 20 日至 21 日，中亚区域经济合作学院第三届年度研究会议召开。会议以"CAREC 区域包容性绿色增长和可持续发展前景"为主题，邀请了来自中国、哈萨克斯坦、吉尔吉斯斯坦、巴基斯坦、印度、马来西亚、日本、美国等国的知名学者及亚洲开发银行、国际货币基金组织和新开发银行等国际组织代表参会，深入探讨全球气候变化下各成员国如何实现包容性绿色发展。

在创新观及创新架构方面，包容性创新的提出对创新范式的发展无疑具有十分重要的贡献。一方面，包容性创新中倡导的公平正义、道德约束的社会价值导向与引领性创新的核心价值主张不谋而合，侧面验证了引领性创新倡导的价值主张的正确性和重要性。另一方面，包容性创新的实现路径涉及战略、营销、制度和组织等方面，包容性创新的理论框架为引领性创新的理论框架提供了可参考的理论借鉴。事实上，包容性创新将穷人、贫困区域的创新体验作为核心价值的创新决策、战略选择、营销视角、商业模式，从侧面提高了企业发展的可持续性，体现了以用户为中心的长期战略导向，因此，包容性创新的已有研究为引领性创新的开展积累了丰富的理论基础，是引领性创新的重要理论前提。

三、责任式创新

21世纪以来，创新在驱动经济发展的同时，也逐渐产生了负面效应，基因伦理危机、核科学应用风险等科技伦理日益成为行业及社会关注的焦点（Grove-White等，2000；Weart，1976；Groueff，1967；Kaiser & Moreno，2012；Fratzscher & Imbs，2009；Eden等，2013）。西方学者开始探讨责任式创新（responsible innovation，RI）的理念，试图用一种新的制度方式来消除创新和新兴科技进步带来的负面社会影响（Hellström，2003），恢复公众对科学和创新的信心（Owen等，2012），通过集体管理科学和创新来实现包容的、可持续的未来(Stilgoe J等，2013)。

2019年6月17日国家新一代人工智能治理专业委员会发布《新一代人工智能治理原则——发展负责任的人工智能》；2022年3月20日国务院印发的《关于加强科技伦理治理的意见》明确指出：要进一步完善科技伦理体系，提升科技伦理治理能力，有效防控科技伦理风险，不断推动科技向善、造福人类，实现高水平科技自立自强。责任式创新在关注技术先进和经济收益的同时，兼顾道德伦理和社会期望，是科技进步与永续发展的强有力保障，为中国创新驱动战略实施提供了一个可操作途径。

自从责任式创新提出以来，学者对其展开了广泛研究，主要围绕三个维度。一是探索责任式创新的特征、模型、理论框架。二是从个体角度探讨创新动因。已有研究将责任式创新延伸至组织员工层面，聚焦于新型研发机构员工创新行为，探寻影响员工责任式创新行为和意愿的因素（郭丽芳等人，2019），如平台领导[①]、员工韧性[②]等。此外，公众接受度对责任式创新的实施成效具有重要影响。如卢超等人（2023）从公众的微观视角探讨了开展责任式创新的价值，通过改进UTAUT模型并进行实证检验，揭示了责任式创新对公众技术接受度的影响机制。三是聚焦于科技创新的治理机制。21世纪初，在欧美兴起的"责任式创新"阐述了集体、开放、综合创新方法，为科技治理提供了具有实践效力的伦理框架。

在责任式创新过程中，构建稳定的协同关系是实现科技创新责任治理

[①] 曹元坤, 罗元大, 肖凤, 等. 平台型领导对员工责任式创新的影响——一个被调节的中介模型[J/OL]. 科技进步与对策: 1-9[2023-10-27].

[②] 崔煜雯, 郭丽芳. 员工韧性对新型研发机构责任式创新行为的影响——一个有调节的中介模型[J]. 科技进步与对策, 2022, 39(21): 135-142.

的基本前提。在已有的研究中，基本上都是构建政府、企业和公众三方演化博弈模型，并引入 Lotka-Volterra 模型来探究利益相关者在责任式创新全生命周期中的行为策略演化和相互作用机制，以及不同响应手段对责任式创新扩散的影响（杨坤等，2021）。此外，利益相关者参与责任式创新面临角色定位、行为归因、利益冲突、责任整合等挑战（Jiya，2019）。大量学者从不同情境中构建技术创新治理框架，例如梅亮、陈劲聚焦于人工智能技术创新治理议题，构建了技术维、经济维、伦理维和社会维治理分析框架，认为人工智能技术创新在理论、实践层面具有双重性，为人工智能技术创新的可持续发展提供借鉴。然而，在责任式创新理论发展中，面临着发展中国家的异质性情境研究缺失和概化性不足等问题。梅亮等人以中国自"十八大"以来的创新发展实践为例，提出了"科技引领、增长永续、制度包容、社会满意"4个方面理论框架，但缺乏内部机理的深刻讨论。

然而，责任式创新的范式尚存在一些理论上的困惑。

（1）不仅依靠技术还要依靠伦理规范的创新，在企业内部缺乏有效的激励机制。伦理如何融入企业管理制度发挥出该有的约束力历来都是引人关注的管理难题，因此，伦理导向下的责任式创新在具体实施层面缺乏有效的落实措施，也是责任式创新理论发展的重要痛点。

（2）依靠政策推动责任式创新，未必导致企业实施积极的创新行为。虽然政策可能使企业迫于制度的规范性、合法性压力做出一些表面合规的创新行为，但真正重要的创新（如原始创新、颠覆性创新）往往需要企业持续投入资源，而政策的规范性是有时限的，且政策压力下也可能导致一些投机行为，并不能在真正意义上实现责任式创新。

（3）责任式创新作为一种企业整体意义上的创新管理范式，缺乏对内部机制的讨论。从目前的研究看，责任式创新似乎更像社会层面的创新呼吁。事实上，责任式创新本身就聚焦组织在创新过程中对多方攸关主体的利益兼顾，倡导组织在关注技术先进和经济收益的同时，兼顾道德伦理和社会期望。这就放大了组织的公益属性，更适用于公众性技术研发机构，而对以绩效、利润为导向的企业实践的指导性和适用性较差，这也是责任性创新一直难以在企业层面引起广泛重视的重要原因。

四、有意义的创新

当今世界正处于百年未有之大变局。在新时代，创新已经成为国家发展的命脉与国际竞争的核心。然而，传统基于技术与市场（需求）的创新范式在"大变局"的挑战下凸显出诸多问题。一方面，专注市场需求的创新策略使得企业疲于应对短期随机性波动的冲击,而失去对社会长期发展需求的洞察力,阻碍了企业可持续竞争优势的获得并催生了诸多"对增进社会福利、助力人类发展'没有意义'的创新"[①];另一方面,科学技术的发展似乎已经不再专为解决某些社会问题而存在,而更像是基于自身的逻辑向着自我完善的方向"进化",引发了诸多环境、经济与伦理问题[②]。究其根本原因,是传统的创新范式已经无法回应社会意义、国家战略意义与人类未来意义等"正外部性"需求(曲冠楠等,2021a,2021b)。因此,有意义的创新(meaningful innovation,MI)范式开始兴起(陈劲等,2018,2019),认为企业应逐步转向聚焦中长期收益和外部社会福利(曲冠楠等,2020,2021b),从而实现具有引领社会进步和人类发展意义的创新实践(陈劲等,2018,2019)。这与引领性创新的内核基本一致。

从国家战略意义上看,党的十九届六中全会提到,中国特色社会主义已经迈入了新时代的发展周期,科技创新要以人民为中心。加快构建高质量的区域格局,离不开有意义的创新路径的推动。在"百年未有之大变局"背景下,放眼国际格局和时代潮流,立足人类社会发展,提倡对人类社会富有意义的创新,是响应"建设人类命运共同体"的重要举措。

已有研究认为,创新"意义导向"的获得需要经历复杂的识别与转化过程(Wang等,2022),"意义导向"的前因分析兼具理论价值与实践意义。因此,学者对其前因变量展开了广泛研究。例如,熊艾伦等人发现社会意义创新绩效具有"非对称性""多重并行""殊方同致"的特点,而友善的研发应用环境和互惠文化氛围是实现具有显著社会意义的创新发展的强有力支撑。接园等人发现了企业心理安全氛围与组织问责机制对企业创新"意义导向"的显著影响。此外,随着全球气温不断上升,环境保护成为世界各国关心的重要议题。中国提出了2030年前实现"碳达峰"和2060年前实现"碳中和"的目标,并要求企业进行绿色转变,减少碳排放与环境污染。在此背景下,绿色创新被认为是有意义的创新决策,旨在主动承担社会责任,在维持经济绩效的基础上帮助企业识别社会绿色需求、回应国家绿色发展战略,并为实现可持续发展做出努力,从而实现创新的经济意义、社会意义、战略意义和未来意义(曲冠楠等,2021b)。如吴建祖等人认为创新意义对基于有意义的创新范式下的绿色创新具有独特的重

---

① 陈劲,曲冠楠. 有意义的创新:引领新时代哲学与人文精神复兴的创新范式[J]. 技术经济,2018, 37(7): 4-12.
② 陈劲,曲冠楠,王璐瑶. 有意义的创新:源起、内涵辨析与启示[J]. 科学学研究,2019, 37(11): 261-270.

要性；张洪认为碳交易市场兼具政府和市场双重调节特点，"双碳"愿景对推动企业进行技术创新和管理创新具有重要作用。

有意义创新的理论贡献在于阐明了将创新由战略管理范式中的"驱动"范式演进为新技术范式背景下的"引领"。事实上，基于经济意义、社会意义、战略意义和未来意义的创新意义（曲冠楠等，2021b）导向下的创新实践正是企业实现"基业长青"的重要价值旨归。纵观历史实践，行业领先企业会将创新转向"更加长期与深层次的社会意义与人类发展大趋势"上，以谋求面向未来的可持续发展优势。在VUCA（volatility, uncertainty, complexity, ambiguity）时代，创新是一项高风险的、越来越难以预测回报的投入，只有遵循"有意义的创新"的价值追寻，才能走出"为创新而创新"的"创新陷阱"，实现"超越追赶"。

然而，从市场逻辑的角度看，有意义创新理论尚缺乏通过案例深入刻画有意义创新的过程，缺乏对有意义创新管理机制的探讨。尽管现有研究已经回应了有意义的创新的理论基础、认知基础、内涵解释等方面，丰富了理论体系，但企业是逐利的组织，如何在兼顾多元创新意义的同时仍能最大化企业创新绩效，背后的市场逻辑是什么，企业又该如何在市场动态变化的背景下基于意义导向寻求最优区分等具体问题仍尚未得到回应，有待于观察更多的企业实践，从不同视角开展研究，给出可行的理论借鉴，加快推进有意义创新的理论和实践发展。

五、朴素式创新

以人口基数大、个体购买力不足、长期难以享有创新福利的金字塔底（BOP）人群为主体的新兴市场特征开始日益引起关注（Bhatti，2013）。在此背景下，朴素式创新（frugal innovation）概念应运而生。此创新范式旨在降低对资源的消耗和对环境的负面影响，具有朴素、包容、资源使用最小化、绿色环保、可持续性等特点，在强调微观企业主体的创新过程与结果并据此赢取竞争优势的基础上，进一步在宏观层次上为实现以创新福利共享为关注焦点的社会包容性及可持续发展提供基础（张军等，2017）。对于新常态下的中国企业创新具有重要的启示作用。

自从2010年朴素式创新概念被提出后，国内外学者相继对其开展了广泛的理论研究。从概念的梳理看，学者从不同视角展开探讨。Prahalad C. K.从战略的视角出发，认为朴素式创新是"运用更少的资源为更多的人提供更好服务"的全面的、协同化的创新活动，是新兴市场特征约束下的一种新的创新范式。此后，陈劲等人基于朴素式创新的由来，对其概念、特征和发展进行评述，并揭示朴素式创新对中国发展的借鉴意义，进一步丰富了朴素式创新的理论体系。不难发现，朴素式创新核心特征呈现收敛趋势，同时大量学者开始从不同研究层次进一步对其概念进行收敛，而未能揭开朴素式创新的具体实现过程。

此外，现有文献从创新过程视角对朴素式创新展开了研究。Bhatti 以社会与 BOP 创新、商业/技术创新和制度创新三大支柱为基础，尝试构建朴素式创新的理论模型[1]。Bhatti 与 Ventresca 进一步提出朴素式创新的价值链模型，并识别了朴素式创新外部过程的构成要素[2]，揭示了朴素式创新外部动力机制。但对于这些外部要素驱动朴素式创新的内在机理的研究不够深入，并且，这些研究将朴素式创新作为一个整体（或"黑箱"）来对待，尚未深入朴素式创新的内在过程。

综上所述，不同学者从不同视角运用不同方法尝试揭示朴素式创新内在的微观过程，虽然尚未形成共识，但从总体上看，基于价值链、创新扩散过程、组织学习等不同视角的关于朴素式创新独特性的描述为后续研究奠定了扎实的理论基础。事实上，朴素式创新背后蕴含的"简化、资源消耗最小化、资源效率最大化"等核心内涵正是引领性创新范式核心价值中的"长期导向"价值遵循，企业只有秉持资源使用效率、效益的最大化，才能保证自身的可持续发展。此外，价值链视角下的朴素式创新过程中所强调的外部协同机制与引领性创新范式倡导的价值实现与分享机制高度一致。朴素式创新强调通过与外部伙伴交换知识、资源，最大限度地实现资源价值，开展全面化、协同化的创新活动。同时，良好的价值实现与分享机制是保证市场逻辑下引领性创新范式持续的必要条件。企业通过最大限度地与合作伙伴共享利益来形成良性的互动机制，打造价值共创、共赢的平台来吸引更多创新资源"为我所用"，为颠覆性创新和原始性创新提供必要的资源基础，是实现引领性创新范式的重要前提。因此，价值链视角下的朴素式创新范式与引领性创新范式拥有高度一致的市场逻辑，都关注企业在价值创造过程中与外部资源的良性互动、长久可持续联接，从而实施组织特定的创新活动。

---

[1] Bhatti Y A. What is Frugal, What is Innovation? Towards a Theory of Frugal Innovation[R]. London: Imperial College London, 2012.
[2] Bhatti Y A. Ventresca M. How Can 'Frugal Innovation' Be Conceptualized?[R]. London: Imperial College London, 2013.

六、使命驱动型创新

2022年11月，习近平总书记在亚太经合组织工商领导人峰会上强调"世界进入新的动荡变革期，地缘政治紧张与经济格局演变叠加""世界经济下行压力增大、衰退风险上升，粮食、能源、债务多重危机同步显现"。在这一大背景下，许多国家都开始探寻以创新为主导的经济增长方式，世界主要经济体（如中国、欧洲、美国等）都在通过制定有针对性的创新规划与政策以应对重大的社会和技术挑战（Georghiou等，2018；Fisher等，2018；Mazzucato，2018）。有学者呼吁回归以使命为导向的创新政策，以应对重大的社会挑战（Mazzucato，2018；Georghiou等，2018；Lehoux等，2023）。

使命驱动型创新（mission-oriented innovation，MOI）是习近平总书记"构建人类命运共同体"思想引领下的一种创新理论的重大转向，是应对社会"大挑战"问题而产生的一种新的创新范式[1]。它强调创新的经济价值向社会和未来价值的转向，强调政府在引领创新发展方面发挥重要职能。知名学者Mazzucato提出"使命驱动型创新"这一概念，即指基于国家重大战略和公共利益的创新，认为政府并非只去简单地修补市场失灵，还有创造市场和新机会的重要职责。事实上，关于使命驱动创新的实践在20世纪40年代就开始了，如美国的曼哈顿和阿波罗计划就是这一类型创新的典型代表（张学文等，2019），后有学者探讨了美国国家航空航天局（NASA）和欧洲航天局（ESA）以任务为导向的创新政策（Robinson等，2019），为使命驱动创新的理论提供了实践依据。

国务院印发的《2030年前碳达峰行动方案》中提出"十大降碳行动"，美国也强调到2030年要实现50%的循环经济。Hekkert等人引入了使命驱动型创新系统（mission-oriented innovation systems，MIS）的概念，填补了配套的理论框架以解释这种新的创新范式。与此同时，以使命为导向的创新政策（MIP）也备受关注，用以推动国家和地区的转型与变革。使命导向政策可以定义为利用前沿知识实现特定目标的系统性公共政策，或"为解决重大问题而部署的大科学"（Ergas，1987）。虽然此类政策旨在动员和协调利益相关者，但人们对使命如何在政策协调过程中发挥作用却知之甚少。Janssen等人认为，要降低MIP的操作难度，必须对下达的任务赋予

---

[1] 张学文，陈劲. 使命驱动型创新：源起、依据、政策逻辑与基本标准[J]. 科学学与科学技术管理，2019，40(10)：3-13.

公众化的内涵，同时给予一定的开放度，由聚集在4个相互关联的政策领域（即战略、计划、实施和绩效领域）的不同参与者做出不同的解释，以便大众理解和采取行动。但也有学者以新苏格兰国家投资银行（SNIB）采用的"使命导向"方法为例，对使命驱动型创新政策的合理性和有效性进行了批判性审查，认为使命驱动型创新方法使政策制定更"模糊"，未能与苏格兰创新体系中的需求条件保持一致（Brown，2020）。总的来说，根据已有研究结论，更普遍的共识是"创新不仅要有速度，而且要有方向"。21世纪人类社会正在日益应对各种重大的社会、环境和经济的挑战，这种挑战被称为"大挑战"，包括气候变化等环境威胁，以及实现可持续和包容性增长的难题等（张学文，陈劲，2019）。随着可持续发展的挑战日益严峻，政策制定者们已经接受了以使命为导向的变革型创新政策理念，将"大挑战"作为创新目标的关键导向。

使命驱动型创新范式所塑造的社会环境、制度氛围为引领性创新范式的产生提供了必要的表达环境，直接催化了引领性创新范式理论的演化。原因有以下几点。

（1）政策环境是企业发展中最重要、最直接的外部情境，而政府政策直接决定了企业行为倾向。在倡导使命、未来价值的政府政策指引下，企业倾向于修正自身行为向政策鼓励的方向靠拢，因而，政府在引领创新发展的过程中也引导了企业向引领性创新范式的演进。

（2）使命驱动型创新强调政府通过合理的评估和决策，以解决人类社会发展中的重大问题与挑战为核心目标，动员和协调利益相关者根据各自的角色完成这一目标。换言之，企业在主动或被动参与和利用前沿知识实现特定目标的系统性公共研发的过程中，已经认可了引领性创新范式的基本价值，加速了企业引领性创新范式的形成。

（3）虽然部分学者对使命驱动型创新政策的合理性和有效性进行了批判，但不可否认的是，使命驱动型政策向企业传达了企业应该主动承担社会责任这一重要信息，企业开展创新活动的起点不应仅局限于用户和行业痛点，而应关注整个人类社会发展的挑战，将人类重大威胁列入创新决策的重要考量，拔高了企业创新的战略立意和精神追求，是引领性创新的思想基础——引领性创新观（leading innovation view）的重要内容。

综上，使命驱动型创新范式塑造了引领性创新产生的制度氛围，实现了引领性创新的基本价值，引导了引领性创新观的形成，直接加速了引领性创新范式的形成与演化。

七、小结

在创新生态系统蓬勃发展的数字经济时代，价值共创成为包含同行业竞争者在内的各种利益相关者的合作逻辑，可持续的生态优势正在代替可持续的竞争优势成为企业的生存之道。战略管理范式正遭遇理论和实践上的双重挑战。对处于超越追赶（beyond catching-up）（吴晓波，2019；许庆瑞、吴晓波等，2020）中的中国企业而言，技术创新能力以技术距离、技术效率来衡量（刘海兵、杨磊，2020），正在缩短与西方传统工业强国领先企业的差距；这意味着在向全球价值链中高端攀升的过程中，冲突和摩擦是不可避免的。国际化战略中企业与企业之间的较量已经上升为产业创新系统之间的较量，"可持续竞争优势"的视角会或多或少地限制已经成长起来的中国领先企业（如阿里、华为、海尔、海康威视等）下一步的战略高度和战略视野，不利于提升中国各个产业创新系统的整体竞争力。鉴于上述原因，以战略为导向的管理范式转向以创新为基础的管理范式是十分必要的。

全面创新管理提供了有洞见的微观创新机制，但缺乏立足企业发展整体观的范式思考。

包容性创新、责任式创新、有意义的创新、朴素式创新、使命驱动型创新等重视创新外部性的新创新范式，正在鼓励越来越多的企业超越自身，寻找更广泛意义上的企业价值。这些理论的共性是将社会价值的实现纳入企业创新的目标，将外部性解决视作创新意义的构成部分；这无疑是以创新为基础的管理范式的理论构建上的重大跨越。重视创新外部性的创新实践正夯实着理论根基。然而，从全面创新管理理论提供的创新主体、创新时空、创新要素看，这些新的创新范式正处于理论的构建期，也是困惑期和混沌期，或者没有清晰地界定创新主体间的关系，或者缺乏对如何均衡社会价值和企业自身价值的清晰阐释，又或者缺乏驱动机制、评估工具、制度等内在机理的支撑，使新的创新范式更多停留在抽象层面。此外，包容性创新、责任式创新、有意义的创新、朴素式创新、使命驱动型创新等各有侧重，所要解决的创新外部性问题各异，这说明在发展过程中究竟解决什么样的创新外部性问题还需要厘定，至少应当用一个以企业情境、行业特征为依据的框架较为宏观地统一起来。图 2.3 显示了创新管理理论脉络。

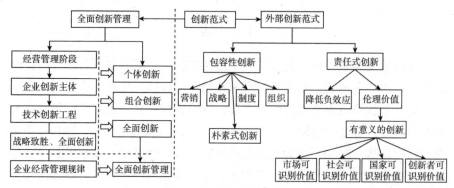

图 2.3　创新管理理论脉络

全面创新管理理论、包容性创新、责任式创新、有意义创新、朴素式创新、使命驱动型创新等范式从某一个角度回应了创新管理中的关键问题，对创新管理理论做出了积极贡献。然而，还有以下问题尚待进一步思考。

（一）创新观的困惑

本书将创新管理理论的发展划分为三个主要阶段。第一个阶段是要素创新阶段，由熊彼特20世纪30年代提出，他认为生产要素和生产条件的"新组合"可以最大限度地带来超额利润，这个阶段的总体特征是各个职能的创新相对独立，缺乏企业整体创新体系的布局。第二个阶段是战略导向的创新阶段，这个阶段确定了战略在诸多管理职能中的优先级，战略导向的创新重视创新模式与战略的匹配，涌现了颠覆式创新（disruptive innovation）、开放式创新（open innovation）、全面创新管理（total innovation management）、整合式创新等创新理论，但缺乏在VUCA时代对产业推动和社会责任履行的嵌入。第三个阶段是面向社会意义的创新阶段。企业创新不应仅满足于企业价值的创造，还应该思考企业创新社会层面的溢出效应，最具影响力和代表性的有包容性创新（inclusive innovation）和责任式创新（responsible innovation）。

尽管第三阶段的创新管理尚缺乏统一的范式，但充分说明创新需要一定的价值观引领，这一价值观被称为创新观。从创新管理理论发展的脉络不难发现，包含全面创新管理在内的创新管理理论在创新观上的思考是不够的。创新观意在向企业阐明"我们需要什么样的创新""我们创新的意义是什么"等。存在顾客导向、员工中心、以股东价值为本等不同战略观，不同的战略观决定了企业战略在面临相同环境时不同的选择结果。创新观亦是如此，创新观不同，创新模式的选择必然也不同。

（二）创新主体的协同压力

创新主体的协同压力来源于两个方面，一方面是内部创新主体间协同，另一个方面是外部创新主体与内部创新主体之间的协同。

内部创新主体间协同压力主要来自于随着企业战略由控制型战略向治理型战略演进（刘海兵、许庆瑞，2018），对员工由授权向赋能转变，员工及部门的自利性倾向加重；这是由于员工积极性、主动性最大程度释放的同时，带来的是企业内部高度的市场化，进而助推员工及部门更多为私人利益和短期利益而考虑。比如海尔集团（以下简称"海尔"）自2005年实施人单合一管理模式以来，小微化成为组织的基本单元，人人都属于不同产业线不同职能的小微团队，而小微又享有灵活的用人权、财权和事权，这种管理模式使人人都要为小微的业绩而创新。但与此同时逐渐显现的问题是，创新主体有"各自为政"的倾向，内部创新主体间沟通和协同的基础是各部门利益，如果不能获得利益（在海尔称为"单"），协同将变得十分困难，久而久之导致企业公共利益容易被忽视，这在"公地悲剧"理论中已有揭示，企业长期利益和核心能力容易丧失，出现"坐得住冷板凳"的创新型人才培养乏力等问题（刘海兵，2020）。当然，这是采取了海尔式管理模式企业的共性问题，问题的出现是偶然中的必然。但截至目前，无论从理论上还是实践上尚缺乏有前瞻性的分析，也缺乏有效的对策。

外部创新主体与内部创新主体之间的协同压力来自于开放式创新推动的创新主体多元化、多样化，不同的主体在合作中的诉求不同。自Chesbrough于2003年提出"开放式创新"（open innovation）概念以来，长期被认为最保密的企业研发部门像注入了"兴奋剂"一样开始活跃起来。关于开放式创新的研究也逐渐深入，由起初的开放式创新的概念与动因（Lichtenthaler，2011）、类型（Felin, Zenger，2014），到开放式创新与创新绩效的关系（Rass, Dumbach, Danzinger，2013）、开放式创新与动态能力的关系（马文甲，2014），再逐渐渗透到开放式创新过程中组织结构设计（Burcharth, Knudsen, Søndergaard，2014）、创新伙伴关系的建设（Shazi, Gillespie, Steen，2015）等。当然，学者们也注意到了开放式创新的潜在风险（Bahemia, Squire，2010；高良谋，马文甲，2014）等，但对此并没有具体的回应，停留在意识层面。

（三）创新要素尚待跨边界定义

对于将社会价值和企业自身经济价值统一于企业的创新过程和创新

行为，很重要的一点是，支撑企业运行的创新要素也需要在社会价值和企业自身经济价值之间做出清晰的定位。但从已有创新管理范式看，全面创新管理重点关注企业核心能力的创新行为，社会价值在创新行为中的卷入不是重点议题。包容性创新关注 BOP 群体如何通过创新改善他们的生活状态，尽管研究框架涉及营销（Prahalad，Hammond，2002；Weidner，2009；Chikweche，Fletcher，2012）、战略（Hart，London，2005；Pitta，2008；Tashman，Marano，2010）、制度（Khanna T，Palepu K，1997；Reficco，Márquez，2012）与组织（Hart，Milstein，2003）4 个方面，但围绕具体要素如何创新时目标比较单一，仅考虑如何激活 BOP 群体的创新活力、如何保证他们的创新收益，忽略了维持企业可持续发展优势的创新行为，以及不同目标导向的创新行为之间如何兼容。如果不能将目标有机统一起来，那么企业又会走向慈善化。由于"企业是创新的主体"（许庆瑞，1982），这并不利于行业、社会及国家整体创新力的提高。尽管追求社会公正而忽略创新效率并非包容性创新的"本意"，但对存在的问题没有给出理论上的回应。责任式创新关注科技伦理等外部性问题；尽管责任式创新克服了原有 4 种类型创新的缺点，即单独依靠技术推动的创新、忽视伦理规范的创新、单纯依靠政策拉动的创新、忽视技术预见与危机防范的创新，但作为一种新的创新范式，尚缺乏支撑其运营的内部机制，缺乏既能依靠技术又能依靠伦理进行创新的激励机制，缺乏责任理念驱动创新的动力机制。

第二节　创新引领的基本内涵

创新引领（或引领性创新）是第四代创新范式，充分吸取了二次创新、组合创新和全面创新理论的养分，植根于中国企业发展的现实。每一代创新范式之间不是替代关系，而是继承基础上结合中国企业发展实际后的理论创新，内在一脉相承又与时俱进。

一、理论溯源与现实需求

（一）全面创新管理理论的继承发扬

二次创新是许庆瑞和吴晓波于 20 世纪 80 年代在注意到中国的技术创新与发达国家的技术创新在基本特征和内在性质上存在很大差别的基础上提出的，模仿创新、创造性模仿、改进型创新、主动实现技术范式的突破和技术轨道的跃进是二次创新过程的模型，于 1991 年在美国波特兰管理工程与技术管理会议上正式完整提出。二次创新解决了中国改革开放以来企业技术创新能力的培养问题，这是因为，当时大量企业纷纷从美国、日本、德国等发达国家以专利转让等方式获取满足生产所需的技术，如海尔从德国利勃海尔引进冰箱技术，青岛红星电器厂从日本引进洗衣机技术等，其中有相当多的企业只注重引进而不注重在消化吸收基础上的创新；尽管这种改进型创新对发达国家而言微不足道，却能加速发展中国家后发企业外部知识的向内流动，提高组织学习能力，从而奠定自主创新的能力基础。

组合创新是许庆瑞和魏江、郭斌、张钢等团队成员于 1995 年提出的创新范式。当中国企业随着引进消化吸收国外先进技术解决了生产能力问题后，企业规模、市场环境、内部沟通等因素逐渐成为影响技术创新的显性因素，即既要重视技术资产的创新，还要重视非技术因素等互补资产（Complementary Asset）创新协同，只有这样，才能促进技术创新能力的持续提升。当时市场上涌现出一批技术比较好的企业，但由于管理滞后出现了经营不善、资不抵债的状况，海尔用海尔文化"激活休克鱼"便是非技术因素重要性的例证。经过后来持续的补充完善，最终组合创新的理论核心可以用 6 对矛盾概括，即"产品创新与工艺创新""自主创新与引进吸收""重大创新与渐进创新""显效创新与隐效创新""内源创新与外源创新""技术创新与组织文化创新"。

全面创新由许庆瑞及其创新团队成员于 2003 年提出。当时的社会背景是中国加入 WTO 以后，国外企业纷纷进驻中国，给中国企业带来前所未有的压力和挑战，同时市场环境变化迅速、用户需求越来越多元化，一些企业选择了国际化战略。出现的痛点是技术创新如何满足用户快速变化而多元化的需求，以及国际化后的全球创新资源如何整合发挥协同效应。组合创新理论无法全面回应。为此，许庆瑞及其创新团队基于在海尔集团的蹲点调研，及与宝钢、江南造船等企业的合作，创造性地提出了全面创新管理理论。

创新引领由笔者等人于 2020 年发表的"从驱动到引领：创新引领的概念和过程""引领性创新：一种新的创新管理范式"两篇文章中正式提出。这与中国企业进入新时代发展中遇到的瓶颈是相契合的。当前，留给中国企业的命题是，带着如何跨越"中等收入陷阱"、摆脱低端锁定、努力向价值链中高端攀升等基本问题思考企业的创新范式。正如北京大学陈春花所说，在商言商已变得不大可能。企业家要以更高的视野、更大的全局观、更开阔的胸怀追求企业经济价值和社会价值的相互统一，要有更强的能力带动产业竞争力持续提升，只有如此，企业强才能国家强，而国家强则企业强。创新引领理论正是努力回答上述问题。

（二）数字经济时代企业高质量发展的底层逻辑

兴起于 20 世纪 60 时代的战略管理理论，立足于计算机及信息技术主导的第三次工业革命的历史背景，强调企业应通过科学的战略分析工具，改善影响企业绩效的决定性因素，从而提高组织绩效。当然，战略管理理论中依然存在所谓环境决定论和自由意志论（战略选择）的争论（Hrebiniak，Joyce，1985），也因此奠定了战略管理的两大理论基调，不同观点的学者仍在以不同的理论视角、更新的研究方法验证着自己的观点。但无论是战略管理的经典理论（如 SWOT、PEST 战略矩阵、波特五力模型），或是 Bowman 和 Helfat 提出的"修正主义"（revisionist view），以及企业应通过自主战略选择来实现绩效最优等观点，都默认了同一个重要前提，即战略规划对于组织绩效的必然影响和先决作用。此后，战略管理继续深入推进，出现了资源基础观、动态能力观。资源基础观（resource based view）的提出者 Wernerfelt 教授以"资源位势壁垒（resource position barrier）"论证了壁垒性资源的重要性；重要贡献者 Barney 教授提出企业应构建并保持竞争优势，而组织中有价值的（Valuable）、稀缺的（Rare）、难以替代的（Non-substitutable）、不可模仿的（Inimitable）的资源是企业拥有独特竞争优势的关键，将资源的外延延伸至能力、企业特征等无形资源。资源基础观从战略博弈的竞争逻辑转变为企业增强自身优势的发展逻辑，铸就了企业的长寿基因。

而动态能力观的提出出现在新旧工业革命交替的历史背景下，20 世纪 90 年代开始，人工智能、石墨烯、量子信息技术崭露头角，以 Teece 为代表的学者开始从动态视角考察企业的竞争优势，并提出企业的竞争优势和经营绩效取决于企业能否根据外部环境变化而不断更新、调整和重构（reconfigure）自身资源和能力，即所谓的"动态能力（Dynamic Capability）"。之后，不同的学者从不同的视角丰富了动态能力观的理论脉络，如 Zott 通过模拟分析发现，动态能力虽然在不同企业间实施的时间节点与成本不同，但同样能够显著影响企业的绩效。Drnevich 和 Kriauciunas 以智利企业为研究样本，引入企业间异质性、环境动态性来研究动态能力对企业经营绩效的贡献。虽然动态能力对企业经营绩效的正向作用已被众多学者（Wilden 等，2013；Girod，Whittington，2017）证实，但是动态能力的识别与界定、动态能力构建的微观机制、动态能力的运作机制等问题仍没有得到清晰的解答。而战略管理学派认为，动态能力观实质上是对环境决定论的深入和回归。

在内忧外患并存的管理情境下，新一代创新管理理论应运而生。2018年，许庆瑞院士提出"创新需要由过去的驱动发展到引领，中国创新管理的研究要进入一个新的研究阶段"。陈劲等从意义维度肯定了创新驱动转向创新引领的必然性，更关注创新的哲学思想、东方智慧、意义维度等意识形态的建设。本书则聚焦创新引领的企业微观机制，先后阐述了创新引领的概念与过程、创新引领的管理范式等，为创新引领的研究奠定了扎实的基础。

高质量发展理论认为，高质量的根本在于发展的活力、创新力和竞争力（金碚，2018），高质量往往意味着高效率、高可持续性。事实上，在复杂多变的时代背景下，以高质量发展为目标的企业更容易基业长青。新时代，企业应掌握以下逻辑，以更好地实现高质量发展的目标。

（1）零和博弈逻辑向互利共生逻辑转变，信息时代产业开放度扩大，上下游间的合作黏性增强，合作伙伴联盟等组织形式成为常态，博弈逻辑逐渐被共生逻辑取代。

（2）构建竞争优势向可持续生态竞争优势转变。以往的竞争优势忽略了竞争优势的长期可持续性、良性循环性及利社会性，过度关注竞争优势的企业决策很可能是短视的。

（3）以经营绩效为尊的上层建设向社会责任、未来意义制胜的上层建设转变。只有秉持长短期视角、意义维度等观念，不断升华企业的意识形态，才能使得企业超脱自身利益，做出对各类利益相关者有益的创新决策。

不难发现，以上逻辑与引领性创新蕴含的哲学思想、共生理念不谋而合。因此，引领性创新是新时代下企业实现高质量发展的底层逻辑，企业高质量发展需要超前的理论指导。只有依靠以引领性创新为核心的创新管理模式，才能为企业发展注入源源不断的发展动力，实现基业长青。

（三）世界一流创新企业建设的根本之需

党的十八大以来，习近平总书记高度重视建设世界一流企业，强调要"深化国有企业改革，发展混合所有制经济，培育具有全球竞争力的世界一流企业"。

企业是促进经济发展的基石，是国家在世界经济体系话语权和世界产业链主导权的决定力量。中国经济要实现高质量发展，必然要培育一批世界一流企业。习近平总书记强调，要加快建设一批"产品卓越、品牌卓著、创新领先、治理现代"的世界一流企业，为激发各类市场主体活力、实现更好发展明确了目标指引。这 16 个字，提出一个鲜明的目标与标准体系，是高质量发展的标志，回答了在当今新时代，中国企业打造什么样的世界一流企业，选择哪些标准作为对标标准等一系列重大实践课题。在"十四五"乃至更长时期内，中国企业将通过技术创新、管理优化等一系列重要的实践活动，全面提升竞争力和影响力。

世界一流企业不仅是一个国家的经济"名片"，更是衡量一国经济实力强弱的重要指标。培育和建设一批具有全球竞争力的世界一流企业，并使得其中一些企业成为世界一流企业的领跑者，既是对中国改革开放步入新阶段的前瞻性布局，也是对中国企业在新时代发展新方向上提出的新要求、新使命。"全面加快建设世界一流企业，推动国资国企做强做优做大"成为新时代一大共识。2022 年中央全面深化改革委员会第二十四次会议审议通过《关于加快建设世界一流企业的指导意见》，提出要坚持党的全面领导，发展更高水平的社会主义市场经济，毫不动摇地巩固和发展公有制经济，毫不动摇地鼓励、支持和引导非公有制经济发展，加快建设一批产品卓越、品牌卓著、创新领先、治理现代的世界一流企业。2023 年，"加快建设世界一流企业"行动向纵深推进，中央工作会议要求"全面加快建设世界一流企业"，其核心是"全面加快"。在这一总体要求下，中国坚持目标导向，力争 10 家以上央企率先成为行业公认的世界一流企业，在不同领域形成百家以上不同层级的典型示范企业，助力中国企业追赶世界浪潮并早日实现创新、技术、产品、服务的全方位引领。

然而，虽然中国企业在超越追赶（beyond catching-up）的过程中，涌现了一批在关键核心技术领域取得突破性创新的领先企业（如华为、中车、国家电网等），但一个不争的基本事实是，在庞大的产业链体系下，诸多底层技术、底层元器件、工业母机、高端芯片、基础材料等高度依赖进口，关键核心技术的安全可控性不高[①]。国内部分企业的发展主要依赖规模，大而不强，产品竞争力、品牌影响力、创新引领力、治理先进力与世界一流水平的企业还存在明显差距。面对这场爬坡过坎的严峻考验，国有企业要不断深化改革，对标世界一流，着力做强、做优、做大；民营企业要把敢闯敢拼和公司治理的规范性统一起来，向"专精特新"方向发展。这是全面建设社会主义现代化国家的重大任务的迫切需要。要解决这一问题，必须重视引领性创新的作用，让更多企业加入基础研究、技术创新、成果

---

① 黄天蔚，刘海兵."意义导向"的世界一流企业科技创新体系研究[J]. 科学学与科学技术管理，2022，43(7)：1-34.

转化、产业化等科技创新活动中，成为引领者、领先者。一方面，价值导向成为创新活动选择及执行中无法回避的评价标准。在价值理念的驱动下，引领性创新能够为建设世界一流企业提供价值遵循。引领性创新回应了人类自身发展的内在诉求，给出了社会进步的价值导向，而这些恰恰是超越追赶中的中国企业和世界一流企业缩短差距的根本（黄天蔚，刘海兵，2022）。另一方面，国家对建设世界一流企业提出了明确的创新要求，即打造创新高地，打造一批掌握关键核心技术的专精特新企业。为此需要引入一个创新范式来指导创新实践。引领性创新范式是一个系统性创新模型，指的是在国家、行业、企业的共同作用下，企业采用以价值实现、社会责任为追求，以长期主义、开放共享、价值共创为遵循的引领性创新认知模式来指导创新实践（刘海兵，2022）。这一创新范式响应了当下国家对建设世界一流企业、实现企业自主技术创新突破的要求。综上，创新引领带来的价值理念和创新范式能够为中国建设世界一流企业提供有力的创新指引。

二、系统框架

与全面创新管理、自主创新、二次创新、责任式创新、整合式创新等理论的形成和发展类似，理论的系统框架是每一个新理论发展和扩散的根本。概念框架在理论发展中的作用类似于"大脑"在人体机能中的作用，在内涵框架的指引下，后续研究者不断延伸、扩散、归纳、演绎、验证，完成理论体系的不断丰富和构建。创新引领的理论框架在不断探索中逐渐形成。

以上概念包括两个核心，见图2.4。

一个核心是创新引领的认知模型。从创新引领企业的创新规划实践看，以价值实现、社会责任为追求是领先企业创新规划的底层逻辑。如百年名企杜邦，始终将创新与人类幸福生活联系在一起，摒弃对人类社会有害的创新，实现了从火药到材料再到医药生物的技术创新路径。德国拜耳公司也是如此，将社会责任融入企业创新活动的全过程，以积极承担社会责任为企业的根本追求。此外，长期主义、开放共享、价值共创是引领性创新的三大遵循原则。当代背景下，企业只有秉持长期主义创新观，识别并坚持对未来发展有深远影响的重大创新，才能实现创新引领。同时，开放共享、价值共创的创新理念有利于企业开放边界，打造外部创新生态，增加可能的创新机会，综合运用多领域、多层次的知识，孕育颠覆性创新。例如，华为的开发者联盟、意大利国家电力公司的 Enel X 创新生态系统就是连接高校、科研机构、技术中介等多种创新主体的开放创新平台。在开放的创新生态中，能更好地探索对人类未来发展有意义的创新趋势，实现创新引领。

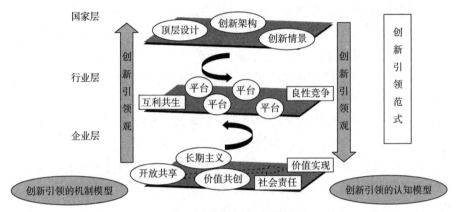

图 2.4　引领性创新范式系统框架

另一个核心是创新引领的机制模型。创新引领是一个跨层次的系统性创新模型。首先，企业层微观机制是创新引领范式得以实现的根本。其中，创新引领观的渗透是企业微观机制形成的关键。创新引领观决定了企业的创新实现路径，从而影响着行业创新模式。其次，行业中观创新生态是创新引领范式的重要支撑，也是国家层与企业层之间的重要联结。企业创新行为通过行业中观生态反馈到国家政策层，而国家政策通过影响行业治理作用于企业创新。良性竞争、互利共生的行业中观生态能够促进创新引领范式的形成。最后，国家层宏观政策是对创新引领范式的顶层设计。通过创新治理、制度规范等手段为企业实现创新引领提供了外部保障。在个体、行业、国家三个层次的不断反馈互动中，创新引领范式逐渐形成，各层次的核心机制构成了创新引领的机制模型。

第三节　创新引领与核心能力的关系

企业能力是组织能力、文化能力、市场能力和技术能力的集合，企业能力的提升和跃迁本身得益于超越创新驱动的创新引领。创新引领能够促进企业核心能力提升，而创新引领自身也在演进。因此，呈现出创新引领促进核心能力提升的动态演化关系。

一、创新引领演进规律

如前文所分析,作为一种秉持创新价值导向的、通过积极的创新行为构建企业在行业内长期竞争优势的可持续发展机制,创新引领对企业核心能力提升起到根本性的推动作用。创新引领和核心能力都是随环境变动和企业自身发展而不断变化的动态概念,伴随着企业由小变大、由大变强的过程呈现特定的演进规律。

海尔洗衣机产业线创新引领的本质是用户需求驱动,但在二次创新阶段、自主创新阶段、开放式创新阶段和全面创新阶段 4 个不同的发展阶段又呈现出一些差异;正是这些差异,使创新引领呈现出由简单到复杂、由企业内部到企业外部的动态变迁,与此同时塑造了不同的核心能力。创新引领演进规律如图 2.5 所示。

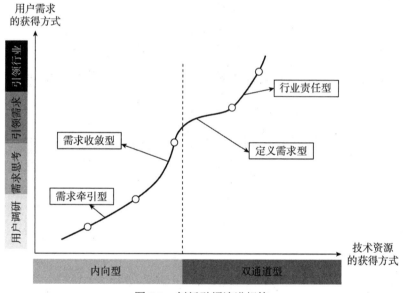

图 2.5　创新引领演进规律

技术资源的获得方式分为内向型(outside-in process)和双通道型(coupled process)两种,内向型指技术资源主要通过技术引进方式获得,双通道型指技术资源既有资源积累(resource accumulation),又有资源获得(resource acquisition)(Helfat,Peteraf,2003;Lee,Lieberman,2010;Sirmon 等,2007)。用户需求的获得方式主要依据用户需求数据的采集、整理和定义过程,分为用户调研、需求思考、引领需求和引领行业 4 种,并逐渐呈现出复杂趋势。对应于 4 个发展阶段,本书将创新引领划分为需求牵引型创新引领、需求收敛型创新引领、定义需求型创新引领和行业责任型创新引领。

二、创新引领促进核心能力的提升

图 2.6 展现了创新引领与核心能力二者之间的关系。依据核心能力的识别标准（Prahalad，Hamel，1990），通过对海尔洗衣机产业线编码，本书将核心能力提炼为市场能力、技术能力、组织能力和文化能力。市场能力经历了由满足用户需求到引领行业发展趋势的演变。技术能力从内向型资源获得方式发展到双通道型资源获得方式。组织能力经历了由隐性到显性的发展；所谓隐性即初期没有整合外部技术资源的机会而使这种能力没有得到体现，而显性指由于整合内外部技术资源的需要而表现出的对知识流的组织能力。文化能力则经历了由文化导入（作为一种管理要素）到文化自觉（作为一种创新基因）的发展。

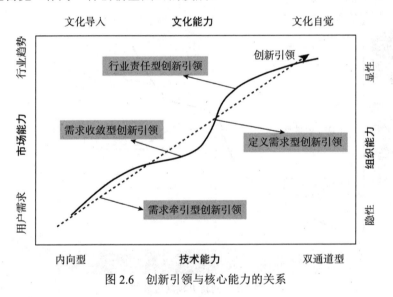

图 2.6 创新引领与核心能力的关系

由图 2.6 可以看出，需求牵引型创新引领旨在较为被动地满足用户需求，由于缺乏基本的技术积累而需要通过引进等方式解决技术资源的短缺，创新在此时尚未形成稳定的价值观，需要通过管理机制将创新逐步作为企业文化渗透到员工的价值观和行为规范中。基于满足用户需求的强市场能力是这一阶段的核心能力。

需求收敛型创新引领开始积极主动在众多的用户需求中通过学习机制甄别有效需求，甄别到的需求不仅令用户满意，还能支撑企业在行业内的未来竞争优势，将这一过程称为需求收敛。市场能力进一步增强，技术能力开始重视内部积累，文化能力则逐渐将创新作为自发的管理机制体现在员工日常行为中。基于理解用户需求、与用户保持零距离的强市场能力是这一阶段较显著的核心能力。

定义需求型创新引领基于前期市场能力的积累开始前瞻性地思考行业内未来的用户需求，也由于前期初步的技术积累，企业具备了在更大范围内整合企业内外部创新资源的基本能力。开放式创新不仅使企业快速地、准确地满足用户短期需求，还促使企业关注用户可能未知的需求，使企业具备了引领用户需求的能力。文化能力进一步增强，已经与企业管理制度融合一体，并内化为员工的价值观。基于引领用户需求的强市场能力成为这一阶段显著的核心能力，同时，增强的技术能力、文化能力和组织能力成为核心能力的构成要素。

行业责任型创新引领基于市场环境高度不确定性和行业跨界颠覆性创新的出现，开始引领行业发展趋势。技术能力进一步增强，由过去的普通专利发明上升到参与或主导制定国际标准，掌握行业的国际话语权。文化能力则体现为员工已将创新作为基因渗透在价值观和日常行为中，使创新成为文化自觉。组织能力进一步增强，能够组织全球创新资源进行全员创新、全时空创新和全方位创新，大大提升了创新效率。这一阶段核心能力表现为更强的市场能力、强文化能力、较强的技术能力和组织能力。

从需求牵引型创新引领到行业责任型创新引领，前后呈递进关系，前者是后者的基础，后者是前者的发展和升华。换言之，低阶创新引领积累的核心能力，正是高阶创新引领得以实施的基础和保障。

第四节　创新引领的构件

创新引领意味着企业能够识别并坚持有利于人类长久发展的创新，不再以自身利益作为创新决策的唯一准绳。这样的状态仅凭企业层面的创新引领机制是不够的，还需要国家政策的引导、行业创新生态的支撑，因而创新引领实质上是一个跨越企业层、行业层、国家层三个层级的系统性创新范式，如图2.7所示。每个层级又有不同的结构构件。

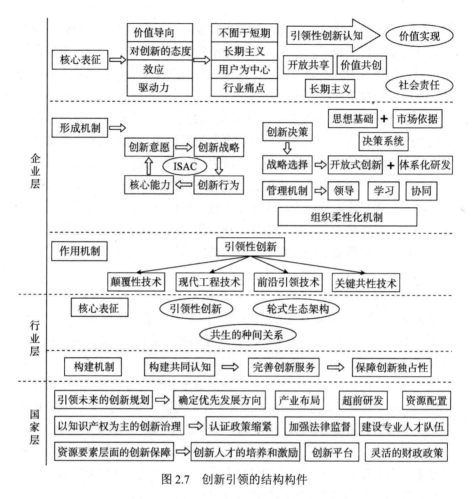

图 2.7 创新引领的结构构件

一、创新引领的企业层微观机制

创新引领在企业层面的微观机制研究可按三个层次展开。

（1）提炼创新引领在企业层面的核心表征。要实现创新引领的创新范式，首先要了解创新引领的含义。笔者从价值导向、对创新的态度、效应、驱动力4个维度探索性地界定了创新引领的概念。之后，提出创新引领观的核心内涵是不囿于短期绩效，秉持长期主义，以用户为中心，聚焦行业痛点。结合以上论述，笔者认为应从战略逻辑、创新动力、创新认知、创新效应4个方面理解创新引领。在战略逻辑方面，创新引领推动战略设计的逻辑起点由市场逻辑发展为超越市场逻辑的创新逻辑，其内核是企业以人类发展趋势中确定的意义性创新为创新战略目标。在创新动力方面，除了基本的企业自身利益外，更重要的是社会责任导向的愿景和使命，这些愿景和使命有利于企业基于长期主义确定创新文化，将宏大愿景和使命内化在组织惯例和员工价值观中。在创新认知方面，将创新的价值导向和意义提升到比企业战略更重要的高度，认为应由传统的经济利益驱动的战略设计发展到创新导向的战略设计。在创新效应方面，除了构建企业可持续的竞争优势，更重要的在于对行业和社会进步的贡献。

（2）梳理创新引领的形成机制。创新引领的形成机制对指导企业实践具有重要意义。本书从理论上探讨了创新引领的过程，即 ISAC 模型。之后，进一步拓展以上过程，探索性地回答了创新引领如何实现的问题，归纳了以下 4 个机制：以思想基础、市场依据和决策系统为框架的战略决策机制，以动态的开放式创新模式和体系化的研发战略为核心的战略选择机制，以领导机制、学习机制和协同机制为核心的管理机制，引领性创新的组织柔性化机制。

（3）挖掘创新引领的作用机制。挖掘创新引领作用机制能够很好地解释引领性创新与企业创新之间的内在联系，并侧面论证引领性创新对企业未来发展的必要性。本书将华为公司作为引领性创新的代表性案例企业，归纳了引领性创新加快关键核心技术突破的文化嵌入机制、战略协同机制、科技安全治理机制。事实上，纵观世界领先企业的创新实践及后发国家的创新突破可以看出，引领性创新的模式和机制为处于创新混沌状态的企业或国家破局提供了更多可能。因此，可将关键共性技术、前沿引领技术、现代工程技术、颠覆性技术的创新作为重要的技术情境，深入探讨引领性创新在不同类型技术突破中的重要作用机制，更好地指导企业实践。

二、创新引领的行业层中观生态

中观视角的行业创新生态是创新引领范式形成的重要支撑。创新引领下，行业组织经历平台化后演化为创新生态化。平台化是生态化的前奏。平台化是指企业在引领性创新微观机制的带动下更关注具有未来意义的创新研发，而知识经济背景下，企业必须依靠外部创新力量来提升自身创新效率与效益。因而，创新引领范式在行业层面表现为核心企业开放创新平台的规模化及创新联盟或创新集群数量的不断增多。生态化是平台化的拓展和延伸，平台化不断发展后会形成一系列创新网络，而网络间、层级间又不断交互，直到形成创新生态系统，即生态化。因此，创新引领中观层面的核心问题在于创新生态系统的特征与形成研究。

（一）创新引领下的创新生态的特征

创新引领下的创新生态应具有如下特征。

（1）行业整体具有统一的价值导向——引领性创新观。此时，行业创新平台或集群组织超脱于技术共享、创新开发等一般性角色，肩负起创新预测、创新规划等创新的路径规划的角色，引领行业发展。同时能高于企业自身利益，专注于攻克利于国家、利于行业、利于人类未来发展的重大创新难题。

（2）行业生态架构多为轮式结构。研究表明，由核心向四周辐射扩散的轮式结构更有利于集体创新，轮式结构的组织包括但不限于两类，一类是领先企业主导的创新生态或社群，另一类是由政府牵头的产业创新集群。

（3）合理的创新生态位与共生主导的种间关系是关键因素。在创新引领范式指导下，创新生态中各参与者不再以物质利益为最高追求，而以创新热情、自我实现等精神要素为核心驱动力，更容易形成尊重创新的良性竞争氛围。此时，行业内部企业能够调整自我生态位，适应良性竞争。同时，在保护创新的安全环境下，企业更愿意开放边界，与外界资源共享，提高创新绩效，进而演化为以协同进化、互利共生为主，良性竞争为辅的高效创新生态，正向反馈于企业个体层面的创新引领效应。

（二）构建机制

以创新引领范式下行业创新生态的目标层建设为引领，继续探索其形成构建的路径，可以发现以下几点。

（1）共同的认知是前提。创新文化、创新观、价值观都是企业认知的重要体现。研究表明，拥有相似创新认知的企业更容易合作创新，且创新的协同效应将显著提升。选择拥有共同认知的企业加入创新生态中，能够减轻创新生态内部维护和治理的压力，最大化创新生态的效用。共同认知也是创新生态引进和剔除内外部企业，不断进行自我更新、自我演化的核心准则。

（2）创新服务是保障。完善的创新服务是创新生态得以运转的基础和保障。"创意产生—研发—测试—市场化—成果保护"是行业创新生态的重要环节（刘海兵，2018），这些环节中涉及的各创新主体间的沟通机制、协同合作机制、知识管理机制、监督和反馈机制等都需要各参与者共同制定并承担相应的角色，逐步完善创新生态系统的功能，以确保行业创新生态的正常运作。

（3）创新独占性是核心。创新独占性机制是指保护创新者利益的知识治理及外在因素（Teece，2018）。创新独占性机制的实现，不仅有利于保护创新者的利益，营造公平的组织氛围，激励创新热忱，而且有助于建立外部创新安全感，推动外部创新范式的进化，形成"开放—发展—更开放"的良性循环，构建强大的创新集合体。而创新独占性机制的实现要求企业加强培训以提高保护知识产权的意识。

综上，建立共同认知、完善创新服务、保障创新独占性是创新引领下构建行业层中观生态的核心路径。

三、创新引领的国家层宏观政策

宏观政策决定了企业生存的外部制度情境，直接影响企业自身创新行为及企业间创新模式的设定。事实上，发达国家的科技创新体系顶层设计通常具有科学性、完备性、安全性，是一个适用性、规范性极强的创新治理体系。也正因为如此，创新引领范式在发达国家企业（如美国的杜邦公司、AT&T公司等）中表现得更充分、鲜明。

（一）引领未来的创新规划

首先，政府应以创新引领范式为基本创新认知，组建专家院士团队，科学研判未来技术基本趋势，确定技术综合体研发优先发展方向。其次，围绕产业链部署创新链，创新链与产业链联动。只有坚持科技进步与经济发展的联动趋势，才能提高创新成果转化率，解决创新衔接脱轨等问题，保证未来新兴产业的迅速崛起。再次，加大国家对未来技术的干预力度和支持力度，设立国家级产业技术超前研发中心，积极部署各产业领域的前瞻性技术预研，超前规划专利布局，抢占先机。最后，通过政策规划搭建科技创新资源的优先配置框架。储备利于未来研究的自然科学知识和人文科学知识，加强高校、科研机构等组织对基础科学人才的培养，探索面向未来发展的新型基础知识。

（二）以知识产权为主的创新治理

首先，提高知识产权认证的门槛。2022年，中国通过世界知识产权组织《专利合作条约》（PCT）途径提交了7.0015万件专利申请，远超美国的5.9056万件专利申请，连续4年位列榜首，但其中核心专利数量极少，专利整体质量成色不足。因此，未来要提高专利等知识产权认证的门槛，规范专利等科技成果的认证标准和程序，以鼓励真正有核心价值的知识创造，提升科技成果的国际有效性。其次，加强知识产权保护的法律监督力度。除去严格的政府监督政策外，知识产权保护的立法健全性、执法严格性必须尽快向发达国家看齐，努力营造尊重知识的公平创新氛围。最后，培育或引进一批专业知识过硬的知识产权人才。从知识产权的申报、保护到运营，都需要专业的人才支撑；要努力加强人才培养力度，或灵活应用人才政策弥补这一缺口。

（三）资源要素层面的创新保障

首先，要培育和激励创新人才。多元化、多层次地完善高质量创新人才的选拔和评定体系，改变仅以论文、专利为标准的片面做法，加强创新人才的学术道德教育。激励措施应更加多样化，摒弃物质激励的固有思维，从落户、社会保险、医疗保健、子女入学、配偶工作、住房保障等问题着手（孙锐等，2020），消除优秀人才的后顾之忧。其次，搭建高质量的创新平台。事实上，当前国家创新力不仅表现在创新投入、产出上，还体现在国内创新平台的数量和质量上。高质量的创新平台能够孕育更多的颠覆性创新，为未来发展提供有力支撑。因此，国家应重视创新平台的建设，汇聚多领域的高质量创新人才，营造良好的平台创新环境，建立面向未来发展的创新高地。最后，政府可探索灵活多样的财政补贴形式。应增加对财政补助的创新项目的意义与价值性考察，挖掘真正能够对国民经济、生活产生重大影响的创新项目，强化政府孵化的有效性；此外利用大数据等手段加强研发补助中政府审计的作用，探索建立长期考核机制，激发颠覆性创新。

第五节 总结

本章深入探讨了创新引领的理论脉络与内涵，对创新领域的深层次机制进行了细致研究。首先，系统梳理了创新引领的理论基石，包括全面创新管理、包容性创新、责任式创新、有意义的创新、朴素式创新及使命驱动型创新等多重创新范式。这些范式从不同角度回应了创新管理的核心议题，为创新引领理论的构建提供了坚实的理论基础。

接着，本章对创新引领的基本内涵进行了深入剖析。作为第四代创新范式，创新引领汲取了二次创新、组合创新和全面创新的精髓，根植于中国企业的发展脉络和现实挑战之中。它不仅是对已有创新理论的继承与超越,更是中国企业在全球化背景下实现转型升级、提升国际竞争力的有益探索。通过归纳创新引领的演进规律及创新引领与核心能力之间的关系,本章揭示了创新引领在推动企业可持续发展、塑造行业竞争优势及促进国家创新体系建设中的关键作用。这些规律的揭示,丰富了创新管理理论的内涵,为实践中的创新活动提供了有力的理论指导。值得注意的是,创新引领是一个跨越企业层、行业层、国家层三个维度的系统性创新范式。因此,本章从企业层微观机制、行业层中观生态、国家层宏观政策层面出发,对创新引领的构件进行了系统的学术分析。这种跨层次的分析方法,有助于研究者更全面、深入地理解引领性创新在不同层面上的运作机制,为实践中的创新活动提供了更精准的理论指导。

综上所述,本章为理解关键核心技术突破的核心机理提供了全面而深入的学术分析。同时,为企业在实践中推动创新引领范式,提升竞争力提供了重要的理论支持和实践指导。

第三章　创新引领的"前沿引领技术"突破的机制

创新引领作为一种新的创新范式，是企业科技自立自强的必然选择。前沿引领技术具有前瞻性、探索性、引领性等特征，是产业转型升级的重要驱动力，也是提升国家和企业技术竞争力的关键所在。前沿引领技术的突破已经成为国家发展战略的重要目标，也是世界经济发展、社会进步的重要驱动力。本研究基于华为公司突破前沿引领技术的创新实践，运用扎根案例研究方法探讨了创新引领的"前沿引领技术"突破的模式。研究发现，创始人印记使能机制、以创新引领为内核的创新文化嵌入机制、支撑创新引领的战略协同机制、保障创新引领的科技安全治理机制是创新引领的"前沿引领技术"突破的具体过程机制。

第一节　前沿引领技术能力相关研究动态

目前关于前沿引领技术的相关研究聚焦于前沿技术的预测和前沿技术的突破两方面。前沿技术的预测是为了明确技术发展趋势和资源配置，帮助政府和企业制定政策和决策。前沿技术的突破研究涉及提高吸收能力，加速资本积累，建立合作关系及扮演不同角色等问题。这些研究有助于缩短技术差距和提高自主创新能力。然而，目前的研究存在一些缺口，包括过于强调战略管理范式，忽略创新的社会性和外部性，以及缺乏动态视角和协同机制的机理研究。未来的研究应该更关注前沿引领技术的演化和协同机制，以便更好地理解其作用和实现有意义的创新。这些研究对中国的高质量发展和科技创新将具有深远的影响。

一、前沿引领技术的概念界定

在国家发展战略中，前沿技术是《国家中长期科学和技术发展规划纲要（2006—2020年）》（以下简称"规划纲要"）中使用的一个基本术语。规划纲要中指出：前沿技术是指高技术领域中具有前瞻性、先导性和探索性的重大技术，是未来高技术更新换代和新兴产业发展的重要基础，是国家高技术创新能力的综合体现。前沿技术不仅代表全球高新技术的发展方向，还能引领新兴产业的形成和发展，对未来经济具有强有力的支撑作用。根据规划纲要的定义，前沿技术属于高技术范畴，前沿技术的核心特征是"前沿性"，突出特点在于"前瞻性"和"新兴性"，且在某一具体科技领域中具有继承性、未来性及探索性的特征。

下面详细介绍前沿引领技术的含义。

（一）前沿技术是新兴技术的延伸

前沿技术是新兴技术的延伸[①]，相较于新兴技术，其颠覆性弱，技术关注度较高，此外，前沿技术的不确定性有所降低，可预测性有所提高。已有研究认为，前沿技术是一定时间内技术关注度快速提升的某项或某类符合产业发展需求的技术。宋凯等人认为前沿技术是某个时间段内某个技术领域中正在兴起并引起研究人员高度关注的研究主题，能够指引技术领域发展方向，决定技术领域创新路径。

（二）前沿引领技术是融合其他领域的复合技术

前沿引领技术是吸取前沿技术与创新引领理论养分的基础上，结合中国"现代化"进程的时代背景形成的概念。前沿引领技术既具有前沿技术的基本特征，还具有引领性特点。具体来说，其引领性不仅体现在技术、市场的引领作用上，站在国家层面看，还体现在引领产业升级、国家安全发展、人类社会进步方向等方面，是前沿技术中具有重大引领作用的技术。前沿引领技术属于高技术范畴中发挥着前沿性、引导性作用的那一部分。如同其他现代科学技术，前沿引领技术的发展是由新发展的基本效应或自然规律所推动的，同时，伴随着基本效应和自然规律的集成和融合发展，前沿引领技术形成了融合其他领域的复合技术或者技术集。随着基本效应及自然规律的不断发展，《2022年世界知识产权报告》指出数字化是新的重大创新变革，它正在通过改变创新的对象、类型和过程，改变着当今的各个产业，是前沿引领技术进步的表现。

---

① Lee C, Kwon O, Kim M, et al. Early identification of emerging technologies: a machine learning approach using multiple patent indicators[J]. Technological forecasting & social change, 2018, 127:291-303.

二、前沿引领技术突破的意义

关于前沿引领技术突破的意义，本研究主要从"在科技自立自强背景下提升企业关键能力"和"成为构建科技强国的有力支撑"两个方面做主要阐述。

（一）在科技自立自强背景下提升企业关键能力

党的二十大报告指出，要加快实施一批具有战略性全局性、前瞻性的国家重大科技项目，增强自主创新能力。党的十九届五中全会提出，要强化国家战略科技力量，牢牢掌握高质量发展主动权。企业应当响应号召，提升技术能力。根据资源基础观的研究理论，企业的技术能力被认为是企业所拥有的非常重要的无形资产，是企业开发和运用各种技术资源的能力。因此，企业技术能力是获得持久竞争优势和实施创新活动的关键驱动力。企业的技术能力能够有效整合内外部的创新资源（包括知识、信息等），激发企业进行产品、工艺和技术创新的意愿和热情，能够在一定程度上提高创新效率。综上，企业技术能力是技术后发国家在技术追赶过程中新的实践范式和企业能力理论的基础。前沿引领技术能力来源于企业技术能力理论，指的是前沿引领技术的研发能力和实现前沿引领技术商业化应用的能力，即前沿引领技术基础能力和前沿引领技术创新能力。

（二）成为构建科技强国的有力支撑

中国经济已经进入高质量发展阶段，而经济的高质量发展需要解决的主要矛盾是如何更高效地配置有限的资源。前沿引领技术作为成熟轨道上占据领先地位的技术，它的发展能够很大程度提高生产效率、供给能力和潜在增长率。习近平总书记在党的十九大报告中明确要求："要瞄准世界科技前沿，强化基础研究，实现前瞻性基础研究、引领性原创成果重大突破。"需要为科技创新和技术变革提供源头活水，加强应用基础研究，拓展实施国家重大科技项目，突出关键共性技术、前沿引领技术、现代工程技术、颠覆性技术创新，为建设科技强国、质量强国、航天强国、网络强国、交通强国、数字中国、智慧社会提供有力支撑。还需要加强国家创新体系建设，强化战略科技力量。前沿引领技术能力已经成为国家综合国力的决定性因素。面对激烈的国际竞争，只有不断提高前沿引领技术能力，才能摆脱技术落后的局面。科技创新是人类进步的重要原动力，是世界各国经济发展、社会进步的重要驱动力。只有坚持瞄准世界科技前沿，才能引领发展潮流，跟上时代的步伐，走向更美好的未来。

三、前沿引领技术创新研究现状

关于前沿引领技术创新的研究，目前主要集中在两方面。一方面探讨前沿技术在不同情境下预测方法的改进，另一方面聚焦前沿引领技术能力突破的过程机理。

（一）关于前沿引领技术的预测研究

前沿技术与前沿引领技术的预测原理存在相通性，因此可以借助前沿技术的相关预测方法。前沿技术是高技术领域具有指引性、前瞻性的核心技术，准确预测对明确技术发展趋势、未来潜力和技术资源有效配置至关重要（武川，王宏起等，2023）。所谓前沿技术预测，就是根据收集的技术相关信息，通过人机结合的方法，进行技术发展现状分析、动向跟踪和趋势拟合，以判断未来某个时间节点技术应用情况和对未来经济与社会发展的影响程度（李晓松等，2020）。前沿技术的预测可以帮助国家制定相关政策，引领未来技术发展方向，同时为企业和组织提供决策支持，帮助企业更好地了解引领技术的趋势，推动新产品、新服务的开发，提升自身核心竞争力。由此可见，前沿技术的预测对各个领域推动科技创新、社会和经济可持续发展具有重大意义。

为了适应中国科技发展的新形势和新使命，学者开始了前沿技术的预测工作。前沿技术的预测方法主要涉及两个方面。一方面，准确识别是预测前沿技术的重要前提。常见的前沿技术识别方法有专家评分识别法、基于技术专利网络识别法、建立前沿技术评价体系法、基于文本主题挖掘法等（Tseng 等，2019；Lee，Sohn，2017；刘玉梅等，2021；李冰等，2021）。此外，李晓松等人还提出了"识（identity）—研（research）—决（dicision）"预测思路，认为前沿技术识别需要构建技术体系树、确定重点、精确跟踪等步骤；武川等人建议运用 LDA 模型挖掘隐性前沿技术文本信息，通过建立专利主题相似网络，实现对前沿技术准确、完整的识别。另一方面，已有研究聚焦于具体的前沿技术预测方法，如采用技术热点主题、专利编码、IPC 共现等技术。不仅要体现前沿技术的应用前景、趋势，还要对技术的延伸性做出符合科学逻辑的预测。例如，Zhou 为解决专利数据量有限的问题，设计基于数据增强与深度学习的前沿技术预测方法。前沿技术的预测受诸多因素的影响。例如，科技舆情能对前沿技术预测结果产生显著的、积极的影响，能够提高其全面性和时效性（王兴旺等，2018）。

王兴旺等人将科技论文、专利和科技舆情这三种不同类型的信息结合起来用于前沿技术预测，通过权值计算方式获得的预测结果更加准确。李荣等人提出用"立项强度"与"研发投入力度"两项指标对主题的前沿性进行评测，并用战略坐标图来判定、分析、归类技术主题的前沿性。武川等人为未来前沿技术展开延伸性预测，利用了 TRIZ 理论技术进化法则（九屏幕法）。

（二）关于前沿引领技术能力突破的相关研究

如何突破前沿引领技术能力，是学术界关注的又一重点问题。前沿引领技术能力来源于技术能力。熊彼特认为，技术能力作为企业创新资源积累与运用的基础，是企业快速创新、充分吸收技术与有效应用技术的核心。对于技术能力突破的研究比较丰富，主要集中在两类。一类是纵向考察技术创新能力演化过程和演化路径。运用的理论主要是组织学习理论和组织演化理论，如组织演化理论认为技术创新能力是企业在与环境的互动中"变异、选择、保留与传承"的过程，但目前对能力演化机理的理解尚不清晰[1][2][3][4]。另一类是探究技术创新能力提升的先导因素，包括自然选择视角、早期制度理论、定位观、吸收能力观、资源基础观、知识基础观、认知理论、高阶理论[5][6][7][8]。

在国家层面上，前沿技术差距是动态变化的，中国核心技术的自主创新能力比较薄弱，因此，只有加强基础研究的强度，才能有效发挥前沿引领技术对于技术追赶和技术突破的支撑作用（孙早，许薛璐，2017）。后发国家对先发国家的经济赶超主要是由于技术进步。技术追赶和技术前沿是

---

[1] Barney J B. Organizational Culture: Can it Be a Source of Sustained Competitive Advantage?[J]. Academy of management review, 1986, 11(3):656-665.

[2] March J G. Exploration and exploitation in organizational learning[J]. Organization Science. 1991, 2(1): 71-87.

[3] Lee K, Lim C. Technological regimes, catching-up and leapfrogging: findings from the Korean industries[J]. Research policy, 2001, 30(3): 459-483.

[4] Fortune A, Mitchell W. Umpacking firm exit at the firm and industry levels: the adaptation and selection of firm capabilities[J]. Strategic Management Journal, 2012, 33(7): 794-819.

[5] Lavie D. Capability reconfiguration: an analysis of incumbent responses to technological change[J]. Academy of Management Review, 2006, 31(1): 153-174.

[6] Porter M E. What is a strategy?[J]. Harvard Business Review, 1996 (6): 61-78.

[7] Castel P, Friedberg E. Institutional change as an interactive process; the case of the modernization of the frenchcancer centers[J]. Organization Science, 2010, 21(2): 311-330.

[8] Cohen W M, Levinthal D A. Absorptive capacity: a new perspective on learning and innovation[J]. AdministrativeScience Quarterly, 1990, 35(1): 128-152.

后发国家在经济赶超不同阶段中的两种技术进步模式，两种模式都能有效促进全要素生产率的增长。那么如何才能缩小技术距离，瞄准前沿引领技术，获得技术突破呢？后发国家无法吸收前沿引领技术的关键在于不恰当的要素投入比例。后发国家应当通过加快资本相对于劳动的积累速度，从而提高吸收、引进前沿引领技术的能力；也可以通过合作来吸收前沿引领技术。一般情况下，企业将选择技术重叠程度高的合作企业，节本增效。到技术追赶的后期，自主创新模式相较技术模仿模式能够更大限度地促进前沿引领技术的创新和发现。

（三）研究缺口

综上所述，以上研究除了自身演化路径不清、协同机理不明、路径模糊、缺乏动态视角等问题外，最大的不足之处是存在明显的战略管理范式印记，将前沿引领技术能力突破定义为组织目标，又将其与组织绩效、市场表现混为一谈，大量研究采取了这种"看上去应该如此"的分析范式。也就是说，企业的前沿引领技术能力突破从属于战略、服务于竞争优势成为创新领域的研究惯例，然而，这种惯例使概念范畴逐渐缩小且忽略了创新的外部性问题，忽略了作为社会性主体的企业在创新发展中应该承担范围更广、影响更深的社会责任。尤其在"以人民为中心的高质量发展"的新发展阶段，关于企业如何"围绕产业链部署创新链、围绕创新链布局产业链"从而追寻"有意义的创新"，战略管理范式很难给出有效解释和路径答案。

第二节 中国前沿引领技术突破现状

前沿引领技术在中国的发展正面临着机遇与挑战并存的局面。国家高度重视前沿引领技术的发展，将其纳入国家中长期科学和技术发展规划，积极投入资金和资源用于前沿技术的研究与发展，鼓励企业加大自主创新力度。中国在某些前沿领域（如人工智能、量子通信、5G等）已经取得了显著成就。然而，前沿引领技术在中国的发展仍面临一些困境，如国际贸易环境的不确定性，来自产业链、创新链的挑战，科研创新文化的缺失，开放水平总体不高等。这需要政府、企业和研究机构更好地协同合作来分担风险，加大自主创新力度，加强国际合作，增加资金和人才投入，以更好地应对前沿技术的挑战和机遇，实现高质量发展和科技创新的目标。

一、中国前沿引领技术取得的成果

前沿引领技术有助于国家取得未来创新领域的领先地位，形成未来经济的主要支撑力量。同时，前沿引领技术对国防和安全方面的应用至关重要。作为中国企业，更应该具有"产业报国""居安思危"的精神，以国家安全的指引，以国家发展为己任。这与习近平总书记 2020 年 7 月 21 日在企业家座谈会上的讲话中提出的"优秀企业家必须对国家、对民族怀有崇高使命感和强烈责任感，把企业发展同国家繁荣、民族兴盛、人民幸福紧密结合在一起，主动为国担当、为国分忧"思想高度一致。企业应该将研发精力投入前沿引领技术的能力突破过程中。

近年来，中国的前沿引领技术能力显著增强，已经有能力主导和开发新的市场领域。早在 2004 年，中国的前沿引领技术领域就突破了一批核心技术，缩短了与世界先进水平的差距。非线性光学晶体、量子信息和通信、超强超短激光等研究均居于世界前列。中国第一次在国际上实现了五粒子纠缠态的制备与操纵，研究成果发表在《自然》期刊上。自从 2006 年中国政府发布规划纲要以来，在前沿引领技术领域更是取得了重大突破。表 3.1 列出了从 2015 年以来的突破情况。综上可见，中国企业自主研发能力显著增强，特别是 5G、量子计算等前沿领域占据了市场领先地位，实现了对美国的赶超，前沿引领技术迈上了新台阶。

表 3.1 中国前沿引领技术突破情况

时间	突破的前沿引领技术
2015 年	首款石墨烯节能改进剂"碳威"面世、自主研制的大型无人军机"彩虹五号"首飞成功、首台 6000 米自主水下机器人研发成功、首辆无人驾驶智能纯电动汽车研发成功、第一颗商业高分辨率遥感卫星"吉林一号"组星成功发射、大飞机 C919 正式下线、首辆碳纤维新能源汽车正式下线
2016 年	首台峰值运算速度过 10 亿亿次/秒的超级计算机"神威·太湖之光"诞生、首颗量子科学实验卫星"墨子号"升空、30.8 万吨的超大型邮轮下水、无接触网"超级电容"现代有轨电车下线、500 米口径球面射电望远镜（FAST）启用、世界首条新能源空中铁路试验成功、首款石墨烯基锂离子电池面世
2017 年	成功研制世界上最亮的极紫外光源、首艘国产航母在大连造船厂下水、超越早期经典计算机的光量子计算机诞生、新型可耐 3000 摄氏度烧蚀的陶瓷涂层及复合材料面世、全球首条 10.5 代液晶生产线投产

（续表）

时间	突破的前沿引领技术
2018年	全球首辆全碳纤维复合材料地铁车体研制成功、发明了智能微纳机器人。还在以下研究领域取得了成果：高温超导体研究、拓扑物态领域系列研究、粒子物理与核物理研究、有机分子簇集和自由基化学研究、纳米科技创新、人工合成生物学研究、非人灵长类模型与脑连接图谱研究、基因组研究、《中国植物志》编研及生物多样性研究、古生物研究、第四纪环境研究、东亚大气环流研究、数学机械化方法与辛几何算法、系列大型天文观测设施以及以北京正负电子对撞机为代表的大型加速器类装置
2019年	克隆出杂交稻种子的基因编辑技术、国产高速磁浮列车能够达到600公里时速的技术、运载火箭实现在海上发射的技术
2020年	大型先进托卡马克装置的建造和运行技术、5G技术、华龙一号全球首堆并网成功、大型水陆两栖飞机"鲲龙"AG600海上首飞成功、"硅—石墨烯—锗晶体管"研发成功、北斗导航系统完成卫星组网
2021年	中国首个自营勘探开发的"深海一号"正式投产、全球首台实现100万千瓦满负荷发电的机组投产、天问一号成功实现火星着陆和巡视探测
2022年	运载火箭"力箭一号"首飞成功、首次制成栅极长度最小的晶体管、二氧化碳"合成"葡萄糖和脂肪酸
2023年	中国首个国家级大科学装置"人造太阳"（HL-2M）实现了超过100秒的稳态高约束模式等离子体运行（刷新了世界纪录）

（资料来源：中华人民共和国工业和信息化部网站、中华人民共和国国家发展和改革委员会网站、中华人民共和国科学技术部网站、中华人民共和国中央人民政府门户网站、先进制造业网、中国科学院、环球网等。）

二、中国前沿引领技术突破的约束

顾名思义，产业基础能力是对产业发展起基础性作用，影响并决定产业发展质量、产业链控制力和竞争力的关键能力。它由"四基"组成，分别为基础关键技术、先进基础工艺、基础核心零部件及关键基础材料。近年来，中国的前沿引领技术有了较大程度的突破，产业基础能力有了较大幅度的提高，但是前沿引领技术的突破、性能的可靠性等方面与世界前沿水平仍有较大差距。部分关键基础材料、零部件缺失，以至于无法形成比较有特色、有持久竞争力的高端产品和系统设备；另外，部分基础产品的性能和质量无法满足对于整机有需求的用户，因此一些主机及配套装备容易陷入"缺芯""少核"的状况。

另外，虽然工业企业的研发投入加大、研发强度提高改善了一些情况，但是创新资源配置效率较低、科技成果转化率较低的问题并未得到很好的解决。要瞄准世界前沿引领技术，就需要提高自主创新能力，大幅度提升自主研发效率；前沿引领技术的突破无法依赖技术模仿，而自主创新模式与基础研究有着密切关系。基础理论研究能够实现引领性、原创性的产业理论的重大突破，而应用基础研究能够实现关键共性技术、前沿引领技术、战略性新兴产业技术的颠覆性突破。

前沿引领技术的突破和产业化需要巨大的成本、高昂的投资，存在巨大的不确定性风险，只依靠企业自身的力量很可能出现后续资金不足的问题，因此，政府在前沿引领技术突破方面作用巨大。技术推动和需求拉动是两种重要的力量，且二者高度关联。在前沿引领技术突破的过程中，政府不仅要给予研发经费、人员等方面的支持，还需要通过各种政策法规等创造市场。中国政府也全方位部署了要突破的前沿技术，无论是政策文件的下发和宣传，还是研究经费等的支持，都取得了不错的成绩。截至 2022 年，中国已经成立了 26 个国家级的制造业创新中心，如表 3.2 所示。

表 3.2　中国创新中心建立概况

时间	地点	创新中心
2016 年	北京	国家动力电池创新中心
	西安	国家增材制造创新中心
2017 年	武汉	国家信息光电子创新中心
2018 年	沈阳	国家机器人创新中心
	广州	国家印刷及柔性显示创新中心
	上海	国家集成电路创新中心
	上海	国家智能传感器创新中心
	武汉	国家数字化设计与制造创新中心
	北京	国家轻量化材料、成形技术及装备创新中心
2019 年	株洲	国家先进轨道交通装备创新中心
	洛阳	国家农机装备创新中心
	北京	国家智能网联汽车创新中心
	苏州	国家先进功能纤维创新中心
2020 年	包头	国家稀土功能材料创新中心
	深圳	国家高性能医疗器械创新中心

(续表)

时间	地点	创新中心
2020年	无锡	国家集成电路特色工艺及封装测试创新中心
	泰安	国家先进印染技术创新中心
2021年	重庆	国家地方共建硅基混合集成创新中心
	深圳	国家5G中高频器件创新中心
	蚌埠	国家玻璃新材料创新中心
	青岛	国家高端智能化家用电器创新中心
	合肥	国家智能语音创新中心
	天津	国家地方共建现代中药创新中心
2022年	宁波	国家石墨烯创新中心
	南昌	国家虚拟现实创新中心
	成都	国家超高清视频创新中心

中国政府为了突破前沿引领技术，付出了巨大努力，然而，前沿引领技术能力突破的过程中仍存在一些问题。

第三节 典型案例——华为

近年来，经济全球化发展遭遇逆流，全球产业链面临重塑，国外技术封锁态势严峻，前沿引领技术的突破成为社会各界关注的重点。企业作为创新的主体（许庆瑞，1982）、科技体系的重要组成部分，必须主动承担起这一历史责任，为国担当、为国分忧。事实上，在实现突破的多个前沿引领技术攻关项目中，一大批企业成为技术攻关的中坚力量，在整个技术创新历程中扮演着重要角色。例如，华为从2009年开始10年间持续投入5G技术研发并逐渐引领全球5G研发进程。中国新闻网的数据显示，截至2022年底，全国登记在册的市场主体为1.69亿户，其中企业数量超过5000万户。因此，在国家资源约束状况严峻、技术攻关形势危急的历史情境下，挖掘企业的创新主体力量，对于加快前沿引领技术突破进程、保护国家产业链安全具有重要意义。

现在，从企业层面出发探寻企业突破前沿引领技术机制的研究较少，且主要聚焦于两种视角。一种视角将企业作为协同创新网络中的一员，分析企业在协同创新中的功能性角色（谭劲松等，2022；张三保等，2022），如张羽飞和原长弘以三一集团为例，深入探讨民营制造业领军企业通过产学研深度融合突破前沿引领技术的演进路径及动态演进模型。另一种视角则聚焦企业突破前沿引领技术的过程，关注企业在技术突破过程中的独特性举措。如郑刚等人基于互补资产链接、吸收速度等视角深入探讨了后发企业快速实现前沿引领技术突破的过程机理。尽管以往研究从"怎样（what）"和"如何（how）"的视角为前沿引领技术的突破机制提供了有价值的理论启示，却忽略了对企业"为什么（why）"能突破前沿引领技术这一重要问题的考察。事实上，并非所有企业都具备成功攻克前沿引领技术的资源禀赋和先决条件（Wu等，2014）。资源基础观（RBV）指出，组织自身因素显著影响着组织战略行为，而企业所拥有的那些有价值的、稀缺的、不可模仿的和难以替代的资源集合则是企业自身异质性（heterogeneity）特质的重要来源（Barney，1991）。因此，从企业内生特质视角厘清企业"为什么（why）"能突破前沿引领技术的问题至关重要，是在企业层面研究前沿引领技术突破机制的重要前提和基础。探讨时不能仅停留在"怎样（what）"和"如何（how）"上，还应该认识到组织自身资源因素的决定性作用，进一步探寻组织资源影响技术突破的内在机理。

组织印记理论为深入探讨组织印记资源对企业技术创新突破的持久性影响开辟了新的思路。印记是指组织在特定历史时期形成的，并会在组织中持续存在的惯性历史因素（Geroski等，2010）。根据印记来源可分为环境印记和创始人印记。印记理论强调的是组织印记在组织未来发展中的持续性影响（Maquri，Tilcsik，2013）。事实上，前沿引领技术突破是指企业在特定核心技术上逐步实现原理性、性能性和可靠性技术突破的过程，其本质是组织技术由量变到质变的变革过程（李显君等，2018）。而在印记理论视角下的技术突破过程中，创始人印记具有关键价值的原因有以下几点。

（1）从创始人印记的认知性印记维度看，创始人的认知印记直接影响组织技术创新的程度和认知（Sinha等，2020）。Simsek等人在其研究中指出，创始人认知性印记直接影响组织成员的认知特征、关键记忆，从而影响组织的创新认知。

（2）从创始人印记的结构性维度看，创始人印记直接影响技术突破的基础要素。研究表明，创始人印记通过影响组织战略选择的内容、范围和稳定性（Sinha等，2020），组织学习的程度和方向（Simsek等，2015），组织制度选择（Amit和Zot，2015），组织结构等特征来间接影响组织前沿引领技术突破。

（3）从印记的历史资源属性与前沿引领技术突破过程本身的长期性、革命性特征看（胡旭博，原长弘，2022），持续存在于组织中的创始人印记蕴含着巨大的内生性力量，能成为组织技术创新的持久动力（Suddaby 等，2020），直至实现技术突破。

因此，遵循资源基础观的理论逻辑，从印记理论视角出发，分析创始人印记作用于企业前沿引领技术突破的内在行为机理，对于发现影响技术突破的组织因素及探寻组织因素影响技术突破的内在机制具有重要意义。

本研究选取了华为技术有限公司（以下简称"华为"）作为案例企业，聚焦于"创始人印记如何影响前沿引领技术突破"这一研究问题，旨在打开创始人印记影响核心技术能力突破的理论黑箱（Simsek 等，2015），研究推动技术突破的内在行为机理。在此过程中，本研究识别了组织选择和利用创始人印记的内在逻辑，归纳了创始人印记的不同嵌入机制，提炼了创始人印记影响技术突破的关键路径，进一步肯定了组织印记资源对技术突破的重要作用。本研究拓展了印记理论的应用范畴，同时从组织内生资源视角揭示了企业实现技术突破的内在行为机理，弥补了理论缺口。从实践意义看，本研究为相关企业能动性利用组织印记资源提供了有价值的理论启示。

一、理论基础

本研究的主要理论基础为组织印记与创始人印记、前沿引领技术突破的机制、资源编排与技术突破、组织学习与技术演进、创始人印记与前沿引领技术突破，具体如下。

（一）组织印记与创始人印记

组织印记（organizational imprinting）的概念源于生物学领域，最早由 Stinchcombe 引入研究中，将其界定为"（组织）结构印记假说"，即强调组织创立初期的外部环境要素映射到组织特征中，并会持续存在。目前学术界普遍认可的定义是 Maquri 和 Tilcsik 在 *Academy of Management Annual*（《管理学会年鉴》)中对印记的概念界定：企业在特定敏感时期受环境的影响而产生的环境匹配性印记，会在组织中持续存在，且对组织未来发展产生影响。这一概念系地强调了组织印记的可嵌入性窗口（敏感期）、来源和持续影响三个典型特征，并将组织印记研究带入快速发展阶段。

之后，关于组织印记来源的问题引起了学者们的普遍关注，现有研究主要从两个视角展开论证：环境视角和创始人视角。环境视角的学者认为，组织敏感期受外部制度、经济或网络等环境因素的制约（Maquri 和 Tilcsik，2013），因而呈现出典型的适应性特征长久存在于组织中，从而形成组织印记（Geroski 等，2010）。创始人视角的学者则认为，环境固然重要，但组织敏感期的重大决策、资源配置、组织架构等特征来源于创始人基于个人经验等特质对环境的主观判断和策略性回应。例如，Gao 等人研究证实，创始人个人特征通过影响组织的市场定位、组织结构、战略决策等进而影响其绩效；Bryant 也提出创始人的个人认知会持续存在于组织中，并影响其后续成长。此外，关于组织印记概念中的敏感期特征仍存在争议。一些学者认为组织敏感期仅存在于新生期（即创立期），并且可嵌入性窗口会关闭；而大多数学者则认为，组织生命周期中存在多个敏感期（Carroll，Hannan，1989），如组织动荡、转型、不稳定时期等。

在此基础上，学者们继续探讨了创始人印记影响组织管理的内在机制。作为企业的灵魂人物，创始人独特的背景、经历、资源、认知内化为独特的组织印记，这些组织印记显著影响组织的核心战略选择（Dowell，Swaminathan，2006）、组织结构（Schein，1983）、核心能力（Gao 等，2010）、发展愿景（Zheng，2012）、资源的获取与支配（Gruber，Fauchart，2011）、能力迁移、行为准则（Baron 等，1999）、组织文化等，从而持续作用于组织管理过程，影响组织成长路径、存活率和发展方向。

组织印记虽然持续存在于组织中，但原始印记的强度、内涵、影响后果会随环境的变化而变化。学者们从印记作用、印记类型、印记演进的视角来强化理论的解释力。从印记作用视角看，学者们从直接和间接两个方面展开研究（Benner，Tripsas，2012）。印记类型包括认知印记、结构印记、文化印记和资源印记（Simsek 等，2015）。从印记演进视角看，学者们分别从不同视角回顾了组织中印记的持续、放大、衰减和转变（Maquri，Tilcsik，2013）。虽然印记演进观将印记研究从静态视角带入动态视角，一定程度上强化了理论解释力，但历史资源视角认为，印记作为一种特定的资源，组织如何主观、有意识地管理印记，以便更好地实现组织目标更值得关注。而现有研究对如何利用组织印记的问题仍语焉不详，缺乏印记类型、印记过程、印记结果的整合性研究。

（二）前沿引领技术突破的机制

前沿引领技术具有高壁垒性等特征，所以对于国家科技自主自强有决定性作用。因此，前沿引领技术能否自主突破是衡量科技自立自强的重要标尺。现有研究关于前沿引领技术的概念仍未有定论，学者们从不同的研究主题和理论视角对这一概念做出界定。张杰从核心技术的概念出发归纳了前沿引领技术的 4 个特征：高投入、长周期，知识的复杂性、嵌入性，国际核心系统与部件市场的寡头垄断，核心技术突破的商用生态依赖性。胡旭博和原长弘整合了以往研究，认为前沿引领技术具有技术地位的高壁垒性和垄断性、攻关过程的高投入性和长期性、突破机制的独特性与系统性、创新成果的公共物品性和持续性 4 个特征。李显君等人从核心技术的微观视角出发，认为前沿引领技术可以分为原理性、性能性与可靠性核心技术。以上研究厘清了前沿引领技术的概念、特征，为后续机制性研究奠定供了扎实的理论基础。

在此基础上，学者们基于不同理论视角探讨了前沿引领技术的突破机制，研究可分为宏观、微观两个层面。宏观层面的学者认为，企业难以突破前沿引领技术的障碍在于企业的"短期趋利性"特征，市场导向的逻辑难以支撑企业进行长周期、高强度、高投入、大规模的技术研发历程，因而基于创新链理论研究了前沿引领环节产学研协同的壁垒、过程和协同突破机制（康子冉，2021），提出推进产学研深度融合策略（张羽飞，原长弘，2022）是前沿引领技术突破的重要组织形式。此外，政府作为前沿引领技术突破中的又一关键主体，如何引导建立攻关型举国体制（李维维等，2021），在市场失灵时进行有效干预，实现有为政府与技术机会窗口的有效整合也是前沿引领技术突破的重要路径（范旭，刘伟，2022）。在微观层面，从企业出发寻找前沿引领技术突破路径的研究较少，如张树满和原长弘以特变电工为研究对象，深入分析并探讨了制造业领军企业培育前沿引领技术、持续创新能力的要素，包括但不限于持续的自主创新投入、创新平台资源、持续引进与培养科技领军人才、政府支持等。企业在持续的前沿引领技术突破中经历功能性突破、性能性突破、可靠性突破、前沿性突破（张羽飞，原长弘，2022），实现从技术引进到改进升级，再到自主创新，最终实现技术与产品全球引领的过程。

2019 年以来，国内关于关键核心技术的研究成果出现井喷，学者们以定量分析、案例研究等不同形式多方面提炼其概念内涵、特征，试图挖掘关键核心技术突破背后的规律和机理，为实践问题提供理论借鉴和参考。前沿引领技术作为关键核心技术的一种，具有"前瞻性""探讨性""引领性"等特征，是产业转型升级的重要驱动力，也是提升国家和企业技术竞争力的关键所在。事实上，"企业是创新的主体"（许庆瑞，1982），企业有直面技术攻关的情境、场景、技术压力和动机。以往研究过多关注各主体间的契合机制，而忽略了企业自身在前沿引领技术突破中的技术资源禀赋和主观能动性，没有从历史资源视角挖掘企业技术变革的潜在驱动力量（Suddaby 等，2020）。因此，有必要从历史资源视角出发，结合组织印记理论，扎根于企业主导的前沿引领技术突破历程，提炼出促进前沿引领技术突破的要素和机制，为后续企业实践提供参考。

（三）资源编排与技术突破

资源编排理论（Resource Orchestration Theory）是指管理者通过获取、整合和撬动组织内外部资源使组织适应环境变化的过程，强调管理者聚焦资源利用的行动[①]，认为组织竞争优势来源于组织利用资源的能力而非资源本身（Chadwic 等，2015）。因此，作为组织与情境协同的重要途径及组织创造资源价值的重要过程，资源编排直接影响着组织绩效。关于资源编排影响结果的现有研究主要集中在组织层面和个体层面，其中组织层面的研究关注组织战略变革速度、新创企业成长、技术创新等方面（张琳等，2021），强调组织独特的资源编排举措对于提升创新资源效率、推进组织创新的重要作用。

资源编排对于前沿引领技术突破具有重要的基础性价值，Sirmon 等人将资源编排过程分为资源构建、资源捆绑、资源撬动三个核心环节。其中，资源构建是指企业结合战略目标对有价值的资源进行获取、积累，以构建组织发展所需的资源池（张媛等，2022）。资源捆绑又称资源束集，是指企业对资源池进一步整合、归拢，以稳定化、丰富化、结构化方式形成资源簇的过程。资源捆绑的核心逻辑取决于组织对内外部信息的认知分析模式，包括维持式、丰富式和开拓式三种（许晖，张海军，2017）。资源撬动是指企业撬动资源簇形成能力，使资源转化为价值的过程。资源编排视角补充了组织对资源的能动性利用，指出只有将异质性资源与高效的资源利用方式相结合，才能最大限度地提高组织的核心竞争优势，以应对外部情境。

（四）组织学习与技术演进

技术范式是指具有特定经历和背景的有机主体处理一系列技术问题的程序、习惯、原则等的总称（吴晓波，聂品，2008）。技术轨道是指技术范式下对技术变化方向的具体规定（Dosi，1982）。技术范式限制了主体只能从某个特定视角审视技术问题，技术范式转变是技术轨道演进的前提

[①] Sirmon, D G., Hitt M A., and Ireland R D. Resource Orchestration to Create Competitive Advantage: Breadth, Depth, and Life Cycle Effects[J]. Journal of Management, 2011, 37 (5): 1390-1412.

(Abernathy, Utterback, 1975)。技术范式的转变是指人或组织审视或抛弃原有认知路径，接受新认知模式的过程。因此，技术范式的转变往往伴随着组织学习过程。

组织学习是一种组织过程行为，是组织基于内外部情境变化对既有规范、惯例进行调整、纠正和优化的组织行动①。技术演进中的组织学习研究主要关注组织在技术知识方面的学习行为。例如，March 认为，技术创新过程是组织在开发现有知识的同时探索新技术知识的过程，即忘却学习和积累性学习的平衡。忘却学习是指组织通过打破原有路径或规则，实现对知识有目的地主动忘却。积累性学习是指组织在程序性学习、经验性学习过程中，实现组织知识与技术的线性演化的学习模式。吴晓波、聂品也整理了技术系统演进中忘却学习与积累性学习模式下的组织知识演化。此外，战略学习是一种特殊的组织学习，主要是指组织识别最佳战略目标、产生支持组织未来发展的战略举措的创造性学习过程。战略学习对于组织未来创新的重要意义已被众多学者证实（卢启程等，2018；张春阳等，2020）。

（五）创始人印记与前沿引领技术突破

印记（imprinting）源于生物学领域，是指生物体被外部环境所印刻，从而产生某些稳定特质的现象（Maquri, Tilcsik, 2013）。后被引入管理学中，用来解释环境对焦点实体的塑造及持续性影响。创始人印记指在敏感期，通过对创始人特征的塑造进而产生持续稳定的影响（张骁等，2023）。创始人印记通常以特定价值观、信念、直觉、偏好、思维逻辑等形式稳定存在于个体中。

印记包括敏感期、来源和持续影响三个基本要素（Maquri, Tilcsik, 2013）。以往研究表明，个体层面的印记来源于宏观和微观两个层面。宏观层面包括制度、经济环境、政治事件等因素，如部分学者发现，经历过经济危机等重大事件的管理者的风险规避倾向更高（曾春影等，2019）。微观层面的研究则关注个体成长、生活、职业经历等先前经验对个体特征的塑造，如部分研究讨论了青少年成长、从军、留学等不同经历塑造高管认知模式，从而影响其管理风格的过程（王扬眉等，2021）。

为深入考察印记的作用机理，部分研究又从不同维度对创始人印记进行了分类。例如，根据印记产生来源将其分为经验性印记、技能性印记、

---

① Meyers P W. Non-linear Learning in Large Technological Firms: Period four Implies Chaos[J]. Research Policy, 1990, 19:97-115.

制度性印记（Maquri, Tilcsik, 2013）；根据不同经历提炼出贫困印记、失败印记、社会主义者身份印记等不同印记类型，并从认知逻辑、价值观念等维度界定了不同印记的具体内涵（颜爱民等，2022）。在此基础上，学界整合印记理论和认知理论，探讨了印记对个体认知的塑造。如研究发现，拥有科研学术、发明创造性印记的创始人具有较强的创新导向和失败宽容特点（Roche等，2020）；拥有从军印记的创始人具有高风险承担意愿（曾宪聚等，2020）；拥有贫困印记的创始人具有较强的不确定性规避倾向和节流逻辑（张骁等，2023）等。

最近的研究已经注意到创始人印记对组织创新的重要影响，将印记理论与高阶理论结合，试图解释创始人印记影响组织制度构建、创新参与、资源配置等决策过程，进而影响组织创新的现象（Akroyda, Kober, 2020）。但是，仍存在以下几个缺口。

（1）前沿引领技术突破研究作为创新理论的重要分支，具有重要的学术价值（陈凤等，2023），但现有研究缺乏对前沿引领技术情境下的创始人印记作用及其内在机制的探讨和挖掘。

（2）现在缺乏对影响企业前沿引领技术突破的创始人印记特征的归纳和界定。创始人敏感期的重要经历会形成独特的印记，并影响其日后的决策行为，然而并不是每种印记都与企业关键核心技术突破直接相关（赵长轶等，2023）。这就需要总结归纳能够影响企业突破前沿引领技术的本土创始人特色印记特征，丰富中国特色创新理论。

二、研究设计

（一）研究方法

案例研究强调通过对典型案例的深入描述和分析来探索问题的新解释（Eisenhardt, 1989），洞察新的理论。本研究的目的是阐释创始人印记影响企业前沿引领技术突破的内在机制，宜选择探索性单案例研究方法，具体原因有两点。首先，前沿引领技术突破的周期较长、情境复杂，创始人印记对前沿引领技术突破的影响机制仍属于研究中的"黑箱"。通过案例研究方法能够对研究问题中的过程机制进行人类学式的"深描"，便于识别动态过程中的要素及因果逻辑，更清晰地刻画研究问题的全过程图景。其次，由于创始人印记对组织创新的研究尚处于探索阶段，探索性单案例研究能够及时捕捉典型案例中涌现出的极端现象或新问题，补充现有理论。

（二）案例选取依据及概况

在案例企业选取方面，本研究严格遵循理论抽样原则（Eisenhardt，1989），选择在研究主题上具有极端典型性的华为技术有限公司作为研究样本，具体原因如下。

（1）主导突破前沿引领技术的实践代表性。5G 通信技术是具有高速率、大连接属性的新一代通信技术，具有通用性、共享性、扩散性等特征，对于国民经济发展具有巨大的辐射效应。华为公司于 2009 年开始投入 5G 技术研发，花费 10 年时间掌握了多项 5G 核心专利，主导制定了全球 5G 技术通用标准，依靠其独特经验突破了 5G 技术，对国民经济高质量发展意义巨大。此外，华为成立于 1987 年，是中国本土成长起来的民营企业。因此，华为可以作为中国企业主导前沿引领技术突破的典型性、代表性案例企业。

（2）创始人印记作用的鲜明性。创始人印记对华为 5G 技术突破的影响十分显著。华为创始人任正非曾先后在军队、建筑工程单位任职，担任过技术专家、管理者等不同角色，拥有独特的创始人印记。在华为突破前沿引领技术的过程中，无论是超前技术研发，还是技术研发投入占比、技术攻关模式选择等，均反映出创始人任正非解决问题的独特思维模式与认知图式。因此，任正非引导的华为 5G 突破过程是洞察创始人印记影响技术突破的内在机制研究中亟须关注的启示性案例，在研究主题上更具极端性、典型性，便于探索可能的理论涌现，补充现有理论。

（3）案例资料的可获取性。华为的数据资料丰富易得。笔者收集了一些内部通讯报告，华为官方网站公布了大量的内部刊物及任正非内部讲话原文等，且关于华为的专著、新闻报道等二手资料较多，为本研究的开展提供了丰富的数据。

（三）数据收集

二手数据在案例研究中的有效性已经被众多学者证实（Yin，1984），本研究遵循 Eisenhardt 提出的"三角验证"原则，对不同来源的二手数据进行相互检验，以保证研究数据的内部效度。收集的主要数据如下。

（1）收集了 178 篇任正非内部讲话、公开受访稿原文。笔者从华为内部刊物、华为心声社区网站、第三方报道等渠道收集到 1994 年以来任正非在华为内部的 178 篇讲话或访谈稿原文。对以上三种渠道获得的资料进行比对，去掉部分无效数据后，作为初级资料的一部分。

（2）收集了其他包含华为 5G 技术突破举措的内部资料。从华为 2006 年以来的年度报告、公司官网、《华为人》《华为文摘》《华为年报》等内部刊物中寻找关于任正非指示华为开展 5G 技术突破的典型案例证据。

（3）收集了第三方资料。华为以前的中高层管理者、学术界、产业界关于任正非与华为 5G 技术突破的研究资料，如《下一个倒下的会不会是华为》《华为管理变革》等相关专著，知网、维普网、全球案例发现系统等公共数据库中相关的论文资料等。

（四）数据分析

基于以上初级资料，本书的编码分析遵循 Gioia 等人提出的编码方法，进行背对背编码，以保证研究的内部效度。

根据相关概念界定，在以上初级资料中寻找能够反映"创始人印记""创始人印记影响 5G 技术突破"的关键事件与典型证据，并绘制数据结构图（见图 3.1）。

三、案例分析与主要发现

华为自 2009 年开发 5G 技术以来经历了三次标志性事件。2011 年，申请 5G 底层技术核心专利；2015 年 5G 新空口通过外场验证，完成 5G 主导设计；2019 年，5G 主流商用频段正式通过性能测试。结合相关理论基础，华为 5G 技术的突破过程可分为"科学研究（模糊前端）→技术开发（主导设计）→市场实现（商业化）"三个阶段（刘海兵等，2023）。然而，经过反复编码和典型证据梳理后发现，创始人印记通过影响战略认知模式作用于技术突破的战略选择与战略实施过程。通过资料梳理，研究提炼出三种影响技术突破的印记类型：资源整合性印记（见表 3.3）、企业家精神印记（见表 3.4）、技术偏好性印记（见表 3.5）。每一种印记作用下的认知模式不同，且三种认知模式（合作导向、创业导向、机会导向）在各个技术阶段均发挥了作用。为了清晰地解释不同类型印记与企业战略行为间的内在联系，下面从三种不同印记类型的视角来阐述创始人印记影响华为 5G 技术突破的内在机制。

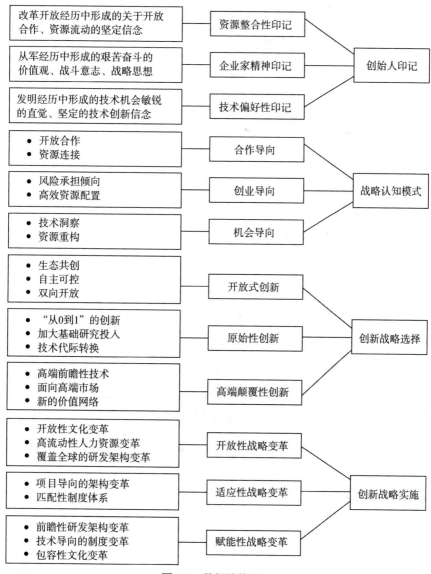

图 3.1　数据结构图

表 3.3　资源整合性印记影响前沿引领技术突破的过程

主范畴	二阶范畴	一阶编码	典型证据
资源整合性印记	印记源	改革开放经历	1978 年中国开始了改革开放，从事工程兵的任正非在军队中经历了改革开放的教育洗礼
	印记过程	思想教育	1978 年，全军开展坚持四项基本原则、支持改革开放等主题教育活动
		行为实践	组织全体官兵深入进行真理标准问题大讨论，以心得交流等形式学习十一届三中全会精神

（续表）

主范畴	二阶范畴	一阶编码	典型证据
资源整合性印记	印记结果	开放的价值观	邓小平之所以那么伟大，就是把五千年封闭的中国开放了，通过三四十年，让中国实现了初步的繁荣
		开放的管理理念	开放创新，不盲目追求"为我所有"，要构建"为我所知、为我所用、为我所有"的能力组合
合作导向	开放合作	鼓励内部协同	客户经理、解决方案专家与交付专家形成面向客户的"铁三角"作战单元，从单兵作战转变为团队合作模式
		与优秀伙伴合作	组合世界上最优秀的资源，和优秀厂家结成战略合作伙伴关系，找强者合作
		外部生态	与日本有实力的工程公司（如东电通、OKI）形成良好的利益相关者关系
	资源连接	流程连通	站在全局的高度看待整体的管理架构……，端到端地打通流程，避免孤立改革带来的壁垒
		价值共创	小产品让合作伙伴、生态伙伴去做，华为可以给予支持和指导
		分布式创新	在全球范围（如加拿大、爱尔兰）建立研究中心，吸引全世界人才加入，打造华为自己的科学家队伍
开放式创新	生态共创	多方式合作	合作兴办博士后工作站，邀请海内外科学家参加攻关工作，打造"黄大年茶思屋"前沿思想沟通平台
		复杂创新资源	华为2014年就与包括大学、研究中心、供应商，甚至竞争对手在内的各类伙伴建立了5G创新生态系统
		开放平台	日本研究所有对外的Sourcing Center，可以把好的资源吸纳进来
	自主可控	非核心开放	在具有可选择性的领域，华为更愿意采用合作伙伴的解决方案，将非核心领域外包
		核心可控	在基础技术能力上，侧重为我所用，但在核心技术上要为我所有
	双向开放	资源双向流动	华为围绕客户商业场景，通过开放使能平台实现资源的双向流动，联合生态伙伴进行开放式创新
开放性战略变革	开放性文化变革	传达核心价值	2009年，华为正式将"开放进取"确立为核心价值，明确华为文化建设的主要方面
	高流动性人力资源变革	人员流动性	华为微观永动机模型的开放性体现在炸开人才金字塔塔尖，加强跨部门人员流动以及坚持吐故纳新
	覆盖全球的研发架构变革	全球5G研发中心	在全球范围（如在北美、俄罗斯、日本）成立5G研发中心，同步开展不同技术领域的5G研发

表 3.4 企业家精神印记影响前沿引领技术突破的过程

主范畴	二阶范畴	一阶编码	典型证据
企业家精神印记	印记源	从军经历	1974 年任正非应征入伍成为基建工程兵，参与辽阳化纤总厂工程建设任务，1983 年以技术副团级身份转业
	印记过程	日常训练	军队训练十分艰苦，作战演习等高强度的训练是每个军人的日常任务
		理论教育	从 20 世纪 50 年代末开始，全军有计划地学习毛泽东关于人民军队、人民战争的理论
		执行任务	任正非参加了辽化建设大会战，该会战承担整个辽化一半以上的土建工程和设备安装工程
	印记结果	使命意识	公司的价值体系理想是要为人类服务，不只为金钱服务
		英雄主义	坚持多路径、多梯次、多场景的研发路线，攻上"上甘岭"
创业导向	风险承担倾向	探索未来技术	面对未来的技术倾向加大投入……，占领战略的制高点。不惜在芯片等领域冒较大的风险
		鼓励试错	公司鼓励 2012 实验室采用多路径、多梯队的方式来试错
	高效资源配置	作战规划逻辑	在作战面上不需要展开得那么宽，而是要聚焦，取得突破。实行多路径、多梯次、多场景的研发方式
		压强原则	当发现一个战略机会点，可以千军万马压上去，后发式追赶……，把资源堆上去
		灵活性战术	成立 Pre5G 产品线 Massive MIMO 团队，紧急召集了三四十人，用几个月的时间开发 30 万行左右的代码
原始性创新战略	"从0到1"的创新	针尖战略	华为致力于在每一条产品线，各个区域用针尖战略突进无人区
	加大基础研究投入	加大基础研究投入	对基础研究的投入要继续增加，每年拿出总研发费用的 20%～30%（30 亿～40 亿美元左右）作为基础研究投入
	技术代际转换	新的技术轨道	华为 5G SA 独立组网研发，遵循摩尔定律、香农定律等进行基础研究布局，探索新的技术轨道

（续表）

主范畴	二阶范畴	一阶编码	典型证据
适应性战略变革	项目导向的架构变革	决策组织	当代表处遇到战略机会点时,会用重装旅来填补合适的战争组合,作战指挥权还在代表处
		作战组织	重装旅、重大项目部、项目管理资源池是公司的三大战略预备队,重装旅是作战单位
		作战模式	战略预备队要选拔出优秀尖子,直接跨岗位、跨领域分配去作战,投送到最艰苦的地方去担任重要职务
	匹配性制度体系	培训职能	创办"华为大学"。华为大学要把自己变成能量单位,把业务部门当成客户,按需求去给部队充电
		人才组织	把干部的选拔权、弹劾权、监督权和任命权放到人力资源部门和片联去
		协同考核机制	简化组织KPI、增强协同考核,重塑"胜则举杯相庆,败则拼死相救"的共同奋斗精神

表3.5 技术偏好性印记影响前沿引领技术突破的过程

主范畴	二阶范畴	一阶编码	典型证据
技术偏好性印记	印记源	发明经历	任正非有高精度空气压力天平等技术发明,两次填补国家空白
	印记过程	知识学习	任正非谦逊,好学不厌,常向总工程师王铠求教
		知识应用	任正非反复进行理论推导和设计计算。在头脑里勾画着新仪器的轮廓
		知识创造	任正非用逻辑力量推断出锥形是最佳形体,并以此为基础,发明了空气压力天平
		专注研发行为	任正非坚忍不拔,不停地前进。他的全部心思都被所从事的研究吸引了
	印记结果	技术敏锐	利用制式换代的关键时间窗口,优化全球格局
		坚定的创新信念	任正非指示华为将研发投入占比写进《华为基本法》,以立法形式保障研发
机会导向	技术洞察	洞察长期价值	技术研发上不因短期目标而牺牲长期目标,多一些输出,多为客户创造长期价值
		专注的行为导向	注重岗位上的技能与经验积累,导向专注,关注工匠氛围营造

（续表）

主范畴	二阶范畴	一阶编码	典型证据
机会导向	技术洞察	侧重研发投入	截至2018年，华为研发人员占比高达45%，研发投入占比高达14.1%
	资源重构	多元化资源构建	利用多种学科的人才，构筑对华为有长远影响的技术知识体系，不只局限在对通信、电子工程类的招聘
		专家角色重构	逐步明确哪些权力能够赋予专家，让专家拥有一部分专业决策和资源聚集权力
高端颠覆性创新	高端前瞻性技术	前瞻性技术	华为2012实验室的主要研究方向有新一代通信技术、云计算等，主要面向未来5~10年的发展
	面向高端市场	高端产品布局	多申请高端专利，不片面追求专利数量。高端产品敢于抢占战略高地
	新的价值网络	跨领域颠覆	几个天才少年反向使用5G，用黄大年的密度法等解决煤矿储水层的识别问题，未来会产生巨大的价值
赋能性战略变革	前瞻性研发架构变革	研发架构变革	2012实验室与开发队伍要以"拉瓦尔喷管"方式连接，连接基础研究与应用研究
赋能性战略变革（续）	技术导向的制度变革	职能变革	专家委员负责队伍专业能力建设，掌握技术宏观方向，洞察技术机会
		考核机制改革	科学家无须背负KPI。无论社会价值大小，都要做出正确评价，不要"一竿子打翻一船人"
	包容性文化变革	宽容失败	华为也在有意地创造新的文化，首先是宽容失败。2012实验室的收敛值是小于0.5，允许一半以上的失败

（一）资源整合性印记影响前沿引领技术突破的微观机制

印记理论指出，个体敏感期包括童年期、青少年期、成年早期3个阶段，敏感期的经历塑造了个体的独特印记（Maquri, Tilcsik, 2013）。宏观层面中的政府政策、政治活动、经济形势等重大政治或经济事件是个体印记的重要来源，特定经济或制度场域会对处于其中的个体产生印记效应，塑造其行为模式、价值观及信念等（Beckman, Burton, 2008）。资料显示，任正非成年早期经历了社会主义建设探索阶段的革命性事件：中国改革开放的重大变革。改革开放期间，中国社会上下开展了一系列解放思想的大讨论，彻底论证了开放的重要性和正确性。任正非作为人民军队的一员，在社会场域的影响下通过思想教育、行为实践等多种途径学习，践行了改革开放，产生了鲜明的印记特征。例如，任正非多次表达了对开放重要性的充分认识，他认为"邓小平之所以那么伟大，就是把五千年封闭的中国开放了，通过三四十年，让中国实现了初步的繁荣"。此外，任正非在华为管理过程中表现出坚定的开放合作的理念。例如，任正非多次强调"开放是华为熵减的活力之源"，强调主动吸收利用外部资源，"开放创新，不盲目追求'为我所有'，要构建'为我所知、为我所用、为我所有'的能力组合"，等等。综上，改革开放经历使任正非深刻认识到开放合作的重要性和正确性，留下了鲜明的资源整合性印记。图3.2显示了资源整合性印记影响前沿引领技术突破的过程。

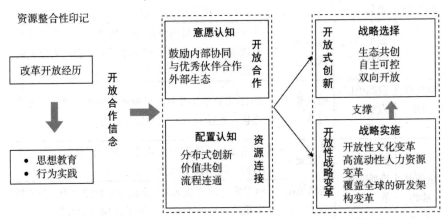

图3.2 资源整合性印记影响前沿引领技术突破的过程

部分研究表明，经历过改革开放的企业家有更强的合作意愿，擅长连接外部资源以利用环境中的机会（颜爱民，2022）。在资源整合性印记影响下，任正非更加意识到外部资源的连接与利用对组织发展的重要影响，表现出鲜明的合作导向。合作导向可以归纳为企业主动开放边界向外寻求新知识，吸收新的、异质性的资源以提升组织战略竞争力、获得持续成长的导向性战略逻辑（贾建锋等，2015）。研究表明，创始人战略认知包括意愿认知与配置认知两个维度。其中，意愿认知是指与战略决策背后的倾向或承诺相关的认知机制，而配置认知是指个体配置资源、能力开展战略活动的认知机制（张骁等，2023）。在合作导向认知作用下，创始人在意愿认知和配置认知维度上分别表现出开放合作倾向和资源连接模式。具体而言，在意愿认知维度上，任正非偏好通过开放合作来构建竞争优势。资料显示，在组织内部，任正非鼓励华为员工相互合作，形成"铁三角"等合作模式，发挥协同效应，提高组织创新效率。在组织外部，任正非鼓励华为在非核心环节与优秀伙伴开放交流、互利合作，形成良好的利益相关者生态，加快自身创新进程。在配置认知维度上，任正非倾向以"向外扩张""连接"的逻辑配置内外部资源，扩大资源基础，构建核心竞争优势。具体做法有以下几点。

（1）强调分布式创新模式，连接外部研发资源。在5G研发过程中，任正非要求华为在欧洲、拉美等全球范围内建立开放实验室（Open Lab），吸引全球人才加入。

（2）强调与合作伙伴价值共创。5G技术探索中，任正非要求华为要"做多连接，撑大管道"，跨行业、跨领域、跨时空连接资源，在与外部伙伴的价值互动中实现持续成长。

（3）强调内部流程连通，充分利用已有资源。任正非要求华为打通内部流程架构，建立有机连接的内部管理体系，加快创新进程。

基于以上合作导向的战略认知表现，本研究提出如下命题：

命题1a：创始人敏感期的改革开放经历产生了资源整合性印记，使创始人表现出开放合作的意愿认知和资源连接的配置认知，即形成了合作导向的战略认知模式。

企业的战略制定实际上是高管依据个人先前经验或特定认知基础对内外部信息进行个性化构建的过程（田莉等，2022）。因此，高管的认知特征影响了企业开展技术创新战略的形态（武亚军，2013）。本研究发现，在合作导向的战略认知影响下，任正非更关注资源的流动性，强调将"资源整合"作为组织获取核心优势的底层逻辑，有目的地对企业内外部资源进行配置，指导华为形成了开放式创新战略。开放式创新战略是指企业通过对外部技术的吸收利用和内部技术的向外输出等方式，同时利用内外部资源进行创新的战略类型（杨磊等，2022）。华为的开放式创新具体表现在，在开放广度方面，任正非指导华为形成了生态共创型开放（刘海兵，2019）。以合作兴办博士工作站、搭建Sourcing Center开放性研发互动平台等途径与包括大学、研究中心、供应商甚至竞争对手在内的合作伙伴积极推动5G产业生态圈的建设，形成了5G创新生态系统（武建龙等，2024），突破了5G空口算法关键技术。在开放深度方面，华为形成了自主可控的开放，强调核心环节要自主可控，在非核心环节以外包、成立研发中心等方式与外部伙伴合作。在开放方向上，任正非坚持向内输入和向外输出的双向型开放式创新战略，保障了华为 5G 技术突破的资源深度。例如，华为与全球 20 多所顶尖大学在 5G 方面展开合作，吸收外部资源。同时，华为坚持向外赋能，联合运营商在煤矿、钢铁等 20 多个行业展开超过 3000 个 5G 创新项目实践。通过有效管理资源的流入流出，华为在开放式创新战略的耗散资源结构中保障了华为 5G 的资源基础，加快了 5G 技术研发进程。

战略过程包括战略制定及战略实施，战略实施关注战略决策的执行，而战略变革是战略实施的重要途径（韵江，2011）。研究表明，组织变革策略取决于高管理解战略目标并配置已有资源、关系网络、组织惯例等要素支持战略实施的主导逻辑（李兴旺等，2021），因此，高管认知特征可以影响组织变革的主导逻辑。研究发现，围绕开放式创新战略，任正非引导华为开展了以开放性的文化变革、人力资源变革和研发组织生态化变革为核心的开放性战略变革过程。在开放性的文化变革方面，华为从组织价值观、高管认知教育等方面塑造开放价值观。例如，华为从 2009 年开始将"开放"确立为核心价值，写进企业年报。同时任正非教育华为高管提升开放哲学意识，并在不同层级的讲话中强调开放，以推进华为的开放性文化变革。在人力资源变革方面，任正非强调人员的内部流动性对于组织形成耗散资源结构的重要作用，并从"全球能力中心的人才布局""加强跨部门人员流动"等途径推动了华为的人力资源开放性变革。在组织生态化变革方面，华为突破企业边界，将原有以国内研发中心为主的研发架构变革为覆盖全球的研发组织架构，以寻求和整合外部资源。例如，华为从 2009 年开始逐渐在欧洲、美国、俄罗斯等国家设立 8 个重要的海外研究所，同步开展不同领域的 5G 技术研发。以上战略变革有效保障了华为开放式创新战略的落实。基于以上分析，提出如下命题。

命题 1b：华为在合作导向的战略认知影响下制定了开放式创新战略，并展开了以开放导向的文化变革、人力资源变革和研发组织生态化变革为核心的战略实施过程。

命题 1：改革开放经历形成的资源整合性印记塑造了创始人合作导向的战略认知，在这一战略认知指引下，华为选择了开放式创新战略，并通过开放性战略变革支撑战略实施。

(二) 企业家精神印记影响前沿引领技术突破的微观机制

个体从先前工作经验、特定事件中进一步加工、处理相关信息后形成的印记会以认知、价值观等形式存在（Beckman，Burton，2008）。以往研究表明，价值观是从军经历中个体印记的重要载体，军人在日常训练、理论教育、执行任务的过程中形成了团结奋斗、自律专注、自我牺牲等军人属性价值观（朱沆等，2020）。本研究发现，任正非的从军经历使其后续管理行为表现出强烈的企业家精神印记。资料显示，1975年，任正非所在的队伍参加辽化建设大会战，战士们"手脚冻裂、肿痛，夜里冻得睡不着觉"，仍然靠着一股团结奋斗、顽强拼搏的精神，按时完成任务。任正非作为其中的一员，在执行任务的实践中，逐渐形成了强烈的使命感。正如其多次在华为讲话中提到"公司的价值体系理想是要为人类服务，不只为金钱服务""公司强调思想上的艰苦奋斗"，印证了其鲜明的使命意识。此外，任正非引导华为5G技术突破中表现出鲜明的冒险精神和英雄主义精神，例如，任正非多次将技术瓶颈比作军事斗争，激励华为员工加入战斗，曾要求"拿着你的'手术刀'参加我们'杀猪'的战斗""坚持多路径、多梯次、多场景的研发路线，攻上'上甘岭'"，表现出其强烈的冒险性、开拓性特质。综上，从军经历使任正非具有强烈的使命意识、冒险精神和英雄主义精神，使其产生了鲜明的企业家精神印记。图3.3显示了企业家精神印记影响前沿引领技术突破的过程。

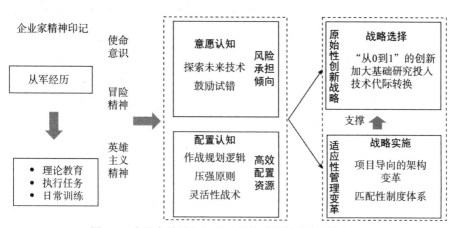

图3.3　企业家精神印记影响前沿引领技术突破的过程

从军经历会影响高管的自信程度、风险承担倾向等个人特质，进而影响其战略决策（曾宪聚等，2020）。研究证实，高度服从和高强度训练的军队环境塑造了军人的英雄主义和高度的抗压能力,有军人经历的企业家有更强烈的挑战意识和奉献精神,倾向于主动投入较高难度的技术开发中,表现出较高的风险承担倾向和战略激进度(朱沆等,2020)。本研究发现,从军经历使任正非在决策时更关注技术创新目标的挑战性,表现出鲜明的创业导向。结合案例资料及相关理论指引,创业导向是指个体拥有的主动追求创新、承担风险、在竞争对手之前追求新机会并主动塑造未来环境的战略认知逻辑(Covin,Slevin,2011)。

创业导向认知作用下,创始人在意愿认知和配置认知维度上分别表现出较高的风险承担倾向和效率导向的资源配置模式。在意愿认知维度上,任正非偏好具有挑战性的利基市场,强调华为要主动探索未来技术、鼓励试错。具体而言,在创新方向上,任正非强调华为要面向未来开展技术研发,指出"研发要占领未来技术战略制高点""我们把所有原始积累都投入未来的发展中";在创新结果上,华为鼓励试错,积极承担失败风险,例如在5G技术探索过程中,华为就鼓励2012实验室以"多路径、多梯队的方式来试错";在配置认知维度上,任正非紧紧围绕"作战"目标,用军事作战理论高效调配相关资源,调兵遣将,逐个突破,保障华为突破前沿引领技术。

具体来看,在意识到5G突破的技术窗口来临后,任正非快速做出聚焦5G的战略基调和系统性规划,表示"我们在作战层面上还是要聚焦",指导华为紧紧围绕5G通信技术突破进行布局;同时,遵循压强原则夺取机会窗口,千军万马压上去,撕开战略突破口。他曾在捕捉到某篇论文以后,组织了几千专家、科学家、工程师进行解析。采用高效、灵活的战术,根据战术灵活配置资源,例如成立Pre5G产品线Massive MIMO团队,紧急召集了三四十人,用几个月的时间开发30万行左右的代码。以此模式逐个突破5G研发中的技术瓶颈。基于任正非以上战略认知特征,本研究提出如下命题。

> 命题2a:创始人从军经历产生了企业家精神印记,使创始人表现出高风险承担的意愿认知和高效配置资源的配置认知,即形成了创业导向的战略认知模式。

任正非创业导向为核心的战略认知影响了华为5G技术突破的战略选择和实施过程。研究发现,在这一逻辑指引下,任正非更加关注技术创新目标的挑战性、突破性程度,引导华为形成了原始性创新战略。原始性创新是指企业基于基础理论、科学研究方面的突破做出首创性技术创新的战略举措（陈劲等，2004）。

遵循原始性创新能够带来引领性行业位势及核心竞争优势的底层战略认知，任正非鼓励华为聚焦基础研究，完成"从 0 到 1"的技术突破。在技术创新目标方面，任正非鼓励华为在主航道进入"无人区"。在技术创新投入方面，任正非指导华为加大对基础研究的长期持续投入，推动华为将研发经费的 20%～30%（每年 30 亿～40 亿美元）作为基础研究投入。而华为 5G 技术取得重大突破的关键正是由于其率先关注并持续、大量投入了针对土耳其教授 Arikan 在十年前发表的一篇数学论文的开发。在技术突破路径方面，任正非提醒华为聚焦基础研究，实现技术范式代际演进，指导华为 5G SA 独立组网研发，遵循摩尔定律、香农定律等进行基础研究布局。在原始性创新战略指引下，华为瞄准 5G 无人区开展了长期、持久的技术攻关，最终在 5G 组网架构、频谱使用等多个核心领域取得了突破性进展。

在创业导向逻辑指引下，华为围绕原始性创新战略开展了以战略执行层和战略支撑层为主的适应性战略变革。在战略执行层面，任正非指导华为打造决策权与执行权分离的项目导向型组织架构变革。确立决策组织与作战单元，决策组织类似于军队的"司令部"，主要负责指挥所有作战单元参与原始性创新作战过程，如代表处、片联等；作战单元主要负责参与战斗，如重装旅、重大项目部、项目管理资源池等。在此基础上，秉承"快速出击"的作战机制，决策单位与作战单元紧密配合，助力华为夺取原始性创新的战略机会窗（刘海兵等，2022）。在战略支撑层面，任正非引导华为打造了匹配性制度体系。如强调由培训组织负责落实"训战结合"原则，为作战单元充电，创办"华为大学"等。在此基础上，任正非督促华为改革绩效考核机制，促进组织协同。他要求"简化组织 KPI、增强协同考核"，激励员工协同作战，全力保障完成原始性创新。基于以上分析，提出如下命题。

命题 2b：华为在创业导向的战略认知影响下制定了原始性创新战略，并展开了以战略执行层和战略支撑层为主的两大适应性战略变革举措。

命题 2：从军经历形成的企业家精神印记塑造了创始人创业导向的战略认知，在这一战略认知指引下，华为选择了原始性创新战略，并通过适应性战略变革支撑战略实施。

(三)技术偏好性印记影响前沿引领技术突破的微观机制

个体从青少年时期接受的教育或先前某种技能学习经历中习得的专业技术知识是个体印记的重要来源,拥有这类印记的主体擅长调动已有的知识结构和能力(Dew 等,2009)。研究表明,创始人技术印记塑造了其独特的专业知识体系架构和关于技术的敏锐认知(马美婷等,2023),使其在战略路径选择、资金配置等方面表现出强烈的技术偏好,直接影响企业技术创新。资料显示,任正非在大学期间刻苦学习高等数学,在基建工程兵期间"两次填补过国家技术空白",拥有技术发明创造的经历。在这些发明创造中,任正非不仅主动向前辈请教学习新知识,更是反复应用已有知识进行推导和计算,专注地投入研发,最终实现知识创造,发明了中国第一台高精度的空气压力天平。正是这段发明经历给任正非提供了担当技术专家角色的真实机会(朱沆等,2020),留下了深刻的技术偏好性印记,表现为强烈的技术敏锐和坚定的技术创新信念。在技术敏锐特质方面,任正非作为有一定技术基础的领域专家,能够及时洞察行业技术阶段、预测未来技术趋势,为华为提供技术预研建议。如早在 2009 年任正非就做出华为"10 年后 5G 布局全部完成"的战略指引,表现出超前的技术敏锐特质。在坚定的技术创新信念方面,任正非指示华为将研发投入占比写进《华为基本法》,以保障研发过程的成功;还多次反复强调"只有加大研发战略投入,才能消耗利润"等,表现出坚定的技术创新信念。综上,技术发明经历使任正非意识到技术创新带来的持续性竞争优势,形成了鲜明的技术偏好性印记。图 3.4 显示了技术偏好性印记影响前沿引领技术突破的微观机制。

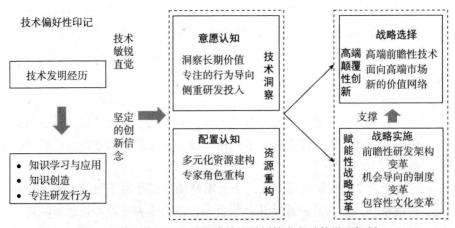

图 3.4 技术偏好性印记影响前沿引领技术突破的微观机制

研究表明，创始人技术偏好性印记使其在战略路径选择中形成了技术创新的路径偏好，擅长以利于技术创新的战略意图审视各项管理决策，能够正确处理创新失败，纠正管理层机会主义行为，做出利于企业长期创新的战略决策（田莉等，2022）。此外，创造性的经验也使创始人形成机会导向的人格特质，倾向于从不同视角配置创新资源（Fang等，2011），帮助企业识别并利用机会窗口，实现技术突破。资料显示，在技术偏好性印记影响下，任正非形成了机会导向，在决策时更加关注技术创新相关的内外部战略要素。机会导向是指个体调用异质性资源快速识别、捕捉和利用机会的思维模式（Dew等，2009），体现在技术洞察和资源重构两个维度。具体而言，在意愿认知维度上，任正非深刻了解技术创新的长期性、复杂性，擅长站在技术专家的立场洞察行业技术发展规律，判断、识别并及时引导华为充分利用技术转换的机会窗口，表现出强烈的技术创新偏好。例如，在战略层面上，任正非要求华为形成长期价值导向，培养技术洞察能力，避免管理层短视。在行为导向上，任正非引导华为形成专注的行为导向，支撑长期技术突破。在资源配置上，任正非引导华为侧重研发投入，华为每年至少将150～200亿美元投入技术研发中。在配置认知维度上，任正非深谙技术演化的生命周期，基于自身技术洞察，以非常规的逻辑精准重构、调配现有资源，构建核心能力保障技术创新。具体来看，在资源基础方面，任正非强调多元化资源构建，吸收异质性知识以保证新的知识创造（杨磊等，2021），表示"我们需要多种学科的人才，构筑对华为有长远影响的技术知识体系"。在实现机制方面，任正非强调重构专家角色，表示"让专家拥有作战的一部分专业决策和局部的专业资源聚集权力"。在任正非独特性的资源部署下，华为建立了技术创新的隐性资源壁垒，形成了支撑5G技术突破的核心创新能力。基于任正非以上战略认知特征，本研究提出如下命题。

命题3a：创始人的技术发明经历产生了技术偏好性印记，使创始人表现出技术洞察的意愿认知和资源重构的配置认知，即形成了机会导向的战略认知。

机会导向的战略认知影响了华为5G技术突破的战略制定和实施过程。研究发现，在这一逻辑指引下，任正非更关注技术发展中的机会窗口及其价值机会的开发和探索，引导华为制定了高端颠覆性创新战略。高端颠覆性战略是指企业从新技术轨道创造新的用户需求，构筑并占据新市场的创新战略（刘海兵等，2023）。延续从技术视角为华为建立"持续生存能力"的底层逻辑，任正非洞察机会窗口，带领华为充分发挥存量资产的作用，调用资源和能力支撑企业积极探索其他行业对本行业主流技术的颠覆及本行业技术在其他领域的颠覆性应用（周洋等，2017），构筑并占领新的红海市场。具体表现在，在技术颠覆路径方面，华为从高水平技术轨道跃迁的路径展开颠覆，关注"明天的技术曲线与商业需求曲线峰值的重合部"，2012实验室的功能定位就是聚焦主航道，探索前瞻性技术进行颠覆。在市场入侵类别方面，任正非引导华为探索技术的颠覆性应用场景，从高端市场颠覆现有竞争格局，强调华为"要聚焦在 5G+AI 的行业应用上，组成港口、机场等军团，准备冲锋"。在价值创造方面，华为结合基础研究和应用研究，构建了新的价值网络，加速了 5G 技术的商业化进程。例如，华为煤矿军团反向使用 5G，在煤矿应用领域创造了新的价值网络，加速了 5G 技术的商业化应用。

在任正非的机会导向逻辑指引下，华为围绕高端颠覆性创新战略开展了以研发组织架构变革、制度变革、包容性文化变革为核心的赋能性战略变革过程。在研发组织架构变革方面，华为围绕前瞻性技术布局，打造兼顾基础研究与应用研究的赋能型研发组织架构。将 2012 实验室与开发队伍以"拉瓦尔喷管"方式连接，加速从基础知识到商业价值的转变，勇敢地拥抱颠覆性创新。在制度变革方面，华为开展了技术机会导向的机构职能变革和人员考核机制变革。例如，华为变革了专家委员会的评价、构成与功能定位，强化了专家委员会在面对不确定性时的决策权。专家委员会负责队伍专业能力建设，掌握技术宏观方向等。

再如，在人员考核机制上，华为强调对不同类型的研发人员设定差异化评价机制。华为规定，前沿科学家不设定 KPI，对纯粹搞理论研究的采取价值评价体系等。在包容性文化变革方面，华为打造了宽容失败的文化氛围，赋能颠覆性创新。例如，在 5G 技术探索过程中，华为就鼓励 2012 实验室以多路径、多梯队的方式来试错。基于以上分析，提出如下命题。

  命题 3b：华为在机会导向的战略认知影响下制定了高端颠覆性创新战略，并展开了以研发组织架构变革、制度变革、包容性文化变革为核心的赋能性战略变革过程。

  命题 3：发明经历形成的技术偏好性印记塑造了创始人机会导向的战略认知，在这一战略认知指引下，华为选择了高端颠覆性创新战略，并通过赋能性变革支撑战略实施。

四、研究发现与案例讨论

前沿引领技术具有突破难度大、周期长、技术体系复杂等特性（张杰，2020），因此被大多数企业选择性回避。然而，前沿引领技术的突破事关国民经济发展、国家产业链安全，必须引起高度重视。本研究立足组织印记的理论视角，围绕"创始人印记与前沿引领技术突破"核心问题，分析案例企业在突破前沿引领技术过程中的创始人印记、印记嵌入、资源编排与组织学习特点，提炼出组织能动地利用创始人印记的规律及创始人印记影响前沿引领技术突破的内在机理，揭示了组织印记的作用，为前沿引领技术突破机制的研究提供了新的视角。

（一）组织如何能动地利用创始人印记

不同于工艺性、改进性技术攻关，前沿引领技术由于具有复杂的多层次嵌套、高知识密集等特征，致使多数企业"敬而远之"。研究表明，企业难以突破前沿引领技术的障碍在于企业的"趋利性战略短视"，短期市场导向的逻辑难以支撑企业进行大规模、高强度、高投入、长周期的技术研发，因此，有必要研究如何提高企业的长期导向、先动意识，以保障企业完全突破关键核心技术（李显君等，2018）。组织印记是一组能被撬动的历史资源集合，且印记中蕴含的历史资源是组织变革的重要内生性力量（Sasaki 等，2020）。事实上，已有研究证实，具有"国有"背景、创始人具备深厚技术功底的企业更能坚持高比例研发投入，更重视前沿性技术探索，从而突破前沿引领技术（王范琪，2021）。因此，组织能动性地利用创始人印记能够为企业提供持续攻克前沿引领技术的内在驱动力（Sinha 等，2020）。那么，企业如何利用创始人印记来推动技术变革？本研究发现，在华为 5G 技术突破过程中，华为根据企业情境与技术创新目标能动地筛选、重释创始人印记，为企业攻克 5G"上甘岭"提供了内生性动力，缓冲了企业短视、逐利的经济性特征，实现了前沿引领技术的突破（见图 3.5）。

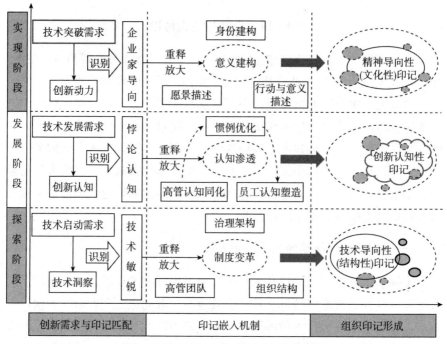

图 3.5 组织利用创始人印记的内在逻辑

（二）创始人印记与技术创新目标的策略性匹配

以往研究证实，管理者通过对组织印记的重新排序、修改或目的性叙述来实现对组织印记的战略性利用，从而满足适应环境变化、增强组织合法性等不同战略需求（Suddaby 等，2010）。本研究发现，在前沿引领技术突破的组织技术情境下，管理者能动地利用组织印记资源的方式倾向于根据技术创新的阶段性需求对创始人印记进行选择性放大、策略性重释。具体而言，管理者基于技术突破过程中的需求分析，选择性放大不同的创始人印记来推进不同技术创新目标。这是因为，技术生命周期的不同阶段的技术创新难度和复杂度不同，对组织资源基础和核心能力的要求也不同。因此，注重前沿引领技术创新与创始人印记的阶段性匹配，有意识地选择性放大不同的创始人印记是推动组织前沿引领技术突破的重要内在机制。根据案例分析，可以发现以下规律。

在前沿引领技术探索阶段，超前技术导向性印记推动组织率先进入新技术轨道，抓住机会窗口。相关研究证实，发生在特定敏感期内的复杂历史事件塑造了创始人的感知系统（perceptual apparatus），使其更容易感知到各类机会（Suddaby 等，2010），创始人印记也多用在解释"机会发现论"，即创始人更易识别技术机会。正如 Dosi 等人的研究提出，市场需求、技术机会、经济行为者的相异性和非对称性等是技术演进的动力。因此，组织选择性地放大创始人的技术敏锐、技术超前洞察等印记可获得技术演进动力，满足技术预研的创新需求。例如，在技术探索阶段，任正非关于 5G 技术的超前洞察及技术敏锐性印记在组织层面的放大和重释，使华为及时抓住了 5G 技术机会窗，实现了技术超前研发的创新目标。

在前沿引领技术发展阶段，创新性认知印记引导组织摆脱思维惯性，在认知变革中实现了新技术轨道的阶段性突破。技术系统是一个远离平衡的耗散系统，技术范式的演进伴随着不断解决内部冲突、解构和再定义技术范式的过程（吴晓波等，2004）。创始人个人领先的创新认知可以影响组织个体或组织形式，从而在组织内确立相似的创新认知模式（张钢，张灿泉，2010），指导组织解决技术创新中的认知冲突，创造新的知识。因此，组织选择性地放大创始人关于创新认知重塑、创新思维模式等认知性印记可以加快技术突破进程。在技术发展阶段，华为通过将任正非的"开放、妥协、灰度、自我批判"悖论式创新认知在组织内部放大和重释，引导华为对技术创新中的悖论、冲突进行创造性处理，在 5G 技术轨道上取得重大进展，实现了技术阶段性突破的目标。

在前沿引领技术实现阶段，价值观等精神导向性印记提供了组织持续创新的内在驱动力，激发了组织创新活力，从而实现前沿引领技术突破。这是因为，新技术范式的产生是技术轨道的非线性跃迁过程，往往伴随着突破性创新的产生，以及可能的技术轨道之间的竞争，这就需要内源性动力驱动组织持续创新（李树文等，2023）。研究表明，创始人印记可通过愿景的形式影响组织的文化（Harris 和 Ogbonna，1999）、范式及组织行为规范或身份，而文化是一种能量场，可以提供技术创新的持续动力。因此，组织选择性地放大创始人的个人价值观等企业家精神印记可以提供持续的创新驱动力，实现前沿引领技术突破。例如，在技术实现阶段，为了激发组织创新活力，华为发展、描述、传达其愿景使命，强化员工技术创新使命感，最终实现 5G 技术的彻底突破。

管理者能动性利用组织印记的目的是适应组织技术创新需求，而管理者能动性利用组织印记的方式是选择性放大和策略性重释。创始人印记与不同技术创新的策略性匹配是前沿引领技术快速突破的重要机制。在前沿引领技术突破的不同阶段，组织应该根据阶段性创新需求选择性放大特定的印记类型，从而加快前沿引领技术突破进程。

（三）不同创始人印记的嵌入机制选择

以往研究证实，创始人个人印记可以通过直接或间接地影响企业的结构、战略（Gao等，2010），或者通过影响其他个体的方式传递个人认知和价值观（Mcevily等，2012），从而沉淀在组织中，对组织发展产生深刻影响（韩二伟，2019）。然而，现有关于不同类型的印记以何种方式嵌入组织中的研究较少，语焉不详。本研究通过案例分析发现，管理者在能动性利用不同类型的创始人印记时，选择了不同的变革举措、嵌入途径来实现创始人印记在组织层面的复刻。具体而言，不同的创始人印记通过不同的嵌入途径、方式，形成不同类型的印记，并嵌入组织层面，内化为组织印记。因此，创始人印记嵌入机制是高管团队能动性利用组织印记的重要环节，也是印记差异性作用的重要来源。在前沿引领技术突破过程中，要根据不同的印记类型，针对性地选择嵌入机制，保证印记在组织层面最大限度地复刻，充分挖掘印记的巨大作用。

在前沿引领技术探索阶段，关于技术洞察的创始人印记通过强制性制度变革形成新的结构性印记集嵌入组织。这是因为，管理者在推进关于创始人机会识别的超前战略布局时，组织中往往存在因循守旧的惯性势力等内源性阻力，影响创始人印记在组织中的"复刻"（孙谋轩等，2021）。而战略决策、架构调整、流程变革等制度性变革是管理者应对环境变化和建立未来战略的有效措施（张钢，张灿泉，2010），蕴含在新组织制度中的结构性印记集会持续存在，随着组织目标的变化而沉睡或被唤醒。因此，超前技术导向的印记类型更适合强制性制度变革嵌入机制。例如，在技术探索阶段，华为围绕未来技术导向的创始人印记开始了一场自上而下的组织变革，通过战略调整、治理架构变革、分权制衡、研发机构变革等强制性干预的制度变革，形成制度性压力场，保障了技术敏锐性印记在组织层面的复刻。

在前沿引领技术发展阶段，创始人印记通过组织不同层面的认知变革形成新的认知性印记集，并嵌入组织。Narayan等人总结出企业家创新性认知的结构包括对不确定性的态度，对技术机会的开发和探索等，即企业家个人的先验性知识表现在其独特的知识、认知、思维方式等个人特质方面。而创始人的个人认知可通过不同层次的认知变革，经过认知在组织内的放大、冲突、整合（张钢，张灿泉，2010），确立相似性认知，从而形成组织认知性印记集。例如，在技术发展阶段，任正非通过对继任者进行培养和印记复刻（Mcevily等，2012）达到高管层面的认知同化，之后通过组织惯例的更新和优化，重塑了员工层面的创新认知，组织创新认知模式的转变加快了华为 5G 技术突破进程。

在前沿引领技术实现阶段,关于技术创新驱动力的创始人印记集通过"意义建构"式组织变革形成文化性印记集嵌入组织。创始人个人的价值观、愿景等资源可以通过印刻组织结构、政策、文化的形式影响组织发展,应对环境约束(Zheng,2012)。而意义建构是指个体在面对不确定情境时,调用内在认知逻辑对环境进行解读,从而聚焦环境中的关键信息,形成个体释义,并重新建构情境意义的过程(周琪等,2022)。组织通过创始人对"发展蓝图"与新组织情境的解读、描绘、传达这一意义建构过程(孙谋轩等,2021),将创始人文化性印记嵌入组织,在组织内部形成了新的创新文化场。例如,2015年以后,华为随着环境的变化不断发展其战略愿景,并在战略愿景的不断描述、传达、落实过程中,推动华为持续创新、成功攻克 5G 核心技术。

管理者能动地利用组织印记的"艺术性"体现在创始人印记嵌入机制的选择,不同类型的创始人印记适用的内化方式不同。创始人印记嵌入形成的特定印记集是前沿引领技术突破过程中组织采取独特性举措的逻辑起点,决定了组织突破前沿引领技术的战略路径和模式,是影响前沿引领技术突破的组织异质性要素。

此外,本研究发现,组织各个阶段中形成的印记集并非永久发挥作用,其作用会随着时间的推移逐渐弱化,隐藏在组织中等待下次被激活。因此,每个阶段被唤醒或被嵌入的印记集发挥主导作用,影响前沿引领技术突破,而其他印记集则被弱化或沉眠。例如,从结构性印记看,华为曾在 2011 年根据业务类型调整组织架构,并将 2012 实验室独立出来,改为总研究院,嵌入了技术导向性的组织印记。2018 年,华为再次将组织结构调整为职能模块支撑的平台型组织架构,强化了企业家导向下的组织愿景目标,弱化了原有技术印记。以往相关研究也证实了这一点,如 Marquis 和 Tilcsik 的研究及 Simsek 等人的研究中指出,组织印记会持续起作用,但并非永久发挥作用或始终无法抹消。而 Sinha 等人在研究中进一步发现,印记可能会被隐藏而处于沉眠状态,存在周期性轮回的规律。也正因为如此,管理者才能选择性激活衰退印记或策略性遗忘某些印记来能动地进行印记管理,从而更好地利用印记实现战略目标。因此,本研究得出如下命题。

组织印记在组织中的存在呈现激活和沉眠两种不同的形态。激活状态的印记发挥主导作用,而沉眠状态的印记则作用微弱,这是组织能动地管理组织印记的重要前提。

(四)创始人印记如何影响前沿引领技术突破

本研究立足前沿引领技术突破的实践需要,基于印记理论对华为 5G 技术突破过程进行了探索性单案例研究,聚焦本土情境下"创始人印记如何推动前沿引领技术突破"这一研究问题,构建了"创始人印记—创始人战略认知—企业创新战略选择与实施"的整合性理论模型(见图 3.6)。

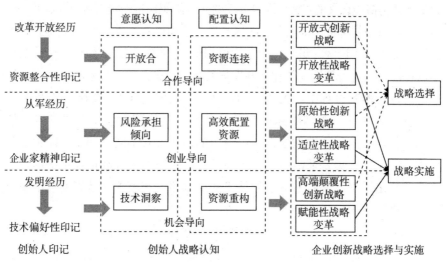

图 3.6 创始人印记影响前沿引领技术突破的微观机制

主要研究结论如下。

(1)创始人在不同过往经历中产生的印记组合共同作用于前沿引领技术开发过程,是企业能够主导突破前沿引领技术的重要前因。本研究经过案例分析发现,华为在任正非资源整合性印记、企业家精神印记、技术偏好性印记 3 种印记的共同作用下实现了 5G 技术突破。具体而言,改革开放的经历使任正非更加注重开放合作,产生了鲜明的资源整合性印记。从军经历则使任正非形成了强烈的使命意识和个人英雄主义精神,产生了鲜明的企业家精神印记。发明经历使任正非形成了强烈的技术创新意识和坚定信念,产生了强烈的技术偏好性印记。以往研究讨论了企业家单一印记对创新模式的影响(朱沆等,2020),而本研究则进一步证实了创始人多重印记组合对企业复杂创新行为的影响。

(2)创始人在不同印记作用下产生的不同战略认知图式存在于个体认知基模中,塑造了其独特的认知框架。本案例研究发现,引导企业突破前沿引领技术的领导者战略认知模式表现出合作导向、创业导向、机会导向

3 种逻辑并存的复杂认知框架。其中，资源整合性印记塑造的合作导向表现为开放合作的意愿认知和资源连接的配置认知，企业家精神印记塑造的创业导向表现为高风险承担的意愿认知和高效配置资源的配置认知，技术偏好性印记塑造的机会导向表现为技术洞察的意愿认知和资源重构的配置认知。这些不同来源的印记提供了企业得以突破前沿引领技术的复杂认知基础。研究进一步支持了武亚军提出的领导者框架式认知模式更能促进企业复杂创新行为的结论。

（3）创始人在印记作用下形成的复杂认知模式影响了企业创新战略选择、战略变革的主导逻辑，而创新战略及其匹配性的战略变革是企业得以突破前沿引领技术的核心。研究发现，不同创始人印记塑造的战略认知模式影响了企业战略制定时的关注焦点，决定了企业创新战略选择的激进程度与实现路径。同时，特定的战略认知模式也塑造了管理者调配资源、能力支撑战略目标时的因果逻辑，决定了企业战略变革的主导逻辑。同一战略认知主导下的创新战略与适配性的战略变革，持续保障了企业前沿引领技术的突破。具体而言，合作导向下的开放式创新战略与开放性战略变革，创业导向下的原始性创新与适应性变革，机会导向下的高端颠覆性创新战略与赋能性变革，是华为得以实现 5G 技术突破的核心机制。

五、华为前沿引领技术突破的关键机制

本研究以不同类型的前沿引领技术进行阶段划分，在此基础上识别出企业前沿引领技术突破不同阶段中的创始人印记类型、印记嵌入机制、组织资源编排、组织学习的阶段性特征，在对案例材料的反复梳理与理论迭代过程中，构建了"印记类型—印记过程—印记结果"的整合性理论框架模型（Marquis, Tilcsik, 2013），揭示了特定创始人印记识别与嵌入的前因机制引导下，组织通过差异化资源编排、学习实现知识积累，最终实现技术轨道跃迁的过程机制，刻画了以创始人印记为核心要素的前沿引领技术的突破路径，具体研究发现如下。

（一）组织印记使能机制

可以能动地管理组织印记，来推动组织实现前沿引领技术突破。首先，管理者有意识地管理组织印记的核心逻辑是服务于阶段性组织技术创新目标。在本研究中，管理者基于技术突破过程中的需求分析，选择性放大不同的创始人印记来达到促进不同技术创新目标的目的。具体而言，在技术探索阶段，企业选择了技术导向的创始人印记，抓住技术机会窗口，推进

前沿引领技术的超前研发；在技术发展阶段，企业选择了创新认知相关的创始人印记，推动企业突破创新瓶颈；在技术实现阶段，企业选择了精神导向相关的创始人印记，激励企业持续创新，突破前沿引领技术。其次，管理者利用创始人印记的方式是选择性放大和策略性重释。在本研究中，在技术突破的不同阶段，管理者都会选择性放大相应的创始人印记，并结合技术创新目标对创始人印记进行策略性重释。最后，不同类型的组织印记适用的嵌入机制不同，管理者在创始人印记嵌入机制的选择方面表现出较强的"艺术性"。在本研究中，企业选择强制性制度干预将技术敏锐印记嵌入组织，形成结构性印记；通过认知渗透式嵌入机制将创始人领先创新认知嵌入组织，形成认知性印记；基于意义建构将创始人企业家导向性印记嵌入组织，形成文化性印记。组织通过能动性地识别并嵌入创始人印记，有力推动了企业前沿引领技术突破。

（二）创始人印记的主导机制

适配阶段性技术创新需求的创始人印记对企业前沿引领技术突破路径选择具有导向效应。具体而言，创始人印记嵌入后的不同印记集成为组织采取独特性举措的逻辑起点，映射了组织资源编排的核心逻辑，使得不同阶段的资源编排呈现出服务于技术创新需求的典型特征。而创始人印记嵌入的不同机制也影响了组织学习依赖的组织惯例、组织经验和组织目标，重构了组织学习的模式和路径，进而导致了不同的技术演进结果。因此，创始人印记主导了不同阶段的印记嵌入机制、资源编排、组织学习模式，决定了前沿引领技术的突破。本案例中，在技术探索阶段，技术导向性印记主导了探索性资源构建模式，而印记的制度性嵌入过程又发展了忘却性学习模式；在技术发展阶段，创新认知印记主导了开拓式资源束集，而印记的认知变革式嵌入过程又形成了积累性学习模式；在技术实现阶段，企业家精神导向印记主导了使能式资源撬动，而印记的意义建构式嵌入过程又形成了战略性学习模式。因此，组织印记的识别和选择是高管团队能动性利用组织印记的重要环节，直接决定了组织突破前沿引领技术的战略路径和模式选择，是影响前沿引领技术突破的组织异质性要素。

（三）资源编排和组织学习策略匹配机制

创始人印记对前沿引领技术突破的内在作用机制是资源编排与组织学习的策略性匹配。本研究发现，从技术的知识本质看，不同阶段的资源编排影响了组织的知识构成，塑造了不同的组织知识基础。而不同的组织学习模式又影响了组织对知识的选择性吸收和转化程度。特定的组织知识基础在特定的组织学习模式下，实现了不同的组织知识进阶，从而影响了组织前沿引领技术的突破进程。具体而言，本案例中，在技术探索阶段，企业基于探索性资源构建形成了异质性知识库，而在制度变革中形成的忘却性学习模式加速了组织对异质性知识的吸收和转化，扩大了组织知识存量，加深了组织对原理性科学知识的理解，进而突破原理性前沿引领技术。在技术发展阶段，企业通过耦合式资源束集形成了独特的知识聚合网络，而在创始人认知渗透的组织管理优化中形成的积累性组织学习模式加快了组织对缄默性知识的吸收和转化，提高了组织知识增量及其对专属性技术的理解力，进而实现了前沿引领技术的突破。在技术实现阶段，企业通过使能式资源撬动打造了独特的知识生态，孕育了知识创造能力。而在组织意义建构过程中形成的战略性学习模式创造性地塑造了面向未来发展战略的组织惯例，提高了知识在组织内部的富集程度，提升了组织技术诀窍（know-how），进而突破可靠性前沿引领技术。案例研究结论表明，印记视角下前沿引领技术突破的内在机制是组织通过资源编排与学习达到不同程度的知识进阶，从而呈现不同的技术轨道跃迁的过程。

第四节　机制总结

创新引领前沿技术突破的机制主要有激发创新引领的创始人印记使能机制、以创新引领为内核的创新文化嵌入机制、支撑创新引领的战略协同机制，以及保障创新引领的科技安全治理机制。

一、激发创新引领的创始人印记使能机制

组织印记的使能机制强调了管理者在技术创新过程中的能动性角色。首先，管理者有意识地管理组织印记，以服务于不同技术创新阶段的目标。他们选择性放大和策略性重释创始人印记，从而推动技术突破。其次，在技术探索、技术发展和技术实现阶段，创始人印记的不同主导机制塑造了组织的战略路径和模式，决定了前沿技术突破的方向。换言之，创始人印记主导了企业前沿引领技术突破的路径选择。最后，资源编排和组织学习策略匹配机制强调了创始人印记对组织知识构成和学习模式的影响。

二、以创新引领为内核的创新文化嵌入机制

以创新引领为内核的创新文化嵌入机制包含创新引领为内核的文化建构和文化嵌入两阶段组织行为（见图3.7）。

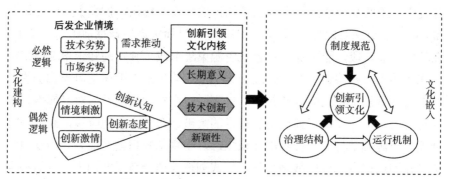

图 3.7 创新引领为内核的文化嵌入机制

（一）企业家创新认知驱动机制

用户需求和企业家创新认知分别构成了推动创新的必然逻辑和偶然逻辑，而必然逻辑和偶然逻辑的耦合形成了文化建构的动力源。企业高管团队的创新认知，特别是创始人创新认知（企业家创新认知）对企业的创新实践发挥了重要的推动作用，带有企业家作用的偶然性，称作偶然逻辑。企业家创新认知源于后发企业劣势情境的刺激或者出于奉献的创新激情，刺激或激情属于个体情绪的范畴，部分会转化为试图采取技术创新行为的态度，如加大知识搜索的力度[①]。并非所有的高管团队和创始人都有创新认知，需要建立制度来塑造从创始人到普通员工对创新的高度共识性认知。

（二）以"新颖性""独特性"为文化内核构建机制

提升长期意义上技术创新的新颖性、独特性是创新引领作为文化内核的内在规定。其含义表现在两个方面。一方面，在必然逻辑和偶然逻辑的合力下，要将技术创新作为构建企业长期竞争优势的根本。另一方面，以创新引领为内核的创新文化强调长期意义上的技术和知识的新颖性、独特性，这是保持领先的基础，实现途径是基于科学的技术创新，如华为从早期的模仿创新到建立2012实验室为标志的根本性创新（radical innovation）。

---

① Nadkarni S, Narayanan V K. Strategic Schemas, Strategic Flexibility and Firm Performance: The Moderating Role of Industry Clockspeed [J].Strategic Management Journal, 2007, 28(3)：243-270.

(三）创新治理支撑机制

确保创新资源投入的制度规范、"全员参与、全体共治"的创新治理结构和支撑闭环管理的激励相容机制是创新引领文化嵌入的主要通道。第一，持续的研发资金和人才投入是前沿引领技术突破的底层基础，这与"战略导向、创新驱动"传统范式下绩效主义导向的资源投入形成鲜明对比。第二，"全员参与、全体共治"的治理结构不仅能够有效激励包括全员创新、全方位创新、全要素创新的全面创新（许庆瑞，2007），也是一种释放和抑制创始人权力的平衡机制，目的在于将创新引领文化进行组织性嵌入，促进组织"自运行"地持续提升创新能力。第三，支撑闭环管理的激励相容机制从实质上促进和保障了嵌入的成功和可持续，并外显为对创新战略的执行力。

三、支撑创新引领的战略协同机制

研究总结认为，支撑创新引领的战略协同机制包括全要素动态整合机制、组织结构生态化机制，具体分析如下。

（一）全要素动态整合机制

后发企业面对不同的机会窗口，需要执行"三 L"机制，即互联（Linkage）、杠杆化（Leverage）和学习（Learning）（Mathews，2002），驱动全面创新（许庆瑞等，2006），动态地创造持续竞争优势，推动技术创新能力由最初的"二次创新"（吴晓波，2006）能力发展到自主创新能力（陈劲，1994）和整合式创新能力（吴晓波等，2019），从而突破前沿引领技术"卡脖子"问题，并催生持续的原始性创新和颠覆性技术成果。创新能力的提升是一个动态的非线性过程，支撑创新引领体系的要素在企业发展的不同阶段要主动作出适应性调整，研发组织、企业文化及制度管理等要素要进行全方位整合式创新。

（二）组织结构生态化机制

本研究基于利用式创新、探索式创新、市场和技术（刘海兵等，2020）等创新战略的结构化视角，通过华为的案例发现，随着后发企业技术创新能力的提升，创新引领的创新战略会在市场和技术两个要素上从"低利用"向"高利用"演进，在追赶的前期表现为低市场利用型创新战略，而在超越追赶期则表现为高市场利用、高技术利用型创新战略（魏江等，2020）。组织结构进行了由直线结构到矩阵结构再到强矩阵结构的变革。研发体系由高度集中的研发体系演进到涵盖基础研究、技术创新、产品开发的分布式研发体系，借此基于科学的创新体系初步形成。企业文化由崇尚个人英雄主义转型为学习型组织文化，再转型为致力于提升生态化能力的开放型文化。演进的总体趋势呈现为分权度逐渐增加、组织边界适度开放、开放式创新逐渐深入等，如图 3-8 所示。这些要素的创新和协同，是创新战略实施的支撑要件，而创新战略则是由创新引领文化和企业自身能力共同决定的，由此构成了"创新引领文化—创新战略—要素创新与协同"的机制。

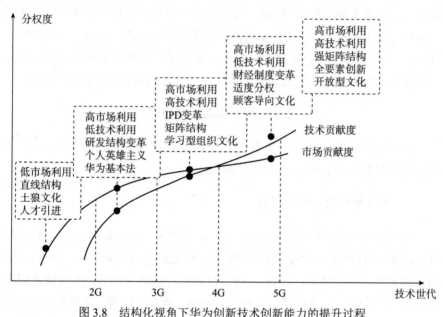

图 3.8　结构化视角下华为创新技术创新能力的提升过程

四、保障创新引领的科技安全治理机制

后发企业在实施开放式创新、提升技术创新能力的过程中，存在潜在的不安全性和对外技术的过度依赖。这种不安全性，不仅表现在对企业自身技术创新能力的潜在影响，更重要的是，可能会制约整个产业链和相关产业，甚至带来毁灭性打击。

后发企业的技术突破是阶梯式、层次式的，而技术与产品之间并不是一对一的关系，可能是多对一或一对多关系。因而，在前沿引领技术突破过程中，需要寻找一种安全策略（即科技安全治理机制）对产品线相关的技术群组逐步攻破，以确保技术体系和产品体系的可控性。这种安全策略包括但不限于自主创新、可靠的创新生态等。可以说，科技安全治理机制是创新引领前沿引领技术突破的"压舱石"。

保障创新引领的科技安全治理机制是突破前沿引领技术的特有机制，这也是创新引领前沿引领技术突破的机制与非核心技术突破的机制的明显区别。这是因为，在前沿技术突破过程中，伴随着后发企业逐步缩小与先发企业的技术距离，先发企业可能以维持自身位势为目的采取马基雅维利式的种种压制，包括技术封锁、市场打击等。因此，在后发企业突破前沿引领技术时必须有居安思危的底线思维，一方面加快自身的技术突破，另一方面也要对未来技术进行前瞻性布局，尽最大可能避免外部竞争对手乃至他国对自身技术突破所需的产业链、供应链和生态资源的封锁，进而提升企业应对外部创新危机的创新韧性和科技安全治理能力，以动态核心能力保障企业持续实现创新跃迁。

第五节　总结

本章深入探讨了创新引领的前沿技术突破机制，详细分析了前沿技术在国家战略发展、世界经济增长和社会进步中的核心作用。作为推动科技革新和产业升级的关键力量，前沿引领技术已成为全球范围内竞争的战略焦点。因此，本章首先系统回顾了前沿引领技术能力的研究现状，这些研究主要集中在技术预测方法的改进和技术创新内在机制的深入探索上，极大地丰富了前沿技术的理论体系，并为技术创新实践提供了有力支撑。

本章结合中国情境，对前沿引领技术能力的现状与挑战进行了深入分析。虽然中国在前沿技术领域取得了显著进展，但仍然面临着技术创新体系不完善、高端人才短缺等挑战，这些挑战对中国在全球科技竞争中的地位产生了影响。为了深入探究创新引领前沿技术突破的机制，本章以华为公司为案例，进行了实证研究。华为作为全球领先的信息通信技术企业，在前沿技术领域取得了令人瞩目的突破和创新。通过剖析华为的创新过程，本章揭示了几个关键机制：激发创新引领的创始人印记使能机制、以创新引领为内核的创新文化嵌入机制、支撑创新引领的战略协同机制及保障创新引领的科技安全治理机制。这些机制共同构成了华为成功引领前沿技术突破的核心动力，也为中国其他企业实现前沿引领技术突破提供了宝贵的经验和启示。

综上所述，本章通过系统的理论研究和实证分析，揭示了创新引领前沿技术突破的深层次机制和规律。这些研究不仅有助于推动中国前沿技术的快速发展，提升中国在全球科技竞争中的地位，也会对全球科技进步和社会发展做出积极贡献。

第四章　创新引领的"关键共性技术"突破的机制

习近平总书记在党的二十大报告中明确提出要加强基础研究，增强自主创新能力，集中力量进行原创性引领性科技攻关。而关键共性技术介于基础研究与应用研究之间，可以对中国多个行业和领域产生广泛影响。纵观全球，发达国家始终重视发展和突破关键共性技术，例如美国的先进技术计划（ATP）、日本的超大规模集成电路技术研究联合体及韩国的共性技术开发计划等，可见关键共性技术对实现关键核心技术自主可控具有重大意义。总体而言，发展关键共性技术是中国突破技术封锁、实现高水平科技自立自强的重要途径。因此，探究关键共性技术突破的机制和路径具有理论意义和现实意义。

第一节　关键共性技术突破相关研究动态

本研究梳理相关文献对关键共性技术概念的界定，总结关键共性技术的特征，同时从国家科技竞争力、产业发展和企业研发创新三个方面探究突破关键共性技术的意义。在梳理文献的过程中，本研究发现现有文献集中探讨了关键共性技术的定义、特征及研发路径等方面，但缺乏对核心企业微观关键机制的探索性研究。因此，本研究将在现有理论的支撑下，从创新引领视角探讨关键共性技术突破的核心机制。

一、关键共性技术的概念界定

国内外学者对关键共性技术的定义存在些许差异，但都明确指出关键共性技术能够在多个行业和领域发挥作用，是能对各产业产生深远影响的技术。在界定关键共性技术概念的基础上，学者们不断总结关键共性技术的特征，包括基础性、外部性、风险性等。

（一）关键共性技术的内涵

目前，学术界对关键共性技术的界定主要是基于共性技术的定义和特征。美国先进技术计划（ATP）中首次给出共性技术的明确定义。ATP 指出共性技术是能在众多工艺设计、产品生产中广泛应用的某一概念（梅述恩等，2007）。Tassey Gregory 进一步阐述共性技术的概念，指出共性技术的研发是整个技术研发过程的起点，能检验某一产品或技术是否具有广泛的市场前景和应用价值，降低后续研发过程的风险（Tassey Gregory，2004；Tassey Gregory，2005）。基于对共性技术概念的理解，许多学者对关键共性技术的概念进行阐述。Aithal 指出，关键共性技术是能被应用在多个行业和领域的成熟技术。Bekar 等人也指出，关键共性技术可以沟通不同的技术并且应用在不同的研究开发活动中。国内学者主要根据关键共性技术的应用范围对其进行定义。例如，李纪珍认为关键共性技术指的是"在很多领域内已经被普遍应用或可能在未来被普遍应用，其研发成果可共享并对某个产业或多个产业及其企业产生深度影响的一类技术"。[①]许端阳和徐峰从技术、应用和效益的角度对关键共性技术进行界定。从技术角度看，关键共性技术可以是与一个或多个产业紧密联系的关键核心技术、技术群及技术标准；从应用的角度看，关键共性技术能够应用于多个领域的不同企业，推动研发和技术进步；从效益角度看，关键共性技术既可降低多个产业部门的生产成本，又可提高整体的社会效益。[②]

（二）关键共性技术的特征

关键共性技术是介于基础研究与应用研究之间的一种技术形式（汪明月等，2023；Sekhar，Dismukes，2009），具备以下特征。

（1）关键共性技术具备基础性这一最本质的技术属性。具体而言，关键共性技术在整个技术体系中处于最底层的基础地位，能够为后续的技术产品化、商业化提供支撑。

（2）基础性本身促使关键共性技术具备外部性和准公共物品特征。从企业内部看，外部性发生在研发部门与应用部门之间及不同的应用部门之间，应用部门可以根据自身需要对关键共性技术进行深度开发；从企业外部看，产业链内的所有企业均能通过相应的公共技术获取平台获得共性技术。

---

① 李纪珍. 关键共性技术：概念、分类与制度供给[J]. 中国科技论坛，2006(3)：45-47+55.
② 许端阳，徐峰. 关键共性技术的界定及选择方法研究——基于科技计划管理的视角[J]. 中国软科学，2010(4)：73-79.

关键共性技术不存在严格的知识产权保护限制，企业很难独占技术成果。

（3）由于研发难度较大，研发周期和投资回报期较长，关键共性技术具备较高的风险。关键共性技术的外部性能够使企业竞争者免费或低成本从技术溢出中获利，最终导致企业的经济收益具有不确定性。

（4）因为关键共性技术具有基础性、外部性等特征，所以不同产业中的企业均可利用共性技术获得收益，最终产生巨大的社会经济效益。

二、关键共性技术突破的意义

关键共性技术在国家层面、产业层面和企业层面都具有重要意义。在国家层面，关键共性技术能够提供安全可靠的基础科学，在中国构建新发展格局、实现科技自立自强的过程中发挥关键作用；在产业层面，关键共性技术有助于推动传统产业转型升级，带动相关产业实现创新；在企业层面，关键共性技术有助于企业培育自主创新能力。

（一）关键共性技术对国家科技竞争力的意义

习近平总书记在党的二十大报告中强调加强基础研究，并指出基础研究是整个科学体系的源头，是所有技术问题的总机关，这表明需要从源头解决技术问题。加强基础研究对参与国际科技竞争、推动构建新发展格局、实现高质量发展具有关键作用。作为基础研究的重要组成部分，关键共性技术对中国建设科技强国、实现高水平自立自强具有重大意义。通过深入研究与开发关键共性技术，可以为不同行业、不同领域提供安全可靠、更加高效的基础科学，这将在各个领域产生积极影响，有助于提升国家的科技竞争力。在具体实践中，各国十分重视发展和突破关键共性技术（郑月龙等，2019），例如英国投入9300万英镑设立"工业战略挑战基金"（ISCF），用于研发太空、核能及海洋勘探等领域的机器人技术；日本建立超大规模集成电路技术研究联合体，为提升半导体行业的国际竞争力起到了重大作用。

目前，随着科技革命和产业变革不断蓬勃发展，国际科技竞争也在向人工智能、5G、区块链等技术前沿迁移。加快AI、大数据、超级计算、5G等关键共性技术的研发将有助于中国提高国家综合竞争力，推动各行业高质量发展（郑月龙等，2021）。总体而言，在新一轮科技革命和产业革命深入发展背景下，关键共性技术成为一个国家能否在新一轮科技革命和产业革命中占据竞争优势的关键。

（二）关键共性技术对产业发展的意义

关键共性技术具有外部性和准公共物品属性，不仅能给单个企业带来竞争优势，还能促进整个产业的技术创新和产业创新（阳镇，陈劲，2023）。作为在创新链条中处于基础性地位的技术，关键共性技术对促进传统产业转型升级、培育战略性新兴产业起到关键作用（Carlaw，2011；Vona，2015；Strohmaier，2016）。对共性技术的研发能够推动供给侧结构性改革，有效发挥产业技术的研发及应用对创新驱动的引领和支撑作用。同时，关键共性技术创新可为产业升级和进步搭建基础平台，该平台能够带动相关产业进行创新并产生巨大的经济效应和社会效应。

（三）关键共性技术对企业研发创新的意义

关键共性技术具有"平台技术"属性，能够服务多类用户，且应用前景十分广阔（樊霞，吴进，2014）。依据这一特征，产业内的企业能够根据自身需求进行后续的研发和商业化（熊勇清等，2014），由此产生众多用于竞争的技术，从而提高企业的自主创新能力。另外，国家和政府越来越重视关键共性技术的开发和培育，并制定了一系列政策。企业在政府的鼓励和资助下开展关键共性技术的研发和创新工作，能够获取创新资源并进行技术更新，降低在共性技术研发过程中面临的周期长、成本高、创新结果不确定等风险（王丽雅，吕涛，2022）。

三、关键共性技术研究述评

现有文献集中讨论了关键共性技术的识别和研发，指出关键共性技术的突破和创新需要政府部门发挥作用。目前政府主要采取政策优惠、政府补贴等方式鼓励和资助企业研发关键共性技术。然而，鲜有研究探讨微观机制下关键共性技术的突破机制。针对这一缺口，本研究将采取案例研究的方法回答"创新引领视角下企业如何突破关键共性技术"这一关键问题。

（一）关键共性技术识别的研究

国内外学者主要通过定性和定量两种方法对关键共性技术进行识别。具体可以概括为以下三个方面。

（1）构建相关指标体系，采用德尔菲法赋予权重和分数，最终筛选和识别关键共性技术。例如，英国采用德尔菲法确定各个领域的技术优先级，从而识别国家层面上的关键共性技术。骆正清和戴瑞通过分析关键共性技术的影响因素，利用德尔菲法邀请专家打分，最终选择需要研发的关键共性技术；刘波等人从技术预见的视角构建了用于筛选关键共性技术的指标体系，并通过德尔菲法确定指标权重。

（2）基于关键共性技术的特征（如基础性、效益性等）识别和筛选满足条件的技术。例如，江娴和魏凤根据共性技术的基础性、超前性、外部性和集成性识别关键共性技术；郑赛硕等人基于共性技术的基础性和广泛性，结合中心度和结构洞识别关键共性技术。

（3）利用专利文献包含的数据和信息识别关键共性技术。张鹏等人根据美国专利数据库中的数据，结合社会网络分析方法，识别 GPS 产业的共性技术；马永红等人同样利用专利数据和网络分析方法识别新材料领域的关键共性技术；胡凯等人以大量专利数据为研究样本，通过构建 LDA 模型识别中国的产业关键技术。但是由于专利信息具有滞后性，难以及时筛选和识别产业的共性技术。随着机器学习及文本挖掘技术的发展，一些学者利用这些技术挖掘专利文献信息，高效识别关键共性技术（陈伟等，2020；Zhang，2012）。

（二）关键共性技术研发的研究

关键共性技术具有研发周期长、独占性低等特点，容易造成组织失灵问题（李纪珍，邓衢文，2011；李纪珍，2011）。为解决组织失灵的问题，提高关键共性技术创新，保障技术有效供给，需要发挥政府管理公共事务的作用，促使多方创新主体合作研发关键共性技术（苏鑫，赵越，2019）。具体来说，政府可以采用创新合作平台（赵骅等，2015）和产学研（樊霞等，2018）等组织形式，引导各创新主体积极参与关键共性技术的创新。学者们从不同视角研究了创新合作平台和产学研合作对产业关键技术研发的影响和作用。朱桂龙和黄妍通过构建 Logit 回归模型发现产学研合作能够显著提升关键共性技术的研发供给；樊霞等人以生物领域为例，证实产学研合作对关键共性技术的研发和创新有积极作用；马永红等人构建了 5 大产业关键共性技术的合作网络，提出产学研合作能够提升共性技术的研发能力。另外，政府经常采用政策性贷款、税收优惠和政策补贴等措施促进关键共性技术的创新（孙鳌，2005；陈朝月，许治，2019）。Tassey 指出政府应通过直接资助和税收优惠等方式资助关键共性技术的研发，以解决企业对关键共性技术投入不足的问题。郑月龙等人建立两阶段博弈模型，发现政府补贴能够弱化关键共性技术的研发成本对利润的影响。在此基础上，郑月龙等人再次提出政府支持可以提高关键共性技术产学研的协同度。

但是，由于关键共性技术是动态变化的，政府为促进关键共性技术创新的措施也应做相应的调整。盛永祥等人认为政府需要根据产业发展的不同阶段动态调整对关键共性技术研发的支持方式和力度。

（三）研究述评

当前学术界对共性技术的研究多集中在以共性技术的多方合作研发模式为前提，讨论宏观层面的组织间模式、合作创新体系，却缺乏对核心企业微观关键机制的探索性研究（exploratory study）。关键共性技术的研发难度大、研发周期长且溢出效应高（韩元建，陈强，2014），这就要求参与共性技术突破的核心企业具备创新能力强（陆立军，赵永刚，2010）、社会责任意识强、创新驱动力强等特点，这些特征与刘海兵等人归纳的创新引领的 VAED 内涵不谋而合。另外，创新引领理论作为立足于当前中国情境的创新管理新范式，更贴合企业发展实际，能够排除情境因素这一重要前因变量，凸显企业自身特征的显著性影响。因此，从创新引领视角挖掘企业共性技术突破的核心机制十分必要。同时，创新引领仍存在作用机制有待拓展等研究缺口。

基于此，本研究选择青山控股和方大炭素作为典型案例企业，深入剖析创新引领突破关键共性技术的关键机制，试图丰富创新引领理论体系，并回答以下问题：①在企业主体层面，创新引领关键共性技术突破的关键机制是什么？②企业内部关键机制如何推动共性技术的突破进程？

第二节　中国关键共性技术突破现状

关键共性技术在创新链中属于竞争前的技术，能够促进整个产业的发展和进步。20 世纪 80 年代，中国开始出现支持"关键共性技术"研究的政策。目前，中国主要通过国家科技计划、研究中心、国家重点实验室等方式支持关键共性技术的研发。近年来，中国对基础研究的研发投入逐渐升高，并在新材料、生物医药、5G 等领域取得技术突破。但由于对关键共性技术的投入总体偏低，缺乏整体性和长期性布局，以及"产学研"研发体系较为松散，中国对关键共性技术的突破仍与发达国家存在差距。

一、中国关键共性技术取得的成果

中国逐渐重视关键共性技术的研发和突破,通过制定国家科技计划,建立技术研究中心和重点实验室等支持"关键共性技术"的研发。目前,中国已经在 5G 技术、新材料、芯片、生物医药等领域突破了一大批产业关键共性技术。

(一)关键共性技术的投入增加

中国通过多种途径实现关键共性技术的供给,主要包括以下几个途径。

(1)国家科技计划。在 20 世纪 80 年代,中国就已经出现支持"关键共性技术"研究的政策。例如,1986 年 3 月提出了国家高技术研究发展计划,旨在重点研究生物技术、航天技术、信息技术、激光技术、自动化技术、能源技术和新材料技术这 7 大领域。通过 863 计划,中国突破了一批关键共性技术,例如光电子材料及制备技术、码分多址通信技术等。1997 年 3 月,国家开始实施国家重点基础研究发展计划(973 计划),旨在支持对国民经济与社会发展有制约作用的重大科学问题的研究,并建立高水平的基础研究队伍。该计划涵盖农业、能源、信息、资源环境、人口与健康、材料等领域。973 计划显著提高了中国的基础研究水平,成功突破基因、生命科学、纳米材料和量子信息等领域的共性技术。2015 年,863 计划、973 计划、国家科技支撑计划等整合成国家重点研发计划,以解决重大科学问题,突破重大共性技术。

(2)国家工程技术研究中心。通过依托重点科研机构、科技型企业和高校,国家工程技术研究中心不断研发各行业和领域的重大共性技术,促进相关行业的技术进步和创新。

(3)国家重点实验室。从 1984 年起,中国开始组织实施国家重点实验室计划。围绕基础研究和应用基础研究,国家重点实验室以突破基础科学、前沿科学和工程科学等领域的技术为目标,进一步加强国家在基础研究领域的竞争力。

2023 年,中国将 33 278 亿元投入研究与试验发展,比 1991 年增长 233 倍,年均增长 18.6%。

(二)突破了一批关键共性技术

自 2018 年以来,美国等西方发达国家对中国产业发展过程中的产业链和创新链进行封锁,导致中国企业面临"卡脖子"难题(陈劲等,2020)。

为打破技术封锁，中国不断加大对关键共性技术的研究投入。目前，中国已经在 5G 技术、新材料、芯片、生物医药等领域突破了一大批产业关键共性技术。以 5G 技术为例，中国政府、企业、高校和研究机构协同创新，全面突破 5G 技术。根据《全球 5G 专利活动报告（2022 年）》，华为的全球专利数量位列第一，占比达到 14%，远超过第二名的高通公司。5G 技术的突破反映出中国逐步重视和突破关键共性技术。另外，中国也不断在芯片领域取得突破。例如，清华大学集成电路学院成功研制出全球首颗全系统集成的、支持高效片上学习的忆阻器存算一体芯片。这一突破有望促进人工智能、自动驾驶可穿戴设备等领域的发展。[①]具体而言，在制程工艺上，中国目前能生产出高性能的芯片，制程工艺突破 14nm 和 7nm，但与全球先进的 3nm 工艺技术还有一定差距；在架构设计上，中国能设计出具有竞争力的处理器芯片，例如华为的麒麟 9000、麒麟 990 5G 等；在存储芯片上，长江存储的 Xtacking 技术极大地提高了芯片的可靠性。

二、中国关键共性技术突破的约束

尽管中国不断加大对关键共性技术的研究投入，但与科技发达国家相比，中国对关键共性技术的投入仍然不足，缺乏整体性和系统性的长期布局和有效机制。另外，目前"产学研"体系较为松散，难以集中整合资源及实现成果转化。

（一）对关键共性技术的投入不足

2022 年中国的研发总投入超过 3 万亿元，占 GDP 的 2.55%，达到了工业化国家的平均水平。但是用于基础研究的经费占比仅有 6%左右。欧美发达国家对基础研究的投入基本超过 12%，例如 2022 年美国的投入为 17.2%，法国为 25%。这在一定程度上说明，与科技发达国家相比，中国对基础研究及关键共性技术的投入仍然不足。而关键共性技术处在产业链的基础地位，投入不足意味着需要以基础技术和科学研究为支撑的创新相对较少，这也直观地反映出中国在全球价值链上的地位与发达经济体仍有差距（杨博文，伊彤，2022）。另外，由于关键共性技术的研发具有成本高、周期长和风险大等特点，企业投入关键共性技术研发的意愿较低，该类技术的开发创新主要依赖政府部门的资助和科研机构的研究。企业对关键共性技术的投入不足直接影响原始创新能力的提升，进而导致中国难以突破

---

① 邓晖，彭稳平. 我团队在忆阻器存算一体芯片领域获突破[N]. 光明日报，2023-10-10(8).

关键共性技术。

（二）缺乏整体性和系统性的长期布局

关键共性技术具备外部性的特征，其研发难以依靠企业单独完成，需要政府对关键共性技术的研发起到统筹和协调的作用。具体而言，关键共性技术涉及的知识和信息较多，需要政府统筹法律、人才、金融等方面的有利因素，形成对关键共性技术研发创新的全面支持。但目前中国大多以政府补贴、政策优惠的形式支持关键共性技术，形式较为单一，没有形成针对突破关键共性技术的整体性和系统性的政策制度。另外，关键共性技术的研发时间较长，需要政府长期布局，但目前中国缺乏支持关键共性技术的长效机制。相比之下，科技发达国家始终强调研究开发关键共性技术，并出台长效政策激励各创新主体参与共性技术的创新。

（三）"产学研"体系较为松散

为促进产学研合作，中国建立了很多研发中心和科研机构，但往往呈现出零散的特点（吴金希，闫亭豫，2021），难以集中资源突破一些需要高成本投入、长研发周期的关键共性技术。具体而言，关键共性技术的研发活动主要由独立于企业的科研机构和高校开展。由于科研机构与企业的利益需求不同，容易导致关键共性技术的供给方和需求方衔接不畅，最终导致研究成果难以转移和扩散。而且在中国研究关键共性技术的过程中，项目课题往往由独立的单位承担，与其他创新主体合作的情况较少。这也意味着在"产学研"合作的过程中，合作机制和目标并未明确和统一。而且，产学研各方的资源共享并不充分，难以进行资源整合和有效互补，最终导致体系结构并不紧密。而零散的体系难以提高科技成果转化率，最终导致关键共性技术的研发效率低下。

第三节 典型案例1——青山控股

新型举国体制背景下，关键共性技术攻关的体制机制发生了新的变化。一方面，举国体制要求在党的领导下，围绕共同目标，发挥"集中力量办大事"的体制优势（黄寿峰，2023）。与此同时，又需要在新的市场环境下，充分调动技术攻关各主体的积极性、主动性，激发创新创造活力，形成攻关合力。事实上，企业是创新的主体（许庆瑞，1982），挖掘本土企业的自主创新力量,建立以本土企业为主导的创新体系、产业体系、经济体系是当前环境条件下,建立健全新型举国体制的重要途径(高旭东,2023)。企业作为创新主体、创新体系的重要组成部分,必须主动承担起这一历史责任,为国担当、为国分忧。事实上,在多个关键共性技术攻关项目中,以长安汽车、上飞公司、方大炭素等为代表的一大批企业成为技术攻关的中坚力量,在整个技术突破创新历程中扮演着重要角色。因此,如何挖掘企业创新主体力量,加快关键共性技术突破成为新型举国体制中亟待解决的重要问题。

现有研究中聚焦企业层面的关键共性技术突破路径的研究主要聚焦于以下两个方面。

(1)关注企业自身突破关键共性技术所做的努力。这部分研究多以决策理论、竞合理论、资源基础观(Baykara 等,2015)等理论视角,围绕企业参与共性技术突破的意愿(赵永刚,郑小碧,2013)、企业技术突破的卷入程度(郭本海等,2020;盛永祥等,2017)、投资阶段和资金投入比例设定、企业技术协同模式选择、企业贡献度(赵骅等,2015)等方面进行讨论,一定程度上揭示了企业能够实现共性技术突破的内在因素。

(2)关注外部因素对企业共性技术突破的影响机制,包括但不限于政府研发投资政策、产业知识溢出、激励机制、产权保障机制。如 Kokshagina 等人认为可以在关键共性技术研发早期阶段开展企业间创新竞赛机制来促进共性技术突破;Smit 等人研究了 InP 的关键共性技术开发过程,发现完善的外部基础设施建设会影响企业参与共性技术突破的研发成本;Furceri 认为,政府研发投资并非一定正向作用于企业对共性技术的研发投入程度,而是存在一个阈值,超过这一投资阈值后,政府投资反而会抑制企业研发投入。以上研究为政府和企业提供了一定的启示。

然而,以往文献多集中于研究多元主体协同视域下的企业参与动机,从政府主导、研发补贴、制度完善等不同视角总结了多种应对机制,试图调和产学研多方主体的利益冲突(Marquis,Tilcsik,2013),将共性技术的突破与企业利益相结合,解决"制度空洞"的问题。然而,关于承担共性技术的企业实体如何进一步展开共性技术研发工作的微观机制却鲜有研究涉及。共性技术由于知识密集度高、技术体系复杂且适度超前研究,对承担主体提出了巨大挑战。因而,企业在共性技术突破过程中如何实现高效管理资源,最大限度地发挥资源效用?其中的微观机制又是什么?

基于此,本研究选取青山控股集团(以下简称"青山控股"或"青山")作为案例企业,基于资源编排理论,结合关键共性技术突破研究,探索组织能动地管理组织资源的途径及推动企业突破关键共性技术背后的动力机制。本研究可以完善关键共性技术突破理论体系，刻画资源编排理论在关键共性技术突破领域的应用，拓展理论体系。从实践意义上，对于当前国家资源约束情境下，充分发挥企业的创新主体力量，激励企业承担技术攻克的历史责任，保障国家产业链安全具有重要意义。综上，本研究通过提炼案例企业举措，试图回答以下问题：①驱动组织参与关键共性技术突破背后的动力机制是什么？②企业突破关键共性技术的核心机制是什么？③资源编排视角下企业关键共性技术突破的内在机理。

一、文献综述

本研究主要围绕关键共性技术突破研究和资源编排理论视角的引入进行分析。

（一）关键共性技术突破研究

美国先进技术计划（ATP）首次给出共性技术的明确定义。学界系统性地对这一概念做出研究得益于 Tassey Gregory 的开创性工作，他率先揭示了关键共性技术所具有的准公共品特性、竞争前特性等特征，并注意到企业在此类技术开发中"投资不足、市场失灵"的现象。同时，关键共性技术被定义为，在科学研究基础上，能在多领域普遍使用，并对整个产业产生深度影响的阶段性技术（Marquis, Tilcsik, 2013; Tassey Gregory, 1996）。此后，学者们就关键共性技术的特征展开研究，归纳了关键共性技术的"准公共品"性质及其外部性、共享性、风险性（Wei, Li, 2017）、通用性、共享性、扩散性、平台属性（陈劲，阳镇，2021）、"通用性"（generic）、"竞争前"（pre-competition）、外部性、信息不完全性等诸多特征（江鸿，石云鸣，2019），试图从属性的视角解释其研发过程中的"市场、组织双重失灵"。

此后，更多学者开始关注通过共性技术突破的机制选择来解决研发的"双重失灵"问题，主要集中在以下三个方面。

（1）学者普遍认同政府在共性技术研发中的积极作用。政府可以通过提供财政补贴等研发投资（穆天，杨建君，2015）、主导搭建研发协作平台（Sawhney, Prandelli, 2000）、引导和规划共性技术开发等途径适度干预共性技术开发，有效缓解共性技术"市场失灵"的问题（Pilinkiene, 2015）。

（2）部分学者提出合作研发是解决共性技术研发"组织失灵"的关键途径。大学、产业和政府之间的三螺旋模型通过信息和资源共享、优势互补和风险共担完成共性技术开发，企业间、企业与研发组织间合作也能提高共性技术研发效率（Baykara 等，2015），缩短研发周期（曾德明等，2015），促进新型产业崛起（殷辉、陈劲，2015）。

（3）学者们强调企业在共性技术研发中的独特作用。如赵骅等人通过研究共性技术开发中各方的贡献值水平提出，企业的贡献水平是共性技术研发成功的关键；韩建元、陈强也指出，美国政府支持下的共性技术研发中，本国企业起到重要作用。因此，学者们呼吁引导和鼓励企业在共性技术中发挥创新主体作用（盛永祥等，2017）。

综上所述，关键共性技术的开发是一个复杂的系统工程，需要政府、科研主体、企业分工合作，共同发挥作用。学者们已经从政府视角探索了不同的研发补贴政策、政府投资决策等途径来保证政府角色的完美呈现。但是，已有实践和研究证明，企业在共性技术研发中也起着难以替代的重要作用。那么，在共性技术开发系统的角色分工过程中，企业进行关键共性技术突破的微观机制是什么？这些问题尚未有研究涉及，因此，总结企业在共性技术突破中的微观机制，为后续相关企业实践提供启示和借鉴，具有重要意义。

（二）资源编排理论视角的引入

基于资源编排视角，后发企业工艺创新的超越追赶是企业基于环境不断进行相关资源构建、资源捆绑、资源撬动的资源行动过程（韩建元、陈强，2015；Sirmon 等，2007）。资源编排理论是对资源基础观和资源管理流程理论的综合和改进，通过对资源管理流程增加时间维度，关注资源管理的长期、动态历史过程，来强调资源重在利用而非拥有，补充了资源基础观从资源到能力的解释缺失（刘洋等，2013）。

与资源基础观秉持的资源"拥有"（owning）观念不同，资源编排理论始终强调资源的"利用"（using），认为企业只有通过特定的资源行动才能将资源转换为能力，进而利用能力实现价值创造。换言之，企业应进行资源管理以保证能力的形成和利用，并提出资源构建、资源捆绑、资源撬动三种不同的资源管理过程。其中，资源构建是指企业结合战略目标对有价值的资源进行获取、积累等，以构建能力形成所需的资源池，包括获取、积累、剥离等三种途径。资源捆绑是指企业对资源构建后集合的资源进一步整合、归拢，资源捆绑的核心逻辑取决于组织对内外部信息的认知分析模式，包括维持、丰富和开拓等途径。资源撬动是指企业利用能力，使资源转化为价值的过程，包括识别、协调、配置等方式。综上，企业资源编排的过程本质上就是企业特定能力形成、利用的过程。刘洋等人认为，后发企业的追赶可以视作能力的追赶，而创新能力追赶的本质是创新资源的差异化编排过程。因此，本研究将从资源构建、资源捆绑、资源撬动三个维度考察后发企业工艺创新追赶中资源编排的实现机制。

此外，权变理论、组织学习理论是资源编排理论的立论基础。权变理论认为，资源的价值并非一成不变，而是随着环境的变化而变化，这就说明，资源的价值受到企业资源管理模式的影响，而组织战略导向是影响组织资源编排的重要前因变量（Baum，Wally，2003）。而组织学习是指行动者获得的新知识能够应用于决策或影响组织中的其他人的组织行为过程（Carpenter，Fredrickson，2001）。在动态环境条件下，组织学习对于资源管理的有效性和效率尤为重要。因此，研究企业共性技术突破过程中战略导向、资源编排模式的动态变化，对于刻画企业共性技术突破的内在机制具有重要意义。

二、研究设计

本研究采取纵向单案例的研究设计，选择青山控股集团作为案例企业，并对收集的数据进行系统分析。

（一）研究方法

本研究采取纵向单案例的研究设计。首先，本研究旨在回答"后发企业如何突破关键共性技术"的问题，属于对动态过程机制的探索、归纳和提炼，具有探索性特征，而案例研究更适合回答"how"和"why"的问题（Yin，1994）。其次，后发企业超越追赶所涉时间跨度较长，利用纵向案例设计更能直观地透视中国情境下的后发企业在不同追赶阶段进行资源编排的全过程。再次，个案研究能够对研究对象进行人类学式的"深描"，充分审视研究框架中的问题并进行深入探讨，以保证研究结论的内部效度。最后，纵向单案例研究更有利于挖掘现象背后的理论逻辑，涌现新的理论洞见，拓展后发企业追赶理论。

（二）案例选择与简介

对于案例研究而言，案例企业的选取要遵循理论抽样原则，在研究主题上具有典型性和极端性的样本企业更有助于探索可能的理论涌现。结合研究主题，本研究的案例企业应具有以下特点：①具有关键共性工艺突破的实践经验；案例企业应该成功实现关键共性工艺突破，并且经过一定的时间跨度，可以进行明确的阶段性划分。②具有研究主题典型性，即资源编排举措在该企业的共性技术突破过程中起到关键作用。③具有代表性；案例企业是传统的制造业企业，其共性技术突破规律具有行业代表性。

基于以上标准，选择青山控股集团（以下简称"青山"）为案例企业，理由在于：

（1）青山完成了多项关键共性工艺的突破。2010年，青山成功引进国内首条RKEF冶炼生产线，之后陆续实现多个重要的竞争前关键共性工艺突破。2021年，青拓笔尖钢生产工艺达到国际领先水平，青山工艺创新已经完成了对领先企业的追赶。整个追赶历程时间跨度较长，可以进行清晰的阶段划分。

（2）资源编排过程鲜明。作为不锈钢制造的制造企业，资源要素是影响工艺创新的关键核心要素，战略资产寻求性并购等典型资源编排举措在青山工艺创新历程中发挥了重要作用。

（3）在所在行业的领先性、代表性。青山主要业务是重金属冶炼、不锈钢生产，属于传统的制造业企业。2021年青山不锈钢粗钢产量为1237万吨，销售额达到3520亿元。2022年，青山跻身2022年世界《财富》500强第283位，成为不锈钢行业的领先企业。

（三）数据收集

本研究遵循Eisenhardt提出的数据收集基本原则对数据资料进行多来源、多层次的收集（见表4.1），以通过数据资料之间的彼此印证进行"三角测量"，进而确保研究数据的真实性和准确性（Eisenhardt，1989）。

（1）半结构化访谈。基于本研究关注的后发企业关键共性工艺的突破过程这一研究问题，笔者团队于2022年8月至2023年6月期间两次赴案例企业，对青拓集团（是青山控股旗下的五大集团之一）董事长、副总裁、总经理等多位企业高管进行了半结构化访谈，并在每次访谈结束后的12小时内转录访谈内容，及时与受访者核对校准，最终共形成约19万字的访谈资料。

（2）田野调查。团队成员对青山文化展厅、车间工厂进行了参观调研，深入了解了该行业的行业属性、工艺特点、工艺管理流程等细节，挖掘了关键共性技术突破的相关故事。

（3）二手资料。本研究的二手资料主要来源于企业内部刊物和外部新闻报道，其中，内部刊物包括青山内部的报纸、书籍、月刊等纸质资料，以及青山官网、公众号发布的官方信息。外部新闻报道是第三方媒体对青山关键共性技术突破的相关报道。

以上资料剔除无效、重复数据后，作为编码的初级资料。

表4.1 数据来源及编码

数据类型	数据来源	数据获得方式	访谈主题	访谈时长	字数	编码
一手资料	青拓集团董事长	半结构化访谈	了解早期的工艺状况、战略举措、行业背景等	90分钟	19 000	A10
	青拓集团副总裁	半结构化访谈	了解早期共性工艺突破的定位、策略等	170分钟	34 000	A5
	青拓特钢董事长	半结构化访谈	了解特钢事业部共性工艺突破的现状、历程、战略等	140分钟	15 000	A7
	青拓实业总经理	半结构化访谈	了解公司历年来的重要共性工艺突破战略、创新动力等	70分钟	14 000	A4
	青拓实业副总经理	半结构化访谈	了解公司共性工艺突破的具体过程、成就等	80分钟	15 000	A2
	青拓实业股份副总经理	半结构化访谈	了解共性工艺突破开展到实现的举措等	130分钟	33 000	A3
	青拓镍业总经理	半结构化访谈	了解镍业已有共性工艺突破及具体举措等	60分钟	12 000	A6
	研究院院长	半结构化访谈	了解研究院的功能定位、主要职责等	120分钟	22 000	A8
	实业镍铁厂部长	半结构化访谈	了解具体生产过程中的工艺、流程、设备创新等	70分钟	14 000	A1
	青山学院副总经理	半结构化访谈	了解公司共性工艺突破历史文化、共性工艺突破制度等	40分钟	6000	A9
	现场观察	车间和展厅参观	将访谈信息与实际情景建立关联等	60分钟	9500	X1
二手数据	内部报纸、杂志、书籍	企业提供	与一手资料相互印证、查漏补缺	—	—	Z1-Z4
	新闻报道、官网查询	自行搜集、整理		—	—	N
合计				约1000分钟	约190 000	—

（四）数据分析

阶段划分主要在于识别出引起研究中的核心概念显著变化的关键事件（吴晓波等，2019）。本研究遵循吴晓波等人对追赶绩效的评定，根据文本资料与专利数量数据将技术追赶绩效分为"国内先进""国内领先""国际先进""国际领先"4 个等级（彭新敏等，2017）。结合指标变化与关键里程碑事件，最终确定出案例企业追赶的 3 个阶段，如图 4.1 所示。

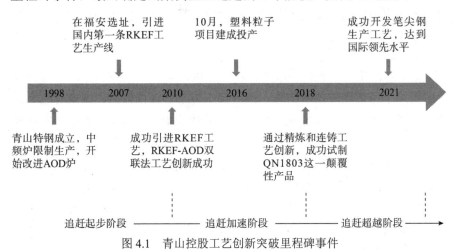

图 4.1　青山控股工艺创新突破里程碑事件

三、案例分析

20 世纪 90 年代，国内仅有少数几家钢厂能够生产不锈钢，且不锈钢生产工艺较为落后。以 RKEF 工艺为例，这项工艺始于 20 世纪 50 年代，由挪威 Elekm 公司在多尼安博厂开发成功，产品质量好、生产效率高，而国内直到 2008 年才首次由青山引进推广，几乎落后于国外几十年。中国作为后发国家，国内不锈钢工艺发展迟缓。本研究聚焦后发企业追赶过程的不同阶段（追赶起步阶段、追赶加速阶段、追赶超越阶段）中的共性工艺突破过程，并选择每个阶段中共性技术突破的典型性工艺为案例进行研究，对应以上阶段分别是 RKEF 火法冶金工艺、QN 节镍不锈钢生产工艺、笔尖钢生产精炼工艺，具体突破过程及其中的构念分析如下。

（一）追赶起步阶段（1998—2010 年）

1. 战略导向

20 世纪 50 年代左右，国外不锈钢生产工艺已经十分成熟。而直到 2004

中国国内市场才开始使用红土镍矿生产镍铁。虽然当时不知道红土镍矿是什么东西，但项光达认为想要做大不锈钢产业，就应该往源头上去，向上游原材料延伸。出于创始人超前的战略远见，青山始终高度关注镍矿这一专用性资产的搜寻和获取。2008 年，正值国外金融危机之际，青山一举拿下印尼红土镍矿招标。在远赴国外考察过程中，青山创始人首次接触到国际先进的 RKEF 工艺，在见识到 RKEF 工艺的巨大利润空间后，项光达先生不禁感叹"印尼有这样先进的工艺，中国为什么不能有呢？"于是，青山决心做国内镍铁冶炼工艺改革的先行者，建设国内首条 RKEF 工艺生产线。

2. 资源编排过程

然而，引进这一基础工艺并非易事。2008 年，为了顺利开展产线建设，青山组织了包括国外技术团队、国内第三方工程设计公司、国内有色金属开发技术人员、内部技术人员在内的 4 个技术团队同时加入工艺开发过程中。虽然积累了丰富的技术资源基础，但是技术资源质量不高，资源黏性较差。2010 年，生产线建成不久，由于国内设计团队经验不足、生搬硬套已有设计，与国内生产习惯并不匹配，出现了严重的漏钢问题。

青山对鼎信实业的投资几乎是倾其所有，出现漏钢这一意外，对整个资金链的压力可想而知，如果无法顺利解决漏钢问题，将是整个青山的失败。在巨大的生存压力下，2009 年 10 月份，青山从所有下属子公司召集了当时结构、机修、设备、电力、土建、炼钢等各个工种的所有青年精英，形成了以姜海洪为核心的技术骨干团队。青山技术团队临危受命，迅速学习相关专业知识，分析漏钢的原因。发现问题后，团队迅速讨论相关解决方案。由于技术人员并不懂 RKEF 工艺，只能摸着石头过河，而领导深知这一现状，十分包容技术人员的失败，曾表示"我并不要求你 100%做对，但你如果是害怕做错而不去做，那就不对了。"在领导的支持和鼓励下，技术团队大胆创新，例如，针对设计缺陷问题，大胆抛弃第三方设计，根据实际情况自行重新制定标准；针对高炉生产方式问题，大胆尝试原始高炉生产方式，采用炉前开工的生产设备，解决了炉顶和加料系统存在的相关问题。

在此过程中，青山丰富的技术人才储备来源于青山不锈钢产业链的全方位布局。2006 年，河南青山金汇公司就建成了国内先进水平的板坯连铸项目，2009 年项目建设达到国内领先水平。这一段经历为后续红土镍矿冶炼、铁水热送积累了经验。2007 年，青山与世界 500 强企业——韩国浦项制铁公司合作成立青浦合金公司。之后还成立了新研、广东清远、泰朗管业，并于 2007 年与四川的乐山川闽铁合金厂、四川国宏实业展开合作，逐渐积累了镍铁冶炼、设备、技术等方面的宝贵经验，也为青山积累了宝贵的人才资源，如国宏厂厂长加入青山担任青拓实业镍铁厂厂长等。2003年，浙江青山钢铁有限公司应运而生。投资建设的青田园区为青山集团日后在福建、印尼等地的发展培养了大批技术骨干力量，是青山企业的"黄埔军校"。

此外，除了大规模、全方位的资源构建模式外，青山还进行了一系列制度改革，稳定资源模块，优化资源架构。2006年，青山进行了员工薪酬改革，旨在建立"定岗定员、适才适岗、适岗适酬、按岗取酬"的分配机制，打造学习型企业，鼓励员工不断参加各种形式的学习，对获得相应学历和职称的员工给予学历津贴和职称津贴等特殊津贴，为青山的人才储备添砖加瓦。不仅如此，第二年青山又对薪酬做了进一步修订，灵活设计，给予优秀的创新型员工一些激励措施，比如股权激励、项目参股分红等奖励方式。

3. 共性技术突破结果

经历 3 个月的艰苦奋斗，难倒国内外专家的漏钢问题终于被青山攻克。2010 年，青山正式建成投产国内第一条 RKEF 镍铁生产线，标志着青山正式突破了 RKEF 生产工艺，达到国内领先水平。

（二）追赶加速阶段（2011—2018 年）

1. 战略导向

2016 年以来，随着不锈钢产量的增加，镍消耗量不断增长。高镍三元动力电池也发展迅速，使得镍资源越发紧张，镍价大幅上涨。青山姜海洪意识到开发节镍产品的重要性，2018 年初姜海洪部署青拓研究院研发一款在性能上能够替代 304 不锈钢，而生产成本又显著低于 304 不锈钢的高耐蚀产品。

2. 资源编排过程

青拓研究院院长在接受这一指示后，立即召集研发骨干团队开展新品 QN1803 的研发工作，初步明确了高氮节镍产品的试制方向。这一阶段，研究院的工艺突破逐渐体现出研发工作的科学性、特色性。实验室研发阶段，研究院利用先进软件工具、数字化研发平台的大量计算和小炉试制，组织各工序负责人和技术骨干研究讨论并输出一贯制制造技术，牵头并协调各生产单位，对每一个生产环节的技术和操作人员进行工艺技术交底。

最终成功研制出质量良好的实验室成品，并对成分、耐蚀性能、机械性能、成形性能进行全面分析。为利用外部先进资源加快推进研发进程，青山于2018年1月与北京钢铁研究总院签订小炉冶炼及实验室加工合作协议，制订了QN1803新产品实验室阶段的一贯制冶炼、模铸、热轧和冷轧工艺。

工业试制阶段，2018年5月，QN1803第一次工业试制失败，姜海洪鼓励研究院积极试错并继续大胆创新，尽快再次试制。在分析失败原因、充分考虑相关要素的前提下，青拓研究院组织各生产单位攻坚克难，对各工序技术难点一一剖析，并对相关操作人员进行专门的培训。譬如，针对冶炼、连铸和热轧工序的控制技术难点，江来珠带领团队同青拓镍业和鼎信科技通力合作，大胆创新工艺。

3. 共性技术突破结果

2018年6月，QN1803第二次工业试制成功。工业试制过程中，研究院对制造环节各工序全程跟踪，并及时对关键工艺、质量和性能进行总结。在此基础上不断优化合金成分设计和制造工艺，最终获得表面质量和实物性能优良的产品。研究院一方面基于QN1803合金成分、力学和腐蚀性能，开展用户推介会；另一方面同国家、行业和协会团标的制定单位进行交流，策划标准的制定。4年来，研究院已形成了相关国标、行标和团标30余项，为QN系列产品的市场推广铺平了道路。

（三）追赶超越阶段（从2019年至今）

1. 战略导向

圆珠笔头的生产蕴含着极高的技术要求：笔头如碗口状的关键部位尺寸精度为2微米，表面粗糙度为0.4微米，它的生产需要20多道工序，球座体里的5条引导墨水沟槽加工精度要达到千分之一毫米。此外，由于研发投入与市场回报相差甚远，国内企业研发动力不足，笔尖钢90%以上依赖进口，是中国制造典型"卡脖子"项目。2016年，李克强总理提出了"圆珠笔头之问"，引起全国制造业震动。

2. 资源编排过程

为达到工艺标准，一个笔尖钢里要集合超纯铁素体不锈钢的基体合金设计、易切削元素和相的设计、钢的冶炼和连铸技术等多项先进操作工艺……。2019年，在青拓集团董事长姜海洪的带领下，青拓集团研究院、青拓实业股份有限公司、青山实业营销团队联合组成了研发、技术、生产和营销团队从市场分析、用户技术交流和国内外相关产品技术调研开始，进行"用于圆珠笔头的、环保、易切削、超纯不锈钢的开发和制造技术"项目攻关。

研发初期,技术人员毫无头绪,只能不断试验,积累数据,调整参数,边试验、边总结、边生产、边测试、边改进。由各道生产工序精英组成的协同攻关团队时刻守在生产线上"现场做决断",极大提高了协同效率。笔尖钢生产的难点主要集中在炼钢环节和轧制环节。针对这个难题,青拓集团创造了基体合金设计、环保型易切削相设计和生产工艺技术路线,并进行全流程精益化管控。经过两年多时间的努力,公司研发出了环保型笔尖钢,产品直径规格包括2.3毫米、1.6毫米、1.3毫米和1.0毫米。

在此过程中,高管的失败包容、高度容错的创新文化、持续增加的研发投入都激励了员工创新。例如曾表示"我们逐年加大研发投入,去年投入2亿多元。加强技术攻关,加快新产品开发。""做笔尖钢的时候我们没有任何可借鉴的经验,甚至做好了我们会报废几炉的准备,没想到我们第一炉也算成功。"

3. 共性技术突破结果

经过一年多的摸索和反复试验,青拓的研发团队和青拓的生产团队密切配合,最终成功研制出笔尖钢,并且独辟蹊径,创造性提出了一种全新的基体合金设计。青拓笔尖钢不仅环保,其切削性能更是达到进口材料水平。"通过高性价比的基体合金设计,在确保耐腐蚀性相当的基础上,我们将钼元素添加量减少50%,大幅降低了合金成本。"青拓集团研究院长材开发部部长奚飞飞说,与其他笔尖钢不同的是,公司以锡作为易切削元素应用于生产,使青拓笔尖钢具有环保安全的"体质"。2022年,冶金材料专家、中国工程院干勇院士评价青山生产冶炼工艺达到国际领先水平。

四、案例讨论

在案例讨论部分,本研究详细探讨了企业突破共性技术的动力机制、企业突破共性技术的核心机制及整合框架,具体如下。

(一)企业突破共性技术的动力机制:战略导向与技术型高管引领

战略导向是指企业战略决策的导向性原则,反映了企业战略决策、行为、文化背后的深层逻辑与认知图式(Donaldson,2001;吴东,吴晓波,2013;彭新敏,刘电光,2021)。与一般技术创新选择不同,共性技术由于其"竞争前""独占性弱""共享性""风险性"等特征,导致企业主动参与或主导共性技术开发的意愿较低,限制了以市场为主体进行的关键共性技术创新。本研究通过案例分析发现,青山在共性技术开发过程中的动力机制呈现出企业家精神为核心内涵的创业导向驱动的核心特征,主要表现为技术型高管引领(见图4.2)。

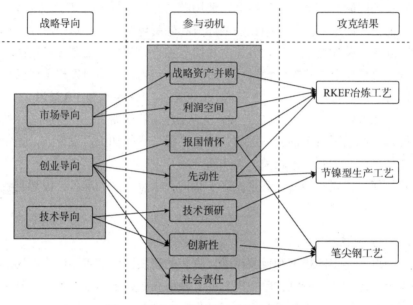

图 4.2　企业突破共性技术的动力机制

在追赶起步阶段,后发企业的战略导向呈现出市场导向、创业导向的核心特征,共性技术的突破过程由创始人直接把控。市场导向的企业更关注环境变化与市场动态,对未来市场趋势十分敏锐(Lee,Malerba 等,2017)。早在 2004 年左右,青山在国内市场甚至很少应用红土镍矿冶炼的背景下就已经提前关注上游市场变化,并于 2007 年成功收购红土镍矿这一战略性要素资源,其战略决策体现出强烈的市场导向。与此同时,国外先进的冶炼工艺激起了创始人的报国情怀,加之创始团队本身的先动性创业导向(Wang 等,2020),2008 年,青山决定探索性引进国外先进工艺,在福建建立国内首条 RKEF 工艺产线。在以创始人为核心的技术骨干团队努力攻克下,2010 年,青山 RKEF 工艺建设成功,工艺达到国内领先水平。

在追赶加速阶段,后发企业的战略导向呈现出技术导向、创业导向的核心特征,共性技术的突破过程由创始团队核心技术领导者引领。技术导向的企业擅长发掘技术机会,倾向于通过技术创新制胜、创造核心竞争优势的战略决策逻辑(Abernathy,Utterback,1978)。2018 年,青山已经成为不锈钢领域的头部企业，然而高管团队却始终保持高度技术敏锐，选择从探索性开发新工艺、新产品的技术导向逻辑切入，主导开发节镍型不锈钢产品生产工艺。此外，以绿色环保、开放探索的企业家精神为核心内涵的创业导向也促进了这一引领性工艺的开发。2018年，青山逐步攻克这一系列产品在冶炼、连铸、热轧工序等阶段的技术控制难点，主导或参与建立了相关国标、行标和团标30余项，极大地推动了行业节镍不锈钢生产工艺的发展。

在追赶超越阶段，后发企业的战略导向呈现出较强的企业家精神为核心内涵的创业导向，共性技术的突破过程由内部培养的技术高管引领。企业家精神主导的企业战略决策更注重将企业选择与国家战略需求、社会需求相结合，注重企业社会责任的承担、企业形象与声誉的塑造（高巍，毕克新，2014）。因此，这一阶段，在面对"圆珠笔之问"背后的工艺创新质量不高的问题时，青山积极承担起攻克笔尖钢工业的重任，表现出强烈的爱国热情。在高管团队的积极推动下，青山自主培养的技术人才不仅实现了从零到一的突破，而且基于绿色环保的创业导向驱动，青山创新性地设计出环保型笔尖钢生产工艺，产品质量超越国外生产企业，解决了中国"卡脖子"先进材料的生产问题，工艺达到国际领先水平。

综上，关键共性技术突破不同阶段中的动力机制表现为不同战略导向的交互影响，其中共性动力机制是以企业家精神为核心的创业导向，具体表现形式为技术型高管团队引领。关键共性技术在企业层面突破的难点在于，企业战略决策的既往逻辑重点关注绩效层面的投入产出比，而一般企业很难跳出这一逻辑去寻求社会效益、经验成长等方面的隐性绩效回馈（赵永刚，郑小碧，2013；郭本海等，2020；盛永祥等，2017）。企业家精神为核心的创业导向弥补了以往企业决策中的逻辑缺憾，使得企业能够主动参与或主导共性技术的突破，通过"短期寻租"实现利润积累的同时收获品牌声誉与隐性知识，加速企业成长。与此同时，这一导向指引下的技术型高管引领，跨越层级、职能、部门等建立了新的组织形式，使每个个人和团队的角色清晰，增强了工作中的能见度和控制力，增强了组织敏捷性，因此，战略导向引领下的技术型高管把控提供了企业攻破关键共性技术的动力机制。

（二）企业突破共性技术的核心机制：资源编排中的组织元学习

资源编排理论认为，企业中有价值的（valuable）、稀缺的（rare）、不可模仿的（inimitable）、难以替代的（non-substitutable）资源并不能保证其竞争优势的动态发展。相比之下，结合管理目标对资源进行编排的资源管理过程显得更为重要。组织元学习是指组织获得的新知识能够应用于决策或在组织不同时间、不同空间、不同层级间传递的过程（毕克新等，2012）。企业在构建、捆绑、利用资源的过程中通过组织学习拓展当前技能，创造了新的竞争优势。因此，探讨青山通过资源编排进行关键共性技术突破背后的独特机制具有重要意义。本研究用组织资源编排过程中蕴含的组织学习与知识演进，来刻画关键共性技术突破的核心机制（如图4.3）。

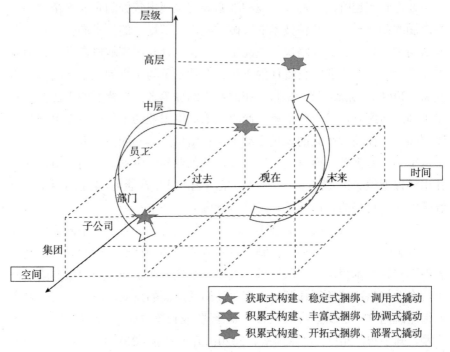

图 4.3 资源编排中的组织元学习

在追赶起步阶段，青山的资源编排模式表现为"获取式构建、稳定式捆绑、调用式撬动"的组合，元学习模式表现为跨时空、跨层级地传递知识。在此阶段，出于发展的需求，青山的获取式资源构建以大规模收购为主要模式，尤其是对战略性、专有性资源的寻求性收购（郭艳婷等，2023）。在获取差异性的战略资源后，为了发掘资源的最大效用，企业开始变革一系列制度试图捆绑资源，而由于前期获取的资源来源广泛、类型复杂，很难形成一致的工作规范。企业开始通过薪酬制度改革、培训、"干中学"等形式打造学习型组织，促进内部技术员工成长，增加了资源黏性，表现为稳定式资源捆绑。在RKEF冶炼工艺攻克过程中，创始人参与并调集各子公司不同领域的技术精英组建了技术骨干团队，开展组织元学习进行探索性创新，最终完成了 RKEF 工艺突破，表现为调用式资源撬动。

在追赶加速阶段，青山的资源编排模式表现为"积累式构建、丰富式捆绑、协调式撬动"的组合，元学习模式表现为跨时间、跨层级地传递知识。在此阶段，出于对技术软实力提升的需求，青山开始采取"研发中学"、建立数字化研发平台等方式升级、优化内部资源，表现出积累式资源构建。青山各项技术资源实力均处于较强水平，但是资源间交互、协同却存在较大问题；为提高协同劣势，研究院学习并创新性开发出一贯制质量考核体系，加速了资源间的交互，增加了员工创新的隐性知识（Landini 等，2017；Choung 等，2014；吴先明，梅诗晔，2016），表现出丰富式资源捆绑。创业成功的先验知识促使创始团队意识到技术创新的重要意义，主导并协调已有研发部门、生产部门共同参与攻克节镍型产品生产工艺，通过组织元学习克服各项技术难点，表现为协调式资源撬动。

在追赶超越阶段，青山的资源编排模式表现为"积累式构建、开拓式捆绑、部署式撬动"的组合，元学习模式表现为对未来发展的回溯性学习（陈国权，陈科宇，2024）。在此阶段，青山已经具备一定的技术实力，开始围绕未来发展布局，聚焦行业内先进基础材料的生产工艺问题。为积蓄面向未来的技术实力，青山持续加大研发投入、积极培养内部顶尖技术人才，表现为积累式资源构建。原有资源结构已经不再适用于先进材料精细化生产工艺的研究，青山开始通过大规模技术革新、外部创新合作等途径，进行更新迭代，开拓了新的资源组合（Baum，Wally，2003），表现出开拓式资源捆绑。在对过去成功经验的回溯性学习中，通过识别前瞻性机会，引导青山高管团队积极部署未来发展所需的研发、技术、生产等各项能力，向难度系数更高的国际领先工艺发起挑战，开发出引领性工艺产品，表现为部署式资源撬动。

综上，资源编排模式的不同步骤之间存在既定反馈回路，而组织元学习模式是产生这一回路的主要原因，且这一学习模式为组织提供了"战略灵活性和适应与发展的自由度"的潜在能力（Carpenter，Fredrickson，2001；Nason 等，2019），使得企业能够并快速突破多项关键共性技术。因此，从时空维度考虑行动/结果关系（即反馈关系）的组织元学习推进了组织在关键共性技术中的资源构建、资源捆绑、资源撬动过程，直接决定了关键共性技术的突破。

（三）整合框架：战略导向、资源编排与关键共性技术突破

关键共性技术攻克过程中，企业缺位的问题是影响关键共性技术供给进度的根本原因。以往研究从政府主导、研发补贴、制度完善等不同视角总结了多种应对机制,试图调和产学研多方主体的利益冲突(赵永刚、郑小碧,2013;郭本海等,2020),将共性技术的突破与企业利益相结合,解决"制度空洞"的问题;然而,关于承担共性技术的企业如何进一步展开共性技术研发工作的微观机制却鲜有研究涉及。

共性技术由于知识密集度高、技术体系复杂且适度超前研究,对承担主体提出了巨大挑战。资源编排理论指出,资源对核心竞争优势的贡献取决于企业的资源配置方式;当资源编排逻辑与战略导向目标一致时,组织才能高效地利用资源获取巨大价值(Castellani,Zanfei,2003)。因此,本研究聚焦企业突破关键共性技术的过程视角,基于资源编排理论,提炼出如图 4.4 所示的 3 种不同模式。

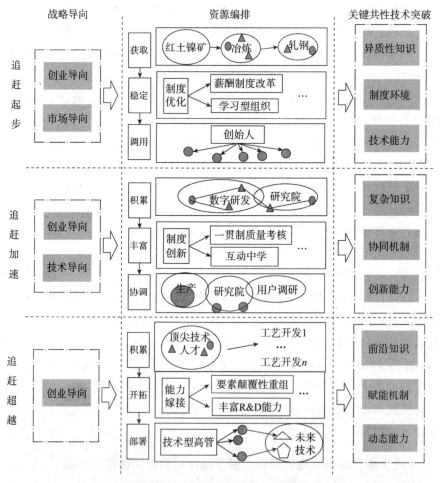

图 4.4 战略导向、资源编排与关键共性技术突破

追赶起步阶段，在市场导向、创业导向交互的战略导向引领下，青山通过"获取式构建、稳定式捆绑、调用式撬动"的资源编排模式，完成了共性技术突破的异质性知识积累、制度环境构建及技术能力建设，攻克了RKEF冶炼工艺，工艺水平达国内先进。这一阶段，在关注利润空间的市场导向下，企业倾向于最大限度地缩减成本，青山开始收购不锈钢产业链中的相关企业，形成了多元化获取的资源构建模式，完成了关键共性技术突破的差异性知识储备（赵骅等，2015）。而创业导向的企业则更关注企业通过制度创新、产品创新等实现短期寻租。在创业导向的推动下，青山灵活设计创新激励措施，支持员工创新试错，增强了组织内部的创新活力，同时建立学习型组织，培养员工技术知识，表现出稳定式资源捆绑模式（Guennif, Ramani, 2012），为共性技术的突破提供了必要的组织环境。此外，在市场导向与创业导向的双重交互下，创始人团队关注到 RKEF 工艺的巨大利润空间及其对中国冶炼行业的重大效益，调用内部资源，组成攻关小组，由创始人直接主导项目进度，表现出调用式资源撬动模式，形成了支撑共性技术的组织动态能力。

追赶加速阶段，在技术导向、创业导向交互的战略导向作用下，青山通过"积累式构建、丰富式捆绑、协调式撬动"的资源编排模式，掌握了突破共性技术的复杂知识，具备了协同机制构建及创新能力，攻克了节镍型生产工艺，工艺水平达国内领先。这一阶段，在高度关注技术环境变化的技术导向下，青山高管团队敏锐地识别到节镍型生产工艺的关键性技术机会，建立了体系化研发组织，培养、积累了丰富的技术人才，搭建了数字研发平台，表现出积累式资源构建。同时，在寻求先动性、创新性的创业导向属性驱动下，青山开始对内部资源进行重构，通过一贯制质量考核体系、科创项目奖励等制度创新，优化了组织资源运行效率（Amit, Schoemaker, 1993），表现出丰富式资源捆绑，为共性技术的突破建立了高效协同机制。此外，技术导向与创业导向的双重交互下，创始团队核心成员关注到进行前瞻性技术预研的必要性，协调内部不同机构组成工艺创新小组，由核心高管直接把控，表现出协调式资源撬动模式，形成了共性技术突破的技术创新能力，攻克节镍型产品生产工艺，达到国际先进水平。

追赶超越阶段，在企业家精神为核心引领的创业导向作用下，青山通过"积累式构建、开拓式捆绑、部署式撬动"的资源编排模式，掌握了突破共性技术的前沿知识，构建了赋能机制及动态能力，攻克了笔尖钢生产工艺，工艺水平达国际领先。这一阶段，在企业家精神引领下，青山更加关注社会责任与绿色可持续发展，在保证自身发展的前提下，持续加大研发投入，积极培养先进材料生产工艺需要的人才（Andersén，Ljungkvist，2021），表现出积累式资源构建，奠定了突破共性技术的前沿知识基础。对不熟悉领域的主动探索和强烈的冒险意识是创业导向企业的核心特征（Stoyanov等，2018）。为提前响应未来发展机会，将驱动组织发展的隐性知识资源进行开拓性捆绑，颠覆性重组组织要素，开拓创新文化等赋能机制，赋能企业突破性创新，表现出开拓式资源捆绑，为共性技术的突破建立了高效赋能机制。在强烈的创业导向下，青山面向"碳达峰""碳中和"的精细化工艺展开部署，积极承担笔尖钢先进工艺开发，表现出部署式资源撬动模式，形成了共性技术突破的动态能力，攻克笔尖钢生产工艺，达到国际领先水平。

综上，企业资源配置的方式在不同战略导向下存在显著差异，形成了不同的共性技术突破路径（如图4.4）。从青山成功突破关键共性技术的经验看，后发企业不同阶段中秉持的不同战略导向在共性技术的突破中起着重要支撑作用，而开发与之匹配的资源编排机制提供了关键共性技术突破的知识基础、制度环境、组织能力，保障了战略导向的落实，最终突破了关键共性技术。

五、基本结论

本研究从后发企业创新追赶理论和资源编排理论视角，运用纵向探索性案例研究方法，围绕"后发企业如何突破关键共性技术"这一核心问题，对青山集团1998—2021年的关键共性技术突破过程展开分析，提炼出资源编排在不同阶段的不同模式。

（一）研究结论

主要研究结论如下。

（1）青山在共性技术开发过程中的动力机制呈现出企业家精神为核心内涵的创业导向驱动的核心特征，主要表现为技术型高管引领。青山在追赶起步、加速、超越阶段，经历了市场导向与创业导向交互、技术导向与创业导向交互、企业家精神为核心内涵的创业导向的演进。以企业家精神为核心的创业导向弥补了以往企业决策中高度关注绩效变化的逻辑缺憾，使得企业能够主动参与或主导共性技术的突破。

（2）资源编排模式的不同步骤间存在既定反馈回路，而组织元学习模式是产生这一回路的主要原因，且这一学习模式为组织提供了"战略灵活性和适应与发展的自由度"的潜在能力（Carpenter，Fredrickson，2001），使得企业能够快速突破多项关键共性技术。在追赶起步阶段，青山的资源编排模式表现为"获取式构建、稳定式捆绑、调用式撬动"的组合，元学习模式表现为跨时空、跨层级地传递知识。追赶加速阶段，青山的资源编排模式表现为"积累式构建、丰富式捆绑、协调式撬动"的组合，元学习模式表现为跨时间、跨层级地传递知识。追赶超越阶段，青山的资源编排模式表现为"积累式构建、开拓式捆绑、部署式撬动"的组合，元学习模式表现为对未来发展的回溯性学习。

（3）企业资源配置的方式在不同战略导向下存在显著差异，形成了不同的共性技术突破路径。青山在3个追赶阶段的战略导向与资源编排模式组合分别是"市场导向、创业导向交互下的获取式构建、稳定式捆绑、调用式撬动""技术导向、创业导向交互下的积累式构建、丰富式捆绑、协调式撬动""企业家精神为核心引领的创业导向作用下的积累式构建、开拓式捆绑、部署式撬动"。从青山成功突破关键共性技术的经验看，后发企业不同阶段秉持的不同战略导向在共性技术的突破中起着重要支撑作用，而开发与之匹配的资源编排机制提供了关键共性技术突破的知识基础、制度环境、组织能力，保障了战略导向的落实，最终突破了关键共性技术。

（二）理论贡献与实践启示

本研究的理论贡献包括三个方面。

（1）研究聚焦企业自身在共性技术突破过程中的微观机制，强调了企业的主观能动性，弥补了理论缺口。关键共性技术攻克过程中企业缺位的问题是影响关键共性技术供给进度的根本原因，以往研究从政府主导、研发补贴、制度完善等不同视角总结了多种应对机制，试图调和产学研多方主体的利益冲突（赵永刚，郑小碧，2013；郭本海等，2020），将共性技术的突破与企业利益相结合，解决"制度空洞"的问题。然而，关于承担共性技术的企业实体如何进一步展开共性技术研发工作的微观机制却鲜有研究涉及。

（2）引入资源编排理论视角，为分析后发企业的共性技术突破过程提供了新思路。以往研究指出，共性技术的突破本质上是知识的创造过程（赵永刚，郑小碧，2013），却很少有研究关注知识的资源本质，从资源视角挖掘企业共性技术突破过程（赵永刚，郑小碧，2013；郭本海等，2020）。本研究引入资源编排理论视角，不但能够直观刻画企业通过资源行动形成并利用能力的过程（Kokshagina 等，2017），而且将后发追赶情境和资源策略整合到同一个理论框架内，更加贴合后发企业追赶的实践过程，增强了追赶理论的解释力度。

（3）拓展了战略导向与资源编排模式的匹配研究。权变理论认为，资源的价值受到企业主观态度、行为、原则的影响，资源编排反映了企业对环境不确定性的能动反馈（Eisenhardt, 1989）。以往研究虽然强调战略导向对资源编排模式选择的影响，但其中的内在机制仍少有研究触及。本研究通过引入战略导向的不同类型，归纳出战略导向与资源编排之间的动态匹配模式，完善了理论体系。

（4）基于中国后发企业的追赶情境，提炼了中国式创新的理论和规律，响应了"将论文写在祖国大地上"的号召。中国情境具有其特殊性，以往基于韩国等新型工业化国家情境的研究结论并不能很好地解释中国情境下的企业实践（Wei, Li, 2017）。因此，归纳复杂情境下中国式创新的企业实践，丰富中国式创新理论就显得迫切而重要。本研究立足中国本土追赶情境，研究结论完善了中国式创新理论。

本研究的结论也为后发企业追赶提供了一些实践启示。首先，后发企业要具备资源编排的基本意识与理性逻辑。与先发企业不同，后发企业面临着先天的资源劣势，但在受到资源束缚时，后发企业不应消极等待，放弃成长，而应采取巧妙、高效的资源配置策略以创造更高价值。其次，后发企业要掌握情境要素的识别与评估能力，积极将企业发展与国家社会需求联系在一起，要有主动参与共性技术突破的动力和魄力，树立正确的战略导向，并选择相应的资源编排策略。只有将企业战略导向目标与资源编排目标保持一致，后发企业才能最大限度地激发资源价值，实现关键共性技术突破。

第四节 典型案例2——方大炭素

后发企业通过二次创新、自主创新等模式，利用先发国家的技术溢出，在引进、消化、吸收中实现技术系统的迁移演化，获得技术进步。然而，随着后发国家的超越追赶，先发国家的领先企业技术优势不再显著，出于市场位势的警觉，先发企业不断加强独占性机制，甚至开始技术封锁，中国等后发国家企业发展的后发优势缩小。此外，中美贸易摩擦以来，依赖美国公司输出的关键共性技术的国内企业不断陷入生存困境。严峻的国际背景下，哪个企业都无法独善其身。企业在商言商的时代已经过去，国内企业亟须增强大局意识、危机意识，将企业发展与国家产业链安全紧密联系在一起，努力攻克关键共性技术，以创新引领带动企业高质量发展。

陈劲等人主张以东方哲学观提炼具有中国智慧的创新管理范式，更好地解决中国特色文化情境下的管理问题。梅亮、陈劲结合中国企业实践，从内涵与特征、维度构成等方面探讨并构建了责任式创新理论框架，提出了责任式创新对中国创新政策的启示。2017 年，陈劲、尹西明等人综合了战略创新观、全面创新观、开放创新观、协同创新观，提出了面向中国未来情境的整合式创新（Holistic Innovation，HI）范式。这些创新理论被中国创新管理之父许庆瑞院士称作"中国的第四代创新理论"。2018 年，许庆瑞院士立足超越追赶的道路上中国制造何以由大变强的问题，提出了"创新引领"的核心内涵，陈劲、刘海兵等学者从多个角度为创新引领理论做了扎实的基础研究。陈劲、曲冠楠基于东方哲学与人文精神关注到创新的意义维度，提出了有意义的创新（Meaningful Innovation，MI），陈劲等人继续从市场识别的经济意义、社会识别的社会意义、国家识别的战略意义、创新者识别的未来意义 4 个层次完善了这一创新范式。事实上，有意义的创新从长短期利益视角、意义维度提供了企业从"创新驱动"转向"创新引领"的合理性、必要性。而以刘海兵为代表的学者则更关注创新引领的理论体系构建，刘海兵、许庆瑞等人基于海尔集团的案例研究厘清"创新驱动"与"创新引领"的理论分野，系统地回答了"何为创新引领"及"创新如何引领"的问题，强调创新是企业发展的动力而非导向，并基于理念、要素、方法论、价值导向的创新观初步探讨了创新引领的价值（value）导向、对创新的态度（attitude）、效应（effect）、驱动力（driving）四大核心内涵（合称为 VAED），探索性地提出了创新引领要经历的 4 个过程：创新意愿（innovation intention）、创新战略（innovation strategy）、创新行为（innovation action）和核心能力（core competence）。在此基础上，许庆瑞、刘海兵等人借鉴吸纳责任式创新、有意义的创新等理论养分，进一步回答了"如何实现引领性创新"这一问题，提炼出引领性创新实现的决策机制、创新战略选择机制、管理机制和组织柔性化机制。之后，刘海兵等人以华为公司为创新引领的代表性案例企业，归纳了创新引领加快关键核心技术突破的文化嵌入机制、战略协同机制、科技安全治理机制。拓展了创新引领的现实意义，为后续研究提供了有力的理论支撑。

2019 年，中国工程院对 26 类制造业的产业链安全评估结果显示[①]，中

---

① 数据来源：《21 世纪经济报道》，2019 年 10 月 16 日。工程院：中国 8 类产业对外依赖度极高，部分关键技术受制于人；https://tech.ifeng.com/c/7qp0oL5yeXI。

国仅有23%的产业安全性自主可控,仍有31.57%的产业链对外依赖度高或极高。为了保障国家产业安全,加快关键共性技术的突破迫在眉睫。当前学术界对共性技术[①]的研究多集中在以共性技术的多方合作研发模式为前提,讨论宏观层面的组织间模式、合作创新体系,却缺乏对核心企业微观关键机制的探索性研究(exploratory study)。事实上,引领性创新范式以领先企业为研究对象,旨在梳理领先企业独特的创新逻辑,为领先企业的创新行为研究提供了合适的理论语境。然而,引领性创新范式作为一个新兴理论范式,理论体系尚不完善。虽然笔者此前提出了创新引领的VAED核心内涵,却没有清晰地界定创新引领适用于何种技术情境,对创新引领的适用情境语焉不详。此外,创新引领的作用机制是理论发展中亟须解决的重要问题。目前创新引领对不同类型创新行为的内在作用机制仍不明确,对创新实践的指导性仍不充分,严重阻碍了创新引领理论体系的发展。因此,亟须通过案例研究来寻找新的"理论涌现",弥补研究缺口,完善创新引领理论体系。

一般来看,共性技术的研发难度大、研发周期长且溢出效应高(韩元建,陈强,2014),这就要求参与共性技术突破的核心企业具备创新能力强(陆立军,赵永刚,2010)、社会责任意识强、创新驱动力强等特点,这些特征与刘海兵等人归纳的创新引领的VAED内涵不谋而合。且创新引领理论作为立足于当前中国情境的创新管理新范式,更贴合企业发展实际,能够排除情境因素这一重要前因变量,凸显企业自身特征的显著性影响。因此,十分有必要从创新引领视角挖掘企业共性技术突破的核心机制。同时,创新引领仍存在作用机制有待拓展等研究缺口。基于此,本研究选择方大炭素作为典型案例企业,深入剖析创新引领突破关键共性技术的关键机制,试图丰富创新引领理论体系,并回答以下问题:①企业主体层面,创新引领关键共性技术突破的关键机制是什么?②企业内部关键机制如何推动共性技术的突破进程?

一、理论基础

本研究的研究基础主要基于高阶理论、认知理论、行为理论及红色基因理论,为案例研究提供了全面的理论依据。

---

① 说明:共性技术与关键共性技术在研究上一般不作区分(李纪珍,2006)。

（一）高阶理论、认知理论

高层梯队理论指出，以企业家为核心的高管团队的基本特征及其工作偏好对组织行为结果、绩效的影响十分显著（Hambrick，Mason，1984）。因此，高管团队特征同样影响着企业在关键共性技术突破中的创新绩效。近年来关于高阶理论（upper echelons theory）的研究不断涌现，静态视角多集中于对年龄、价值观、经历等个人特征（Carpenter，Fredrickson，2001）及高管团队规模、结构、团队断裂带等团队特征（Hambrick 等，1996）的挖掘。动态视角则以团队氛围、知识组合能力等组织要素为中介，探索了高管团队特征对企业行为结果的作用路径。但是已有文献中对高管团队特征影响团队氛围等组织要素的微观机制鲜有提及，基于认知视角的探讨更是几乎没有。

组织认知管理对于组织行为研究具有重要意义（Bougon 等，1977）。认知过程理论提出人的认知是由主体认知、他人及环境、主体行为三要素相互作用的结果（Bandura，2000）。组织认知理论认为，组织认知依赖于员工的一致性认知（Mohammed 等，2000），组织认知是组织成员在密切人际互动的基础上经历认知交互、共享、冲突、组合、同化后逐渐形成的共识，是个体认知相互作用的结果（Tegarden，Sheetz，2003）。因此，组织认知的管理和塑造是一个由个人到组织、由个体到整体的系统工程。此外，组织认知表征反映了组织感知问题、处理问题的思维模式，对后续组织行为起着关键作用。

事实上，认知理论和高阶理论从多个角度肯定了高管团队认知在组织认知构建中的核心作用。如 Laukkanen 刻画的组织认知图式中，管理者共享的认知是组织认知的起因，周晓东提出高管团队提供了组织战略变革的认知框架，强调高管团队在企业战略选择中的主观能动性。创新认知逻辑主导的战略选择与创新引领理论的核心内涵基本一致，因此，如何以认知理论、高阶理论为基础构建以创新引领为核心的组织创新认知，也是创新引领理论发展中亟须解决的重要问题。

（二）行为理论

员工是技术创新的直接主体，员工创新行为显著影响组织创新绩效。近年来，员工创新行为产生机理等主题成为创新管理的研究热点。多数研究认为，影响员工创新行为的因素主要集中在高管层面与员工个体层面。

影响员工创新行为的领导风格主要有服务型领导、精神型领导、家长式领导等,且研究者从不同理论视角挖掘了领导行为作用于员工创新行为的内在机理。如买热巴·买买提、李野基于领导过程归因理论,提出服务型领导行为会加强员工的真诚性感知,产生较高的心理安全感,激发员工创造力;史珈铭等人认为精神型领导正向影响员工的自主性动机,促进员工爱岗敬业,激励员工创新。但是,领导风格这一概念过于宏观且难以准确测量。后续学者开始进一步细化领导行为举措。如周星、程坦分别从个体、群体层面揭示了领导容错行为对员工工作积极性的影响。尽管研究各有侧重,但领导的失败宽容是影响员工创新行为的核心因素。

显然,员工个体层面的行为机理研究对组织创新的意义更为直接。关于员工创新内在因素的研究主要分为两类,一是员工在外界环境刺激下产生的驱动因素,如员工对领导行为的归因、组织支持感知(Burnett 等,2015)、组织认同感知(Mael, Ashforth, 1992)、创新奖赏感知等(张若勇等,2020)。二是员工自身具有的与创新相关的因素,如自我效能感(Morrison, Phelps, 1999)、主动性人格(Fuller 等,2012)等。此外,计划行为理论又弥补了心理感知因素到行为发生之间的逻辑缺口,提出心理因素通过影响行为态度、主观规范、行为控制感而直接决定目标行为。掌握员工创新行为的内在机理对于关键共性技术突破至关重要。

(三)红色基因

国内关于红色文化的研究主要集中在其概念界定和时间范围。学术界广泛认可的红色文化的定义是王以弟于 2003 年提出的"红色文化是在新民主主义革命时期,在中国共产党的领导下,由中国共产党人、一切先进分子和人民群众共同创造的、具有中国特色的先进文化。它是物质文化、制度文化和精神文化的有机统一体。"

2014 年以来,国家主席习近平在多次讲话中提到红色基因。之后,多位学者从不同角度定义了红色基因。如强卫认为红色基因特点是先进本质、思想路线、光荣传统和优良作风;田歧瑞和黄蓉生提出红色基因是一种灵魂、思想文化内容和生命线;周金堂从文化基因视角给出了红色基因的定义,认为红色基因是在中国革命斗争的历史实践中孕育生长的,是中国共产党人的观念、思想、文化、精神、传统得以与时俱进,具有生命力的思想因子和鲜活的生命体。尽管表达各不相同,但所有概念中都体现出红色基因的先进性、革命性、时代性、传承性。

红色基因的激活对于党的生命、中国社会主义道路发展进程的重要意义已被众多学者证实（完颜平，2016）。随着企业党建工作的深入推进，红色基因在企业中的积极作用也被不断挖掘（覃君松等，2020）。企业纷纷通过主题教育、学习会、激活红色基因，加强员工工作积极性，为企业持续发展注入动力。但是关于红色基因的激活路径的系统研究几乎没有。因此，亟须完善这一缺口，指导企业实践。

二、研究方法和数据来源

（一）案例选择的依据

案例研究的意义在于发展理论而非验证理论，继而案例抽样的方法是直接抽样（即理论抽样）而非随机抽样，且单案例研究更强调案例对于研究问题的极端性和典型性。结合共性技术突破机制的研究主旨，本研究的案例企业应该具有如下特征：①案例企业占据绝对的市场位势和行业影响力，而且其创新行为应符合创新引领 VAED 模型；②案例企业实现了多项行业重大共性技术的突破，技术贡献受到业内广泛认可；③对案例企业的研究拥有丰富的数据资料。

基于以上标准，本研究选择方大炭素新材料科技股份有限公司（简称方大炭素）作为本研究的案例企业，主要原因如下：①方大炭素是国内炭素类龙头企业。前身是始建于 1965 年的兰州炭素厂，2006 年改制以来，如今已成为世界第二、亚洲最大的炭素联合企业和国内唯一具有生产核级炭素制品资质的企业；②方大炭素创新行为的底层逻辑与引领创新 VAED 模型相符。以董事长方威为首的集团高层坚持科技创新的基本方针，十分重视投资环保改造，坚持走环境友好型可持续发展之路，体现出其履行社会责任的创新态度；③方大炭素拥有多项行业重大共性技术的自主知识产权，对国家产业链安全具有重要意义；④研究团队多次深入方大炭素进行调研访谈，获得了比较丰富的二手资料。

（二）数据来源

本研究遵循 Eisenhardt 于 1989 年提出的数据收集基本原则，对数据资料进行多来源、多层次的收集，通过数据资料之间的彼此印证，确保研究数据的真实性和准确性。因此，本研究的数据来源包括半结构化访谈和二手资料。笔者曾于 2019 年 12 月及 2020 年 7 月两次深入方大炭素公司总部进行了实地调研和半结构化访谈，如表 4.2 所示。

表 4.2 深度访谈对象及基本信息

地点	编号	职位	访谈时间/分钟	访谈内容
方大炭素文化展厅	A1	人力资源部主任	180	方大炭素的历史发展沿革、企业文化、党建文化、科技领先成果、受表彰情况
方大炭素大楼会议室	A2	证券部部长	180	方大炭素财务披露情况、研发投入、研发人员薪酬、股权激励及党建文化建设
	A3	技术研发部总监		方大炭素重大共性技术突破项目、研发项目、研发体系、研发管理

本研究中的二手资料包括内部资料和外部资料。内部资料主要有方大炭素年报、方大炭素官网、微信公众号的动态、宣传资料等；外部资料包括关于方大炭素的新闻报道、炭素行业分析报告、案例论文等。二手资料的数据来源多样，能够控制回溯偏差，保证研究结果的可信度。

三、案例讨论

本研究在扎根理论的编码原则指导下对收集到的数据进行开放性、选择性、主轴性编码，提炼案例中的关键理论构念及构念间的逻辑框架，并反复考察理论框架与案例证据间的印证关系（潘绵臻，毛基业，2009）。研究发现，以方大炭素为代表的行业领先企业在突破关键共性技术的过程中，创新引领的认知逻辑起到决定性作用。创新引领的决策观引导管理者摆脱战略决策惯性而聚焦产业痛点，关注技术创新带来的长期绩效，洞察创新的未来意义（刘海兵等，2020）。下面将分析以创新引领为核心的认知重构机制，以知识积累为核心的自主创新机制，以制度创新为核心的管理协同机制及以红色基因为核心的文化驱动机制。

（一）以创新引领为核心的认知重构机制

以创新引领为核心的组织认知重构模式可归纳为高管创新认知建立、组织惯例更新、员工创新认知重构三个步骤，如图 4.5 所示。

（1）高管创新认知建立是组织认知重构的前提。认知理论认为，认知形成过程包括信息感知、认知搜寻、认知冲突、认知整合。方大集团董事长方威有强烈的爱国热情、产业梦想、坚定的创新意识，多次来到方大炭素考察，鼓励方大炭素打造炭素航母，实现产业报国。方大炭素高管团队认真学习方威的讲话精神，树立"以科技创新提升企业实力"的战略旗帜。在这一环节中，高管团队的"创新引领"认知最先源于企业家个人的创新激情感知。企业家个人的家国情怀与创新价值观激发了其创新激情，这种创新激情往往会引导企业家超脱于"企业利益"做出创新决策（Eggers，2009），积极加大共性技术的研发投入等。在感知到企业家的"创新引领"认知后，高管团队也逐渐在相互的认知共享、冲突、整合中，形成了"创新引领"的心智模式。此外，对外部信息"经验性分析"后的"创新引领"诉求是高管创新认知的又一来源。方大炭素高管团队在对同行企业成功和失败的经验反复对比后，得出"创新引领"是企业做大做强的关键因素，从而深刻意识到"创新引领"对企业持续发展的必要意义。因此，企业家"创新引领"认知的建立与存续压力下的"创新引领"诉求是组织认知重构的前提。

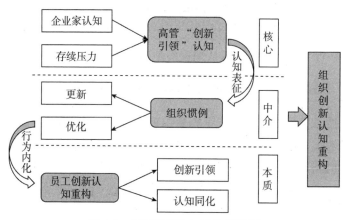

图 4.5 组织创新认知重构模型图

（2）组织惯例的更新与优化是组织认知重构的中介。组织惯例包括组织职能、流程、机制等与员工直接相关的组织要素（余浩，2020）。高管团队以创新引领的认知逻辑检验和调整原有组织惯例，识别和重组组织资源，更新组织要素，创造新的组织惯例，将"创新引领"的内核以具体形式沉淀，更好地契合创新引领与组织资源结构的匹配性（刘海兵，2018）。如方大炭素高管团队在创新引领认知的引导下调整组织资源配置，形成研发投入占比 3%左右的新组织惯例，以制度形式保障了创新引领认知贯彻的持续性。在此基础上，做好组织惯例的动态优化。在不断地打破和建立中寻找组织惯例的最优模式，实现"创新引领"认知的完全内化。方大炭素不断探索优化研发人员、研发项目的考核评价模式，打造了宽严并济的考核氛围，实现了研发效率、效益的双重保障。员工在新的组织惯例潜移默的影响下改变原有理念、思维方式,出现新的创新认知表征。因此,组织惯例的更新和优化是推进组织认知重构的重要中介。

(3)员工创新认知重构是组织认知重构的体现。行为心理学提出,重复性行为会形成行为惯性,而行为惯性会由外而内地改变行为主体的思维模式,改变主体认知模式。在新的组织惯例的持续作用下,员工会调整自身创新态度、创新情绪及创新方式配合新的组织流程、制度等。如方大炭素员工在管理、研发等多要素创新下,形成一种强烈的组织创新氛围。在这个创新氛围中,员工会获得新的创新观念和底层逻辑,形成创新引领的心智试验模式(想象、情境分析、模拟等)(邓少军,2009)。此外,在与组织环境、他人认知的共享、冲突、整合中,员工创新认知也被不断同化。如焙烧厂、压型厂等部门的员工主动发起多项技改项目,小改小革,降本增效,在项目参与过程中,培养了全员创新的意识和能力。最终,员工呈现出以创新引领为核心的共性创新认知,完成组织认知重构。创新引领的组织认知会显著影响组织创新行为。因此,组织认知重构是攻克关键共性技术的先导机制。

(二)以知识积累为核心的自主创新机制

共性技术突破的实质是知识积累由量变向质变的进阶过程,要求企业具有丰富的技术经验和一定的"技术判断力"。因此,知识积累为核心的自主创新机制成为共性技术突破的根本机制。方大炭素自主创新能力提升来自外部知识的搜寻获取与内部知识的转化重组。图 4.6 显示了知识积累的自主创新能力模型。

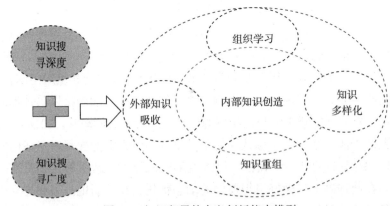

图 4.6 知识积累的自主创新能力模型

外部知识的搜寻与获取是组织知识积累的前端环节,对企业创新绩效的积极影响已被众多学者认可(Phelps,2010)。Laursen 和 Salter 认为知识搜寻可用搜寻广度和搜寻深度两个维度进行测度。在关键共性技术的突破过程中，核心企业往往采取更积极的知识搜寻战略。此外，组织通过不同类型的学习模式增强组织吸收能力，保证知识的"搜寻深度"。在合作研发过程中，通过"联盟中学""研发中学"的学习模式，积累技术开发经验，提升技术敏锐度。通过增加知识搜寻广度和知识搜寻深度、提高了方大炭素获取外部知识的有效性，扩充了组织知识库，缩短了与领先企业的技术距离（刘海兵等，2020），掌握了多项重大技术的知识专有权。

内部知识的转化、重组是指组织充分吸收外部知识，进而创造知识的深层机理。内部知识沉淀的主要逻辑是不断重复并创造性应用（De Clercq，2008）。在接收到外部显性知识后，员工通过改变工作习惯等方式将其内隐化为组织隐性知识，并在知识的交流、扩散中提炼出更系统的组织显性知识沉淀下来，以知识链的形式存在（吴晓波，2006）。

（三）以制度创新为核心的管理协同机制

借鉴哈肯的定义，所谓协同就是系统内部各要素间的相互作用模式，产生"1+1>2"的整体效应。在认知重构为先导、自主创新为根本的基础上，管理要素的协同是共性技术突破的"强心剂"。图 4.7 显示了制度创新为核心的管理协同机制。

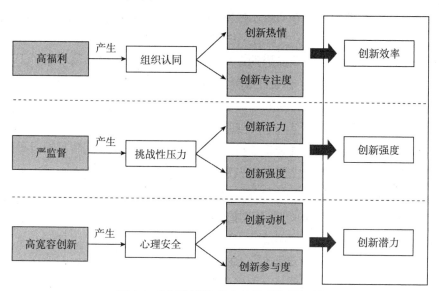

图 4.7 制度创新为核心的管理协同机制

本研究认为，在共性技术的突破过程中，高福利制度、强竞争与严管控制度、高宽容创新制度三者相辅相成、刚柔并济，是制度创新的核心机制。

（1）高福利制度增强了员工的组织认同。组织认同是指组织中的成员对于成员感、归属感的感知，较高的组织认同能够促进员工创新积极性（Mael，Ashforth，1992）、满足员工创新激励偏好，从而对员工创新行为产生积极影响。方大炭素"把员工当家人"的高福利制度为研发人员提供了有力的资源支撑，使研发人员感受到较强的组织创新支持。此外，高福利制度营造了一种温暖的组织氛围，满足了员工的情感需求，加强了员工对组织的情感黏性，建立了高度的组织认同。如方大炭素 2020 年 8 月对 98%的员工匿名调查结果显示，97.78%的员工愿意与企业同呼吸共命运。在此基础上，高组织认同可以提高员工忠诚度，激发员工回报组织的情绪，点燃员工的创新热情，推动组织创新。同时，方大炭素报销员工子女高中学费、员工家人的医疗费等福利制度大大减少了员工的后顾之忧，提高了员工的创新专注度，保证了组织创新的高效率。

（2）强竞争与严监管的制度提供了员工创新的挑战性压力（Cavanagh 等，2000）。研究证明压力的性质不同，对员工创新行为的影响不同（Jex，1991）。挑战性压力是指目标通过努力能够实现且能得到巨大回报的压力；阻断性压力是指目标难以实现且给员工带来极大抵抗情绪的压力（吴青青，2019）。充分利用挑战性压力能够通过工作的挑战性激发员工的创新活力。方大炭素在管理过程中，设置了严格的岗位浮沉制度，营造了高强度的竞争氛围，形成了竞争压力。短中长的周期性考核、定期汇报与奖惩让落后的员工脸红，谁都不想落在最后，保证了创新强度。但是在"奖到心动，罚到心痛"及高福利的制度保障下，缓和了压力的冲击性，激发了员工创新活力，推动共性技术的突破。

（3）高宽容创新制度强化了员工的心理安全感。宽容创新是指领导阶层对下属存在的非原则性失误、差错的包容，并能尊重和接受不同意见的行为（周星，2020）。社会信息加工理论认为，宽容创新会向员工传递积极的心理暗示，显著增强员工的心理安全感知。员工心理安全感较高的组织中，员工的工作主动性、创造性、投入性都较高，即高心理安全感显著正向影响员工的创新行为（邓志华，2018）。因此，高宽容创新机制通过强化员工心理安全感，加强了员工积极创新的动力和创新参与热情，对员工创新行为产生积极作用。案例中方大炭素的领导阶层秉持"把研发人才当个宝""研发项目十个干成一个就行"等理念，体现出对创新失败的理解、宽容，而作为反馈，方大炭素的技术人员总是干劲十足，自发寻找创新点，仅 2018 年方大炭素共上报"小改小革"项目 251 项，员工积极参与到创新项目中来，加速共性技术的突破进程。

（四）以红色基因为核心的文化驱动机制

案例发现，方大炭素的报国情怀、大局意识等红色信念是推动企业主动承担起共性技术突破使命的关键。也就是说，红色基因是共性技术突破的核心内驱力，也是企业不竭的发展动力。图 4.8 显示了红色基因为核心的文化激活机制图。

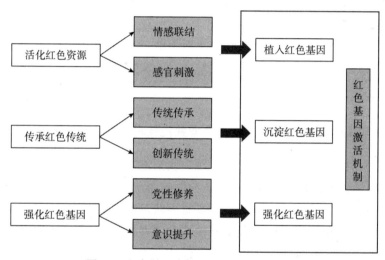

图 4.8　红色基因为核心的文化激活机制图

研究发现，红色基因的激活路径如下。

（1）"活化"红色资源。红色资源的开发、保护能够调动传承者的视觉、触觉等感官刺激，深刻感受红色精神的核心内涵，发挥红色资源的教育功能。此外，红色资源能够唤起员工的共情心理，与传承者建立情感连接（强卫，2014），对红色教育起到积极的推进作用，植入红色基因。

（2）传承红色传统。红色传统的延续有利于在新时代下继续发扬党的优秀作风。企业在红色基因的激活过程中，也要加强践行红色传统，"内化于心，外化于行"，让红色传统成为企业的行为习惯。方大炭素传承红色传统，建立预备役，坚持预备役工作与企业工作并行，赋予了红色传统新的时代意义。

（3）强化红色基因。方大炭素派党员干部到中央党校学习，充分领会党的十九大会议精神；加强领导干部防腐败工作建设，"党建为魂"的企业文化建设等，加强员工的党性修养，从根本上改变员工的意识形态，提高员工的思想觉悟和政治素养（王伟，2018），使员工能够以先进的党性思想武装自己，增强自我效能感，自我驱动，努力奋斗。因此，党性修养的增强是对红色基因的进一步强化。

红色基因会在企业内部形成一种凝聚力，一种向心文化场（许庆瑞，2005），而这种文化或情感会驱使企业实现社会利益和企业利益的双元平衡。红色基因会催化员工的自我实现需求，形成组织内部驱动力。这种内驱力会使得企业良性运转（史珈铭等，2018），减少管理成本，促进组织自演化、自驱动，助力企业攻克重大技术。

四、主要结论

创新引领关键共性技术突破的机制主要有创新认知重构机制、自主创新机制、管理协同机制及文化激活机制。

（一）以创新认知重构机制是企业共性技术突破的先导机制

方大炭素由上而下的"创新引领"认知重构机制是方大炭素成功的先决条件。领先的创新认知能够显著正向影响企业的创新绩效及创新能力（罗庆朗，2020）。以创新为战略手段的高管团队习惯于以投入产出绩效为标尺做出决策（Porter，1980），关键共性技术的突破在此情况下是低效率的。因此，"创新驱动"认知的企业容易缺乏开发共性技术的战略定力。而"创新引领"认知的企业则有坚定的战略认知。企业在创新引领的认知逻辑渗透下，逐渐以创新为组织行为的价值追求和基本遵循，最终获得高质量发展。因此，以创新引领为核心的认知重构是重要的先导机制。

（二）以知识积累为核心的自主创新机制是根本支撑

共性技术分为基础共性技术和核心共性技术，属于基础科学层面的底层技术，知识密集度较高，技术结构复杂。因此，共性技术的突破对主导企业的知识基础、技术创新能力要求极高。方大炭素基于50多年的技术和知识积累，具备相当程度的技术经验、技术掌控力和技术定力，实现了技术轨道跃迁的自主性（刘海兵等，2020）。知识储备是技术系统演化的必要条件（聂品，2006）。综上所述，基于知识积累的自主创新能力提升是共性技术突破的根本。

（三）以制度创新为核心的管理协同机制是基础保障

创新认知重构与自主创新为方大炭素的共性技术提供了基础的"工具包"。但是，共性技术的突破还需要一定的组织环境支撑，而制度是组织环境塑造的必要途径（曹科岩，2015）。以方大炭素为例，严管控与强竞争是刚性制度，营造了高压的组织氛围；高福利制度、高宽容创新是柔性制度，缓解了组织压力。刚柔并济的制度创新，最大限度地挖掘了员工创新活力与创新强度，保障了共性技术的突破。

（四）以红色基因为核心的文化激活机制是内在驱动

创新引领、自主创新、管理协同作为先导、支撑和基础，为共性技术的突破提供了前端的表达机制。但是，在技术突破的过程中，后端驱动机制同样至关重要。尤其是关键共性技术的突破，很大程度上需要企业具有"牺牲意识""艰苦奋斗意识"等党性意识形态来驱动企业做出社会利益和企业利益双元平衡的技术创新部署。以方大炭素为例，正是坚定的红色信仰使得企业积极承担重大项目的突破。同时，党员起到先锋示范作用，营造了向心文化，为共性技术的突破提供了不竭的动力。

本研究构建的共性技术突破的关键机制如图 4.9 所示。在关键共性技术的突破过程中，以创新引领为核心的认知重构是先导，知识积累为核心的自主创新是根本，制度创新为核心的管理协同是保障，红色基因为核心的文化激活是驱动。

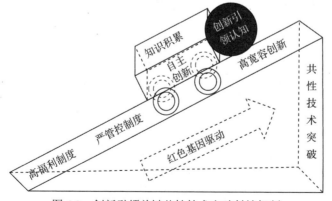

图 4.9　创新引领关键共性技术突破斜坡机制

第五节　机制总结

通过青山控股和方大炭素的案例分析，总结出创新引领关键共性技术的机制主要为以下 4 点：①资源编排模式演进机制；②以创新引领为核心的创新认知与战略重构机制；③以知识积累为核心的自主创新机制；④以社会责任为核心的文化驱动机制。

一、资源编排模式演进机制

本研究总结出资源编排模式的演进机制主要有如下三个方面。

（一）追赶起步阶段的"获取式构建、稳定式捆绑、调用式撬动"资源编排模式

在追赶起步阶段，企业在市场导向、创业导向交互的战略导向引领下采用"获取式构建、稳定式捆绑、调用式撬动"的资源编排模式，完成关键共性技术突破的异质性知识积累、制度环境构建及技术能力建设。具体而言，在市场导向下，企业关注利润空间，倾向于通过并购等方式形成多元化获取的资源构建模式，完成关键共性技术突破的差异性知识储备；在创业导向下，企业通过制度创新、产品创新等实现短期寻租，为共性技术的突破提供了必要的组织环境。

（二）追赶加速阶段的"积累式构建、丰富式捆绑、协调式撬动"资源编排模式

在追赶加速阶段，企业在技术导向、创业导向交互的战略导向作用下采用"积累式构建、丰富式捆绑、协调式撬动"的资源编排模式，积累突破关键共性技术的复杂知识，构建协同机制，培育创新能力。其中，技术导向促使企业建立体系化研发组织，培养技术人才，通过积累式资源构建，积累突破技术的复杂知识；而在创业导向下，企业对内部资源进行重构，表现出丰富式资源捆绑，能为突破共性技术建立高效协同机制。双重导向下，企业形成协调式资源撬动模式，培育突破关键共性技术的创新能力。

（三）追赶超越阶段的"积累式构建、开拓式捆绑、部署式撬动"资源编排模式

在追赶超越阶段，企业在企业家精神为核心引领的创业导向作用下采用"积累式构建、开拓式捆绑、部署式撬动"的资源编排模式，积累突破关键共性技术的前沿知识，构建赋能机制，培养动态能力。在企业家精神引领和创业导向下，企业关注社会责任，实现积累式资源构建，将驱动组织发展的隐性知识资源进行开拓性捆绑，表现出部署式资源撬动模式，形成突破关键共性技术的动态能力。

二、以创新引领为核心的创新认知与战略重构机制

本研究认为，通过建立高管的创新认知、动态更新和优化组织惯例、重构员工的创新认知能够健全以创新引领为核心的创新认知与战略重构机制。

（一）建立高管的创新认知

高管"创新引领"认知的建立与存续压力下的"创新引领"诉求是组织认知重构的前提。一方面，企业家个人的创新激情能引导企业家做出创新决策，积极加大关键共性技术的研发投入。高管团队成员在相互的认知共享、冲突、整合中，形成了"创新引领"的心智模式。另一方面，高管对外部信息进行"经验性分析"后意识到"创新引领"对企业持续发展的必要意义，形成"创新引领"诉求。

（二）动态更新和优化组织惯例

企业的高管团队需要以创新引领的认知逻辑检验和调整原有组织惯例，识别和重组组织资源，更新组织要素，创造新的组织惯例，将"创新引领"的内核以具体的形式沉淀，将创新引领与组织资源结构更好地契合。另外，企业在不断地打破和建立中寻找组织惯例的最优模式，进而动态优化组织惯例，实现"创新引领"认知的完全内化。

（三）重构员工的创新认知

在新的组织惯例的持续作用下，员工会调整自身创新态度、创新情绪及创新方式，以配合新的组织流程、制度等。在该过程中，员工获得新的创新观念和底层逻辑，形成创新引领的心智试验模式，最终呈现出以

创新引领为核心的共性创新认知，完成组织创新认知与战略重构。在此基础上，企业建立和完善关键共性技术攻克的先导机制，实现关键共性技术突破。

三、以知识积累为核心的自主创新机制

本研究认为，通过外部知识的搜寻与获取、内部知识的转化与重组能够健全以知识积累为核心的自主创新机制。

（一）外部知识的搜寻与获取

一方面，在关键共性技术的突破过程中，企业可以采取积极的知识搜寻战略，通过丰富知识搜寻的渠道扩大"知识的搜寻广度"。另一方面，企业需要通过匹配不同类型的学习模式，增强组织吸收能力，提高知识的"搜寻深度"。通过增加知识搜寻广度和深度，可帮助企业扩大知识库，缩小与领先企业的技术差距。

（二）内部知识的转化与重组

在接收到外部显性知识后，企业员工通过改变工作习惯等方式将其内隐化为组织隐性知识，并在知识的交流、扩散中提炼出更加系统的组织显性知识沉淀下来，形成知识链。对于组织知识链造成的惯性思维和能力刚性，企业需要加大科研项目的开发力度，鼓励多领域人才在"研发中学"，在保证企业知识多样性的同时实现知识创造和技术创新。

四、以社会责任为核心的文化驱动机制

关键共性技术的突破，很大程度上需要企业具有社会责任意识，做出社会利益和企业利益双元平衡的技术创新部署。具体而言，在社会责任的驱动下，企业不仅关注利润，更关注产业的可持续发展。在保证自身发展的前提下，企业持续加大研发投入，积极培养人才，积累突破关键共性技术的前沿知识。例如，青山控股面向"碳达峰""碳中和"的精细化工艺展开部署，积极承担笔尖钢先进工艺开发，形成关键共性技术突破的动态能力。

第六节 总结

本章深入研究了创新引领关键共性技术突破的机制。在全球科技竞争日趋激烈的环境下，发展关键共性技术对中国打破技术封锁、实现科技自主自强具有举足轻重的意义。因此，探索关键共性技术突破的机制和路径，不仅有助于充实相关理论体系，还能为实践提供有力的指导。首先，本章明确了关键共性技术的概念，并总结了其独特特征。接着，从国家科技竞争力提升、产业结构优化升级及企业研发创新能力增强三个维度，详细分析了突破关键共性技术的深远影响。这不仅关系到国家整体科技水平的提升，更是推动产业升级、增强企业核心竞争力的关键所在。然而，中国关键共性技术突破面临一系列挑战和困境。尽管基础研究投入持续增长，但在关键共性技术领域的投入仍显不足，缺乏长期、系统的战略布局。同时，"产学研"合作体系尚不完善，各方之间的协同创新能力有待加强。这些问题限制了中国关键共性技术的突破和发展。

为了深入探索创新引领关键共性技术突破的机制，本章选取了青山控股和方大炭素作为典型案例进行研究。这两家企业在关键共性技术突破方面取得了显著成果，具有高度的研究价值。基于资源编排理论，结合关键共性技术突破的相关研究，本章深入剖析了两家企业在创新引领关键共性技术突破中的动力机制。通过案例分析和理论探讨，归纳总结提出创新引领关键共性技术突破的机制主要包括4个方面。首先是资源编排模式的演进机制，即企业通过优化资源配置和效率来推动关键共性技术的突破。其次是以创新引领为核心的创新认知与战略重构机制；企业以创新为导向，通过调整战略方向和优化创新体系来引领关键共性技术的发展。再次是以知识积累为核心的自主创新机制；企业通过不断积累知识和提升自主创新能力来推动关键共性技术的突破。最后是以社会责任为核心的文化驱动机制；企业积极履行社会责任，推动可持续发展，从而激发员工的创新热情和社会各界的支持。

综上所述，本章通过深入的理论分析和案例研究，揭示了突破创新引领关键共性技术的复杂机制和路径，不仅为中国企业在关键共性技术领域的突破提供了借鉴和启示，也为政府制定相关政策、推动关键共性技术创新提供了理论支持和实践指导。未来，中国应进一步加大对关键共性技术的投入，完善"产学研"合作体系，加强建设协同创新能力，以推动关键共性技术的突破和发展，进而提升国家的科技竞争力和产业优势。

第五章　创新引领的"颠覆性技术"突破的机制

"颠覆性技术"是一个非常重要的研究概念，被视为"改变游戏规则（另辟蹊径）"和"重塑未来格局"的革命性力量，已引起各国的广泛关注[①]。党的二十大报告中强调："加快实施一批具有战略性全局性前瞻性的国家重大科技项目，增强自主创新能力。加强基础研究，突出原创，鼓励自由探索。"这说明，包含颠覆性技术在内的关键核心技术的突破，是国家迫切需要攻克的核心工程，也是中国企业突破国外技术封锁的重要武器。

第一节　颠覆性技术突破相关研究动态

目前关于颠覆性技术突破的研究动态主要集中在颠覆性技术的理论及颠覆性技术突破的意义等方面。在颠覆性技术的理论研究中，已有研究大多围绕着颠覆性技术的概念、特征和涵盖范围展开，为相关研究提供理论基础。本研究将从颠覆性技术对产业链、创新链的意义和对国家科技安全的意义两个维度分别进行阐述，把实现颠覆性技术突破的重大现实意义纳入企业层面和国家层面。

一、颠覆性技术突破的内涵、特征及范围

为了更好地研究颠覆性技术突破的路径及机制，本研究分别对颠覆性技术突破的内涵、特征及范围进行系统性梳理。

（一）颠覆性技术突破的内涵

关于颠覆性技术基本内涵的研究，可以追踪到颠覆性技术的源起和发

---

① 王康，陈悦，宋超，等. 颠覆性技术：概念辨析与特征分析[J]. 科学学研究，2022，40(11)：1937-1946.

展。事实上，颠覆性技术源于经济学范畴，熊彼特为解释经济长波现象提出以创造性破坏（creative destruction）为特征的经济增长理论，他指出新兴企业可以通过突破性技术创新，推翻大企业的竞争力基础（Schumpeter，1934）。后来颠覆性创新在军事部门和国家科技政策领域也引起了广泛关注，美国在20世纪就将技术突破性、效果颠覆性和研发高风险等理念应用于尖端科技研发，产生和孵化出一系列颠覆性技术。经济学家多西基于对技术本质的剖析，提出了技术范式概念（Dosi，1982；Kuhn，2012），技术范式指引着颠覆性技术变革的方向。这说明，颠覆性技术从一开始便与经济发展、国家战略和科学革命思想关联，这意味着颠覆性技术既不是一个单纯的技术概念，也不是一个单纯的经济学概念，而是一个具有多重视角的复杂概念（王康等，2022）。

而颠覆性技术（disruptive technology）真正作为一个明确的概念，首次出现在Bower和Christensen发表于1995年的《颠覆性技术：逐浪之道》一书中；用于描述那些优于当前主导技术，并与之存在原理性根本差别的全新技术。后来Christensen在颠覆性技术的基础上提出"颠覆性创新"这一概念，延伸了理论的应用范围，涵盖技术、服务和商业模式创新。随着颠覆性技术内涵的不断丰富与发展，各学者基于自身学科背景对颠覆性技术形成了不同的理解，主要体现在三个视角——商业模式、技术突破和国家战略。在商业模式视角中，已有学者将颠覆式技术界定为以简单、方便、便宜为最初特征，通过改变企业竞争绩效指标而改变竞争基础的技术；该类技术经历升级优化，最终取代主流技术，并实现商业模式的创新（Christensen，1997；Danneels，2004；林祥，2015；刘文勇，2019；Si，Chen，2020；李东红，2021）。在技术突破视角中，现有研究认为，颠覆性技术是基于新概念、新原理颠覆原有技术体系和应用系统，进步作用重大的技术（韩宇，董超，2016；汤文仙，2019；许佳琪等，2023）。从国家战略视角看，颠覆性技术是对经济社会发展和国家战略安全具有全局性、根本性、革命性重大影响的，无法仅由市场自由决定、需要由国家战略引领的，并最终产生颠覆性军事效用的技术或技术群（张立国等，2020；曹晓阳，2021）。同时，已有文献关于颠覆性技术创新大多聚焦于低端颠覆路径，由于该类研究理论无法适用于性能、价格较高的高端颠覆情况（明星等，2020；李东红等，2021），学界继续扩展了颠覆性技术的内涵，增加了两个维度，即"自上而下的颠覆"和"大爆炸的颠覆"（拉里，保罗，2014；Tabbah，Maritz，2019）。综上所述，颠覆性技术既有低端概念，也有高端概念。低端颠覆以较低价格提供较低性能产品替代现有产品，技术突破性较弱；高端颠覆提供性能更好的产品和服务，技术突破性较强。上述研究为梳理颠覆性技术的概念提供了全面的研究视角。

（二）颠覆性技术突破的特征和涵盖范围

目前，已有研究对于颠覆式技术突破特征的讨论并不是很多，但关于颠覆性技术特征的相关文献时有涌现。这类文献大多从颠覆性技术的基本功能及破坏性等角度进行阐述。如麦肯锡全球研究院将颠覆性技术的特征总结为强大的影响力和破坏性。还有学者基于对渐进性技术和维持性技术等相关概念的比较，认为颠覆性技术具有前瞻性、突变性、突破性和创新性等特征（李政等，2016；焦悦等，2016）。而聚焦在技术特性层面看，颠覆性技术具有多个特征。

（1）"新颖性"是颠覆性技术的前提性指标（Strumsk，Lobo，2015；Verhoeve 等，2016）。这种新颖性更加强调技术层面的差异性，而差异性通常体现在技术原理、构成要素及要素的组合方式上。

（2）技术迭代的根本动力是基于"优越性"来实现的（Schumpeter，1942；Suarezff，2004）。具体而言可分为两种：一种是功能优越性，即新技术在功能上显著优于现有主导性技术；另一种是成本优越性，即新技术在实现与主流技术相同或类似功能时，其综合成本明显低于现有技术。

（3）技术的"外部性"是颠覆性技术扩散的重要助推力。颠覆性技术应具备"正向"的外部性，以便获得外部的合法性支持（Scott，2005）。特别是在国家发展维度，颠覆性技术应积极回应国家战略需求，助力国家转型发展，提升国家竞争力。

综上，颠覆性技术的技术内涵包含技术新颖性、技术优越性与技术外部性三个维度[①]。

而在颠覆性技术突破的涵盖范围层面，目前在相关颠覆性技术的研究中尚缺乏较为系统、全面的梳理，但也有部分文献在总结颠覆性创新时有提及（Christensen，Raynor，2003；Markides，2006；Parry，Kawakami，2017；Mahto 等，2020）。本研究通过对已有研究文献的梳理和总结，认为颠覆性技术突破的涵盖范围较广，可以应用到多个领域，改变传统方式，并在各行各业带来创新和变革。从国家宏观层面看，国家政府、军方及国家重大工程产业都需要应用颠覆性技术，如能源产业（太阳能、风能、核

---

① 曲冠楠，陈凯华，陈劲. 颠覆性技术创新：理论源起、整合框架与发展前瞻[J]. 科研管理，2023，44(9)：1-9.

能等）的可再生能源技术和能源储备技术中的颠覆性技术突破能够极大地帮助改变能源产业格局，提高能源效率和可持续性。从社会微观层面看，颠覆性技术能够覆盖各行各业的核心技术、流程及整个市场。例如，如今5G技术的发展为人们提供了更高的数据传输速度和更低的延迟，能够支持物联网和虚拟现实；在交通和物流业中，自动驾驶汽车和物联网（IoT）智能物流的出现使出行及货物运输变得高效便捷。

二、颠覆性技术突破的意义

近年来，习近平总书记在多个场合多次强调重大颠覆性技术的重要性，并要求社会各界积极关注。国家创新驱动发展战略纲要中也提到，要发展引领产业变革的颠覆性技术，就必须不断催生新产业、创造新就业。这些举措都在推动中国企业颠覆性技术的研发和突破。要知悉为何颠覆性技术成为中国创新发展的重中之重，就要探究颠覆性技术突破的意义，本研究主要从以下两个方面进行阐述。

（一）颠覆性技术对产业链、创新链的意义

产业链是产品或服务的创意设计、加工制造、周转交易、售后管理等过程，具体包括前期创意，设计研发准备，原材料的生产和采购，核心零部件的生产，产品的生产和装配，以及产品生产后期的运输、销售和售后管理。颠覆性技术对每个环节的影响力并不相同，正常情况下颠覆性技术会影响核心零部件的前期生产、后期生产和制造环节，特别是对前期生产的影响力更为直接、深刻，因为这些环节需要更丰富的知识和更高的技术水平。产业链的转型升级，在内容上体现为通过"建链、补链、强链"来完善产业链，以提高对整个产业链控的制力。

第三次科技革命使得网络技术和人工智能得到了充分的发展应用，人与人的交流媒介也从传统方式逐渐转变为虚拟网络，物联网技术已经渗透到生产、管理和设计等各个方面。企业也积极跟进、追赶颠覆性技术的发展，推动数字化、网络化、智能化，与创新智能跨界产业融合，革新生产方式、商品交易方式、整体产业业态的"大数据+"产业模式，使数字化、网络、智能等贯穿到"需求—供给"的全流程之中。

如今，技术、知识和人才的流动速度和结构在不断变化，越来越多的人关注创新链的升级，创新思维也逐渐成为发展的中流砥柱。企业的生存和发展离不开创新，特别是，目前技术和知识已经越来越多地成为抢占经济社会发展主导地位和制高点的关键因素。因此，投入创新资源能够使得

有限的资源得到更优的分配，有利于形成绿色、经济、开放、共享的产业业态，满足人们的高端需求。而除了政策引导外，还需要企业积极投入颠覆性技术的研发之中，加强企业自主创新平台的建设，促进产业学术研究与企业的交流与合作；同时，构建基础研发、知识产权、中介服务、成果检测完备的科技服务体系，实现科研开发与成果产业化的有效衔接，促进产业结构更加精细化、质量化、高端化。

（二）颠覆性技术对国家科技安全的意义

近年来，"颠覆性技术"多次在政府文件、报告中被提及，十九大报告中强调，要加强基础研究的应用，切实践行中国重大科技项目的发展理念，提出要将颠覆性技术创新作为建设创新型国家的重要举措。当前，以美国为首的科技强国对中国实施关键核心技术的封锁，解决"卡脖子"问题成为中国的首要任务。为更快推动国家科技发展，国家和企业不能再满足于原来的模仿式创新，而要推动创新引领下颠覆性技术的发展。特别是要鼓励企业进行原创技术创新，将颠覆性技术的开发纳入未来规划中，提升颠覆性技术能力以扩大现有科技实力。如此，才能更好地维护国家科技安全、避免受到外来技术威胁。

三、颠覆性技术突破研究综述

在如今互联网经济发展迅猛的时代，企业的发展壮大、国家之间的竞争及全社会的发展进步都迫切需要科学技术的重大突破来提供强大支撑。因此，颠覆性技术的发展已经不仅是企业关注的问题，已上升为国家战略争夺的重要关口。从国际上看，颠覆性技术凭借其技术的领先性和创新性，已成为经济社会发展和军事变革的关键因素。在中国，颠覆性技术越来越多地出现在中国政府文件和报告中。如党的十九大报告和第十四个五年规划明确提出要从国家战略角度重视加强颠覆性技术创新和颠覆性技术供给。近年来关于颠覆性技术的研究也越来越多地涌现出来，为颠覆性技术的实际应用与发展提供理论支撑。

当下学术界对于颠覆性技术存在不同层面、不同视域的认识，但已有的共识是：颠覆性技术强调的是效果，即对现状产生根本性、革命性的变革，始终与经济发展、国家战略和科学革命的思想关联。已有学者分别从商业模式、技术突破和国家视角对颠覆性技术的概念进行分解。总的来说，颠覆性技术以简单、方便、便宜为最初特征，随着技术的升级优化，逐渐具有颠覆传统技术路线和改变游戏规则等革命性意义，最终取代主流技术，改变已有商业模式，甚至可能对经济社会发展和国家战略安全具有全局性、根本性、革命性重大影响。值得一提的是，学者们在普遍提及的低端颠覆性创新的基础上创造性地提出了高端颠覆的路径，为研究不同层次、不同类别的颠覆性技术提供了良好的理论借鉴。

同时，通过总结研究学者们对于颠覆性技术特征的描述，本研究归纳出颠覆性技术突破的特征。

（1）颠覆性技术一般是沿着新的技术轨道产生并发展的，需要应用新的具有较高技术含量的技术原理，突破技术间断点并跳跃到新的技术曲线，是对已有技术的突破和颠覆，在很大程度上会突破已有的社会价值与市场秩序，因此颠覆性技术具有新颖性特点。

（2）颠覆性技术一般需要融合多种技术来实现创新，因此需要将技术研究、开发、应用密切结合，发挥多方力量，这种跨界产生的颠覆性创新通常具有优越性的特点。

（3）由于颠覆性技术是改变原有技术轨道，优化生产效率的，因此，领先性和一个国家综合实力及国际竞争力有着重大关联，而其技术被发明出来再到成功应用是一个曲折的过程，这就需要颠覆性技术具有外部性，以支持技术在社会的扩散，更好地满足产业创新和国家的需要。总的来说，颠覆性技术覆盖面广阔，不论是对国家政府、军方的科技安全还是各行各业的产业链、创新链都具有重要意义。

第二节 中国颠覆性技术突破现状

推动社会进步的第一生产力是科学技术。其中，颠覆性技术因为有独有的创新模式和不同于传统技术的创造力不断引领科技发展和飞跃，为中国发展带来不少科技创新成果。伴随着全球各个国家对颠覆性技术的战略布局，在显示其重要性的同时，如何在该时期抢占颠覆性技术及相关产业发展的制高点，已成为全球国际竞争和国家博弈的热点话题。中国作为发展大国也开始在颠覆性技术方面发力，将更多研发精力投入颠覆性技术能力的突破过程中去；已经取得了一定成果，同时，也有许多困境需要突破。

当前，国家和企业更加重视颠覆性技术创新，颠覆性技术的应用更加广泛，几乎所有领域都涉及颠覆性技术，重点是在人工智能、云计算及互联网平台技术等方面，由此也引起了以绿色、智能、广泛存在为特征的群体性重大技术变革。

一、中国颠覆性技术取得的成果

在颠覆性技术蓬勃兴起之际，中国在量子技术、5G通信技术、高铁技术、新能源科技及生物医药等多个前沿领域取得了举世瞩目的成就，并与未来新型产业的培育与发展形成了深度融合和互促的态势。具体而言，在量子计算与量子通信领域，中国成功发射了全球首颗量子科学实验卫星"墨子号"，并建成了全球首个远距离量子保密通信骨干网"京沪干线"；在量子计算机的研发上也取得了重大进展，实现了量子霸权级别的计算能力；在5G技术方面，中国成为全球5G网络部署的先行者，在5G技术研发、标准制定、网络部署及应用探索方面走在世界前列，已建成全球规模最大的5G网络；在高铁技术方面，中国建立了世界上规模最大、速度最快、技术先进的高速铁路网络，并成功研制出世界第一台高温超导高速磁悬浮列车。此外，中国在新能源技术、生物医药、人工智能等领域也取得了重大突破，为全球科技发展和能源转型贡献了"中国方案"。

面向未来，新型产业的发展同样离不开颠覆性技术的强有力支撑。以人工智能、区块链技术、虚拟现实（VR）及增强现实（AR）技术为代表的颠覆性技术，正在以前所未有的力度重塑着中国未来新型产业的格局。首先，人工智能技术的迅猛发展，特别是机器学习与深度学习技术的持续进步，正引领着商业领域的深刻变革。从自动驾驶到智能客服，再到智能家居，人工智能技术的广泛应用显著提升了企业的运营效率与市场竞争力。其次，区块链技术同样展现出巨大的商业潜力与颠覆性力量，其去中心化、安全可信的显著特点，正逐步改变着传统的商业模式。如比特币作为区块链技术的首个应用案例，已经引起了广泛的关注和热议，不仅在金融领域崭露头角，更在供应链管理、数字版权保护等领域体现出巨大潜力。此外，虚拟现实与增强现实技术也在快速发展中，当前，这两项技术正逐步融入商业领域，为企业的营销创新与用户体验提升提供了新途径。

综上所述，这些颠覆性技术成果不仅显著提升了中国的科技实力，也为全球科技发展注入了新的活力和可能性。随着这些颠覆性技术的持续进步与广泛应用，将对未来整个产业链的格局产生深远影响。

二、中国颠覆性技术突破的约束

不可否认的是，在讨论颠覆性技术在中国产业内的发展成果时，也不能忽视其带来的挑战和自身不足。颠覆性技术难以识别，具有"后验性"的特征。所谓"后验性"是指新兴技术不是才刚开始部署或研发时就能够被确定为颠覆性技术,而是通过在研发产生之后的技术应用方面进行检验,从而才能确定是否具有颠覆性。然而,战略规划具有前瞻性的特征,战略制定者要充分考虑未来;预先识别出颠覆性技术对战略制定者是一个很高的要求。由于颠覆性技术不确定性的特点,在颠覆性技术的预见过程中,会存在较大风险,这也是颠覆性技术难以识别的一个重要因素(张守明等,2019)。

实现颠覆性创新突破,需要技术研发群体在很长时间内进行知识经验的积累及不断发酵。一方面,由于颠覆性技术突破是为了解决现实问题,需要详细周密的调查。因此,在调查过程中需要不断搜集与问题有关的已有研究成果,形成理论基础及对问题的基本认识,这一过程耗时极长;另一方面,颠覆性技术需要在经过多次试错基础上才能提高认知水平,现有的研究成果要在现有理论体系基础上进行突破且经过长期现实和科研检验,这并不是一蹴而就的事情。为在现有研究成果的基础上实现应用创新,需要选择正确的理论,找准需求,理论研究和实践要不断对接,从而在长期积累过程中获得颠覆性技术的突破。

颠覆性技术自身不能产生破坏性效果,必须将其物化为产品或过程,再合理使用,才能产生破坏性效果。要保持这种效果,就必须突破、积累颠覆性技术的能力。颠覆性技术创新是一个具有生命周期的链条,从技术发明、产品设计、市场转型再到应用效果的体现,每个环节都有各自的风险。因此,为了尽可能地规避风险,使颠覆性技术发挥有益的作用,给企业和国家带来积极的效益,必须着重突破和应用颠覆性技术能力。目前,中国颠覆性技术能力突破存在的不足是中国的政府层面和学术界都更多地关注如何颠覆技术本身,而忽视了技术物化、市场化、技术能力突破和应用实践的过程研究。

基于此,对于颠覆性技术能力突破的资源约束有必要进行研究和归纳,本研究主要从以下三个方面进行归纳[①]。

(一)国际环境方面

颠覆性技术的发展在国防建设和军事中发挥着重要作用,并且与国民经济和社会发展有密切关系。在军事领域,颠覆性技术的发展很大程度上推动形成了非对称技术赶超战略,而非对称技术赶超战略是国家军事实力的关键筹码;在经济领域,颠覆性技术的发展推进了科学技术的进步,这

---

① 郑彦宁,袁芳. 颠覆性技术研发管理研究[J]. 科研管理,2021,42(2):12-19.

对于提升国家的整体创新能力和经济发展有重要意义。当今，颠覆性技术在国民经济和社会发展中的作用越来越大。

随着全球竞争的日益激烈，核心技术的控制将成为全球竞争的焦点。世界各国都开始进行颠覆性技术创新的突破，致力于形成颠覆性技术能力，实现关键核心技术、前沿引领技术的领先。当前，全球科技力量平衡不断调整，全球和区域科技合作将不断加强，带动更加频繁和普遍的相关资源的流动。当前，中国仍处于高质量发展的转型期，创新引领下的颠覆性技术能力突破尤为迫切。中国对颠覆性技术的理解，不仅要着眼于前沿探索，努力创造在全球视野下领先的可能，更需要问题驱动、目标导向，努力消除中国发展的不平衡，弥补不足之处，在关键核心技术领域取得重大颠覆性突破。

（二）国内产业基础方面

技术的稳健发展需要有扎实的基础环境，但纵观中国国内产业基础发展，还存在一定的局限。具体表现如下。

（1）基础研究相对落后。在别人的墙基上砌房子，再大再漂亮也可能经不起风雨，甚至会不堪一击。在很大程度上，颠覆性技术的发现和产生取决于基础研究的能力和水平。目前，中国的技术创新成果90%左右来源于基础研究，尽管如此，与发达国家相比，中国基础研究水平和投入依然相对落后。

（2）企业主体地位不明确。颠覆性技术往往在重视创新和研发的创新型企业中诞生。企业是创新的主体，但目前，中国的主要创新资源大多集中在高校和科研机构。在科技体制改革尚未完全到位的情况下，企业创新的主体地位还不够突出。

（3）中国政策扶持跟不上。颠覆性技术是驶离原有的技术轨道而重新开发新的技术轨道，这一过程需要主动撕开一个市场缺口，因此在发展初期具有发展过程不稳定、发展结果不可预测的特点。这类技术初期在主要性能方面无法与旧技术抗衡，甚至效率更低或者夭折。因此，政策支持和保护空间对颠覆性技术的发展具有极其重要的意义，一方面可以减轻企业的压力，鼓励企业不断开展颠覆性技术的研究，另一方面通过"技术选择—实验选择—实验建立与实施—实验扩展—保护政策退出"的发展路径，为颠覆性技术的发展保驾护航，使其逐步走向成熟，替代旧技术，实现颠覆性技术的突破。基于颠覆性技术研发和商业化的高投入和高风险的特点，需要国家明确且持久地支持和引导。而目前中国针对颠覆性技术的研究，所出台的保护及支持激励政策还太少，这也致使中国很多企业为了规避颠覆性技术创新研发所带来的风险而不愿进行颠覆性技术突破。

（三）国内企业困境方面

在当今互联网时代背景下，市场竞争是以顾客为中心，以需求为导向，是企业价值链或者价值网的竞争。如此背景下，谁能够成功研发颠覆性技术、谁掌握了颠覆性技术能力，便能在激烈的市场竞争中脱颖而出，赢得市场优势、获得企业的可持续发展。然而，面对跨国公司强大的技术实力和市场优势，中国本土后发企业在颠覆性技术方面还存在很多约束。

（1）国内企业的颠覆性技术偏向从低端市场切入。后发企业战略制定过程中的颠覆性技术侧重"市场突破"而非"技术突破"，且在市场进入次序方面遵循先易后难的实施路径。这样只面向低端市场的颠覆性技术势必发展不会长久；由于其所面向的市场面较窄，所以享受的国家扶持性资源也较少。其颠覆性技术的研发强调市场技术（关键技术、研发机构、市场研究等）的重要性[①]，采取有限制的核心技术出口策略，造成现实中后发企业易形成对外部技术依赖，容易陷入"落后—引进—再落后—再引进"的技术发展怪圈（吴晓波等，2013）。事实上，后发企业面临更复杂的制度环境和市场环境，颠覆性技术的研发应当在"技术"和"市场"两个方向齐头并进，并覆盖"低端市场"和"高端市场"。

（2）对管理创新和颠覆性技术创新带来的挑战认识还不到位。目前看，对颠覆性技术给传统管理模式及旧有制度带来的挑战的认识还不充分。多数企业在颠覆性技术研发的"萌芽期"就被扼杀在摇篮中了，主要原因是颠覆性技术的研发周期长、研发经费高，还具有很大的风险和不确定性，企业内部由于缺乏对管理创新和颠覆性技术创新的认知，在颠覆性技术研发初期就被高昂的研发费和巨大的风险吓退了。因此，目前在管理创新及颠覆性技术创新这些方面，大家的重视还远远不够，亟须企业加强前瞻研究和部署。

（3）企业的创新领军人才短缺。颠覆性技术从出现到成熟应用需要经历一个长期的过程，能否取得成功最关键的因素是人才，特别是前沿领域的领军人才。当前，中国科技人员总量虽然在全世界排名第一，但十分缺乏科技创新方面的领军人才，能在国际前沿有一定知名度或有资格参与国

---

① 仝自强，李鹏翔，陶建强. 后发企业如何从颠覆性技术中获取价值？[J]. 科学学研究，2019，37(6): 1053-1061.

际竞争的国际性人才更为稀缺,这些都在一定程度上制约了中国颠覆性技术能力及自主创新能力的提升,也使得中国关键核心技术受制于人的情况未得到缓解。如何培养国家级创新人才,又如何充分发挥科技创新领军人才的核心和引领作用,推动基础研究和关键核心技术发展,进而实现中国企业的颠覆性技术研发,让中国在科技创新方面走在世界前列,是当下亟待解决的问题。

第三节 典型案例——美的

如今,有关创新引领颠覆性技术突破的驱动因素有很多,诸如数字技术驱动、技术范式变革等。在这个高度数字化的大背景下,许多企业都在利用互联网、大数据、人工智能等数字化技术,实现业务的在线化、智能化,以提高效率、优化服务,并获取更多商业机会。这些数字化的商业实践,不仅在传统的互联网企业中得到广泛应用,也在传统的制造业、服务业等行业的企业中得到广泛应用。基于此,本研究以数字化驱动机制为例,从更微观的视角切入,挖掘在这一情境下创新引领的颠覆性技术实现突破的底层逻辑。

颠覆性创新(disruptive innovation)是过去20年里创新管理研究的重要议题(Christensen,1997;Christensen,Raynor,2003,Christensen 等,2018;Si 等,2020),被理解为在激烈的全球竞争、不断上升的市场波动性、不断变化的消费者需求、缩短了的产品生命周期(Si 等,2020)等高动态环境下企业获取并保持竞争优势的一种创新战略和创新模式(Wan 等,2015;Vecchiato,2017)。Christensen 在《创新中的窘境》中首次提出颠覆性创新理论,这一概念认为,起初要开发更简单、更便捷和更高性价比的产品进入主流市场忽视的低端市场或新市场,从而避免与在位者在市场空间上直接竞争(Huesig 等,2014;Pinkse 等,2014);在转型阶段,产品或服务的主流属性将通过不断改进的技术或相关流程逐步提升,直至吸引主流消费者,逐渐赢得一定的市场份额。

颠覆性创新理论一经提出,国内外学者围绕颠覆性创新的范围(Christensen,Raynor,2003;Markides,2006;Parry,Kawakami,2017;Mahto 等,2020)、过程(Schmidt,Druehl,2008;Christensen 等,2015)、路径(Mahto 等,2020;Wan 等,2015)进行了大量研究。其中,关于颠覆性创新过程与路径的研究,分布在个体、组织、产业和社会不同层次

（Gilbert，Bower，2002；Osiyevskyy，Dewald，2015；Chesbrough，2010；Moore，1996；Hall，Martin，2005）。此外，存在两种不同类型的颠覆性创新，一种是高端创新，主要是以新轨道（Dosi，1982）的新技术创造全新的市场需求；另一种是低端创新，用原有轨道的相似技术以更低的产品价格选择分离市场（Christensen，Raynor，2003；Markides，2006；Christensen 等，2015；Guo 等，2019；Kawamoto，Spers，2019）。然而，纵观这些研究，一个共性的情境特征是无论环境的动态性如何复杂化，既定的技术范式并没有发生根本变化。当新的技术范式出现时，企业创新过程的基本逻辑必然随之改变，这已被计算机时代与机器大工业时代在创新过程中的巨大差异所证实，因此，颠覆性创新理论在面临技术范式的跃迁时需要如何发展，现有文献并未清晰回应。此外，这些研究大多集中于低端创新，特别关注转型经济（emerging economy）和后发企业语境中的商业模式创新（周江华等，2012；Christensen 等，2015；Snihur 等，2018；Guo 等，2019；杨蕙馨，张金艳，2019），而对于颠覆者与在位者在并行开发新技术中实现颠覆，甚至颠覆者在某些领域先于在位者开发并以领先技术进行高端颠覆的情形，已有研究关注较少（李东红等，2021）。

颠覆性创新的动态环境正持续改变，数字技术则在改变已有技术范式的基础上构筑新的技术惯例。学者们已注意到，云计算、高速互联网、物联网、大数据等数字技术业已成为助推企业获取全球竞争优势、驱动创新能力演化的第一生产力（Autio，2017；Martinez Caro 等，2020；Li Y 等，2020；蔡莉，2019；王海花，2021），且数字技术对企业产生的颠覆性创新已经被美国前五大公司近年来的发展证实（Bughin，2017；Cozzolino 等，2018），Apple、Microsoft、Amazon、Alphabet 和 Facebook 运用的数字技术使传统产业具有更大的扩展性（scalability）、更广泛的市场范围和更快的战略行动（Venkatraman，2017；Lansiti，Lakhani，2019），甚至还有外延产品和服务绩效（Lansiti，Lakhani，2014；Hui，2014；Barrett，2015）。数字技术的兴起，使创新者更容易依靠数字信息识别创新机会，处理与物理和机械部件的结合，创造复杂和新颖的功能（Yoo 等，2021），基于数字技术的数字化连接也颠覆了传统的创新过程（Cozzolino 等，2018；Kumaraswamy 等，2018；刘洋等，2020；李东红，2021）。也就是说，作为一种新的技术范式，数字技术对颠覆性创新产生的过程和作用机理都需要理论上的探讨与建构。然而，目前关于数字技术与创新的研究主要集中在数字化创新绩效的理论解释（Barrett 等，2015；Lush，Nambisan，2015；Jacobides 等，2018；肖静华等，2018；Parker 等，2016；Henfridsson 等，

2018)、数字技术对企业创新绩效的作用（Autio，2017；Martinez Caro 等，2020；Li Y 等，2020；刘洋等，2020）两个方面，总体处于创新管理研究的亚中观层次，并没有深入研究数字技术驱动颠覆性创新的过程和机理。

基于上述认识，本研究以美的集团（以下简称"美的"）微蒸烤一体机的颠覆性创新实践为样本，通过过程研究，尝试回答3个问题：数字技术驱动高端颠覆性创新经历哪些步骤？在每个步骤数字技术的作用机理是什么？数字技术驱动高端颠覆性创新实现的支撑要素有哪些？

本研究首先对已有相关文献进行回顾和述评，然后给出研究设计过程，选择美的微蒸烤一体机作为案例样本，进行数据收集与梳理。此后对案例进行初步分析，基于数据编码构建起数字技术驱动高端颠覆性创新的理论框架，并结合案例的具体内容进行阐释。最后对理论贡献与研究结论进行总结，并提出管理建议、研究不足之处及未来可能的研究方向。

一、理论基础

随着颠覆性创新的不断发展，已有研究关于颠覆性创新的理论研究也逐渐深入。综合对已有文献的梳理和案例发现，本研究将对颠覆性创新的梳理集中到企业层面，聚焦研究企业层面的颠覆性技术创新。同时，本研究所选择的案例对象是数字技术驱动的创新产品，故对数字技术及其驱动企业层创新的研究展开梳理。具体理论分析如下。

（一）企业层面的颠覆性创新

由 Christensen 提出的颠覆性创新理论最初将这一概念描述为"颠覆性技术"（disruptive technology），所关注的核心问题是：新出现的边缘技术与主流技术持续互动，在提供主流客户需要的产品和服务的过程中，最终边缘技术超越主流技术，边缘技术创造的利基市场或新市场成功"侵占"主流市场（Christensen，1997；Christensen 等，2018；Guo 等，2019；Si，Chen，2020；Si 等，2020）。作为起初是边缘技术的颠覆性技术，并不总是激进或超前技术（Si 等，2020），重点是开发出一种主流市场不够重视的技术和产品，进而进入利基市场或新市场；其产品或服务在价值属性方面不如现有企业（incumbents），但仍然能够满足低端或新市场消费者的需求（Bower，Christensen，1995；Christensen 等，2000），技术逐渐完善并商业化，最终形成主流市场（Christensen，Raynor，2003；Carayannopoulos，2009；Steven Si 等，2020）。后来占主导地位的技术通常生存繁荣，而那些拒绝或迟迟不采用这些技术的产品则更可能失败（Nair，Ahlstorm，

2003）。后来颠覆性创新的内涵由技术拓展至产品、服务或商业模式创新（Christensen，Raynor，2003；Markides，2006；Hang 等，2015；Christensen 等，2018），形成颠覆性产品创新、颠覆性服务创新和颠覆性商业模式创新，使颠覆性创新的理论更加饱满。

颠覆性创新是一个过程，而不仅仅是一个结果（Christensen，2006；Ansari 等，2016，Kumaraswamy 等，2018）。相比结果，颠覆性创新更是产品、服务或商业模式从非主流市场发展到主流市场的途径（Christensen 等，2015；Si 等，2020），也是一个过程。Si 等人将破坏性创新的发展过程分为进入和转型两个阶段；在进入阶段，利基市场或新市场的颠覆性创新通常被在位企业忽略，这些创新通过在从属属性（subordinated attributes）方面具有比较优势的产品或服务吸引市场上的消费者，从而避免与在位企业直接竞争，同时获得一定的市场空间（Huesig 等，2014；Pinkse 等，2014）；在转型阶段，产品或服务的主流属性（mainstream attributes）将通过不断改进的技术或相关流程逐步改善，直至吸引主流消费者，并赢得一定的市场份额。颠覆性创新的创业成果在很大程度上取决于产品或服务的主流属性在转型阶段是否得到改善（Si 等，2020）。由此看来，颠覆性创新是一个基于颠覆性技术，从不被在位企业重视的利基市场或新市场切入，以从属属性吸引特定消费者后再逐渐完善产品或服务主流属性，最终"侵占"主流市场的过程。但是通过什么样的路径和机理才能实现这一过程的微观研究，文献尚不多见。

颠覆性创新的效应通常是分散的，尚未形成一致的看法（Si 等，2020）。Christensen 等人认为颠覆性创新打破了改善行业绩效的既定轨迹（established trajectory），关键词是"打破轨迹"。Baden Fuller 等人认为新进入者能够比现有企业以更低的成本提供产品或服务，关键词是"更低成本"。Padgett 和 Mulvey 的定义似乎更宽泛，认为一项创新只要能够改变主流客户使用的产品，那么它就是颠覆性的，关键词是"改变主流"。Orlikowski、Sherif、Kostoff 等人认为颠覆性创新是一个新的想法或行为，能够显著改进并更有效地实现卓越性能的创新，关键是"新"。上述定义表明，从根本上改变了现状是最一致的共同点，也进一步说明关于颠覆性创新的效应没有形成一个整合的分析视角。

研究颠覆性创新的另一个视角是关键特征（Christensen 等，2005；Husig 等，2005；Govindarajan，Kopalle，2006）。Christensen 等人认为颠覆性创新的关键特征是：①以新的方式锁定客户；②通常降低毛利润；③通常不遵循传统的原则，即提供主流消费者所看重的性能；④引入新的性能轨迹，并采用不同于传统参数的参数改进性能。Husig 等人提取了一些最重要的步骤：①廉价、简单、最初性能较差，然后快速改进；②供过于求；③导致客户拒绝；④降低利润率和利润；⑤新兴市场的成功；⑥不对称偏好重叠；⑦交叉轨迹。Govindarajan 和 Kopalle 提出了颠覆性创新的 4 个标准：①主流消费者看重的属性表现较差；②提供新的价值主张，以吸引新客户或对价格更敏感的客户；③低价销售；④从利基市场渗透到主流市场。从上述已定义的特征可以看出，低毛利润和低价销售，最初性能简单，新的价值主张是共性的关键特征。实际上，利基市场和新市场尽管总体上表现出颠覆已有市场的共同特征，但二者采取的边缘技术（是探索性技术还是利用性技术）、最初性能（是低端市场性能还是高端市场性能）、价格和利润（是低价的利基市场还是高价的高端市场）等均有明显差别。因此，关于颠覆性创新的特征，应该以利基市场为基础的低端颠覆性创新和以新市场为基础的高端颠覆性创新的二元视角进行区分研究，但目前主要集中在低端颠覆性创新领域（李东红等，2021），而对技术突破的高端颠覆性创新则有所忽视（臧树伟，胡左浩，2017；李东红等，2021），如李东红等人研究了平台通过跨界网络治理驱动颠覆性技术创新的演进过程及其内在机制。但总体上这方面文献尚不多见。

（二）数字技术驱动企业层创新

数字技术是信息、计算、沟通和连接技术的组合（Bharadwaj 等，2013）。刘洋等人基于文献梳理将数字技术的特征归结为同质性（data homogenization）、可重新编程性（reprogrammable functionality）和可供性（affordance）。同质性是将所有声音、图片等二进制信息作同质化处理，可重新编程性指处理数据的数字技术可编辑或可重新编程（Yoo 等，2012），可供性是以同质性和可编程性为基础，利用数字技术实现不同目的（Yoo 等，2010）。后续研究对数字技术的特征作了进一步拓展，如数据技术的可编辑性帮助企业重组利用有形或无形的资源（Priem, Butler, 2001；Huang 等，2017），关联性加强了与其他企业的连接和沟通（Amit, Han, 2017），可扩展性帮助企业快速寻找并匹配所需的资源（蔡莉等，2019），开放性使企业之间的信息更对称（Smith, Smith, 2017），准确性（veracity）有助于提升组织绩效，大量的大数据降低了企业绩效，而多样性（variety）减少了这种负效应（Cappa 等，2021）。

数字技术驱动企业层创新的研究主要体现在产品、价值链、商业模式、企业能力、创新模式等 5 个方面。

（1）在产品方面，学者们普遍认为数字技术促进了颠覆性技术的发展，如人工智能、区块链、增强现实、虚拟现实和自动驾驶（Berger 等，2019；Nambisan 等，2019；Verhoef 等，2021）。同时，数字技术更新了人们的沟通交流平台、方式和频率，人们能够跨越时间和空间的界限交流并实时交易，不仅可以下载或搜索静态数据，而且可以通过在线网络创建及贡献自己的认识和体验（Brandt，Henning，2002；Schultz，Peltier，2013）。

（2）在价值链方面，认为数字技术使数字化创新的价值创造通过价值网络环境中的分布式控制和动态过程实现（Boland 等，2017；Westeren 等，2012），借助数字技术使物理产品和数字技术相结合，从而使数字化产品的功能范围比非数字化产品更广泛（Tripsas，2009；Tilson 等，2010；Yoo 等，2012）。因此，研究数字技术的特征与价值创造之间的关系成为价值链方面的核心命题（Jonsson 等，2018）。

（3）在商业模式方面，尽管这一概念可以追溯到20世纪60年代（Sahut 等，2013），但随着数字化程度的提高，出现了电子商务模式（EBM）和数字化商业模式（digital BM）（Blank，2013；Teece，2018；Ibarra 等，2018；Osterwalder，Pignuur，2010）。学者们认为，采用数字技术可以降低交易成本，增加价值创造在多个参与者之间的细分和分配方式，因此可以在商业模式的一个或多个模块进行创新，如在线接入和支付的灵活性大大增强了采用免费模式或基于订阅模式替代收入模式的能力。

（4）在企业能力方面，数字技术可以带来破坏性创新（Karimi，Walter，2016；张爽，何佳讯，2020），对动态能力（Björkdahl，2020；王才，2021）、整合能力（integrative capabilities）、互补资产（complementary assets）（Helfat and Raubitschek，2018；梅景瑶等，2020）、持续的战略更新（Appio 等，2021）产生影响。

（5）在创新模式方面，学者们主要关注数字技术驱动的众筹（Chan 等，2019；Cumming 等，2019；Eiteneyer 等，2019；Wang 等，2019）、选择性的创业融资工具（Fisch 等，2019）、众包与创新竞赛（Acar，2019；Yang，Han，2019；Mariani 等，2020）、开源创新社区和平台（Shaikh，Levina，2019）、开放生态系统中的合作伙伴选择（Shaikh，Levina，2019）、促进用户创新和创新扩散的机制（Lu，Ramamurthy，2011；Rindfleisch 等，2017；Kyriakou 等，2017；Claussen，Halbinger，2020）。这些研究奠定了数字技术对企业层面创新影响研究的基本框架，然而，仍然缺乏对颠覆性创新等特定创新模式微观过程和内在机理的研究。

（三）文献述评

通过文献回顾可以了解颠覆性创新的研究状况。首先，颠覆性创新是一个结果，而以利基市场为基础的低端颠覆性创新和以新市场为基础的高端颠覆性创新在创新过程、机理路径方面均有明显差异，然而，目前主要集中在低端颠覆性创新领域（李东红等，2021），对高端颠覆性创新机会捕捉、创新活动、机理路径、支持要素及效应评估的研究却不多。其次，颠覆性创新是一个过程，而作为新的技术范式，数字技术的连接性颠覆了传统的创新过程（Cozzolino 等，2018；Kumaraswamy 等，2018；刘洋等，2020；李东红，2021），自然也会对颠覆性创新过程产生重大影响。那么借助数字技术后，颠覆性创新的过程是什么，又需要什么样的支持要素和组织能力，目前这方面研究十分缺乏。

综上可知，数字技术为高端颠覆性创新的过程和机理提供了良好的研究情景。而在实践中，美的等大型企业利用强大的数字技术能力与资源整合能力，开发出一批颠覆性创新产品，实现了技术突破和市场突破，其中的过程、机理和支持要素值得我们深入总结。不仅可以弥补高端颠覆性创新研究的不足，拓展颠覆性创新的理论体系，还丰富了关于数字技术驱动创新的微观研究。因此，本研究结合案例，针对数字技术如何驱动高端颠覆性创新的过程和支持要素进行深入探究。

二、研究设计

在研究设计部分，本研究将从方法选择、案例选择、数据来源与分析过程、数据分析4个部分展开。

（一）方法选择

本研究采取归纳性的单案例研究方法。一方面，本研究重点回答高端颠覆性创新过程中数字技术是如何驱动的，属于典型的"如何（how）"问题，适用于案例研究方法（Yin，2014）；另一方面，数字技术驱动高端颠覆性创新，也离不开企业层面的支持要素，现有的理论还不能提供很好的解释，又属于过程中的研究问题，适合用单案例归纳，归纳性研究对发展这种理论洞见尤其有用（Eisenhardt，1989；Eisenhardt，Ozcan，2009；邢小强等，2021）。案例研究是对案例企业现状进行人类学式的"深描"和剖析（刘海兵，2018），基于特定理论视角及科学的数据分析对案例资料进行排列组合（毛基业，2016），客观地提炼重要论据，构建关键证据链以支撑复杂现象背后的理论洞见。循此思路，本研究立足高端颠覆性创新的过程，分析数字技术在创新过程中发挥的功能，重点归纳提炼数字技术的作用路径，同时寻找嵌入其中的支持要素，从而形成一个数字技术驱动高端颠覆性创新的过程模型。

（二）案例选择

案例研究遵循的是分析性概括（analytical generalize）而非统计性概括（statistical generalize）（邢小强等，2021），因此案例选择应符合"理论抽样"的要求（Eisenhardt，Graebner，2007），并具有典型性、启发性（Pettigrew，1990）及数据可得性和充足性（吴晓波等，2019）。本研究选择美的集团股份有限公司微蒸烤一体机（以下简称"美的微蒸烤一体机"或"微蒸烤一体机"）为研究对象。

首先，微蒸烤一体机是高端颠覆性创新的一个典型案例。微蒸烤一体机是由转盘微波炉逐步演变而来，最先经历了转盘微波炉向平板微波炉跨越，为蒸功能密封奠定了平台基础，再由单一的微波功能拓展新功能，先后经历了微烤复合炉、热风功能微波炉、直喷蒸微波炉。美的将磁控管、变频器、蒸汽发生器等核心器件小型化，最终实现了微、蒸、烤模组多功能集成的微蒸烤一体机。美的微波与清洁事业部自2018年起将微蒸烤一体机作为以微波为核心的产业拓展，不仅保有微波核心技术优势及壁垒，而且结合蒸、烤两大烹饪方式，突破性实现创新技术方案，形成由传统单一加热到复合式烹饪的整体解决方案。美的微蒸烤一体机近年来市场持续向好，2021年销量较2017年同比提升34%。美的市场份额占比（包括东芝品牌）达68%，稳居行业龙头。这说明，美的集团利用边缘技术推出的微蒸烤一体机已经"侵占"了原有的微波炉市场。

其次，数字技术发挥了十分重要的驱动作用。在美的微蒸烤一体机研发过程中，从挖掘需求、优选创新概念、细化概念模型、概念验证到该产品中磁控管、变频器、风机风道、模具、材料、包装等模块的仿真实验，都离不开数字技术的作用。2021年3月15日，世界经济论坛（WEF）公布了2021灯塔工厂最新名单，位于广东顺德的美的微波炉工厂成功入选。作为智能制造4.0示范基地、5G+工业物联网示范园区，美的微波炉顺德工厂是目前全球最大的微波炉制造基地，拥有行业完整的微波炉产业链。结合"软件+硬件+制造业知识"三位一体的优势，以及5G云平台、AI、工业互联网等先进技术，美的微波炉顺德工厂通过数字化产品、软件和解决方案，实现了贯穿研发、制造、采购等环节的全价值链数字化运营，使得内部综合效率提高 28%，产品品质指标提升了 15%，订单交付期缩短了 53%，端到端渠道库存占比下降了 40%。

最后，企业战略层面的数字化创新发挥了导向和支持功能。高端颠覆性创新离不开组织系统性的支持，美的数字化战略对微蒸烤一体机的研发和制造发挥了重要的导向和支持作用。2021 年美的战略报告中明确坚持"科技领先、用户直达、数智驱动、全球突破"的全新战略主轴，持续加大在数字化、IoT 化、全球突破和科技领先方面的投入，布局和投资新的前沿技术，致力于成为全世界智能家居的领先者、智能制造的赋能者。

（三）数据来源与分析过程

自 2021 年 7 月起，笔者基于与美的 3 年期"创新管理前沿领域（2021—2024 年）"合作项目，对美的科技部门、产品部门、战略部门及其他相关部门进行了高频次的正式与非正式访谈，合作项目为双方的深入沟通奠定了良好基础，使彼此的嵌入度尽可能高以保证研究的信度和效度。访谈采取多种形式，既有对每个部门的集中深度访谈，也有对多个部门的联合开放式研讨，还有聚焦于特定主题的"一对一"电话访谈。在对部门的访谈前，笔者都会准备访谈提纲提前发给访谈对象，以保证访谈对象熟悉主题，并准备相关数据资料，使信息中涉及的数据是准确的。但实际访谈又是灵活的，会根据双方对问题的理解程度追问，以获得更多重要的细节信息。每次访谈结束后，都会及时将访谈录音转录成文字，并根据不同的主题分类整理。

数据收集分两个阶段完成，表 5.1 为访谈的基本信息。第一个阶段是从 2019 年 12 月至 2021 年 12 月，这个阶段从整体上收集美的科技创新能力现状的相关资料，尤其是分析创新能力和市场突破情况，包括磁悬浮变频离心式冷水机组、微晶系列冰箱、单桶洗系列洗衣机、相变储能电热水器及微蒸烤一体机 5 个产品，进而形成实践与颠覆性创新的理论对话；经过比较分析，笔者认为微蒸烤一体机是高端颠覆性创新的典型案例。第二个阶段是从 2021 年 12 月至 2022 年 2 月，集中在"微蒸烤一体机"创新过程这一核心问题上，连续多频次对美的中央研究院负责人、科技与标准部门团队、研发中心团队等进行了采访，还包括数据资料的收集。

表 5.1　美的访谈对象信息汇总表

序号	访谈对象	数量	次数	访谈时间	访谈主题
1	美的中央研究院负责人	1	1	2019年12月	美的科技创新能力、模式及体系
2	美的科技部门团队	3	3	2021年7—8月	美的科技创新的组织模式、颠覆性创新产品、创新战略,以及打造世界一流企业的布局等
3	美的科技标准负责人	1	1	2021年11月	美的颠覆性创新产品的技术创新能力突破及市场收益情况等
4	美的中央研究院负责人	1	1	2021年12月	美的颠覆性创新的能力
5	美的科技部门团队	5	1	2022年1月	美的科技创新战略、创新投入、专利、开放式创新等
6	美的科技与标准部门负责人	1	5	2022年1—2月	美的集团现在的战略及业务结构
7	美的技术研发中心	7	1	2022年1月	微蒸烤一体机的创新过程、技术突破点、专利、销售、研发难点等
8	美的科技部门团队	3	2	2022年1—2月	数字化工具运用情况及发挥的作用,美的数字化能力发展情况等

除了通过上述访谈获取数据外,笔者还从多个渠道收集数据,包括企业网站、公司年报、行业报告、公共媒体资料等,以此丰富证据材料和数据的"三角验证"(Glaser, Strauss, 1967),保证研究的信度与效度。

(四)数据分析

数据分析是随着调研和对问题的思考不断迭代的过程。因此,为了简单起见,这里列出获得最终成果的主要阶段。

(1)第一阶段是初步的叙事分析。根据颠覆性创新理论,对美的微蒸烤一体机研发需求来源、技术方案形成、技术特征、产品卖点、面向的客户、销售额变化情况、市场份额变化情况、专利发明获得、数字技术的功能等对原始数据进行结构化梳理,对叙事不足的数据,笔者进行多次访谈和确认，以形成完整的叙事线。

（2）第二阶段是关键构念提炼与高端颠覆性创新过程归纳。笔者在"数据—理论涌现—与已有研究对话—数据"中循环往复，以提炼关键构念及构念之间的关系，直至在探索中发现可精练至稳健的综合性理论框架（Eisenhardt，1989）。在完成数字技术驱动高端颠覆性创新的主要理论框架后，笔者发现数字技术驱动的作用过程中，离不开动态能力、开放式创新能力、数字基础设施等关键的支持要素，因此，在原有主要理论框架中再次加入内部支持要素作进一步的完善。

（3）第三阶段是理论模型构建。根据第二阶段形成的理论框架，与现有的文献间反复对照与迭代，以使理论模型具有清晰牢固的构念间关系，同时对现有理论进行富有洞见的补充。笔者对整个理论模型进行持续完善。

三、研究发现

基于数据分析，本研究归纳数字技术驱动高端颠覆性创新的全过程主要包含机会识别、产品规划、技术突破、迭代颠覆与内部支持要素 5 个方面。

（一）机会识别

机会识别是运用数字技术的搜集、整理、分析功能，判断主流市场用户现有需求痛点及未被满足的需求，以便为高端颠覆性创新提供创新方向。高质量的机会识别有助于增加颠覆性创新的市场确定性，对冲创新环境不确定性带来的创新风险。该过程分为环境识别和用户洞察两个部分。

1. 环境识别

环境识别是指通过大数据分析高端颠覆性创新的市场潜力，其实质是提供一个比较有确定性的市场基础和行业位势（position），以降低未来"侵占"主流市场的风险和成本。该范畴下二阶主题的具体编码与案例证据如表 5.2 所示。

表 5.2 机会识别编码与案例证据展示

二阶主题	一阶构念	主要案例证据
市场机会识别	市场增长迅速	微蒸烤一体机市场占微波炉市场仅为 2.4%，但增长十分迅速，同比增长达 91.7%，其中松下市场份额为 44%，美的为 39.7%
产品机会识别	关注产品的正面特征和负面痛点	"外观颜值、操控简单、多功能或功能齐全、功能强大、烘烤效果好、材质精细"等是正面关注的特征；"烧烤功能差、产品体积大、蒸汽功能不好、声音大"等是负面痛点
位势机会识别	在行业中的竞争位	微蒸烤一体机市场空间大且增长十分迅速。同时市场份额占到 39.7%，位居行业第二

该过程主要包含市场机会识别、产品机会识别和位势机会识别三个主题。

（1）市场机会识别。市场机会识别指通过市场规模、增长率、市场集中度、市场 TOP 品牌、分价位段等指标分析主流市场的发展现状及趋势，进而帮助企业在主流市场中寻找未满足的新市场的机会点作为高端颠覆性创新的机会。当然，市场机会识别之前有一个重要的外部环境正在发生变化，那便是数字技术的高嵌入性和广连接性使人们越来越生活在一个数字饱和的生态世界（ecosystem life），"地理位置、消费记录、足迹、购物偏好正在以前所未有的速度被收集"（刘海兵，2020），且被以数字技术的可供性（affordance）（Yoo 等，2012）催生的数字化工具更精准地分析和预测，"人人都成了物联网时代的活标本"（刘海兵，2020）。数字技术对人类生活"全面"渗透的直接影响是形成了利用数字技术分析和识别更确定性市场机会的基础，市场数据正在更完整地还原现实世界和构建未来世界，使颠覆性创新的"颠覆"更可被预见。与 Christensen 在 1997 年提出"颠覆性创新"这一概念时的环境大不相同。市场数据结果显示，2019 年前后的主流市场有单功能微波炉、微烤炉两种主导产品，其中单功能微波炉市场以 6.5%的年增长速度增长，格兰仕市场份额为 42.8%，美的为 48.7%；微烤炉市场以每年 9.3%的速度收缩，格兰仕市场份额为 53.1%，美的为 41.4%；而微蒸烤一体机市场整体占微波炉市场仅为 2.4%，但增长十分迅速，同比增长达 91.7%，其中松下市场份额为 44%，美的为 39.7%。这说明，微蒸烤一体机相对于微波炉主流市场而言是边缘产品，但正在被市场认可。因此，美的认为微蒸烤一体机市场增速明显，同时市场份额占比较低，可以将该产品作为未来重要的创新点。

（2）产品机会识别。将微蒸烤微波炉作为重要市场机会后，就需要确定微蒸烤一体机应该具备怎样的性能才能进入新市场，分两个过程实现。

首先，分析用户核心特征。通过数据监控分析已使用微蒸烤一体机的用户的核心特征，如年龄、区域、家庭结构、职位、生活方式等。案例中，美的发现随着互联网时代的到来，Z 世代人群（网络词，指出生于 1995—2009 年间的一代）已经逐步成为消费主力军，微蒸烤一体机的购买用户中有 48.5%是 30 岁以下，并且 37%的用户是 2～3 口之家的小家庭。对这部分人群进行"画像"后呈现出一些共性，包括"重度网购达人、吃货、高消费力、爱尝鲜、活在微信朋友圈、高学历、颜控、已婚未育"等。从这些特征可以看出，这些用户注重产品的多元化功能、高技术性能，而对价格的敏感度较低，说明微蒸烤一体机的用户市场并不具有基于利基市场的颠覆性创新所强调的"属性表现较差、价格敏感度高、低价销售"（Christensen 等，2005；Husig 等，2005；Govindarajan，Kopalle，2006b）等特征。

其次，挖掘用户核心需求。挖掘用户核心需求是指通过在线调研来深度挖掘用户关注的产品特征，分正面特征和负面痛点。美的分析用户的"真正关注"后，发现"外观颜值、操控简单、多功能或功能齐全、功能强大、烘烤效果好、材质精细"等是微蒸烤一体机的主要特征，排在最后的是包装完好、健康安全、变频省电等。操控简单、功能强大、材质精细等特征是用户看重的，这说明用户对微波炉产品的高技术性能更关注，而非价格便宜、简洁好用。同时发现"烧烤功能差、产品体积大、蒸汽功能不好、声音大"等是微蒸烤一体机的负面痛点，其核心反映了微蒸烤一体机的复合性能不够好。结合正面特征和负面痛点，数字技术将微蒸烤一体机未来的颠覆性创新方向分为延续性技术和颠覆性技术，案例中的延续性技术是烘烤功能强大、多功能且材质精细，颠覆性技术是提升烧烤功能和蒸汽功能，且将烧烤、蒸汽、烘烤三类功能高度集成，使体积更小、操作简单、噪声降低。

（3）位势机会识别。早在 20 世纪 80 年代，波特提出的五力模型就阐明了位势的重要性，而五力模型的意义正是在产业中发现一个可在对抗竞争对手时保护自己的位势（position）。美的自建或利用了"爱魔镜""商情智能""地动仪""观星台""企划通"等市场情报监控和分析平台，通过监控市场数据，发现微蒸烤一体机的市场空间大且增长十分迅速。同时市场份额占到 39.7%，位居行业第二。这意味着，美的在该产品市场有较好的市场基础，相比竞争对手形成了有利的竞争位势。

2. 用户洞察

用户洞察是一种客户知识获取方式，运用数字技术挖掘用户真实使用行为和未能表达的潜在需求，以帮助企业针对性地设计产品功能。

该范畴下二阶主题的具体编码与案例证据如表 5.3 所示。

表 5.3 用户洞察编码与案例证据展示

二阶主题	一阶构念	主要案例证据
目标用户锚定	区分成长用户和成熟用户	通过大数据观察可知，在前 30 天内进行 1~8 次启动设备操作的用户约占 65%，使用频次更高（9 次及以上）的用户约占 35%
表达需求收集	用户明确表达自己的需求	"我们平时工作很忙，节奏快，下厨房费时又费力，因此没有好好做饭；我们也想用闲余时间用好的产品，好好关照一下自己的胃"等
用户行为洞察	通过数据监控发现用户的使用习惯	90 天内微蒸烤复合机浏览次数为 7 次，而单微及微烤浏览次数为 2.8 次等

该过程涉及目标用户锚定、表达需求收集和用户行为洞察三个主题。

（1）目标用户锚定。锚定目标用户是指利用大数据，根据对该产品的认同度、使用频次，锚定典型用户；这些用户有强烈的动机提出新需求并想要获得解决方案。案例中，美的通过大数据观察得知，新用户在前 30 天内进行 1~8 次启动设备操作的约占 65%，使用频次更高（9 次及以上）的约占 35%，前者定义为成长用户，后者定义为成熟用户。相比成长用户，成熟用户常常是那些对产品品牌认同度高、使用频繁、比较了解该类产品的市场知识，以及有独特个人见解的用户，他们拥有比较准确的市场信息和丰富的客户知识，因此能提出比较确切的产品改善建议，这是降低颠覆性创新风险的十分重要的用户基础。基于案例发现，利用数字技术，可以比较准确地区分用以转化的成长用户和用以洞察的成熟用户。

（2）表达需求收集。在锚定目标用户的基础上，通过入户访谈的方式获取成熟用户对产品明确的看法（正面特征和负面痛点）。表达的需求是成熟用户的显性知识，他们确切地知道"喜欢什么""不喜欢什么"。但由于这些表达是零散且不够完全统一的，就需要用数字技术对他们的需求进行频率分析、共词分析和冲突分析。如频率分析反映了大多数成熟用户对产品比较一致的使用体验，如第一位用户反映，"我们厨房的空间小，电器太多了，难以摆整齐。"第二位用户反映，"我们平时工作很忙，节奏快，下厨房费时又费力，因此没有时间好好做饭，我们也想用闲余时间能用好的产品，好好关照一下自己的胃。"第三位用户则说："我们是厨房小白，厨艺不精，但想在周末在家的时候，借助智能的科技产品，搞定一顿可口的住家饭，享受不一样的厨房乐趣。"上述三位用户分别反映了对微蒸烤一体机在空间、性能和智能方面的需求，他们对容易摆放收纳、性能卓越、智能化程度高有明显需求。

（3）用户行为洞察。个体并不总是知晓对产品的需求，或者限于产品知识有限而无法准确表达，这种现象会造成用户需求与企业调研之间的信息不对称，无疑对于创新风险高的颠覆性创新而言有较大风险。企业利用数字技术真实地观察、记录、分析用户使用行为（如使用时间段、使用频率、使用方法、使用的功能等），从大数据中挖掘用户习惯、分析潜在需求从而开发功能改善用户使用体验，成为解决信息不对称问题的有效办法，弥补了过去只能采用访谈和问卷调查方式时丢失或曲解信息的弊端。美的利用"美居手机 App"等数字化平台监控行为数据，发现使用微蒸烤复合机的用户远比使用单一功能的用户活跃。

（二）产品规划

产品规划是基于机会识别和用户洞察的结论，将用户需求以产品形式表达的过程，规定了颠覆性创新的目标。产品规划包括产品定位、概念组合、牵引技术设计 3 个部分。

1. 产品定位

产品定位是指运用数字技术明确产品的目标人群、产品线及价格等问题的过程，即进行产品用户定位、产品功能定位、产品价格定位。该范畴下二阶主题的具体编码与案例证据如表 5.4 所示。

表 5.4　产品定位编码与案例证据展示

二阶主题	一阶构念	主要案例证据
产品用户定位	用户画像	我们也提取了这些用户的其他关键人群数据标签，包括人口学标签、兴趣爱好、价值观等标签，得到一个完整的数据人群画像，发现这是一群"年轻高知女性"颜值控、重社交，也是一群吃货
产品功能定位	分析用户对产品的关注点	我们通过观星台、企划通等 IT 系统把用户评论、咨询问答等数据进行分词分析，把用户对微蒸烤一体机的关注点找出来，围绕这些需求/痛点针对性地进行设计，包装成功能/卖点，有针对性地触达这群用户，做这群用户想用、爱用、易用的产品
产品价格定位	进行价格分析	我们也做了价格和竞争分析，看看什么价格最有竞争力

目标人群在分析产品机会时已经确定，即运用数字技术对目标人群进行锁定（lock in）。目标人群的年龄、区域、家庭结构、职位、生活方式等核心特征决定了高端颠覆性创新的新颖度和成本。新颖度是指与原技术相比，新技术在多大程度上实现了突破，成本是指在考虑产品竞争力的前提下产品价格如何定位；价格定位的高低关乎企业为实施高端颠覆性创新付出的代价。尽管产品定位也是传统的颠覆性创新过程的必然节点，但利用数字技术的数据搜索功能可以使产品定位的决策信息越来越完备，无限接近于"存在的事实"，利用数字技术的分析功能可以使产品未来的市场预见更准确，两者的结合有助于企业做出高端颠覆性创新的理性决策。案例中，美的采用对标研究方法分析了竞争对手松下和格兰仕，认为相对松下的优势要通过"聚焦更智能、更直观的交互体验"构建，相对格兰仕的优势要通过"光波变频的概念"构建。因此，重视用户的体验和推出光波变频技术就成为微蒸烤一体机的部分产品定位。

2. 概念组合

概念组合是通过技术、设计、竞争分析形成产品初始概念并进行系统性的市场及消费者调研活动，从而继续增加并完善产品整体规划的过程。概念组合先后经历了初始概念、概念工程、概念组合三个部分。该范畴下二阶主题的具体编码与案例证据如表 5.5 所示。

表 5.5 概念组合编码与案例证据展示

二阶主题	一阶构念	主要案例证据
初始概念	痛点的场景化	我们基于烹饪流程，结合访谈调研，发现并梳理了微波炉使用的用户痛点。根据用户反映的痛点，我们初步构建了不同的场景
概念工程	针对初始概念设计研究计划	对目标价位段的主销区域、产品功能做了针对性的研究
概念组合	产品的设计方案	"小体积大容积""免预热快烤""即热闪蒸""无氧萃取""无氧温烤""容积20L""容积率＞40%"

初始概念是对用户痛点进行优先级分类。概念工程则包括各价位段的主销区域、目标人群、产品功能等的研究计划。概念组合是对用户痛点、研究计划组合形成的产品矩阵进行系统性比较分析，并从中确定最优方案的过程；解决用户痛点的多种产品功能在运行逻辑上可能是冲突的，概念组合就是基于技术和市场维度的评价而取舍产品功能。案例中，美的经过初始概念汇聚分类和概念工程设计后，形成的微蒸烤一体机的概念组合有：

"小体积大容量""免预热快烤""即热闪蒸""无氧萃取""无氧温烤""容积20L""容积率>40%"等等，概念组合的意义是明确产品技术突破方向、产品设计方案及产品价值主张。

3. 牵引技术设计

牵引技术设计是根据概念组合的技术突破方向、产品设计方案和产品价值主张来配置支撑技术的过程。尽管牵引技术设计最后的呈现形式是技术群组，然而，从概念组合到牵引技术设计，不仅会受到高管创新认知和企业创新战略的影响，还会受到企业组织学习能力（Cohen，1990）、知识和技术积累的影响。高管创新认知和创新战略是不同的，这决定了是以经济逻辑还是以创新逻辑、是以短期主义还是长期主义、是以企业利益还是以企业与社会利益的双元平衡满足用户需求的创新观（许庆瑞，刘海兵，2020）。面对相同的概念组合，在不同的创新观情境下可能有截然不同的牵引技术设计。案例中，美的坚持"全球突破和高科技投入，布局和投资新的前沿技术"的创新战略，公司高管十分重视突破性创新和颠覆性创新，致力于将美的打造成为世界一流企业（Peters，Waterman，1982；Chen，1999）。在这种创新观的推动下，美的设计的牵引技术是"第三代小型化磁控管、第六代小型化变频器、腔体容积率到47%（行业第一）、30L的大容量、长宽高设计合理符合设计美学"。这说明，牵引技术设计是高端颠覆性创新的技术表达，同时离不开高管创新认知、企业创新战略及学习能力、技术和知识积累的支持。

（三）技术突破

机会识别和产品规划两个过程为高端颠覆性创新的技术突破提供了总体方向和性能参数的指引。技术突破则是充分运用数字技术整合企业内外部创新资源，并借助数字实验工具实现技术突破性创新（breakthrough innovation）的过程；技术突破意味着组织忘却已有的创新惯例（routine）、对知识原理或技术轨道（Dosi，1982）作破坏性革新，以形成新的竞争优势壁垒和创新租金（rents）的异质性技术。这时数字技术产生了重要影响，表现在：改变技术创新过程、扩大知识搜索范围、整合内外部创新资源，从而实现降低技术突破风险、提升创新效率的目标。该过程分为创新资源整合、数字仿真实验、数字生态嵌入3个部分。

1. 创新资源整合

创新资源是技术突破的重要基础设施，主要包括技术和资金，而技术是创新资源整合的关键,既有通过开放式创新吸收的外部创新资源,也有通过分布式创新协同的内部创新资源。尽管分布式体系和开放式创新(Chensbrough,2003)的理念提出得比较早,但对跨部门,甚至跨越组织边界的创新资源的协同和整合,却常常没有合适的实施工具。而数字技术为协同和整合提供了创新资源流入流出的通道。该范畴下二阶主题具体编码与案例证据如表5.6所示。

表5.6 创新资源整合编码与案例证据展示

二阶主题	一阶构念	主要案例证据
分布式创新协同	美的中央研究院集中完成中长期研发	微蒸烤一体机的风机风道共性技术、蒸汽共性技术由美的中央研究院承担
	事业部产品线集中完成短期研发	微蒸烤一体机的微波技术、微小型化高效磁控管技术由美的"微清事业部"承担
	数字化平台促进美的中央研究院与事业部协同	利用COCREATING开放式创新平台,美的中央研究院在突破共性技术和前沿技术时会与事业部成立联合项目组
开放式创新整合	数字技术支持的资源搜索	美的于2020年7月上线了COCREATING开放式创新平台,在这个平台上,全球技术资源可开放注册。截至2022年2月注册用户数量已达12 037个
	数字技术支持的资源整合	利用开放式创新平台,美的和电子科大合作完成了微波炉透明电磁屏蔽炉门技术的研究

该过程包含分布式创新协同和开放式创新整合两个主题。

(1)分布式创新协同。包含美的中央研究院、事业部、产品线等分级研发部门的分布式研发体系是大型企业普遍的创新组织形态,美的中央研究院从事关键共性技术和前沿引领技术的探索性创新。事业部正在由硬件向"硬件+软件+内容+服务"转型,结合微蒸烤一体机的美食属性,进行了全球美食布局。在国内,事业部积极探索创新的合作方式,与米其林主厨和区域名厨跨界合作,打造"米其林食谱""八大菜系"等优质美食项目,为微蒸烤一体机产品设计独特优质的美食内容。然而,美的中央研究院和事业部的研发如何协同一直是创新管理未能解决好的难题。基于数字技术的沟通工具为两个协同提供了路径,可以打破由部门带来的时间和地域上的"藩篱",让不同技术研发部门的员工可以随时随地沟通,提升了沟通的便捷性和沟通效率。案例中,美的于2020年开发了COCREATING开放式创新平台;利用该数字化平台,美的中央研究院和事业部能够在每一个技术节点上开展高频次的技术对话。一方面,事业部和产品线研发部门获得美的中央研究院共性技术和前沿技术的支持；另一方面，美的中央研究院获得事业部和产品线的客户知识和市场信息。利用 COCREATING 开放式创新平台，美的中央研究院在突破共性技术和前沿技术时会与事业部成立联合项目组，以促进技术能够在事业部储备平台做技术转化应用。如美的"微清事业部"在主导小型化高效磁控管技术攻关时，及时得到美的中央研究院风道技术的支持；基于数字技术创新平台的协同，最终美的小型化高效磁控管技术达到国际领先水平。

（2）开放式创新整合。自 Chesbrough 于 2003 年提出开放式创新的概念以来，广泛被认为是一种在信息技术快速发展、知识型员工快速流动（Vanhaverbeke 等，2006）、产品生命周期缩短（Gassmann，2006）、技术创新加速的背景下，企业通过开放边界整合外部更多创新资源（Chesbrough，2007），从而提升创新效率的创新范式（刘海兵，2019）。但通过什么途径和手段搜索、连接、整合外部创新资源却一直语焉不详，因而抑制了开放式创新效率。但利用数字技术的连接性和交互性，能帮助企业在全球范围内快速搜索所需的知识并及时整合到企业内部，提升开放式创新效率。案例中，美的于 2020 年 7 月上线了 COCREATING 开放式创新平台，旨在"促进美的与全球优秀技术资源协同创新，共创共赢，为全球的消费者创造美好未来生活"。而 COCREATING 开放式创新平台的本质是数字信息发布和资源连接平台。这说明，数字技术促进了创新资源的识别、连接和整合，从而为企业积累了创新资源、提升了创新能力。在微蒸烤一体机研发过程中，美的就利用开放式创新解决了如何屏蔽电磁波的问题。传统微波炉为了屏蔽微波炉中的电磁波，炉门均采用金属网孔，但金属网孔会影响对食品加热过程的观察，降低用户使用体验。若能解决炉腔内食材的可视化和电磁屏蔽的固有矛盾，研制具有透明炉门的微波炉，同时确保不降低其电磁屏蔽效果，将引领微波炉产业的发展，带来微波炉技术的颠覆创新。美的和电子科大合作完成了微波炉透明电磁屏蔽炉门技术的研究，找到了满足国标及企标微波泄露标准的透明屏蔽材料，透明材料耐温 180℃，有较好耐受性，在发生微波聚焦时不损坏，也能在不同烹饪环境下正常工作。美的和电子科大联合开发了针对微波安全的微波泄露检测技术，建立了完备的微波泄露的阵列天线探测方法与技术。

2. 数字仿真实验

高端颠覆性创新要求技术上新的突破，以满足新市场的需求，这意味着具有更复杂的研发过程、更难预见的研发结果，因而有更高的研发成本、更大的研发风险。而数字仿真软件的运用,可以在产品设计阶段精确计算性能参数,从而大大缩短研发周期、控制研发风险。数字技术改变了高端颠覆性创新的流程、降低了高端颠覆性创新的研发成本和研发风险。如美的微蒸烤一体机的研发难点是核心部件的小型化,以及风机风道散热系统,往往面临着"既要""又要""还要"的局面,即既要体积小、又要容积大、还要满足安规的散热需求。而通过 CAE 数字化软件的仿真实验,微蒸烤一体机仅用 4 轮迭代就达成了项目指标,相比传统的项目开发流程,项目时间缩短了近一半,显著提高了新产品、新技术推向市场的速度,有助于保持对竞争对手的领先优势。该范畴下二阶主题的具体编码与案例证据如表 5.7 所示。

表 5.7 数字仿真实验编码与案例证据展示

二阶主题	一阶构念	主要案例证据
技术拆解	用参数明确指定创新目标	"我们需要将市场和用户表达的需求,设计成产品参数。这本身也是一项复杂的工作。需要用参数将功能表达出来,以满足需求"
	技术拆分保证创新效率和创新独占性	微蒸烤一体机的技术模块拆分成磁控管、变频器、风机风道、模具、材料、包装等模块
仿真研究	通过数字仿真实验降低研发成本	采用了微波仿真、热仿真、流体仿真、磨具仿真、包装仿真和工艺仿真,使项目开发时间缩短了近一半
技术实验	促进仿真实验与实验室测试的微循环	在仿真实验结论基础上进行实验室测试,继续迭代和优化。而技术实验的数据又为下一轮仿真研究积累了基础数据

数字仿真实验分为技术拆解、仿真研究、技术实验 3 个部分。

(1) 技术拆解。技术拆解是指利用数字建模工具,基于颠覆性创新的整体目标做技术分工与拆解,将面向产品的技术后向拆解成不同模块的底层技术,再由不同的研发单元进行分部研发。数字技术通过技术拆解提高了协同效率和创新效率,同时保证了创新独占性。案例中,美的将微蒸烤一体机的技术模块拆分成磁控管、变频器、风机风道、模具、材料、包装等模块,每个模块又分为具体的子模块。

(2) 仿真研究。开发一个全新的微波炉平台并不简单,通常开发周期需要一年半以上,有的甚至两年。由于传统项目开发流程烦琐,同时微波看不见摸不着,所以给微波炉平台开发带来了很大挑战。但 CAE 数值仿真软件的出现,为计算、预测和改进场分布特性提供了新的手段,实现了在产品设计阶段的精确计算及性能预测，节省了大量的设计试验费用。采用仿真计算不但可以精确计算微波炉的性能参数，还可直观地用彩色显示部件的内部空间和各个横截面上的电磁场和温度场分布，对于提高各部件参数设计的合理性、增强产品可靠性和降低成本具有重大意义。数字化的仿真模型在整个开发过程中，不断通过仿真预警迭代，打磨最优的设计方案，模型自上而下不断流动，数据流不断输出，性能匹配也在一轮又一轮的迭代过程中得到最优解，精度不断提升，加上 HPC 的超高速响应，让整个的研发过程变得高效精准。数字化仿真是一种显著降低开发成本、缩短开发周期的有力工具，本质上是对颠覆性创新流程的创新。

（3）技术实验。技术实验是指通过仿真实验给出的基本结论后，进行设备性能的实验室测试，在验证仿真结论的基础上继续迭代和优化。技术实验的数据又为下一轮仿真研究积累了基础数据，可使仿真研究更为精确，两者构成了实验精确性的微循环系统。得益于数字技术的替代性，美的在微蒸烤一体机的颠覆性创新上取得了比较显著的技术突破。

3. 数字生态嵌入

美国战略专家穆尔首先提出了商业生态系统概念，将其概念化为"基于组织互动的经济联合体"，是"一种由客户、供应商、主要生产商、投资商、贸易合作伙伴、标准制定机构、工会、政府、社会公共服务机构和其他利益相关者等构成的动态结构系统"（Moore, 1993）。随后，有学者将商业生态系统与创新管理研究相结合，指出创新生态系统已经成为一种新的范式，即创新范式 3.0（线性创新—创新系统—创新生态系统）（李万等，2014；王海军等，2021），在企业创新生态系统的推动下，企业与其合作伙伴可以开展合作创新，实现价值共创。而数字技术为企业与合作伙伴价值共创提供了场景解决方案，即在既有产品基础上利用数字技术提供的接口展示可与用户交互的互补性企业，从而形成一个基于数字生态的价值网络，这种价值网络可以增强用户体验且利用了规模经济，使颠覆性创新的成本得到更好的补偿。数字技术将企业与生态合作伙伴紧密联系，是制造业服务化转型的关键。该范畴下二阶主题具体编码与案例证据如表 5.8 所示。

表 5.8 数字生态嵌入编码与案例证据展示

二阶主题	一阶构念	主要案例证据
网络形成	形成价值网络的利益共同体	利用微蒸烤设备形成了包含微蒸烤一体机、周边附件、烘焙工具、食材和耗材等的生态产品
用户交互	生态用户培养	通过策划热点食谱专题、内容创作活动等，吸引App活跃用户转化成"私域粉丝"等
用户交互	交互活动设计	策划了多样的食谱等专题、微蒸烤设备玩机攻略等内容，以及烘焙等热门美食直播。激励用户上传分享美食内容，同时策划《美食速递》专栏
用户交互	交互激励机制	制定"达人"招募和培养激励体系

数字仿真实验分为网络形成和用户交互 2 个部分。

（1）网络形成。网络形成是指企业围绕核心产品，利用数字技术提供的数据端口将与之相关的互补企业嵌入从而形成一个价值共同体。美的利用微蒸烤设备形成了微蒸烤一体机、周边附件（蒸宝）、烘焙工具（6 寸模具和吐司盒）、食材（鸡翅粉、蛋糕粉等）和耗材（烘焙纸）等生态产品。在这个价值网络中，各自的价值比例分别占 71%、10%、5%、9%、5%。这说明，基于数字技术的价值网络使微蒸烤一体机的价值相比单品价值提高了 29%。

（2）用户交互。与用户持续交互才能维系数字生态的可持续发展。用户交互过程分为生态用户培养、交互活动设计和交互激励机制，其中生态用户是指有持续交互意愿、对产品关注度高、乐于分享个人意见的活跃用户。

（四）迭代颠覆

高端颠覆性创新的结果是基于新技术开发的颠覆性创新产品，在逐渐完善产品或服务的主流属性的过程中，最终"侵占"主流市场。当高端颠覆性创新产品进入新市场后，迭代升级就成为增加用户忠诚度、吸附新用户、不断扩大用户基础直至颠覆原有市场的关键。该过程分为迭代升级和颠覆市场两个部分。

1. 迭代升级

迭代升级是指颠覆性创新产品起初进入市场时，利用数字技术对上市产品进行跟踪调研，形成从用户需求满足度、痛点分析到产品和技术优化调整的良性循环和有效闭环。通过迭代升级，使产品越来越匹配用户需求。迭代升级包含数字化监测和迭代闭环两个过程。

（1）数字化监测。数字化监测是指新品上市后对产品的销售情况、用户评价和用户反馈等数据进行收集整理。美的起初的微蒸烤一体机产品投放市场后，华东片区销售单价高于西南片区和中南片区。从产品评论看，"微波""加热""外观设计"的好评率最高，但也有用户反映"烤得时间长""用微波加热牛肉饭，牛肉和米饭一个热了，一个没热"等产品痛点。这些监测数据进一步形成微蒸烤品类的"四库"，即用户库、场景库、痛点库及概念库，成为整个微蒸烤品类迭代和升级的基础。

（2）迭代闭环。以监测数据为基础，筛选出技术和产品优化的方向。进而将痛点反馈至研发环节，再次进入数字仿真实验到实验室检测的流程，从而使微蒸烤一体机持续在"用户跟踪调研—痛点分析—技术和产品优化方向设计—数字仿真实验—实验室检测—再次上市"的闭环系统中迭代升级。

2. 颠覆市场

颠覆性创新的效应尚没有形成一致的看法（Si 等，2020），实现卓越性能的创新和"改变、侵占主流市场"是关键词。尽管颠覆市场是颠覆性创新的必然效应，但除此之外，尚没有其他的统一衡量标准。本研究对美的微蒸烤一体机颠覆性创新效应编码，二阶主题的具体编码与案例证据如表 5.9 所示。

表 5.9 颠覆市场编码与案例证据展示

二阶主题	一阶构念	主要案例证据
价值引领	节能减排有利于"碳达峰""碳中和"	内部综合效率提高 28%、订单交付周期缩短 53%
	有利于世界一流企业	产品品质提升了 15%，技术方面有一系列突破
技术突破	产品功效根本提升	小型化磁控管体积较最小的竞品还要小 13.5%
	形成技术壁垒	小型化磁控管专利布局 62 项，燃卡技术共申请专利 27 项
市场颠覆	行业领导者	2021 年微蒸烤一体机销售额 6.06 亿元，市场占有率达到 68%，稳居行业第一

将高端颠覆性创新的效应归纳为价值引领、技术突破和市场颠覆。

（1）价值的引领性。利用数字技术驱动微蒸烤一体机的经验，已由美的推广至微波炉以外的其他产品。正在产生价值引领效应，表现在两个方面。首先，美的将数字技术贯穿研发、制造、采购等全价值链，使得内部综合效率提高了 28%、产品品质提升了 15%、订单交付周期缩短了 53%，为传统制造向数字化转型提供了样本。也正因为如此,美的先后入选智能制造 4.0 示范基地、5G+工业物联网示范园区,以及世界"灯塔工厂"。同时,以数字技术驱动的提质升级有利于制造过程节能减排,体现在"碳达峰""碳中和"的战略愿景中。其次,高端颠覆性创新是以技术突破取得新市场,侵占主流市场为目的,同时实现了技术的探索性学习,使企业技术创新能力持续提升,在追赶超越语境中积极履行了社会责任。以关键核心技术突破为底层动力的世界一流企业建设,不仅出于企业自身利益的考量,更是履行"提升中国产业链竞争力"的社会责任。

(2)技术的突破性。技术突破可以通过产品功效和专利两个指标反映。在产品功效方面,微蒸烤一体机中的小型化磁控管全球体积最小、功率最高,打破磁控管行业 50 年来外观形态无明显变化的局面,体积较最小的竞品还要小 13.5%,该款磁控管被轻工业联合会评定为国际领先水平;石墨烯发热管技术成为行业加热最快的热辐射技术,首创高效短波穿透技术。在专利方面,小型化磁控管使用了功率、效率、材料、散热、小型化、EMC 等六大核心技术。

(3)市场的颠覆性。在 2017—2021 年,美的微蒸烤一体机销售额总体持续增长,5 年间销售额先后为 4.51 亿、5.21 亿、5.63 亿、7.06 亿、6.06 亿,2021 年相比 2017 年增长约 34%;同时,市场占有率已由 59%提升至 68%,稳居行业第一。这说明,已经实现了市场颠覆。

(五)内部支持要素

美的运用数字技术,通过机会识别、产品规划、技术突破、迭代颠覆 4 个过程实现了高端颠覆性创新。但数据表明,数字技术驱动高端颠覆性创新还离不开技术创新能力、数字化能力两种内部支持要素的支撑与促进。二阶主题的具体编码与案例证据如表 5.10 所示。

表 5.10 内部支持要素编码与案例证据展示

二阶主题	一阶构念	主要案例证据
技术创新能力	重视创新资源投入	2015—2020 年研发投入超过 400 亿元,研发投入占主营业务收入的 3.5%左右
	全球研发布局和多层级研发体系	已在包括中国在内的 11 个国家设立了 28 个研究中心,建立了"2+4+N"的全球化研发网络,以及四级研发体系
	一批创新型人才	研发人员超过 15 000 人,研发人员数量在员工总人数中占比稳定在 10.5%左右

(续表)

二阶主题	一阶构念	主要案例证据
技术创新能力	高质量的创新成果	截至2020年底,美的(包含东芝家电)累计专利申请量突破16万件。共参与制定和修订633项标准,其中国际标准27项
数字化能力	数字化基础能力	数据监控平台、数据连接与交互平台、数字仿真体系
	数字化核心能力	贯穿研发、制造、采购等环节的全价值链数字化运营,使得内部综合效率提高28%
	数字化互补能力	提出"科技领先、用户直达、数智驱动、全球突破"的全新战略主轴;鼓励"全员仿真"

下面介绍两种内部支持要素。

1. 技术创新能力

低端颠覆性创新集中于原有轨道的相似技术,选择分离市场(Christensen, Raynor, 2003; Markides, 2006; Christensen 等, 2015; Guo 等, 2019; Kawamoto, Spers, 2019),颠覆领域只能集中在商业模式创新上(Christensen 等, 2015; Snihur 等, 2018; Guo 等, 2019)。高端颠覆性创新则需要以新的异质性知识创造新的市场需求,从而用新技术知识和市场知识构建新位势,探索性创新是高端颠覆性创新的范式。因此,实施高端颠覆性创新的组织需要有较强的技术创新能力,积累丰富的知识、经验、诀窍等。没有强大的技术创新能力做支撑,高端颠覆性创新将难以为继,如美的微蒸烤一体机中的风机风道共性技术、蒸汽共性技术等属于知识密集度高的技术创新,最终美的中央研究院依靠技术积累攻克了这些技术难题。

美的提升技术创新能力的主要途径是重视创新资源、创新组织、创新人才、创新评估的投入和建设。在创新资源投入方面,2015—2020年研发投入超过400亿元,2019年和2020年的研发投入均超过100亿元,研发投入占主营业务收入比稳定在3.5%左右,处于同行业前列;在创新组织方面,构建了具有全球竞争优势的全球研发布局和分布式多层级研发体系,已在包括中国在内的11个国家设立了28个研究中心,建立了"2+4+N"的全球化研发网络;在创新人才方面,目前研发人员超过15 000人,其中外籍资深专家超过500人,近年来研发人员数量在员工总人数中占比稳定在10.5%左右;在创新评估方面,由过去的重视专利向标准化战略发展,即实施"创新专利化、专利标准化、标准国际化、美的标准走出去"的标准化战略。截至 2020 年底，美的（包含东芝家电）累计专利申请量突破 16 万件，授权维持量 6.26 万件，发明专利授权量约占申请量的 39%；美的集团共参与制定和修订 633 项标准，其中国际标准 27 项。美的在无风感、对旋、无刷电机、智能家居等前沿技术领域已具备了行业领先的技术创新能力。

2. 数字化能力

数字化能力是使用数字工具的特殊技能（Yoo 等，2010），通过对产品及系统进行设计或控制可以有效降低信息的复杂程度及不确定程度（Lyytinen 等，2016），与创新过程的融合可以减少创新风险和创新成本。Albanese 等人将数字化能力划分为 6 个层次，包括人群、过程、平台、产品、渠道和经验。宋晶在研究某汽车制造企业数字化能力时，将其划分为数据采集能力、数据析能力、数据应用能力及安全防御能力等。吉峰等人基于扎根理论将制造业数字化能力划分为数字化基础、数字化分析、数字化应用、数字化发展能力等。这些结构维度的划分为后续研究提供了较好的基础，目前数字化能力的结构维度尚未达成一致。但毋庸置疑的是，数字化能力是运用数字技术驱动高端颠覆性创新的根本。本研究将数字化能力解构为数字化基础能力、数字化核心能力和数字化互补能力。

（1）数字化基础能力。数字化基础能力是数字化能力的"底座"，具体包括数据监控平台、数据连接与交互平台、数字仿真体系及支撑上述平台和体系的数据存储装备。美的的数字化基础能力除了"爱魔镜""商情智能""地动仪""观星台""企划通"等市场情报监控和分析平台，以及用于创新资源连接和交互的 COCREATING 开放式创新平台之外，重点是建立了完整的数字仿真体系。美的微波炉自从 1999 年第一台微波炉下线以来，目前已具备年产 5000 万台的体量，在整个研发、制造、流通过程中，仿真发挥的作用十分关键，也经历了三个阶段的浴火重生和涅槃起飞。第一个阶段完成从 0 到 1 的初步建设，开始微波领域的仿真。第二个阶段是仿真支撑研发设计阶段，仿真人才从 10 人迅速扩充到四五十人，工作站也从开始的普通电脑向正式工作站转变。仿真技术运用从产品的研发端扩展到开发制造、货运物流；开始时采用公差仿真、拓扑优化、电磁仿真、包装跌落仿真，后来扩展到制造端的物流仿真、装配仿真、机器人仿真、踩踏仿真，实现了全流程的仿真。第三个阶段进行仿真驱动的研发设计，开始进行设计流程的仿真化改造。2021 年 3 月 15 日，世界经济论坛（WEF）公布了 2021 灯塔工厂最新名单，美的集团位于广东顺德的微波炉工厂成功入选，这是继 2020 年 9 月美的集团家用空调广州工厂之后，美的第二次跻身"灯塔工厂"。这说明，美的已经形成了卓越的数字化基础能力。

（2）数字化核心能力。核心能力（core competence）是 Prahalad 和 Hamel 在 1990 年讨论企业可持续竞争优势时提出的概念，指出了三个关键标准，即显著地提高顾客效用；独特且难以模仿的；为进入广阔的、多样的市场提供潜在的通道（Prahalad，Hamel，1990；Paralad，Hamel，1994）。数字化核心能力指企业利用数字技术进行机会识别、产品规划、技术突破、生产制造的独特的、竞争对手难以模仿和复制的能力，能支撑企业多品类产品的发展，包括数据算法、数据模型、数字仿真等能力。案例中，作为智能制造 4.0 示范基地、5G+工业物联网示范园区，美的微波炉顺德工厂是目前全球最大的微波炉制造基地，拥有行业最完整的微波炉产业链。结合"软件＋硬件＋制造业知识"三位一体的优势，以及 5G 云平台、AI、工业互联网等先进技术，美的微波炉顺德工厂通过数字化产品、软件和解决方案，实现了贯穿研发、制造、采购等环节的全价值链数字化运营，使得内部综合效率提高 28%，产品品质指标提升了 15%，订单交付期缩短了 53%，端到端渠道库存占比下降了 40%。

（3）数字化互补能力。互补能力是用以辅助核心能力的能力，主要涉及战略、组织、市场、人才等方面的组织管理能力，因此，数字化互补能力是企业在数字化战略、数字化组织、数字化市场及数字化人才等方面支撑和协同数字化核心能力的特殊能力。为提升数字化核心能力，2021 年美的提出"科技领先、用户直达、数智驱动、全球突破"的全新战略主轴，明确要成为全世界智能家居的领先者和智能制造的赋能者；鼓励"全员仿真"，即将仿真融入企划、研发、制造、销售、上市、退市等整个产品生命流程，如在微蒸烤一体机研发中心，仿真支撑着 50%的研发。数字化互补能力和数字化核心能力相互促进，实现数智驱动、数智研发、智能分析、智能预警、智能管控、智能预测、智能决策。

四、数字技术驱动高端颠覆性创新的一个理论模型

以美的微蒸烤一体机的颠覆性创新过程为例，我们发现，在技术创新能力和数字化能力的支撑下，数字技术通过机会识别、产品规划、技术突破和迭代颠覆促进了高端颠覆性创新的实现。本研究据此构建出数字技术驱动高端颠覆性创新的理论模型，如图 5.1 所示。

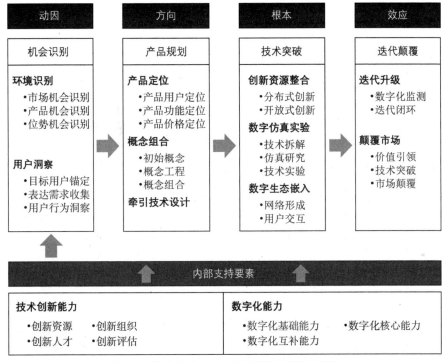

图 5.1　数字技术驱动高端颠覆性创新的过程

（一）机会识别

机会识别为高端颠覆性创新提供了市场情报和客户知识，是高端颠覆性创新的动因。尽管高端颠覆性创新是一个成本更高、风险更大的创新活动，面临着高度的环境不确定性和结果不可控性，但数字技术的高嵌入性和广连接性能够帮助企业获得越来越与市场和用户对称的"真实有用"的信息。数字技术的可供性（affordance）（Yoo 等，2012）催生了数字化工具，此类工具通过识别环境和洞察用户，可执行更精准的分析和预测，从而识别一个尽可能具有确定性的潜在市场，而这个市场正是高端颠覆性创新要进入的新市场。由此，本研究提出如下命题。

命题 1：机会识别是高端颠覆性创新的动因。数字技术促进了企业与市场和用户的信息对称，利于企业增强环境识别能力和用户洞察能力，降低了高端颠覆性创新的不确定性和风险，帮助企业确认了进入新市场的可行性。

（二）产品规划

产品规划基于环境识别和用户洞察的结论，将用户需求通过产品定位、概念组合和牵引技术设计序贯式地表达，是高端颠覆性创新的目标。尽管产品定位也是传统的颠覆性创新过程的必然节点，但利用数字技术的数据搜索功能，可以使产品定位赖以决策的信息越来越完备。利用数字技术的数据分析功能，则使决策的结果更可靠、更具有预见性，促使高端颠覆性创新的产品规划决策更趋近"完全理性决策"。在这个过程中，离不开高管创新认知、企业创新战略及学习能力、技术和知识积累的影响。长期主义和引领性创新的创新观（刘海兵，2021）能够促进实现高端颠覆性创新的牵引技术设计。由此，本研究提出如下命题。

命题 2：产品规划是高端颠覆性创新的目标。数字技术使包括用户、功能和价格在内的产品定位更理性，有利于企业选择新市场；使概念组合的形成更快速、更精确，有利于企业快速进入新市场；使牵引技术设计更系统，有利于企业奉行长期主义，以引领性创新观进行探索性创新。

（三）技术突破

技术突破意味着企业对已有的知识原理或技术轨道进行破坏性创新，以形成创新租金的异质性技术，是高端颠覆性创新的根本。数字技术通过创新资源整合、数字仿真实验和数字生态嵌入三个部分对技术突破产生重要影响。

（1）数字技术的交互性为侧重探索性创新的美的中央研究院和侧重利用性创新的事业部拓宽了沟通路径，打破了由部门主义带来的时间和地域上的"藩篱"，促进了员工之间的知识共享和知识创新；数字技术的连接性和交互性能帮助企业在全球范围内快速搜索产品规划所需的知识和技术，并及时跨越组织的边界整合吸收，以开放式创新模式提升创新效率。

（2）数字技术的仿真性帮助企业以数字仿真实验替代传统实验，同时将实验前置，放在与产品设计相同的节点，从而大大降低了高端颠覆性创新的研发周期和研发风险，显著提高了新产品、新技术推向市场的速度，有助于保持对竞争对手的领先优势。数字仿真实验由技术拆解、仿真研究、技术实验 3 个阶段构成。

（3）数字生态嵌入是利用数字技术提供的数据接口，与互补性产业形成基于数字生态的价值网络，其本质是发挥了数字技术兼容性的功能。这种生态化的价值网络不仅有利于增强用户体验，也有利于实现网络规模经济，获得更多颠覆性创新收益。与用户持续交互才能维系数字生态的可持续发展，数字生态能力才能得以提升。

由此，本研究提出如下命题。

命题 3：技术突破是颠覆性创新的根本，数字技术的交互性促进了员工知识共享和知识创新；连接性和交互性使企业扩大了知识搜索范围、提升了创新资源连接能力，促进以开放式创新模式提升创新效率；仿真性改变了创新流程、缩短了研发周期和研发风险，提升了进入新市场的速度；接口功能和兼容性则有利于形成企业与互补性产业的价值网络。

（四）迭代颠覆

迭代颠覆是基于新技术开发的颠覆性创新产品，在逐渐完善产品或服务的主流属性的过程中，最终"侵占"主流市场，是颠覆性创新的效应。迭代颠覆由迭代升级和颠覆市场构成。企业利用数字技术对上市产品进行跟踪调研，形成从用户需求满足度、痛点分析到产品和技术方向优化调整的良性循环和有效闭环；通过迭代升级，使产品越来越匹配用户需求。高端颠覆性创新的效应包括价值引领、技术突破和市场颠覆，价值引领意味着企业将自身发展纳入人类命运发展的大趋势中，将自身利益和社会利益均衡协同，技术突破意味着产品功效发生了"从量变到质变"的提升，且以高水平国际专利和国际标准布局为核心打造坚实的技术壁垒，市场颠覆意味着从销售额、市场占有率等方面已完成了从新市场到主流市场的"侵占"。由此，本研究提出如下命题。

命题 4：迭代颠覆是颠覆性创新的效应，数字化监测为迭代升级和迭代闭环提供了数据支持，迭代升级使产品越来越匹配用户需求，增强了"侵占"主流市场的能力。颠覆性创新的效应可以由价值的引领性、技术的突破性和市场的颠覆性三个指标衡量。

（五）内部要素互为支撑

数字技术驱动高端颠覆性创新还离不开技术创新能力、数字化能力两种内部支持要素的支撑与促进。高端颠覆性创新需要以新的异质性知识创造新的市场需求，从而用新技术知识和市场知识构筑新位势，探索性创新是高端颠覆性创新的主导创新范式，因此，实施高端颠覆性创新的组织需要具有较强的技术创新能力。数字化能力是运用数字技术驱动高端颠覆性创新的根本，本研究将数字化能力解构为数字化基础能力、数字化核心能力和数字化互补能力。由此，本研究提出如下命题。

命题5：在数字技术驱动高端颠覆性创新的过程中，如果企业具备强大的技术创新能力和数字化能力，则这种驱动作用更显著。

五、主要结论

本研究提出了数字技术驱动高端颠覆性创新的理论模型，不仅完整展示了数字技术驱动的过程、逻辑与实施细节，还揭示了驱动的机理，丰富了高端颠覆性创新与数字技术的理论体系。

（一）高端颠覆性创新的过程和效应

尽管在概念上已经将颠覆性创新区分为高端颠覆性创新和低端颠覆性创新，但已有文献在阐述和讨论颠覆性创新的内涵和路径时，大多沿用了Christensen在1997年提出的"颠覆性创新"概念，即颠覆性创新采用一种起初不被主流市场重视的边缘技术，从而使企业比较顺利地进入低端市场，并以其不如在位企业的价值属性吸引部分用户，而后逐渐完善并商业化颠覆性技术，最终形成主流市场（Christensen，Raynor，2003；Carayannopoulos，2009；Si等，2020）。在此之后，学者们也对颠覆性创新的内涵进行了拓展，使颠覆性创新的范围涵盖了产品、服务和商业模式（Christensen，Raynor，2003；Markides，2006；Hang等，2015；Christensen等，2018）。已有文献的表述中，往往用"利基市场或新市场""主流市场不够重视的技术和产品"表达颠覆性创新的"艰难过程"，实际上讨论的还是低端颠覆性创新的内涵和实现路径。事实上，高端颠覆性创新和低端颠覆性创新的创新逻辑不同，必然导致过程、路径和效应的不同。但目前文献的研究还不够深入（李东红等，2021）。本研究对此作了比较深入的揭示。

首先，在数字技术的范式中，高端颠覆性创新的过程由机会识别、产品规划、技术突破和迭代颠覆四个阶段构成。在机会识别阶段，搜寻以用户需求驱动的新市场，新市场往往是由对品牌和技术性能要求更高且对价格不敏感的消费群体构成，并非已有颠覆性创新文献中强调的降低毛利率、低价销售、更低成本（Christensen 等，2005；Husig 等，2005；Govindarajan，Kopalle，2006b）。在产品规划阶段，基于用户需求的归集和优先排序，用概念组合和牵引技术设计的方式规划颠覆性创新产品属性，而这些属性是需要企业通过利用性创新和探索性创新共同打造的主流属性（mainstream attributes），以主流属性进入新市场，并非已有颠覆性创新文献中强调的以从属属性（subordinated attributes）获得一定的市场空间（Huesig 等，2014；Pinkse 等，2014）。在技术突破阶段，开放式创新模式和分布式多层次的研发体系为企业整合了内外部创新资源，在自身技术创新能力积累的支撑下，更有利于企业进行探索性创新活动开发新产品，这些产品在主流属性（产品规划阶段的设计）上的表现常常是卓越的，并非已有颠覆性创新文献中强调的主流消费者看重的属性表现较差（Govindarajan，Kopalle，2006b），以及较差的性能（Husig 等，2005）。在迭代颠覆阶段，根据市场反馈主要进行属性的快速迭代，直至稳定地占据优势的市场份额。由此看来，高端颠覆性创新过程与低端颠覆性创新过程有显著差异。低端颠覆性创新的创业成功在很大程度上取决于产品或服务的主流属性在转型阶段是否得到改善（Si 等，2020），相比之下，高端颠覆性创新的成功则在很大程度上取决于机会识别、产品规划和技术突破。

其次，高端颠覆性创新的效应可以由价值的引领性、技术的突破性和市场的颠覆性来刻画，形成"价值—技术—市场"三维整合性分析框架，相对于目前仅仅以"更低成本"（Baden Fuller 等，2006）、"改变主流"（Padgett，Mulvey，2007）、"新"（Kostoff 等，2004）衡量颠覆性创新的效应，更具有整合性、系统性和针对性。在高端颠覆性创新的价值层面，应当主张技术进步跟随人类社会发展趋势，如考虑气候问题、能源问题、老龄化和社会健康问题，主张颠覆性创新要将企业自身利益和社会利益相结合，追求有意义的创新（meaningful innovation）（陈劲，2018）和引领性创新（leading innovation）（刘海兵，许庆瑞，2018），共同建设人类美好的家园。在高端颠覆性创新的技术层面，应当强调以探索性创新突破关键共性技术、前沿引领技术等关键核心技术，以更好地回应用户需求，并致力于成长为世界一流企业。在高端颠覆性创新的市场层面，主张占据主流市场，引领技术趋势，以市场反馈的创新租金确保可持续性。

（二）数字技术驱动创新的作用

已有文献对数字技术驱动创新的效应进行了研究，如数据技术的可编辑性帮助企业重组利用有形或无形的资源（Priem，Butler，2001；Huang等，2017），关联性加强了与其他企业的连接和沟通（Amit，Han，2017），可扩展性帮助企业快速寻找并匹配所需要的资源（蔡莉等，2019）等。然而，数字技术驱动创新的内在机理缺乏微观机制的剖析，另外，大多数文献停留在几个变量（常常是两三个变量）因果关系的确定中，缺乏如何影响创新的整合性分析框架。在驱动高端颠覆性创新的过程中，数字技术的不同特性发挥了不同的作用，而整合后能产生促进和支撑效果。

首先，数字技术的开放性不仅增强了企业之间的信息对称（Smith等，2017），而且增强了企业与市场和用户的信息对称，从而使企业能够更好地利用市场情报和客户知识提升环境识别能力和用户洞察能力，以降低高端颠覆性创新面临的高度不确定性。其次，数字技术具有准确性，通过产品定位、概念组合和牵引技术设计有利于企业选择新市场和快速进入新市场，有利于企业奉行长期主义，以引领性创新观进行探索性创新。再次，数字技术的交互性促进了员工知识共享和知识创新；连接性和交互性提升了创新资源连接能力；仿真性改变了创新流程，缩短了研发周期和研发风险，提升了进入新市场的速度；兼容性则有利于形成企业与互补性产业的价值网络。最后，数字技术发展的核心是企业形成强大的数字化能力，包括数字化基础能力、数字化核心能力和数字化互补能力。

六、理论贡献

本研究以颠覆性创新理论为基础，通过对美的微蒸烤一体机的案例研究，探讨了数字技术驱动高端颠覆性创新的过程和机理，理论贡献主要体现在以下三个方面。

（1）与低端颠覆性创新不同，本研究提出数字技术通过机会识别、产品规划、技术突破和迭代颠覆等过程促进高端颠覆性创新的实现，其中，企业技术创新能力和数字化能力发挥了重要的促进和支撑作用，形成了数字技术驱动高端颠覆性创新的理论模型。

（2）从过程和效应两个方面发展了高端颠覆性创新的理论体系。与低端颠覆性创新不同，本研究认为高端颠覆性创新立足于高端用户群体，以利用性创新和探索性创新共同打造的主流属性（mainstream attributes）进入新市场,而后在主流属性逐渐成熟的过程中占据主流市场。同时,构建了"价值—技术—市场"三维整合性框架分析颠覆性创新的效应。

(3)不同于现在数字技术驱动创新的研究,本研究从微观角度系统分析了数字技术的不同特性对高端颠覆性创新发挥作用的机理,展示了数字技术如何促进创新的完整逻辑架构。此外,对数字化能力的结构维度进行了探索性研究,形成一定的理论创新。

第四节 机制总结

在深入探讨创新如何引领颠覆性技术突破的过程中,笔者提炼了五大核心机制:战略认知与重构机制、技术创新能力积累机制、数字化能力构建机制、用户导向的创新机制以及基于开放式创新的资源协同机制。这些机制在逻辑上紧密相连,形成了推动颠覆性技术发展的综合动力框架,通过这五大机制的协同作用,能够更深入地理解创新引领颠覆性技术突破的内在逻辑和动力机制。接下来,本节将进一步分析这些机制在不同领域和行业中的具体应用和效果,为实践中的技术突破提供更为精准和有效的指导。

一、战略认知与重构机制

基于对上述案例的分析,本研究发现,创新引领下颠覆性技术的成功突破不仅需要技术本身的进步,更需要企业及其领导人在战略上对创新的重视和前瞻性布局。在这个过程中,企业开始拥抱新的技术范式,依托数字化转型实现产品、技术的互联互通,跨界融合,从而改变商业模式。数字技术的应用使得企业能够快速响应市场需求,捕捉商业机会,并且快速形成创新战略。在数字化的大背景下,企业可以利用大数据、人工智能等技术手段,对市场数据进行深入分析,洞察用户需求,从而制定更为精准的产品研发和营销策略。此外,数字化转型还使得企业可以更加高效地进行生产、供应链管理、销售等环节的优化和升级,提升企业的整体竞争力。因此,本研究认为,企业要想在创新引领下实现颠覆性技术的成功突破,需要在战略上高度重视创新,充分认识数字化转型的重要性,并积极拥抱新技术范式,从而不断提升自身的竞争力和市场地位。

二、技术创新能力积累机制

技术积累是一个企业在技术活动过程中递进的知识和技术能力，是企业作为一个有机系统的重要组成部分。企业的技术积累水平与其技术创新能力成正比，是企业创新发展的根本性的内在基础。在技术积累的过程中，企业以技术文档和技术骨干为载体，对多年来所积累的制造技术、试验技术、材料技术、专利技术等进行保存和传承。这些技术知识不仅代表着企业的经验和智慧，而且是企业不断进行技术创新的重要基础。企业可以通过对这些技术知识的利用和再创新，不断堆积技术知识，提高自身的技术水平和竞争力。一方面，企业需要具有技术前摄能力。这意味着企业能够率先制定高度预见性的技术战略和路线方针，对未来的技术发展趋势进行准确预判和规划。这种能力可以帮助企业在市场竞争中抢占先机，赢得市场优势。另一方面，企业通过布局标准可以引领行业发展趋势。标准是企业进行技术创新和产业升级时的重要参考，通过参与制定标准，企业可以掌握行业的话语权和主导权，推动整个行业的发展。同时，通过技术的积累和标准的制定，得以不断推动企业自身技术的创新和发展，保持领先地位，赢得市场竞争。因此，技术积累是企业竞争力的重要来源之一。通过不断进行技术积累和再创新，企业可以不断提高自身的原创技术水平和颠覆性创新能力。

三、数字化能力构建机制

在技术创新能力和数字化能力的支撑下，数字技术通过机会识别、产品规划、技术突破和迭代颠覆促进了高端颠覆性创新的实现。运用数字技术增强了企业环境识别能力和用户洞察能力，降低了高端颠覆性创新的不确定性，从而在机会利用、风险控制方面有助于高端颠覆性创新的实现。利用数字技术的数据搜索功能和分析功能，可以使产品定位赖以决策的信息越来越完备，为企业进行产品规划提供明确方向。数字技术通过创新资源整合、数字仿真实验和数字生态嵌入三个部分对技术突破产生重要影响。数字化监测为迭代升级和迭代闭环提供了数据支持，使产品越来越匹配用户需求，增强了"侵占"主流市场的能力。综上，提高数字化能力是促进企业颠覆性创新的重要途径之一，可以帮助企业更好地洞察市场变化和识别用户需求，优化产品和服务。

四、用户导向的创新机制

用户导向的创新机制是指企业以用户需求和反馈为基础，通过深入了解用户的需求和行为、开展用户调研、建立用户反馈机制、进行用户体验研究等手段，将用户的需求融入产品设计和创新过程中，实现产品创新和优化的方法。以美的集团为例，这两个企业在产品开发过程中，始终坚持将解决用户痛点作为产品设计的核心原则之一。这种以用户为中心的产品设计理念，使得美的集团的产品更能满足用户的需求，赢得了市场的青睐。企业在发展过程中要将"围绕用户需求"作为准则并厚植于文化之中，通过用户参与和需求洞察，与用户共同打造出各类颠覆性的创新产品和智慧解决方案。这种以用户需求为导向的创新极大地提高了企业的市场竞争力，增强了用户对产品的认同感和忠诚度，也为企业实现颠覆性技术突破给出了方向。同时，有利于颠覆性创新产品得到接受和扩散，"侵占"现有或新兴市场。

五、基于开放式创新的资源协同机制

对于企业而言，合理利用开放式创新，调节内外部创新资源之间的关系，对其推动颠覆性技术高效转化是非常重要的。通过搭建一个开放、共享、交流的平台，企业能吸纳来自各方（员工、合作伙伴、客户及外部的创新者）的智慧和创新力量。这种开放的创新平台有助于打破企业内部的创新壁垒，促进跨部门、跨领域的合作与交流，吸引更多创新者和创业者参与到企业的创新过程中，分享他们的创意和解决方案。这种开放、协作的创新模式有助于激发企业内部的创新活力，促进企业与外部的创新者之间的知识共享和技术交流，为企业带来新的创新思路和方案。

为了实现高效的技术创新转化，企业需要将横向开放式创新和纵向前瞻性研究相结合。横向开放式创新指企业内部不同部门之间及与外部合作伙伴之间的合作创新，旨在实现资源共享和优势互补。而纵向前瞻性研究则指企业在技术领域进行的前沿性、基础性研究，旨在探索新的技术方向和解决产业发展的瓶颈问题。通过搭建开放的创新平台，企业可以推动原创技术的高效转化，形成"一横一纵"高度协同的创新模式，这种协同创新的模式有助于企业获取跨界创新资源，在技术创新领域保持领先地位。

第五节 总结

本章旨在探索创新引领下颠覆性技术突破的路径和机制。首先，通过对颠覆性技术相关研究的梳理，归纳出了颠覆性技术的概念内涵、特征及

涵盖范围，并从国家和企业层面分别指出实现颠覆性技术突破的核心意义。其次，对中国目前颠覆性技术突破的现状和约束进行了系统性总结，点明目前中国在攻克颠覆性技术难题时存在的痛点和难点。最后，研究聚焦于数字化驱动的视角，选取了美的微蒸烤一体机作为案例研究对象，提出了数字技术驱动高端颠覆性创新的理论模型，完整展示了数字技术驱动的过程、逻辑与实施细节，并从微观角度系统分析了数字技术的不同特性对高端颠覆性创新发挥作用的机理，展示了数字技术如何促进创新的完整逻辑框架。上述研究结论为中国企业在实践中提高颠覆性技术能力、发展原创性关键核心技术提供了实践指引。

在全球化科技竞争日趋白热化的背景下，颠覆性技术的突破对于国家科技实力的提升和企业核心竞争力的增强具有举足轻重的作用。因此，本章旨在深入探讨创新如何引领颠覆性技术的突破，并揭示其背后的深层机制。本章对颠覆性技术的相关研究进行了深入的梳理与总结。通过系统性的文献分析，厘清了颠覆性技术的概念界定、核心特征及其涵盖的广泛领域。颠覆性技术以其创新性、高风险性、高回报性等特点，在人工智能、量子计算、生物技术等众多领域展现出巨大的发展潜力。本章从国家发展战略与企业竞争力提升两个维度，深入剖析了实现颠覆性技术突破的重大意义。对于国家而言，颠覆性技术的突破是提升科技竞争力、实现科技自立自强的重要战略支点。对于企业而言，掌握颠覆性技术则是赢得市场竞争优势、实现可持续发展的关键所在。然而，中国在颠覆性技术突破方面仍面临诸多挑战与制约因素。技术创新体系的不完善、研发投入的不足、高端人才的短缺等问题，严重制约了中国颠覆性技术的突破与发展。因此，深入剖析中国颠覆性技术突破的现状与约束，对于制定针对性的政策措施具有重要意义。

为了深入探究创新引领颠覆性技术突破的机制，本章选取了美的微蒸烤一体机作为典型的案例研究对象。该案例以其数字化驱动的创新实践，展示了颠覆性技术创新的生动图景。通过案例的深入分析，我们构建了数字技术驱动高端颠覆性创新的理论模型。该模型详细阐述了数字技术驱动创新的过程、逻辑与实施细节，并从微观层面系统分析了数字技术的不同特性在高端颠覆性创新中的功能机理。具体而言，数字技术通过提供高效的信息处理、精准的市场分析及个性化的产品设计等功能，有效推动了颠覆性技术的创新与发展。在美的微蒸烤一体机的案例中，数字技术不仅助力企业实现了产品的智能化和差异化，还促进了企业组织架构和业务流程的优化与升级。

综上所述，本章通过深入的理论分析与案例研究，揭示了创新引领颠覆性技术突破的复杂机制与多元路径。这不仅为中国在颠覆性技术领域的突破提供了有益的借鉴与启示，也为政府和企业制定相关政策和战略提供了重要的理论支撑与实践指导。未来，中国应进一步加大对颠覆性技术的研发投入，完善创新体系，培养高端人才，以推动中国在颠覆性技术领域取得更多重大突破与成果。

第六章 创新引领的"现代工程技术"突破的机制

中国当前正处于经济大国向经济强国迈进的关键转折点,技术创新和工程技术的突破被看作这一进程的重要驱动力,在此背景下,研究创新如何引领现代工程技术突破的机制显得尤为关键。随着"中国制造 2025"等战略的提出,技术创新被置于核心地位,要求我们通过创新机制推动工程技术突破,确保在全球竞争中立足。与此同时,随着经济结构转型,依赖高技术和创新成为新趋势,工程技术需要实现关键突破以支撑高端制造业和绿色产业的发展。此外,面对气候变化和资源紧张等全球共同挑战,创新引领的机制更可推动环保和可持续的工程技术进步。因此,这一研究不仅有助于国家战略发展,更能确保中国在全球化浪潮中勇立潮头。

第一节 现代工程技术突破相关研究动态

现代工程技术内涵丰富,不仅包含传统工程知识、原理和方法,还汲取了计算机科学、数学、物理学等多学科理论和技术。此外,现代工程技术注重实践和创新,旨在解决复杂工程问题,推动产业发展和技术革新。随着科技进步和全球化深入,现代工程技术作为社会进步和国家竞争力的推动因素,受到社会广泛关注。为此,本节将进行系统性梳理和分析,以深化对现代工程技术的理解与研究。

一、现代工程技术突破的内涵和特征

现代工程技术主要是将先进的科学技术与工程科学的理论知识进行有机融合,并且积极应用于建筑工程管理的工作中,又被称为现代生产技术。

（一）现代工程技术的内涵

顾名思义，工程技术是指使用先进科学知识与前沿科技理论来指导施工。关于现代工程技术的概念界定研究较少，学术界较为认可的定义指出，现代工程技术本质上是指人们为改造自然，在工程实践中逐渐发展和积累起来的各种实用性研究成果和技术（贾玉树，2020）。国家经济发展离不开各种工程的实施和建设，因此，现代工程技术的发展是综合国力的重要体现，是衡量国家创新能力的重要指标。

（二）现代工程技术的特征

现代工程技术作为关键核心技术的一个子类，学者们的研究主要集中在电子信息、航空航天、机械、土木、化学、环境、生物、能源、材料和海洋等数十个主要工程领域，对港珠澳大桥、南水北调工程、人类基因组计划、嫦娥探月工程、三峡水电站、量子通信技术、海上石油平台等众多国内外重大工程项目进行了关键技术突破路径和实现模式的总结。通过对过往文献进行梳理，我们发现目前关于现代工程技术突破的研究主要集中在复杂产品系统、工程人才培养、信息技术嵌入、工程环节管理及环境治理保护等方面。主要目的是减少工程建设中可能出现的问题和风险，用最前沿的理论与技术指导工程管理的整个过程，具有综合性、可行性、灵活性、规范性、时效性等特点（刘合帮，2021）。

由于工程技术体系复杂，同时涵盖众多不同学科领域，因此具有实用性、可行性、经济性和综合性的特点（蒋学东等，2021）。张爱琴、侯光明等结合工程技术项目的特点，诸如项目一次性、研制成本高、零部件界面复杂、产品生命周期长、技术密集性强、关注产品设计和开发、涉及多种知识和技能、强调系统集成能力等，推断出工程技术是一个复杂的非线性系统。闫娜等以石油技术为例，分析了现代工程技术的专属性、技术配套要求高、效果评价难度大、技术应用后续要求高等特点。刘慧敏等总结出工程技术的主要特征为技术复杂度高、技术创新难度大、创新成果层次高、影响大、时间约束性强、技术创新成果应用难等。由此可见，不同于关键共性技术、前沿引领技术，现代工程技术是一个技术密集、综合性强的复杂非线性技术系统。

二、现代工程技术突破的研究现状

通过对过往文献进行梳理，我们发现目前关于现代工程技术突破的研究主要集中在复杂产品系统、工程人才培养、信息技术嵌入、工程环节管理及环境治理保护等方面。

（一）复杂产品系统

在这些研究方面，复杂产品系统作为现代工程技术的典型技术得到了众多学者的关注，国内学者针对复杂产品系统的运行机理和突破路径进行了大量研究。通过对文献的梳理，总结归纳为创新过程、创新模式和创新能力三个方面。

1. 复杂产品系统创新过程研究

相关学者认为复杂产品系统创新具有系统网络结构形成与技术创新模式协同演化的特征（Mike，1998；Hansen，Rush，1998），显示出多主体、多阶段、跨领域的特点，同时具备高度的技术复杂性和组织复杂性（金丹等，2021）。复杂产品系统创新不但离不开外部环境（特别是外部政策、市场需求牵引）的支持，还需要政府、研究机构等形成跨组织知识联盟（童亮等，2007）。

因此，学者们将企业之外的利益相关者纳入复杂产品系统创新过程，江鸿等学者以中国高速列车产业技术追赶为例探讨了政府与企业两类能力主体在复杂产品系统集成能力提升的共演化作用；徐晓丹等研究发现用户的经验积累和参与能力使其能够以编排者、主导者、协同者和互补者的角色推进价值创造活动，以此说明了复杂产品系统创新离不开外部利益相关者的支持。此外，在复杂产品创新过程中，多主体协同创新、最优资源整合可以通过具体模型来实现（程永波等，2016），但对不同主体在网络中的合作机制研究还不够深入，仅有少部分学者探讨了后发者与领先者、客户、供应商、公共机构等诸多利益相关者的开放互动（郭艳婷等，2022），而对于复杂产品制造企业，如何通过合作机制减轻风险和提升创新能力具有重要意义。

2. 复杂产品系统创新模式研究

当前复杂产品系统创新模式的研究主要集中在技术创新战略。Benner和 Tushman 将创新模式分为探索式创新和利用式创新两种，复杂产品系统创新模式讨论在特定发展阶段应采取哪种技术创新模式。已有研究证实在复杂产品系统的初始阶段，宜采用利用式创新模式，而在更高层次的创新阶段，宜采用探索式创新模式（Hobday，1998；Kash，Rycoft，2000）。换言之，创新模式的迭代是复杂产品系统创新能力提升的其中一个原因。李培哲等以知识转移为视角,从关系契约管理和非正式网络管理两个方面研究设计了复杂产品产学研协同创新的管理机制。而 Mittal S.等人通过不同学科的知识工程化来减轻复杂系统出现的紧急情况。

总体而言,在创新模式方面的研究缺乏纵向维度上的动态性考察,随着复杂产品系统创新阶段不同而采取的创新模式的变化规律还比较笼统、不够深入,目前只有少部分学者基于具体研究案例,从企业微观层次系统探讨了后发复杂产品制造企业核心技术创新突破的机制(刘海兵等,2021;金丹等,2021;曾德麟等,2021)。

3. 复杂产品系统创新能力研究

刘延松等人将复杂产品系统创新能力定义为顺利完成复杂产品系统创新过程所需要素的有机组合,提出复杂产品系统创新中知识获取的关键影响因素(陈伟等,2013)。对于复杂产品系统创新的认识,学术界广泛认为复杂产品系统创新不是线性的创新过程,而是基于创新网络的同步发生的创新。

因此,创新能力不仅取决于自身创新能力,如 Abrell T.等人认为对用户价值的认可、用户知识的获取及用户知识的同化或者转化都是吸收能力的一部分,将影响复杂产品系统创新能力的提升;此外创新能力还取决于创新网络中各创新主体的创新能力、中心企业的网络协同能力以及组织网络的整合能力(刘岩等,2020)。有学者(郑毅等,2019)研究发现垂直一体化的复杂产品系统的产品架构设计及纵向一体化的产业链能够缩短生产周期,对创新绩效产生正面效应。祝良荣等人则认为具有强大的复杂产品特征的战略性新兴产业总体创新能力,可强有力地支撑社会与经济的可持续发展。

(二)工程人才培养

在工程人才培养方面的研究中,有学者认为在信息技术高速发展的今天,工程技术人才培养不能再拘泥于传统教学方法,要突破学科壁垒,强化工程实践,培养复合型工程人才(曾孝平等,2023;Zang 等,2021)。还有的学者认为在创新发展的时代背景下,建立完善有效的创新人才培养体系是迫切需要解决的问题(董彬等,2022;朱正伟等,2019),许多学者提出了"四维一核"实践教学体系(常建华等,2021)、学习进阶模型(李欣旖等,2022)、协同育人模式(赵锐等,2022)、五层次实践教学体系(冯远航等,2020)等符合行业转型升级要求、新业态发展要求和国际竞争背景的新型人才培养方案。此外，有学者针对如何提高工程人才专业能力进行了实证研究（Wijarwanto 等，2019），识别了影响学生工程能力提高的因素（Pubule 等，2019），更有效地对学生工程实践能力和创新能力进行培养（周振等，2020）。

（三）信息技术嵌入

在信息技术嵌入方面的研究中，现有研究主要从人工智能、数字孪生及工程智能化应用等方面展开，积极探讨信息技术嵌入对现代工程技术发展的影响。随着新一轮的技术变革，传统的工程技术方法已经不能满足高效仿真、实时交互的新时代需求（樊健生等，2022），而人工智能的出现为现代工程技术发展提供了新的可持续发展机遇。Samuel 以土木工程为例，筛选出 105 份人工智能领域的研究出版物，识别出了人工智能实现可持续性的主要特征是互联性、功能性、不可预测性和个体性。

部分学者聚焦具体技术在现代工程技术领域的作用，从计算机技术（郭姣，2022；Y，2021）、机器学习（Jinho 等，2023；程全中等，2022；Maarten 等，2021）、大数据（An Sha，2021；Bing，2021）、物联网（J 等，2020）及云计算（Y 等，2022）等方面展开了相关研究。目前人工智能已经被大量应用于现代工程领域，但是各阶段的智能化发展仍存在不均衡（刘红波等，2022），存在成本较高、人才缺乏等问题（胡璞等，2022）。随着人工智能和 5G 技术的快速发展，数字孪生技术已经成为重要的数字化解决手段（林楷奇等，2023），具有集中性、动态性和完整性的突出特点（孟松鹤等，2020），其中最典型的应用就是在工程领域。代明远等人以工程机械产品为例，对虚拟现实技术嵌入产品研发流程的方式进行了研究，总结了产品虚拟设计的应用方式。

随着城市现代化建设中智能化工程变得越来越多（杨焕智等，2022），信息技术的应用场景也不断增多，部分学者开始对信息技术如何在现代工程中实现智能化应用进行了研究。刘冬基于农机装备关键零部件"卡脖子"的现状，提出了要大力推进农业机械工程设计智能化与数字化应用的结论。

综上所述，信息技术嵌入对现代工程技术突破具有极大的推动作用，有效地适应了新时代的需求，但是现有的研究只是对信息技术应用的现状和问题进行了总结，缺乏对信息技术促进现代工程技术突破的机理和模式的研究。

（四）工程环节管理

在工程环节管理方面的研究中，涉及工程技术、工程装备、工程管理及工程应用与发展等多个方面。关键工程技术对于实现复杂工程产品至关重要，往往需要针对性进行工程技术积累，融合多专业、多资源、多场景（万克栋等，2023），以此来实现现代工程技术突破。工程装备作为提供先进施工手段的工具，在现代工程技术中的作用不可或缺，因此工程装备制造企业的转型升级对增强国家综合实力、提高国际竞争力有着重要意义。

刘春晖等人以航天航空装备制造业为例，总结出创新活动的空间演化和航空航天装备制造业发展的空间演化呈现出相互强化集聚发展的规律性。而作为装备制造业中的核心，高端装备制造业的转型升级更受关注，黄满盈等人从财务竞争力的视角对中国高端装备制造业进行了研究，识别出营销能力、管理能力、资金能力和发展能力四个关键影响因素，为推动制造业转型升级提供了方向。然而最终实现工程项目目标离不开有效的管理，最常见的管理难点是质量管理和安全管理（代海燕，2020），有学者从人机协同、数据驱动、人的行为与文化三个维度分析了项目安全的研究现状（郭红领等，2022），并对质量管理要素、影响因素与质量管理特点进行了探讨（曹桂斌，2022）。集成计算材料工程和材料基因工程等新兴领域得到了学者们的关注，对领域未来发展的重点及趋势进行了展望（David，2023；Ran 等，2023；李波等，2018）。对于目前发展成熟的工程领域，学者们则从领域交叉的视角进行研究，对仿生土木工程（仉文岗等，2023）、化学产品工程（周兴贵等，2018）、生物工程（罗正山等，2020；Gomes 等，2020）、能源工程（Mohammad 等，2020）等多个领域的技术如何应用到其他领域场景进行了研究。

综上，关于工程环节管理的研究很丰富，学者们对不同环节进行了探讨，但是大多数集中在装备管理方面，缺乏对真正决定工程水平的关键工程技术的研究。

（五）环境治理保护

在环境治理保护方面的研究中，Czarnecki 等学者从环境友好（杨宁等，2021）、环境治理（Ying 等，2023；邓燃等，2022；魏镜轩，2021），以及可持续发展（Czarnecki 等，2023；朱兵等，2021）等方面探讨了现代工程技术在应用时应该如何实现环境共生，在维持现有生态环境的前提下进行现代工程技术的突破与应用。

杨宁等人归纳总结了工程机械节能减排技术存在的不足，强调了轻量化设计的新理念、新方法，为今后的工程环境技术突破指明了方向。随着改革开放的全面实施，中国基础设施建设进入快速发展阶段，取得了三峡工程、港珠澳大桥等重大成就，但是对环境也造成了明显的污染。对此，工程人员应该主动探索有效的节能绿色环保技术（邓燃等，2022），把经济效益和环境效益有机结合起来（Tan等，2022），从而推动中国现代工程实现可持续健康发展的目标。化学工程在人类向低碳社会过渡中发挥着不可替代的作用（朱兵等，2021），通过绿色化学进行可持续材料的生产和工程（Samson等，2023），助力实现能源绿色低碳转型和"双碳"目标。

综上所述，学术界对现代工程技术应用时出现的环境问题进行了深入探讨，指出了环境友好型技术开发的方向，但是缺乏具体现代工程环境治理保护的案例研究，对于实现环境友好的具体路径和治理模式研究较少。

三、现代工程技术突破的意义

现代工程技术是以综合性、创新性、信息化、可持续性和国际化为主要特点的技术体系，广泛应用于各个领域，如航空航天、机械制造、电子信息、生物技术等高精尖领域，含有十分密集的高技术且技术处于行业前沿，因而现代工程技术突破对各相关产业竞争力和国家整体竞争力的提升起着决定性、引领性的作用。其中，复杂产品系统的创新能力突破更是受到英国、德国等欧洲国家的高度重视，已经成为英国和欧洲核心竞争资源（Hobday M，1998），使欧洲发达工业国家成为世界制造业中的一极。因此，本研究将从企业层面和国家层面阐述现代工程技术突破，明确其技术突破对产业发展和国家安全的重要意义。

（一）企业竞争的新引擎

随着科技革命的持续变革发展，现代工程技术已经成为企业竞争的核心要素之一。对于现代企业而言，拥有先进的工程技术不仅能够提升产品质量和生产效率，更能够在市场竞争中保持领先地位，获取更大的经济和社会效益。因此，现代工程技术突破对企业保持强劲竞争力具有重要意义。

首先，现代工程技术可以提高企业的生产效率。陈云腾等人以数字化为例提出企业通过引进融合人工智能、大数据等新型技术，可以实现科学把握、精准识别，做到按需从源头优化供需匹配，达到敏捷经营的结果。这不仅可以帮助企业提高产能，更能实现生产过程的自动化和智能化，提高企业的生产效率和产品质量。

其次，现代工程技术有助于企业研发新产品，开拓新市场。随着消费者需求的不断变化，企业需要不断进行创新研发，推出更具竞争力的新产品。有研究表明企业新产品既可以提高产品质量、实现产品迭代，又有助于企业打开新市场、发展新客户、扩大企业的经营范围，同时有助于提高企业的收入和利润（许江波等，2019）。而现代工程技术为企业提供了实现技术创新的基础，帮助企业加快了产品研发进程，为企业开拓新的市场领域提供了助力。

此外，现代工程技术还可以提高企业的核心竞争力。任何"核心竞争力"都不会是永恒的（王绎，2023）。在激烈的市场竞争中，企业必须发扬创新精神，不断提升自身的核心竞争力，避免企业核心竞争力的弱化和丧失。而现代工程技术作为企业技术创新的重要支撑，对企业保持核心竞争力具有重要意义。有学者（成琼文等，2023）研究发现，企业可以通过内化和嫁接的资源组合编排行动对外部核心技术进行直接引进或者二次改进，以及将内部核心技术生产要素进行纵向升级改造，来积累技术能力，实现企业技术突破和增强整体竞争力，为企业在市场竞争中保持领先地位提供有力支持。

最后，现代工程技术还可以提高企业的品牌形象和市场地位。品牌是一个企业技术能力、管理水平、文化层次乃至整体素质的综合体现（田立加等，2022）。通过展示企业在工程技术方面的突破和成果，可以提升企业在客户和合作伙伴心中的形象和地位，有利于企业品牌的建设和市场拓展。这不仅可以提升企业的知名度和美誉度，更能增强企业的市场竞争力。

（二）国家崛起的推动器

中国正处于变革时代，必须抓住历史机遇，实现中华民族的伟大复兴。拥有先进的工程技术不仅能够提升经济实力和国际竞争力，更能够推动科技创新和社会进步，为国家的可持续发展提供有力支持。

首先，现代工程技术可以推动国家的经济发展。我们要遵循经济现代化的客观规律，加强科技创新在经济发展中的引领作用（肖磊等，2023），加强现代工程技术的投入研发，实现一批现代工程技术的重大突破。这不仅可以帮助国家提高经济实力，更能实现经济的持续发展和稳定增长，例如，航空航天技术的发展可以带动航空航天产业的发展，提高国家的经济实力和竞争力。其次，现代工程技术可以促进国家的科技创新。现代工程技术是一个高度综合和交叉的领域，需要多学科、多领域的合作和交流。有学者认为国家的现代化建设是由产业创新直接推动的（洪银兴等，2023），而推动现代化的产业创新内容无一不是科技创新的成果。

因此，通过发展现代工程技术，可以促进国家科技创新体系的建设，提高国家的科技创新能力，推动科技进步和社会发展。此外，现代工程技术还可以提高国家的基础设施建设水平。基础设施建设是国家发展的重要支撑，徐阳等人以土木工程智能化为例，阐述了人工智能为土木工程学科和行业带来了新的发展机遇，深刻变革了土木工程全寿命周期（徐阳等，2022）。现代工程技术为基础设施建设提供了先进的技术手段和解决方案，提高了基础设施的质量和效率，为国家的发展和民生的改善提供了有力保障。最后，现代工程技术还可以提高国家的国防实力和安全保障能力。现代工程技术在军事领域的应用越来越广泛，例如机器视觉（陈静等，2022）、知识图谱（邢萌等，2020）、人工智能（陈晓楠等，2020）等相关工程技术提升了武器装备和防御系统的先进性，提高了国家的国防实力和安全保障能力，维护了国家的安全和稳定。

我们正处在一个百年未有之大变局的时代，而现代工程技术的突破对于社会的发展、经济的增长、生活质量的提高和国家安全的增强都具有非常重要的意义。我们应该加大对现代工程技术的投入和研究力度，推动其不断发展和创新。

四、现代工程技术突破研究述评

综上所述，现代工程技术突破研究在定义、模式和过程方面已经形成了较好的研究基础，但仍存在以下研究缺口。

（1）缺乏系统性和综合性。现代工程技术研究涉及多个领域和学科，需要跨学科的合作和交流。然而，目前学术界关于现代工程技术的研究往往局限于一个领域，虽然有少数学者进行了交叉学科研究，但是研究只停留在视角层面，对于研究成果跨领域、多领域应用的研究相对匮乏。

（2）缺乏创新性。现代工程技术的企业往往面临复杂密集的技术突破问题，又因为要适应中国特殊国情和制度的要求，无法照搬发达国家的技术突破机制。目前学术界在关于符合中国情境下现代工程技术企业追赶路径和提升机制缺乏创新性，并没有形成一套适合中国企业现代工程技术突破的体系。

（3）缺乏实践应用。现代工程技术的研究需要与实践相结合，有很多学者对领先企业现代工程技术突破的机制和模式进行了总结归纳，但目前学术界对于实践应用的重视程度不够，导致一些研究成果难以得到实际应用。

第二节　中国现代工程技术突破现状

通过分析中国现代工程技术突破现状，可评估中国在全球竞争中的地位，为发展提供参考；也可以发现挑战和机遇，推动技术创新和产业升级，提升国家竞争力。同时，研究还能促进国内外合作，推动工程技术进步，为全球挑战贡献解决方案。

一、中国现代工程技术取得的成果

中国现代工程技术在多个领域都取得了显著突破，例如在航空航天、5G技术、量子技术、新能源、生物技术等领域取得了重大成果，包括成功发射了多颗卫星、完成了载人航天、深空探测等多项重大任务，建成了世界上最长的高速铁路网络，成功研制出了具有自主知识产权的量子计算机和量子通信技术，推动了能源结构的转型升级，5G技术也在国际上得到了广泛认可和应用。中国现代工程技术在多个领域都取得了显著的突破，这些技术的创新和应用将有望在未来推动中国经济社会的发展和国际竞争力的提升。但是相对于复杂产品系统的先发国家，中国等后发国家在追赶发展中面临着技术和资源的双重劣势（刘海兵、许庆瑞，2018）。尽管中国制造水平近年来取得很多可喜进步，但一个不争的事实是，关键核心技术受制于人的局面并未从根本上改观。中国整体创新能力和高精尖产业的国际竞争力与发达国家相比仍有较大差距，在高端芯片、生物基因、医学精密设备等重要领域，关键核心技术"卡脖子"问题仍较严峻（陈旭等，2023）。

在百年未有之大变局的历史背景下，中国学者抱着以国家为己任的民族情怀，扎根理论和案例研究，积极探索中国情境下现代工程技术突破的路径和模式，为中国后发企业实现技术追赶和超越提供决策参考。王超发等人以中国空间站为例，分析了该工程复杂信息系统的关键核心技术创新模式，丰富了技术创新理论的系统性认识（王超发等，2023）。宋立丰等人以北斗系统重大工程为例，探索总结了"卡脖子"技术突破机制，为中国高端产品制造和技术创新突破提供了有益启示（宋立丰等，2022）。此外，学者们还在复杂产品系统（郑刚等，2023；郭艳婷等，2022；金丹等，2021；袁媛等，2019）、创新生态系统（徐晓丹等，2023；胡京波等，2023；侯珂等，2023）、数字工程应用（陶飞等，2023；王林尧等，2023）、技术创新行为（杨乃定等，2022；王崇锋等，2022；李宏贵等，2020）、复杂产品研制（王文跃等，2022；王郁等，2022）、动态能力演化（邵云飞等，2023；

刘敏等，2022；乔黎黎等，2021）、后发追赶（黄晗等，2022；刘海兵等，2021；曾德麟等，2021；江鸿等，2019）、创新绩效（卢艳秋等，2022；李靖华等，2020）、低端突破（谭志雄等，2022；周华蓉等，2021）、重大工程技术（薛凯等，2021；汪涛等，2021；何清华等，2021）、创新管理（尹西明等，2023；陈宏权等，2020）、技术决策（王孟钧等，2021；唐晓莹等，2020）等方面对现代工程技术突破的因素、路径和模式进行了研究，为中国现代工程技术突破提供了有力帮助。

中国随着改革开放以来，完成了三峡工程、港珠澳大桥、南水北调等一系列重大工程的建造，实现了一大批关键核心技术的突破，在现代工程技术的发展上取得了举世瞩目的成就。

二、中国现代工程技术突破的约束

虽然中国关于现代工程技术突破的研究十分丰富，可是中国现代工程技术的发展仍然面临技术创新能力不足（陈彦斌等，2017）、高端人才匮乏（洪小娟等，2021）、产业链不完整（陈晓东等，2022）及知识产权保护不力（肖振红等，2023）等方面的难题，接下来需要针对面临的困境进行深入研究，解决现代工程技术发展难题，助力企业实现从追赶到领跑的跨越。

第三节　典型案例——中国石油

工程技术项目是科技发展与社会进步的产物，在国家经济发展中起着至关重要的作用。2022年10月，习近平总书记在二十大报告中强调要"推进新型工业化，加快建设制造强国、质量强国、航天强国、交通强国、网络强国、数字中国"。事实上，工程技术项目的创新直接关系到国家工业化建设整体进程，对产业技术突破、经济高质量发展战略目标实现具有重要推动作用。工程技术是工程项目实施的基础。现代工程技术是指人类基于特定社会经济发展需要而将现代科学技术研究成果应用于工业生产活动的技术或工艺。随着第四次工业革命的发展，很多现代工程技术综合应用多种学科和技术手段，包括由人机系统、物料系统（材料、设备、能源等）、信息系统（指标、进度、数据等）和控制系统组成的复杂的综合系统。不同于传统技术创新，工程技术的创新往往源于"项目难题的倒逼"（盛昭瀚等，2009），且同时受到科学技术学理基础与工程条件的双重约束。由于不同性质的技术创新对于创新模式、目标原则、路径选择等的要求不同，研究创新引领背景下现代工程技术的突破过程具有重要的理论意义和实践价值。

关于现代工程技术突破机制的研究，学术界围绕不同的突破规模、层次和协同模式展开了讨论，形成了丰富的理论基础。以企业为中心的现代工程技术突破机制认为，工程技术是以需求为导向的应用型技术（汪涛，韩淑慧，2021），以基于用户视角的创新模式为主导（苏楠和吴贵生，2016），需要以企业为创新的主要行为主体，激发市场机制来提高创新效率（汪涛，韩淑慧，2021）。证实了企业在国家政策和市场导向中的桥接作用，也证实了借助市场机制治理公地悲剧的有效性。但是，主张举国体制实现现代工程技术突破机制的学者认为，市场机制存在其固有缺陷，难以保障关键共性技术等公共品的供给（王福涛等，2016）。现代工程技术复杂度高、技术创新难度大、技术创新成果应用难等固有属性（刘慧敏等，2014）决定其突破模式必须经由政府主导、企业、大学、研究机构多方参与才能加速整合技术资源，并提出协同创新的新模式（陈劲，阳银娟，2012）。虽然关于"政府主导、市场引导"还是"市场主导、政府引导"的问题仍存在争议，但上述研究成果为转型经济（emerging economy）（Matthews，2017）、超越追赶（beyond catching-up）（Awate 等，2012；吴晓波，2019，2020）、中国科技实现自立自强等语境下现代工程技术如何突破提供了分析基础。

然而，综合已有研究，还存在几个明显的研究缺口。

（1）企业是技术创新的主体（许庆瑞，1982）。纵观现有工程技术的突破实践，不乏企业主导的创新成功案例，但是对企业主导现代工程技术突破的微观机制却鲜有研究，语焉不详。

（2）不同技术的应用情境不同，技术创新的路径选择也不同。现代工程技术由于前沿性和社会性的双重技术秉性，决定了它适用的创新模式和创新路径不同于现有技术创新路径，但是现有关于现代工程技术突破机制的针对性研究很少，几乎没有，很难准确指导实践。

（3）未将现代工程技术置于一个统一的创新范式或创新体系之中，分析逻辑和研究结论呈碎片化。

（4）举国体制的创新模式在很多工程技术情境下并不是最优路径，寻找企业视角的新型现代工程技术突破模式，对于早日突破重大技术攻关工程，缓解国家技术压力具有重要意义。

基于此，本研究采用案例研究方法，选择在现代工程技术突破方面具有代表性、典型性的中国石油公司（以下简称"中国石油"或"中石油"）作为案例企业，尝试基于创新引领的理论体系，探索不同创新要素在工程技术创新情境下的创造性组合，回答企业主导现代工程技术突破的微观机理问题。研究结论对于创新引领背景下，工程技术企业主导现代工程技术突破的创新范式研究具有积极的借鉴意义。

一、理论基础

（一）现代工程技术创新路径与机制

由于工程技术本身的多学科交叉融合、技术复杂、开发难度大等特征，现代工程技术的创新与突破一直是学者们讨论的重点话题，从技术突破的主要行为主体来看，现有研究可分为单一主体和多重主体两个视角。

单一主体的研究以企业为技术突破的行为主体，认为现代工程技术最终服务于工程实践，因此要以工程建设的具体需求和实践难题为创新指引，而技术供需双方基于利益共享、风险共担的市场机制进行交易（洪巍，周晶，2013）。这一逻辑下，现代工程技术的创新又可分为两种路径，其一是指探索组织自身依靠长期的资源、能力、技术、制度积累，实现重大工程技术突破，取得颠覆性创新成果，并不断开拓提高成果的产业化转化。如张爱琴等人基于组织维度，从决策层、管理层、实施层展开讨论；林宽海等人认为定制型工程技术创新的关键在于识别顾客关键需求、创造顾客价值（林宽海等，2015）；林宽海等人总结了工程技术服务企业的能力提升路径，即管理机制、品牌建设、核心技术、信息网络、关键人才培育，以及关键资源的获取路径；刘红勇等人揭示西南油气分公司技术创新的本质为建立自主知识产权、成套技术体系、可持续技术创新体系（刘红勇等，2014）。其二是，企业自身依靠强大的资源整合能力或占据创新网络中的"结构洞"位置，在不牺牲整体利益的同时追寻组织个体的利益（Boyer，McDermott，1999；Ketokivi，Castaner，2004），更有效地产生协同并创造最大绩效。如汪涛、韩淑慧以中广核为案例企业，分析了国有企业从契约规制为主，到平台治理为主的阶段演进中主导整合产业资源，从而实现技术追赶的内在机制。这类研究往往试图挖掘企业在整个工程技术创新中的重要作用，并试图阐释企业主导技术开发的效率和绩效优势，进一步证明现代工程技术的创新路径应主要依靠企业的力量。

多重主体的研究认为，现代工程技术的创新和突破具有公共属性，公共品的非排他特征和利益导向使得市场机制难以有效保障技术的突破，出现"市场失灵"现象。因此，现代工程技术的创新应该"通过国家意志的引导和机制安排"，强化政府政策的"强干预"机制，弥补市场失灵。这一逻辑视角下,现代工程技术的创新出现两种典型模式。其一是基于多主体合作、产学研合作平台、创新生态系统情境下的群体创新、协同创新模式,强调工程技术研发中"中试协同"可以提高组织研发效率和创新绩效,具有重要作用,而产学研平台、多主体协同、创新生态系统正可以保证资源的高效整合、利用,加速工程技术的集成创新优势,实现"1+1+1>3"的非线性协同效应。如谢宗晓等学者在陈劲等学者提出的企业内部协同模式的基础上增加了"中试协同"来研究工程技术突破,并强调了多方中试试验协同对于工程技术创新的重要作用。其二是国家体制的技术突破模式,由政府出资成立公共技术突破机构,统一开展资源调配和研发工作,负责工程技术的突破和供给。如谢宗晓等学者认为国家工程技术中心的主要目标就是"为企业引进、消化和吸收国外先进技术提供基本技术支撑",可见研究中心是"国家创新体系"中协同创新的重要载体。

综上所述,现有关于现代工程技术突破模式的研究较少,且大多局限于是否协同及协同后效率高低的争论。事实上,角色理论指出,不同角色成员应根据自身的战略任务进行活动(Iansiti 和 Levien,2004),无论是单一主体还是多重主体,都有对应的最佳模式,然而现有研究中对不同情境下最优模式的进一步深入探讨几乎没有。另外,现代工程技术应用范围广、学科交叉程度高、技术集成难度大等特点突出,但是现有研究中关于现代工程技术创新的针对性研究极少,几乎没有,缺乏"前因—后果"的机制性研究。最后,企业是创新的主体(许庆瑞,1982),如何最大限度地挖掘企业自身的作用,提高其在整个工程技术创新中的贡献程度对于社会实践具有重要意义。

(二)政府主导的工程技术创新

为了弥补市场机制的固有缺陷,快速整合互补性资源,推动技术成果产业化,实现各方优势互补,现代工程技术的突破一直都与国家政策紧密相关,各国纷纷针对现代工程技术的突破提出不同的解决方案和创新模式(万勇等,2014)。2011 年美国实施的"材料基因组计划"(Materials Genome Initiative,MGI)由美国 4 家联邦机构主导,联合全美的大学、企业、专业团体、科研人员广泛加入,通过建设专门的共享数据库、推动产业链合作等途径打造了"环形"的开发流程[①];欧盟 2012 年推进的"冶金

---

① WHITEHOUSE. About the materials genome initiative[J/OL]. (2013-06-24)[2014-07-01]. http://www.whitehouse.gov/mg.

欧洲"研究计划中，联合了欧盟成员国资助机构、欧盟工业界、EIRO 论坛和学术界等众多机构开展了 50 多个跨行业的冶金研究战略合作①；英国水电工程技术标准的开发过程中也是由政府牵头，英国本土标准协会及行业厂商、用户、行业团体、专家、政府部门等利益相关者共同参与开发②。澳大利亚、新加坡、日本等众多国家也通过举国体制的协同创新模式来加快技术应用和产业化，实现现代工程技术突破。

相比于国外工程技术突破的实践，中国工程技术的突破更加依赖政府领导下的举国体制推动。现有关于中国举国体制下的工程技术突破路径的探讨主要有两种模式，一种是按照项目进程依次排列的链式结构，即由政府作为主要参与者的身份参与技术突破过程，由政府相关机构统一配置，将所需资金、人才、物质资源加入研发过程中，并由政府负责技术立项、构思、评价、突破、技术转化的全过程，促进领域知识有效转化为解决方案知识，"为国民经济和社会发展提供技术创新支撑"。如由科技部统筹规划建设的国家工程技术研究中心，对各领域和战略性新兴产业技术的突破起着决定性作用（王健等，2014；周琼琼，2015）。另一种则是由核心向四周辐射扩散的轮式结构。即由政府作为关键参与者的身份参与技术突破过程，创造工程技术相关的制度型市场，形成鼓励性的政策和倾向性的制度激励，保证资源优先配置，加快工程技术的突破。例如，蔡建新和田文颖以广东省工程技术中心为例，研究了工程技术研究中心主导下成立的产学研合作网络中，产学研合作深度和合作广度等要素对工程技术突破的影响。以上研究十分丰富，为后续研究奠定了扎实的理论基础。

关于现代工程技术的突破究竟应该由谁主导的问题一直存在争议，现有研究大多数倾向举国体制的协同创新模式，但已有研究证实，政府推动产业技术追赶未必会成功（Lee 等，2017），且政府在工程项目中的过度参与甚至会导致项目失败（乐云等，2019）。需要指出的是，企业是技术成果产业化应用的终端环节，具备直接判断、选择、评价、测试技术成败的市场情境，也是连接政府与市场的重要桥梁。然而，现有研究忽略了企业在技术突破过程中的主观能动性，且几乎没有研究协同创新模式中企业的角色、战略定位及内在机制。因此，什么样的企业更能主动承担起现代工程技术突破的历史责任？这些企业成功主导现代工程技术突破的内在机制是什么？这些问题亟须得到理论回应。

---

① ACCMET.Introduction[J/OL].(2013-01-07)[2014-07-01].
② SINTEF ACCMET-Accelerated Metallurgy-the accelerated discovery of alloy formulations using combinatorial principles[J/OL](2013-04-26)[2014-07-01].

(三)创新引领下的技术创新突破机制

在微观机制方面,与笔者归纳的创新引领的VAED内涵不谋而合。刘海兵和许庆瑞曾以海尔洗衣机产业线为案例进行研究,认为引领性创新观基础的决策机制、创新战略选择机制、管理机制和组织柔性化价值是后发企业在"超越追赶"过程中实现引领性创新的关键机制,对创新引领机制作了初步探索。刘海兵等学者曾以方大炭素为案例企业,探讨了创新引领视角下企业突破关键共性技术的内在机制,即创新认知与战略重构机制、自主创新能力提升机制及红色基因驱动的文化机制。创新引领视角下的企业更能体现出长期主义的价值追寻,在现代工程技术的攻克语境下,创新引领导向的企业在市场机制的前提下又能主动接受现代工程技术的非排他性,承担起技术突破和技术创新的历史责任,而对于这类企业技术突破的成功经验进行归纳,无疑对后续实践具有重要意义。

二、研究方法和数据来源

案例研究侧重研究问题的"过程"视角,强调对过程中发生的具体事件与做法的描述,并解释过程产生的原因及关系等(王凤彬,张雪,2022)。因此,案例研究更适于回答"what"和"how"范畴的问题。Eisenhardt肯定了案例研究在理论构建中的重要价值;认为案例研究应当遵循实证主义的因素理论化逻辑,采用扎根理论对案例资料进行科学分析,并试图解释差异产生的原因。本研究试图分析创新引领逻辑下,企业主导现代工程技术突破的内在机制,即属于回答研究领域中的"what"和"how"问题,因此采用案例研究更有效(Edmondson,McManus,2007)。同时,本研究旨在完善理论体系,弥补理论缺口,具有探索性特征,适合采用单案例研究方法,在极端、典型的案例中归纳演绎极端现象背后的深层机制,提取理论新洞见。综上,本研究选择单案例研究方法。

(一)案例选择的依据

探索性研究主要是对未知原理的探索和对理论缺口的填充,对于案例研究而言,案例企业的选取要具有典型性和极端性,才能把握研究问题的主要方面。因此,案例研究的抽样逻辑是理论抽样,而非随机抽样,即在研究问题范畴内选择典型性、代表性的企业作为本研究的样本企业。基于现代工程技术突破的研究问题,本研究的案例企业应该具有如下特征:①案例企业在工程技术领域占据领先的市场位势,且技术优势明显;②案例企业创新行为符合创新引领 VAED 模型中强调的标准,即以创新逻辑代替市场逻辑成为企业发展的根本遵循;③案例企业工程技术突破成效显著,积累了工程技术突破的丰富经验;④可获得案例企业的丰富资料和数据。

基于以上标准,本研究选择中国石油天然气集团有限公司(简称中国石油)作为本研究的案例企业,下面列出主要主要原因。①中国石油是以油气业务、工程技术服务、石油工程建设、石油装备制造、金融服务、新能源开发等为主营业务的能源公司。前身是成立于 1950 年 4 月的石油管理总局,负责中国的石油工业生产建设。经过漫长的发展历程,如今已成为国际领先的综合性国际能源公司。②中国石油创新行为的底层逻辑与引领创新 VAED 模型相符。如中国石油长期以来重视技术创新,通过"完全自主基金""风险基金"等途径大力支持企业创新。在 2018—2022 年集团公司年报中,"创新"一词高频出现,词频占比达 0.10%以上,证明集团公司坚持创新为首的管理导向。③中国石油工程技术突破成果显著,如东方物探自主开发的 PAI 技术涵盖了中国石油集团东方地球物理公司采集(acquisition)、处理(processing)、解释(interpretation)一体化的技术服务领域,浓缩了多年积累的成功勘探经验,集成了物探技术持续创新和实践的最新成果。包括 4 项一体化解决方案和 8 项特色技术。此外,集团工程院先后研制开发了控压钻井技术与装备、钻井液与储层保护技术、固井完井技术、煤层气钻完井技术、井下控制技术、连续管技术与装备、套管钻井技术、膨胀管(波纹管)技术、储气(油)库建设技术、钻井装备与工具、钻井工程设计与工艺软件、石油装备监理与检测评价技术等多项国内外领先的先进工程技术,覆盖从油气开采到商业化的整个阶段,积累了丰富的工程技术突破经验。④中国石油新闻网站公布了大量企业信息,且中国石油主办了 20 多种刊物,公开资料丰富易得。

(二)数据来源

本研究遵循 Eisenhardt(1989)提出的数据收集基本原则对数据资料进行多来源、多层次的收集,以通过数据资料彼此印证进行"三角测量",进而确保研究数据的真实性和准确性。

本研究的资料数据主要来源于以下几个渠道。

(1)梳理团队内部访谈记录、调研通讯报告等资料中与本研究有关的内容,并进行摘录。

(2)挖掘中国石油内部资料中与本研究有关的记载,内部资料主要有中国石油年报、中国石油官网、微信公众号的动态、宣传资料等。

(3)通过阅读中国石油主办的《石油科技论坛》《中国石油企业》等

杂志中的论文,从中寻找案例企业创新发展的相关证据。

(4)充分利用各大数据库中对与中国石油创新相关的研究成果展开搜索,主要数据库有中国知网(CNKI)数据库、维普期刊数据库、万方数据库等,并寻找与中国石油工程技术突破有关的新闻报道等。

本研究二手资料的数据来源多样化,能够控制回溯偏差,保证研究结果的可信度。

(三)数据分析

本研究以收集到的一手资料和二手资料为编码材料,围绕"工程技术的突破机制"为核心问题展开开放性、主轴性、选择性编码。为尽量避免认知差异,本团队3位成员同时进行编码,并对编码结果进行分析。

三、案例分析

本研究选取中国石油天然气集团有限公司为案例对象进行分析,具体如下。

(一)案例简介

中国石油天然气集团有限公司(简称"中国石油",英文缩写:CNPC)始建于1950年4月,前身是燃料工业部石油管理总局,负责中国的石油工业生产建设。目前已成为国有重要骨干企业和全球主要的油气生产商和供应商之一,是集国内外油气勘探开发和新能源、炼化销售和新材料、支持和服务、资本和金融等业务于一体的综合性国际能源公司,在全球32个国家和地区开展油气投资业务。中国石油工程技术研究院构建国内外"一体两翼"研发格局,强化数字化转型智能化升级,加快构建现代化科技创新治理体系;围绕自动化钻完井技术与装备、井下随钻测控技术与装备、提速技术与工具、井筒工作液材料与技术、完井与储层改造技术、储气库工程技术六大技术集群,打造了20余项先进适用技术,储备了10余项高端前沿技术。2021年,在世界50家大石油公司综合排名中位居第三,在《财富》杂志全球500家大公司排名中位居第四。

(二)案例描述

1. 中心式技术创新决策机制

工程技术的物化形态既是自然物,又是经济物。工程技术不仅受到自然科学规律的约束，还要符合功能的经济性特征。因此，工程技术项目实施之前的项目立项论证、技术可行性、成熟度、风险等前端评价环节至关重要（刘慧敏等，2014）。作为工程技术企业，中国石油深谙此道，并布局了一系列以工程技术创新为核心的决策机制。

面对工程技术创新决策的复杂性和模糊性，如何最大限度地提高决策的科学性、专业性和前瞻性，从而提高企业创新成功率、降低创新失败风险？中国石油创造性地集结院士、集团公司专家等高级专家队伍成立中国石油科技委员会，下设科技管理部对科技体系开展统一管理。同时，组织开展"国内外新技术调研""中国石油物探技术调研"等多项课题研究，应用"模板－技术特征测评法""德尔菲法"等方法对调研结果进行技术优选。充分发挥专家等高质量技术资源力量进行群体决策，提高企业自身的技术洞察力、判断力，使得集团前沿技术体系布局的趋势判断和整体把控更加精准。此外，中国石油设定"技术竞争性、技术对生产力影响、技术水平的级别"等不同技术分析维度，将决策程序进一步结构化。在这一决策机制下，中国石油形成了自上而下、层层分解的重点领域技术群，以及每一个重点领域的研究目标、研究课题、重要节点指标，保障了后续研究的可操作性和整个技术架构的系统性。

资源的分类、整合、配置是创新决策的另一个重要环节，为保证创新资源利用的效率和效益，中国石油建立了一套创新引领的资源配置流程。首先是资源统筹模式。中国石油分别建立并实施了以院科技委员会和4个专业技术委员会为架构的科研决策机制、项目挂牌运行制度、自上而下课题"甘特图"统筹管理模式（冯艳成，2021）。其次是资源配置逻辑。中国石油对资金、物质等基础性资源的配置逻辑是由核心研发层根据研发需求对资源进行统一配置，并以完全项目制为抓手，采用"双向进入、结对子"等方式深入对接。最后是资源协同模式。对于需要多主体间协同的研发资源，中国石油成立了以项目为主导的研发共同体（科技管理部，2020），统筹企业内外研发资源，战略补齐研发业务链。中国石油这一资源配置体系有力地保障了决策机制中重点领域技术群的研发，提高了创新资源利用率和创新研发绩效。

技术开发成果的处理是企业创新能否产生经济价值的关键。如何保证企业创新成果能得到最大程度的开发和利用？中国石油对于信息和成果的处理，体现了国有企业的管理智慧和开放格局。中国石油搭建了"勘探开发梦想云平台""GeoEastiEco新一代多学科一体化开放式软件平台""科技资源共享使用平台"等多层次共享软件生态，来保障技术资产、金融资源、核心业务数据、研发资源、施工信息等信息和成果在子公司间、院所之间、所厂之间的高效流动和有效共享，打造了智能化、高性能、多专业协同的共享环境，激发了企业内部创新热情，加速了技术成果的转化效率。这一成果和信息共享机制，对重点领域技术群的研发起到了正向反馈作用，是中国石油创新决策体制的又一大亮点。

2. 差序式技术创新组织机制

工程项目的临时性、独立性特征对企业的研发创新组织体制提出了挑战。为应对复杂庞大、交叉分布的技术分支体系要求，中国石油利用多年来积累的经验，以技术创新为核心目标，开创了一套独特的基础研发、应用研发、成果转化机制。

（1）基础研发机构。工程技术的结构复杂性和功能复合性特征决定了其技术创新过程涉及大量跨学科知识的交互和融合。因此，工程技术创新对企业知识基础的存量和异质性提出了较高的要求。为了保障工程技术创新所需的异质性知识基础，中国石油围绕"基础理论研究-技术架构设计与可行性评估-技术信息采集与研发-工程实施与产品生产-产品开发与商业化-外部服务"的工程技术开发过程，成立了直属研究院体系，包括聚焦基础理论的勘探开发研究院、设计论证与可行性研究的规划总院、关注技术信息开发的经济技术研究院、推进工程实施与产业化的工程技术研究院、领跑管道技术研发的工程材料研究院、负责产品开发的石油化工研究院、负责后端保障的安全环保研究院；由此积累了技术研发的异质性知识，支撑了中国石油创新链的高效运行，提高了企业创新效率。

（2）应用研发机构。工程技术又称生产技术，最终应用场景是特定的工程项目，工程技术创新通常以实际应用需求为导向，强调技术创新的工程价值和市场价值双重价值属性，即工程技术创新的实用性要求更高。因此，技术创新的应用开发和适应性创新突破是中国石油应用研发机构设立的核心逻辑。在此逻辑指引下，中国石油围绕"勘探开发技术体系、炼油化工技术体系、管道储运技术体系、工程建设技术体系、安全环保技术体系"等核心技术体系建立了分支齐全的二级研究院。在此基础上，围绕各技术分支下的研究重点与技术难点，中国石油又设立了领域分布广泛、围绕某项技术单点突破的重点实验室（勘探 7 家、开发 17 家、工程技术 7 家、炼化 12 家、储运 4 家、装备 1 家、其他 7 家）和试验基地，例如地震岩石物理技术突破实验室、油气藏改造技术突破的重点实验室、非均质复杂储层测井技术突破的重点实验室等。

（3）成果转化机构。由于工程项目的临时性与组织独立性特征，不同项目之间的重复研究可能较多，技术成果难以转化或再次利用，造成研发浪费、创新投入产出比较低等问题。面对这一管理难题，中国石油利用项目广泛分布的优势，建立了直面区域工程项目实施场景的地区特色技术机构，来促进成果转化。这一地区特色技术机构主要负责推动先进技术在地方转化、技术推广应用、商业化开发等功能，如生物酶脱硫剂制备科技成果转化中试基地、西安油气田防腐技术应用推广机构、大庆油田微生物发酵中试基地等。地区特色技术中心的设立大大加快了技术成果转化，减少了研发资源浪费，提高了创新产出，是中国石油工程技术创新的后端保障机构。

3. 长尾式技术创新攻关机制

石油工程技术具有专属性强、配套要求高、应用效果评价难度大等特点。据统计，一项石油工程技术从开发到形成一定规模的商业化应用一般需要5~10年的时间，发展速度较慢（闫娜等，2018）。针对工程技术开发周期长的特点，中国石油形成了一套针对性的技术攻关管理机制。

重大工程由于技术复杂性强，技术开发不确定性大（汪涛，韩淑慧，2021），技术创新周期较长。但同时，重大工程技术创新成果层次高、影响大，工程经济效益显著。中国石油围绕长期规划重大攻关技术，布局了一系列配套机制。例如，通过强调"久久为功"的创新理念强化长期导向的创新认知；以直属研究院为重大技术、前沿技术、共性技术的攻关机构，明确其重大技术攻关的功能定位；从资金投入看，面向直属研究院投入1亿元，秉承"不签任务书、自由探索、接受失败"三大原则，成立三个"完全自主"基金，鼓励超前研究项目探索；此外，增强组织失败风险承担导向，建立多主体联合的协同研发机制。在创新认知塑造、创新投入、失败承担、协同研发机制等一系列机制协同下，中国石油重大技术攻关得以长期地、高质量地持续开展。

重大工程技术通常被拆解为零散的关键技术创新进行逐个突破，之后根据工程项目需要进行集成。因此，关键技术的专项突破也是中国石油技术攻关体系布局的重点。从发展理念看，中国石油坚持"主营业务战略驱动、发展目标导向、顶层设计"科技发展理念，着力解决科技项目重复分散等问题。从组织机制看，建立了直属科研院所与地区公司、重点实验室和试验基地、内外部优势力量一体化组织，形成"没有围墙的研究院"；从战略与目标设定方面看，坚持"基础研究-技术攻关-技术应用"的顶层设计理念。从实现机制看，建立了国家专项、公司专项的互补性协同攻关模式，实行"责任状"、里程碑管理和专员制度等特定管理模式，专项聚焦关键技术突破，取得了一批实质性成果。

除去长期规划重大项目，专项聚焦核心技术突破的直接举措外，中国石油还特别注重渠道建设等互补性资产的规划和配备。从组织体系的灵活性程度看，中国石油开辟了以项目为龙头和纽带的科研项目团队组建试点，打破研究机构行政界限。从保障创新所需的研发资源和设备资源看，中国石油修订实验室管理办法，推进资源的共享和高效利用；同时通过建立国外研发中心、打造国家级研发平台等渠道整合企业内外研发资源。从资金投入看，中国石油按三个层次，分十个方向，部署50个科技项目支撑各业务单元；此外，从薪酬、激励、晋升等微观组织制度的适应性变革，以及知识产权保护管理机制改革创新等方面，多渠道、多途径支持和保证了专项技术的突破，从而保障了重大工程技术的长期创新。

中国石油依托现有的技术体系，大力实施创新驱动发展战略，瞄准重点领域重大关键技术瓶颈，加强核心技术攻关和前瞻性基础性战略性技术研究，加速新技术向生产力转化，在勘探开发、炼化、工程技术、新能源等领域取得丰硕成果。中国石油不但发展和完善了海相深层页岩气地质综合评价、油田化学驱大幅度提高采收率等关键技术，而且实现了百万吨级乙烷制乙烯成套技术、乙烯装置系列催化剂等重大核心配套技术的开发应用。同时研发完成了基于开放式平台的新一代超大型地震处理解释一体化软件、旋转地质导向钻井系统等关键核心技术与装备。在前沿研究领域，中国石油也有不容忽视的理论贡献，在深层/超深层油气成藏机理、陆相页岩油富集地质理论等理论认识上取得重大进展。仅2021一年，中国石油申请专利5016件，其中发明专利4779件，开创了公司高质量发展新局面，为保障国家能源安全、建设能源强国、稳定宏观经济大盘、保持社会大局稳定作出积极贡献。

四、案例讨论

本研究以收集到的二手资料为编码材料，围绕"工程技术的突破机制"为核心问题展开开放性、主轴性、选择性编码，挖掘编码中涌现出的相应机制。在验证证据链真实性、有效性的基础上，反复考察理论框架与案例证据间的印证关系（潘绵臻等，2009）。研究证实，以中国石油为典型代表的行业领军企业在现代工程技术的突破过程中，实施了中心式技术创新决策机制、差序式技术创新组织机制、长尾式技术创新攻关机制，以上机制都紧紧贴合了工程技术本身结构复杂、知识密集、应用导向、创新周期长等特点。

（一）中心式技术创新决策机制

中国石油的创新决策机制主要表现出自上而下的"中心式"特征，这一特征集中体现在技术需求集中评价、创新资源统一配置、信息和成果有效共享三个方面（图6.1）。

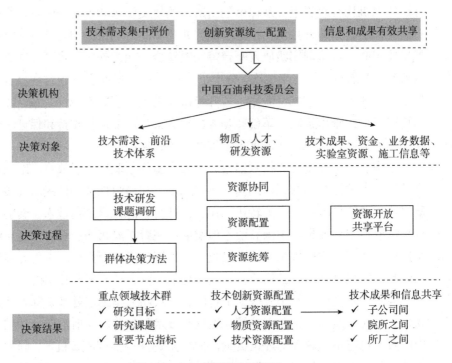

图6.1 中心式创新决策机制

1. 技术需求集中评价

关于创新决策机制的研究主要因创新场景不同、创新目标不同而有特定的决策机制，包括但不限于基于前沿技术推动的TRIZ、QFD、稳健设计等创新决策的有机集成（张爱琴等，2014），以及基于顾客价值创造、能力构建的服务创新决策模式（林宽海等，2013，2015）等。但是，在工程技术这一创新目标模糊、技术不确定性大、风险较高的创新情境下，企业如何最大程度降低风险，提高评价机制的稳健性和科学性仍未有定论。自然决策理论指出，认知主导策略能够较好地利用主体的隐性知识，适用于复杂条件下通过专家决策识别并界定模糊的目标（张慧玉、李华晶，2016；Kahneman，Klein，2009）。现代工程技术作为一个特定的技术创新场景，集合了前沿技术、领先技术、复杂技术等不同技术体系特征，形成了一个复杂的综合性创新场景。在这样的场景中，为保证技术创新决策的科学性、准确性，提高创新成功率，更需要集合专家团队集中决策，通过人为系统更好地发挥积极的判断作用（张慧玉，李华晶，2016）。从中国石油的案例看，科技管理部，以及以院士、集团公司专家为核心的技术委员会率先对技术整体趋势、技术框架进行精准把控，确定总体研究方向，调研整体的技术需求，依据一定维度进行技术分析和等级评定。之后将确定好的技术体系分解为重点领域技术群。由此本研究提出如下命题。

> 命题 1：现代工程技术决策由于其复杂性、模糊性、综合性等特征，更适合通过集中专家团队进行自然决策来实现模糊目标的具体化，进而保证决策的科学性。因此，需求集中评价是中心式技术创新决策的前提，是"创新引领"逻辑下组织应对工程技术复杂性、系统性难题的重要举措。

2. 创新资源统一配置

技术驱动型企业资源配置重视效果，强调对实现目标的技术手段进行创新，关注技术层面的创新带给企业的效率和位势提升，是企业高质量成长的重要路径（罗小芳，卢现祥，2018）。技术驱动型创新资源配置的核心逻辑因技术类型、创新周期、规模、创新程度而异（蔡渊渊等，2021）。研究指出，企业经营环境、组织目标、治理机制、产权性质、组织战略注意力、组织创新认知等也是影响组织创新资源配置的重要考量（张馨，彭纪生等，2021）。从中国石油的案例看，"完全项目制"资源配置逻辑、研发资源协同的组织体系和自上而下统筹管理的资源配置模式，助力中国石油集中优势资源突破重点项目，形成了现代工程技术突破的强大资源保障和支撑。资源最优配置理论指出，在给定技术体系和消费者偏好的情况下，要将有限的经济资源发挥出最大的效用，主要在于资源配置的结构构成（蔡渊渊等，2021）。资源基础观与动态能力观指出，资源配置过程中的结构性与隐性能力习得是竞争优势与动态能力的重要来源（Teece，1998）。因此，在工程技术突破过程中，创新资源发挥最大效用的根本途径在于资源的最优化配置。中国石油资源自上而下统筹、重点突出型配置、多主体间协同的三位一体式资源配置模式，有效减少资源重复、低效、浪费等现象，提高资源利用率，优化资源整体结构，为重点领域技术群的突破提供资源保障。由此本研究提出如下命题。

命题 2：资源最优配置理论指出，资源的结构性决定了资源发挥效用的程度。在给定技术需求的前提下，资源统一配置的合理化程度决定了重点领域技术群的资源基础。因此，资源统一配置是中心式技术创新决策的核心，是"创新引领"逻辑下挖掘企业资源优势攻克重点领域技术群的重要路径。

3. 信息和成果有效共享

资源存量一定的情况下，如何激活企业内创新活跃度一直是影响企业创新的重要问题。事实上，创新的本质是知识的创造，而知识创造又来源于异质性知识的碰撞与冲突（刘娟等，2022）。因此，知识的有效共享是提升创新活跃度的关键。野中郁次郎的知识创造 SECI 模型指出，知识分为隐性知识（tacit knowledge）和显性知识（explicit knowledge），且企业中的知识创造会经过社会化(从隐性到隐性)、外显化(从隐性到显性)、组合化(从显性到显性)和内隐化(从显性到隐性)四个过程，显性知识较易转移，而附着在技术、成果等的隐性知识则较难转化。因而，问题的关键在于如何让蕴含在流程、业务结构中的信息和科研成果中的隐性知识在组织成员间有效共享。从中国石油的案例实践来看，共享的信息类型、渠道建设、共享范围直接影响了企业隐性资源共享的有效程度。例如，中国石油为了保障信息和成果在组织内部的有效共享，搭建了智能云平台、多层次软件生态，使得研发基础设施、技术资产、金融资源、工程信息和核心业务数据等资源在子公司间、院所内部实现资源协同与共享，盘活资源存量，形成创新的正向反馈效应，促进工程技术创新突破进程。由此提出如下命题。

命题 3：技术创新理论指出，技术创新的本质是知识的创造。知识创造理论指出，隐性知识的传递和共享决定了知识创造的进程。因此，对信息和成果的处理决策直接关系到组织的技术创新。进而，信息和成果的有效共享是中心式技术创新决策的重要反馈机制，是"创新引领"逻辑下提升组织创新活跃度、创新潜力，加快现代工程技术突破的关键路径。

不同于现有市场驱动、用户驱动的创新决策机制，中国石油的中心式创新决策机制在决策主体、决策机构、决策方式、决策目标、决策反馈机制等 5 个方面都具有典型的"中心性"特征。首先，决策的机构和主体是中国石油科技委员会的专家咨询团队，具有相当的权力集中性和知识专业性，保证了工程技术体系架构、子群体设计的科学性和全面性；其次，决策的结果通过资源统一配置和信息成果有效共享得以实现。资源统一配置提高了企业资源利用率，保障了技术群攻克的资源基础；而信息和成果的有效共享，有力推动了知识转化进程，对技术创新攻关形成强有力的正向反馈，加快了技术攻克进程。因此，中心式创新决策机制是更适合突破工程技术的决策。表6.1是中心式技术创新决策机制编码表。

表6.1 中心式技术创新决策机制编码表

主范畴	二阶范畴	一阶概念	案例证据
需求集中评价	研究方向总体把控	专家团队规划技术领域	充分发挥院士、集团公司专家等高级专家的作用，科学把握科研方向。每一个重点领域都配备首席科学家，实行首席科学家全面负责制，将这个领域的研究进行总体设计
	集中评价组织体系	总部集中规划	公司科技管理体系由总部集中统一规划、统一管理，凸显集中力量办大事的一体化优势
	整体调研技术需求	调研并筛选新技术需求	组织开展了"国内外新技术调研""中国石油物探技术调研"等多项课题研究，应用"模板－技术特征测评法""德尔菲法"等方法对调研结果进行技术优选
	统一技术分析维度	技术分析维度明确	从技术竞争性、技术对生产力影响、技术水平的级别等不同维度对技术需求进行分析，明确公司的技术发展方向
	子指标群分解制定	设定重点技术群	结合物探行业装备、软件与方法集成一体化的总体趋势，确定了"大软件、大装备、大集成"的技术创新总体框架，明确了物探软件、装备、配套技术等10个优先发展的重点领域技术群，以及每一个重点领域的研究目标、研究课题、重要节点指标
资源统一配置	自上而下统筹管理	公司直管项目组	分别建立并实施了以院科技委员会和4个专业技术委员会为架构的科研决策机制、项目挂牌运行制度、自上而下课题"甘特图"管理模式（冯艳成，2021）
			ES109大型地震仪器研发、KLSeis采集软件升级开发就是采取国际通用的攻关项目组模式，抽调各路资源成立公司直管的项目组

（续表）

主范畴	二阶范畴	一阶概念	案例证据
资源统一配置（续）	资金集中配置	集中资金解决技术难题	核心研发层由公司层面管理，负责前沿性、整体性研究工作，以战略导向和市场导向，关注公司长远发展，集中有限资金解决"瓶颈"技术难题，以创造和保持竞争优势
	整合研发资源	统筹国内外研发资源	技术研究院牢牢把握发展定位，统筹国内国外两种研发资源，坚持以"科技研发、参谋支持、产业推广"为业务引领，战略补齐研发业务链
	项目制资源配置	完全项目制	以完全项目制为抓手，采用"双向进入、结对子"等方式深入对接
	资源协同体系	研发共同体	建立了指向式旋转导向钻井系统、高性能PDC钻头、恶性井漏智能封堵等8个项目的研发共同体（科技管理部，2020）
信息和成果有效共享	技术智慧共享	集团内知识与技术共享	中石油大庆油田以技能专家工作室为依托，搭建技术共享和智慧共享平台，实现企业之间思想共融、经验共学、成果共享、效益共赢，积极开展现场经验交流、科技成果共享等技能主题活动，实现技术公开和共享
	金融资源共享	业务信息共享	为有效发挥各金融企业专业优势和业务互补优势，公司深入推进产融结合、融融协同，加快建设产品、客户、渠道等资源信息共享平台
	核心业务数据共享	核心数据资产共享	截至2019年底，梦想云平台统一数据湖已管理36万口井、600个油气藏、7000个地震工区、4万座库站，横跨60多年的数据资产涵盖六大领域、15个专业，实现了上游业务核心数据全面入湖共享
	研发资源共享	科技资源共享	搭建科技资源共享使用平台，推动科研成果、实验数据、仪器设施等开放共享（2020年年报）
	施工信息共享	工程施工信息交互式共享	转变传统观念，践行"一体化"理念，勘探向后延伸，开发提前介入。遵循"逆向思维、正向实施"原则，集成各个单项的优化设计软件，建立一个数据平台，以满足工程技术需求和交互式信息共享需求，并能对工程实施后评价，反演修正地质模型
	搭建智能云平台	智能共享业务平台	勘探开发梦想云平台是中国石油搭建的第一个主营业务智能共享平台，以"集成、共享"为目标，建立统一数据湖、统一PaaS云平台，搭建协同研究工作环境

（续表）

主范畴	二阶范畴	一阶概念	案例证据
信息和成果有效共享（续）	多层次共享软件生态	软件生态系统	最新研发推出 GeoEastiEco 新一代多学科一体化开放式软件平台，实现云计算、PB 级数据管理，支持大规模并行计算，具备多学科协同工作能力，形成多层次开放，致力于构建协同共享的软件生态系统
	科技资源共享	科技资源共享平台	搭建科技资源共享使用平台，推动科研成果、实验数据、仪器设施等开放共享（2020 年年报）
	跨单位资源共享	子公司资源间共享	与物探公司共同合作，通过打造智能化、高性能、多专业协同共享环境，不断提高物探技术服务能力，为庆油公司提供更有效的一体化技术解决方案
	院所内部资源协同	院所间业务依托	充分发挥院主干专业核心研发作用，实现有效支撑、互为依托。加强专业之间、业务之间、所厂之间的研发合作

（二）差序式技术创新组织机制

中国石油的技术创新组织机制表现出典型的差序格局特征，集中体现在基础研发机构、应用研发机构、成果转化机构层次分明的布局层面（图 6.2）。

1. 围绕创新链的直属研究院

熊彼特在对企业创新行为（innovation）的定义中，涵盖了企业创新活动的全过程，开辟了企业内部创新链的研究。功能视角下的创新链观点认为，创新过程包含基础研究、架构设计、技术开发、产品设计、产品制造及改进、外部服务（销售及售后等环节）等功能节点，创新链的本质是知识物化并实现价值的过程（代明等，2009）。事实上，工程技术由于其突出的定制性特征，往往需要知识的及时反馈，节点之间的多主体不再是单线交流而更需要交互运作（闫娜等，2018）。从中国石油的案例看，中国石油目前共有 7 个直属研究院，功能定位分别涉及基础理论研究、技术架构设计与可行性评估、技术信息采集与研发、工程实施与产品生产、产品开发与商业化、外部服务六大环节，完整覆盖了创新链过程，保障了创新活动的完整性。对于工程技术而言，直属研究院的阶段性联结保障了创新活动的完整性，促进了知识、信息的流动和反馈传输过程，实现技术与市场需求的共演，将不同的技术与知识集成，完成了知识的经济化过程。不同于外部主体参与的创新链，内部研究院体系下的创新链降低了沟通成本、知识隐藏、信息泄露等负面效应，大大提升了内部创新的稳健性、流畅度及协同效应，全方位保障了工程技术的基础研发。

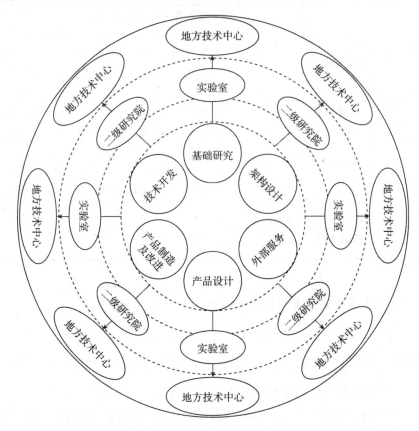

图 6.2　差序式技术创新组织机制

由此，本研究得出如下命题。

命题 4：围绕创新价值链布局的直属研究院体系模拟了工程技术创新中多主体参与、创新链各主体间交互运作的模式，为工程技术创新提供了异质性知识环境，全方位保障了技术创新的基础研究。围绕创新链的直属研究院是差序式技术创新组织机制的核心环节，是创新引领逻辑下工程技术突破的科学知识基础保障机构。

2. 技术分支齐全的二级研究院

技术扩散理论表明，技术由初始的知识融合点逐渐扩散到不同的理论分支时终止（孙晓华等，2010）。技术生命周期理论表明，技术成长成熟往往伴随着技术的纵深发展，逐渐由关键主路径衍生出不同的技术分支，形成完整的技术架构体系。因此，研究也常通过企业的技术分支情况来判断企业在某一技术领域的技术成熟度（杨武等，2022）。在工程技术的突破过程中，由于施工情况不同，解决技术难题时往往需要跨学科、跨领域的综合性技术知识。中国石油在工程技术的不断突破过程中，逐渐形成了一套以技术分支为核心的二级研究院创新体系。区别于一级研究院的技术主路径研究，二级研究院则渗透到技术分支的各个细分领域，辅助一级研究院进行纵深研究，强化技术的应用性创新，弥补了直属研究院的应用功能弱化缺陷，全面保障了工程技术创新。

3. 广泛分布的单点突破实验室

Stokes 用巴斯德象限模型来描述多元化的科学与技术创新之间的互动关系（Stokes，1997），在这个二维坐标系中，横轴和纵轴分别表示技术创新面向基础研究和面向应用研究的程度（孙晓华等，2010）。事实上，探索应用目的的技术研究是连接以上两个轨道的重要枢纽，而企业实验室正扮演着这一重要角色。因此，聚焦于某一单项技术突破的企业实验室是促进技术创新不可或缺的重要部分。此外，作为企业技术创新的最小单元，企业实验室是企业技术溢出、与外部非正式知识交换的重要载体，同时承担知识搜索、创新扩散与资源集聚的重要使命（Saxenian，1991）。为了强化基础研究到应用研究的连接与过渡，中国石油在二级研究院之下又设立了多个重点实验室，利用体量小的优势向下渗透到单项技术中的"研究瓶颈"，逐个击破技术痛点，打通基础研究到生产应用的最后环节，是熊彼特 I 型创新的主要应用场域（孙晓华等，2010）。由此，本研究得出如下命题。

> 命题 5：基础研究向应用研究的转化一直是影响技术创新产生经济价值的"痛点"，中国石油在基础研发阶段就注重技术的应用价值研究。技术分支齐全的二级研究院进一步弥补了直属研究院面向创新链主要功能环节的缺口，加强基础技术创新的应用性、工程专属性和配套性。而广泛分布的单点突破实验室体系则促进了工程技术的适应性创新改进；实验室作为连接基础研究和应用研究的重要枢纽，是企业技术创新实现价值创造的关键。二级研究院和实验室构成的应用研发层是差序式技术创新组织机制的次核心环节，是创新引领逻辑下工程技术突破的应用研究保障机构。

4. 促进成果转化的技术中心

知识产生到最终实现经济价值的过程是一个多主体、多环节、多层级相互交织的阶段性过程（孙晓华等，2010），在此过程中，不同节点的主体分别承担了不同的功能角色。从中国石油工程技术突破的实践过程看，直属研究院承担了架构性创新、基础研究创新、技术体系设计及延伸的功能定位。二级研究院产出具体的技术创新成果，实验室承担了技术成果向应用研究探索的桥接机制，最终表现形式是技术创新的可应用范围与途径。但是，真正实现技术的规模化应用还要经得住生产环境的考验。因此，从技术应用前景向技术生产场景的转化就成为技术价值化、经济化的最终步骤，也是企业技术创新实践最容易忽视的重要环节。工程技术的突破过程是众多技术创新、工艺创新、方法创新的集合；只有加快创新成果转化，才能真正激发企业内部的创新激情，提升企业创新潜力。因此，中国石油创新性地设立了企业级的地区成果转化技术中心，直接面向实验室研究成果，通过技术溢出等途径向集团内外部多渠道探索技术成果的转化路径，落实技术成果向规模性应用的转化，极大提高了企业内部创新热情和创新潜力，加快工程技术系统的突破进程。由此，本研究得出如下命题。

命题 6：技术创新成果转化是基础研究向应用研究转化的最终环节，是工程技术创新成果得以市场化的重要保障。因此，技术成果转化机构是差序式技术创新组织机制的最外层环节，是"创新引领"逻辑下企业拓展技术创新应用场景，加快创新成果市场化，推动现代工程技术突破进程的关键创新单元。

差序格局一词来源于费孝通先生对中国传统人际格局的描述，描述了中国社会以个人为中心，以亲疏关系、人伦秩序为原则的人际传统，强调了社会关系中的远近、亲疏、秩序内涵，往往具有典型的层次性、伸缩性、逐步延伸性特征。类似于差序格局，中国石油的技术创新组织体系呈现出"以技术创新为核心目标，依据与创新链核心环节的亲疏远近关系形成了层次性、秩序性的技术创新组织架构"。首先，以创新链为核心的直属研究院，覆盖了整个创新链的基本环节；其次，技术分支齐全的二级研究院是对基础研究环节的延伸与补充；再次，单点突破广泛分布的实验室是连接基础研究技术成果向实际应用技术改进的重要桥接机构；最后，促进成果转化的技术中心是创新链中知识创造到经济化的最终环节和直接保障。因此，中国石油技术创新体系围绕"对技术创新的亲疏性"而表现出明显的层次性、秩序性，定义为差序式技术创新组织体系。此外，不同于分布式技术创新体系，差序式技术创新体系更适合工程技术创新，原因有以下几点。

（1）分布式技术创新体系强调分工模式、效率逻辑，而差序式技术创新体系则包含所有技术创新环节，强调整合逻辑。这与工程技术体系的集合性、综合性不谋而合。

（2）分布式技术创新体系强调某一技术领域的纵深发展，而差序式技术体系则强调技术分支体系的全面性，强调技术领域的横向扩散；侧面满足了工程技术研究中的跨学科、跨领域创新要求。

（3）分布式技术创新体系触角更广，注重迎合市场需求的快速创新；而差序式技术创新体系则以技术创新为根本遵循和价值旨归，强调技术瓶颈的突破和技术应用场景的探索。

因此，由于工程性技术的技术引领性而非市场驱动性特征，差序式技术创新体系更适合工程技术突破。表 6.2 是差序式技术创新组织机制编码结果。

表 6.2　差序式技术创新组织机制编码结果

主范畴	二阶范畴	一阶概念	案例证据
围绕创新链的直属研究院	基础理论研究	聚焦基础理论的勘探开发研究院	中国石油勘探开发研究院（RIPED）是中国石油面向全球石油天然气勘探开发的综合性研究机构，主要肩负全球油气业务发展战略规划研究、油气勘探开发重大应用基础理论与技术研发、高层次科技人才培养等职责
	技术架构设计与可行性评估	设计论证与可行性研究的规划总院	中国石油规划总院（CPPEI）是中国石油天然气股份有限公司直属的决策支持机构，是石油石化工程总体规划及建设项目前期研究中心，负责战略研究、规划可行性研究、咨询评估、技术经济研究、科技开发与设计论证，具有较强的技术实力
	技术信息采集与研发	关注技术信息开发的经济技术研究院	中国石油集团经济技术研究院是中国石油集团(CNPC)的直属科研院，坚持以信息资源开发为基础，以战略研究为核心，全面推进体制、机制创新和管理创新，强化创新研究，力争建成为国内一流、具有国际影响力的能源信息研究机构
	工程实施与产品生产	推进工程实施与产业化的工程技术研究院	设立中国石油集团公司油气工程技术参谋部，油气工程基础前沿及高新技术研发中心，油气工程高端技术支持与服务中心，油气工程高新技术产业化平台。主要从事油气钻井、完井、试油作业、产品制造与推广应用、国内外重点工程技术支持与服务等业务

（续表）

主范畴	二阶范畴	一阶概念	案例证据
围绕创新链的直属研究院（续）	工程实施与产品生产	领跑管道技术研发的工程材料研究院	中国石油集团石油管工程技术研究院2021年更名为中国石油集团工程材料研究院，主要从事石油管及装备材料领域研究，实现了陆上石油管材的全面国产化和高强度管道应用关键技术进入国际领跑行列，当好了陆上石油管材国产化和大输量管道建设关键技术的原创技术策源地和现代产业链的链长
	产品开发与商业化	负责产品开发的石油化工研究院	石油化工研究院是中国石油炼化业务决策参谋部。主要从事炼油化工催化剂和工艺研发，合成树脂和合成橡胶等新产品开发，清洁生产技术开发、知识产权与决策支持研究等
	外部服务	负责后端保障的安全环保研究院	中国石油安全环保技术研究院的发展定位是"一部三中心"，即中国石油安全环保战略决策参谋部、安全环保技术研究中心、HSE信息中心和安全环保技术服务中心。主营业务范围包括安全、环保、职业卫生、节能技术研究、应急技术研究等
技术分支齐全的二级研究院	勘探开发技术体系完备	完备的勘探技术体系	勘探开发研究院下设石油地质实验研究中心等27个研究所，技术分支完备，特色技术涵盖深层油气地质理论与勘探开发技术、高含水油田弱碱复合驱技术、高压气藏高效均衡开发技术等
	炼油化工技术体系全面	技术体系覆盖全面	石油化工研究院下设国家合成橡胶质量监督检验中心等4个国家级技术机构，聚烯烃催化剂与工艺工程等5个关键领域实验基地，实现炼油技术、化工技术、清洁生产技术等技术体系的全覆盖
	管道储运技术体系健全	石油管及装备材料技术体系健全	工程材料研究院围绕石油管及装备材料设立输送管与管线研究所等8个研究机构（包括国家重点实验室），国际领先特色技术包括Φ1422/12MPa/X80天然气管道建设与运行技术、枯竭油气藏储气库建设与运行管理技术等
	工程建设技术体系齐全	系统性技术群	工程技术研究院下设11个专业研究所、1个休斯敦研究中心；拥有国内唯一的油气钻井技术国家工程实验室，设有随钻测量、控压、固井、钻井液14个专业实验室、3个试验平台和1个检测中心。围绕6大技术群开展系统攻关，自主形成26项特色技术
	安全环保技术体系完善	安全环保与节能节水技术体系完善	安全环保研究院下设5个专业研究所，包括安全技术、环保技术、应急技术、质量管理技术等技术体系，特色技术包括大型储罐完整性检测与防雷、防静电技术等

（续表）

主范畴	二阶范畴	一阶概念	案例证据
广泛分布的单点突破实验室	领域分布广泛	实验室涉及众多领域	截至2021年底，公司共有93家科研院所，建设了55个重点实验室和试验基地（勘探7家、开发17家、工程技术7家、炼化12家、储运4家、装备1家、其他7家）
	核心技术单点突破的重点实验室机制	地震岩石物理技术突破实验室	地球物理重点实验室曹宏及所在团队建成了目前国内功能最完备的地震岩石物理实验室，在复杂孔隙介质岩石物理模型、天然气地震检测理论与技术方面取得世界领先水平的成果
		油气藏改造技术突破的重点实验室	二氧化碳压裂增产研究室，能够完成全工况下的动态仿真模拟实验及设备性能测试。先后完成二氧化碳泡沫压裂和干法压裂现场试验共132井次，增产效果明显
		非均质复杂储层测井技术突破的重点实验室	测井重点实验室于2006年8月开始规划建设，聚焦复杂储层岩石物理实验研究，建立了石油公司迫切需要的有理论支撑、可操作的非均质复杂储层测井处理解释评价核心技术体系，形成复杂储层测井处理的独有技术和专用软件。实验室主要特色技术包括岩石物理实验/模拟及理论研究、低阻油气层（藏）测井评价技术等
促进成果转化的地区特色技术机构	技术转化服务	推动先进技术在地方转化	2022年7月15日，胜利通海油田服务股份有限公司与东营科学技术研究院共建的科技成果转化绿色中试基地，举行一期两个项目的落地签约仪式。本次技成果落地项目是"抗氧剂BHT绿色制备中试项目"和"生物酶脱硫剂制备中试项目"。两个项目落地后，可充分发挥绿色科技成果转化中试基地的"产学研"协同创新功能，快速推动先进适用技术在地方转化，提升区域创新水平
	推广应用	工程材料研究院西安技术推广机构	西安三环石油管材科技有限公司隶属于中国石油集团工程材料研究院有限公司，依托石油管材及装备材料服役行为与结构安全国家重点实验室，开展重大研发项目的创新成果转化，实现产业化发展。业务范围涵盖特殊用途和高性能油井管产品开发及应用推广与转化，以及油气田防腐新技术新产品应用推广与转化等方面
	商业化开发	大庆中试基地建成并投入生产	2021年6月，大庆油田500立方米微生物厌氧发酵系统装置及配套工程开工建设，当年11月建设完成中试项目。后又建成一条池容为500立方米的中试生产线，这项技术得到农业农村部专家认可。目前，该中试基地生产运行稳定，生产效率是国家标准的4倍，主要效率指标处于国内外领先水平

(三)长尾式技术创新攻关机制

中国石油的技术创新组织机制主要表现出典型的长尾式特征,集中体现在长期规划重大攻关技术、专项聚焦核心技术突破、多渠道支持核心项目3个层面。

1. 长期规划重大攻关技术

工程技术界面复杂、内嵌模块多,技术体系复杂,往往需要长期的技术创新经验和知识积累,导致技术开发周期较长。因此,现代工程技术的突破要求企业必须具有长期导向的创新认知、强烈的创业导向及支撑长期创新的组织机制。创业导向(entrepreneurial orientation)是对企业层面的创业倾向、意愿等心智模式和管理态度的刻画和衡量(Covin & Slevin, 1989;Covin & Wales, 2019)。多维建构主义认为,创业导向主要包含创新性、风险承担和先动性三个维度(Covin & Slevin, 1989)。在本研究的案例中,中国石油的长期规划重大技术攻关布局集中体现在其超前的创新认知、创新模式、企业创业导向方面。首先,2021年中国石油进一步强化"久久为功"创新理念,部署长期攻关项目。其次,中国石油多次通过创立"完全自主基金"、风险基金、基础超前研究项目等途径来保持较高的创新性、风险承担和先动性。最后,中国石油基于协同研发模式和重大技术攻关机构的部署,进一步保障了长期规划重大攻关技术战略举措的落实,确立了长期攻关的创新使命。因此,中国石油在长期规划重大攻关项目中不断积累技术创新经验,创新韧性不断增强,能够充分应对工程技术复杂技术集成的挑战,实现工程技术的突破。

2. 聚焦专项核心技术突破

资源基础观认为,企业核心竞争优势来源于企业的独特资源与能力,而能力则在企业对资源的配置过程中形成(焦豪等,2008)。资源整合观提出,资源整合是一个复杂的动态过程,企业依据不同的管理目标对不同层次、不同内容的资源进行配置和有机融合,形成新的核心资源体系。依据Ge 和 Dong(2009)及马鸿佳等(2010)的观点,企业内部的资源整合行为主要是资源的配置与使用(即资源配用)。因此,企业依据创新引领的逻辑导向对各层次、不同内容的资源再整合、再构建的过程中,形成了技术创新引领的动态能力,也是集中优质资源,发挥创新合力,攻克现代工程技术的关键。中国石油针对专项工程技术的突破也成了一套独特的管理范式,包括战略上着重解决项目重复分散问题、形成一体化组织体系集中资源，同时将各个层面的专项项目与工程示范相结合，实施"责任状"、里程碑等专项管理制度等。经过一系列资源整合举措，中国石油专项工程技术创新取得实质性进展。

3. 多渠道支持核心项目

技术创新除了研发资源的支撑外，还需要一系列互补资产保障其实现技术到商业化的价值创造。所谓互补资产就是指从技术到商业化过程中需要的其他各类资产，包括制造能力、服务网络等。互补资产依据其内容形态可分为人力资产、物质资产、组织资产等（Teece，1986）。依据核心项目特征，形成特定的互补资产链接对技术突破具有重要意义（郑刚等，2022）。在创新引领认知支持下，中国石油从多渠道建设了工程技术创新的互补资产体系。首先，从组织资产方面看，中国石油建立科研项目团队组建的组织形式试点，增强了组织柔性。同时，调整薪酬制度、激励制度、晋升制度、成果保护机制等管理制度，增强了制度柔性；此外，从人力资产和物质资产视角看，中国石油创新实验室通过多种途径提供了工程技术创新的人力和物质保障，具体包括采用资源共享机制、整合内外部研发资源、成立国家级研发平台、加强创新项目等。通过构建一系列互补资产，中国石油工程技术创新取得了重大突破。

> 命题 7：长期规划重大攻关技术的企业往往具有长期导向的创新认知、有较明确的创业导向、侧重于长期创新激励等特征。聚焦专项核心技术突破能够发挥资源聚集优势，产生"1+1>2"的协同效应，形成利于核心技术突破的战略、文化、制度、技术创新范式，发挥巨大的创新合力。多渠道支持核心项目体现了整体资源配置的"技术导向"逻辑。研究证明，丰厚的互补资产是技术创新成功的关键。因此，长期规划重大攻关技术保障了工程技术创新的持续投入；聚焦专项核心技术突破形成了工程技术创新的管理范式；多渠道支持核心项目提供了工程技术创新的互补资源基础。因此，长尾式创新攻关机制是创新引领逻辑下现代工程技术突破的典型管理范式。

长尾效应（long tail effect）一词来自于统计学中对正态曲线特殊分布状态的描述，经济学中的长尾理论强调了"无数的小市场加起来会超越流行的大市场"的观点，而后，"长尾"一词逐渐泛化出指代"小力量积蓄成大力量"的概念外延。回到中国石油的技术创新攻关机制，从时间跨度看，长期规划重大攻关技术意味着突破多个技术瓶颈，积小成大；从聚焦专项机制来看，战略关注、资源倾向于技术创新的机制导向、战略定力、制度、文化等多范式协同也体现出"积小成大"的内涵；从技术攻关的支撑渠道来看，资金、研发资源等多途径互补资产"积少成多"的资源积累，有力保障了技术突破的互补需求。此外，不同于"卡脖子"技术攻关机制，长尾式技术攻关模式更适合工程技术创新，原因有几点。

（1）从任务强度看，"卡脖子"技术攻关属于"时间紧、任务重"的短时攻克型技术，需要多主体短时间高强度协同研发，需要的技术资源广泛、精练；工程技术创新专业性强，对技术研发的要求不足。

（2）从技术研发轨道看，关键技术通常是单项技术的纵深研究，而工程技术更侧重研究"宽度"。

（3）从指导理念看，工程技术侧重"久久为功"，而"卡脖子"技术讲求"快速突破"，一个考验耐力、韧性；一个考验爆发力，适合的管理机制不同。

由于工程性技术的实用性、针对性（而非基础性），长尾式攻关机制更加适合。表6.3是长尾式技术攻关机制编码结果。

表6.3 长尾式技术攻关机制编码结果

主范畴	二阶范畴	一阶概念	案例证据
长期规划重大攻关技术	长期导向的创新认知	"久久为功"创新理念	2021年1月25日，中国石油2021年工作会上明确提出：公司发展，科技先行；支撑当前，引领未来。坚持"四个面向"，按照"快速突破"和"久久为功"两个层面，部署推进重大科技任务，增强科技创新支撑引领能力
	开展超前技术预研	探索超前研究项目	中国石油面向直属研究院及所属企业，投入10亿元，探索50个基础超前研究项目
	鼓励技术探索	"完全自主"基金	面向中国石油直属研究院，投入1亿元，秉承"不签任务书、自由探索、接受失败"三大原则，成立三个"完全自主"基金，即项目自主立项、经费自主使用、过程自主管理
	承担失败风险	创立风险基金	主要面向国内高校，设立石油科技风险创新基金，提供2500万元
	协同研发机制	多主体联合	主要面向国内高校及所属企业，投资4000万元，与国家自然基金委设立石油石化联合基金

（续表）

主范畴	二阶范畴	一阶概念	案例证据
长期规划重大攻关技术（续）	重大技术攻关机构	直属研究院功能定位	进一步明确两级科研机构定位，直属院所加强应用基础、超前、共性技术研发，提升中国石油的科技引领能力
聚焦专项关键技术突破	先进攻关理念	发展理念	坚持"主营业务战略驱动、发展目标导向、顶层设计"科技发展理念，形成"四个一体化"攻关模式，着力解决科技项目重复分散等问题
	一体化攻关体系	组织一体化	直属科研院所与地区公司、重点实验室和试验基地、内外部优势力量一体化，形成"没有围墙的研究院"，责任主体与应用目标明确，集中科技资源攻关
	突破导向顶层设计	设计一体化	"基础研究—技术攻关—技术应用"一体化设计，确保研究与应用的紧密结合，保障科技成果尽快转化应用，着力解决科研生产脱节问题
	技术攻关目标清晰	目标一体化	实现理论技术创新、生产应用实效、创新能力提升三大目标的统一
	协同互补式攻关模式	实施一体化	国家专项、公司专项、重大现场试验和工程示范紧密结合，相互补充，一体化实施，避免分散
	定制化管理制度	专有攻关制度	落实国资委、能源局下达的攻关任务清单及集团公司"双十"关键核心技术，在攻关领导小组指导下，实行"责任状"、里程碑管理和专员制度，持续提升技术指标水平，尽快取得一批实质性成果
多渠道支持核心项目	组织体制灵活机动	科研项目团队组建试点	以项目为龙头和纽带，在中国石油内开展跨单位、跨板块、跨专业的科研项目团队组建试点，打破研究机构行政界限，发挥公司整体优势
	研发资源优质充足	实验室资源共享	制订和修订中国石油技术中心、重点实验室和试验基地管理办法，推进资源开放共享和高效利用
		整合内外部研发资源	整合中国石油现有能源新领域、新业务研究力量，建设能源新业务研究中心。与道达尔、马石油、俄气、俄油等国际知名公司，以及中科院、国家自然基金委、航天科工等国内单位深入交流与合作，推进理论技术创新与技术进步取得重要进展
		国家级研发平台最多	中国石油是拥有国家级研发平台（20个）最多的央企，在国家石油科技创新体系中占主导地位

（续表）

主范畴	二阶范畴	一阶概念	案例证据
多渠道支持核心项目（续）	项目资金投入高	部署多个科技项目	按"基础超前与颠覆性、技术攻关与试验、配套推广与产业化"三个层次，分十个方向，利用国家专项、公司专项、新技术推广等5种形式，部署50个科技项目支撑各业务单元
	管理制度适应性调整（变革）	薪酬制度调整	石油管工程技术研究院改革收入分配机制。突出业绩导向，拉开收入差距，绩效奖金向科研一线、艰苦岗位倾斜，收入差距达到10倍以上
		激励制度创新	2019年首次评选集团公司专利奖，通过表彰奖励对专利质量作出贡献的单位、发明人和专利审核员，引导关注重视专利质量，调动积极性
		晋升改进	通过建立专业技术岗位序列，解决专业技术人员成长通道问题
	成果保护机制强化	知识产权保护成效提高	近两年围绕知识产权发展质量和效益两个重点，对管理机制、管理模式、管理方法及国外专利申请、专利代理管理等方面进行了改革创新，不断提高知识产权工作成效

五、主要结论与贡献

（一）主要结论

工程技术由于其自然约束与社会经济双重属性，是推动社会生产进步的关键技术类型。然而也正因为如此，工程技术呈现出一系列复杂的技术特征。

（1）技术研发要求经济性与科学性并存，由于工程技术的物化形态既是自然物又是经济物，工程技术在满足先进科学技术规律的同时还受限于自然条件与经济性属性；因此，工程技术开发前端的评估决策相比其他技术体系更复杂、更关键。

（2）现代工程技术系统包含人机系统、物料系统、信息系统和控制系统等子系统，其中部件繁多，模块定制化，界面复杂，技术系统内多领域交叉，知识密集度较高。因此，建设基础研究全面、技术体系健全、领域分布广泛、技术转化机制完善的研发基础设施是工程技术突破的必要知识基础。

(3) 研发难度大，技术创新累积性、持续性强，研发周期长（张爱琴等，2015）；因此，如何保障技术创新的长期投入，提高组织持续性技术创新能力是工程技术突破的必要保障。

本研究得出以下主要结论。

(1) 中心式技术创新决策机制提供了工程技术创新的最优路径。不同于前沿科学技术，工程技术面向项目施工，生产技术属性明显。因此，工程技术开发前端的技术架构设计、技术功能设计等环节对于整个技术突破过程尤为重要。中国石油采用专家团队的自然决策来实现模糊目标的具体化，搭建了科学的技术架构体系，保障了技术方向的正确性；自上而下统筹管理的资源统一配置模式，有利于资源的最优配置路径；信息和成果的有效共享是中心式技术创新决策的重要目标，是"创新引领"逻辑下提升组织创新活跃度、创新潜力，从而突破现代工程技术的关键路径。因此，在中心式技术创新决策机制下，中国石油达到了工程技术突破的最优技术路径。

(2) 差序式技术创新组织机制提供了工程技术突破的知识基础。技术突破的本质是技术存量与增量构成的知识演化系统。在明确了技术开发架构和分支方向后，还需要知识创造到知识经济化全过程的知识基础机构来保障研发的顺利进行。从中国石油的案例看，直属研究院提供了创新链各主体交互的组织机构，技术分支齐全的二级研究加强了基础技术创新的应用性、工程专属性和配套性，广泛分布的单点突破实验室连接了基础研究与应用开发，促进成果转化的技术中心推动了技术成果的转化。中国石油以差序式技术创新组织机制打造了工程技术突破的技术体系，全方位、多层次保障了工程技术创新所需的复杂知识基础。

(3) 长尾式技术创新攻关机制提供了工程技术突破的制度保障。中心式创新决策机制为工程技术明确了基本路径，差序式研发组织机制为工程技术突破提供了知识基础。但是，工程技术的突破是一场"持久战"，需要通过明确的制度来保证创新的韧性和持续性。中国石油在工程技术的突破过程中，探索了一系列制度创新的先进实践。

综上，本研究构建的现代工程技术突破的关键机制图如图6.3所示。在现代工程技术的突破过程中，中心式技术创新决策机制是先导，差序式技术创新组织机制是根本，长尾式技术创新攻关机制是保障，在这三大机制保障下，中国石油工程技术得以不断突破。

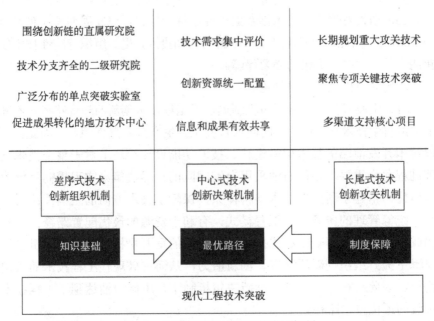

图 6.3 现代工程技术突破的微观机制

（二）理论贡献

理论贡献如下。

（1）研究了创新引领视角下现代工程技术的突破机制。现有关于企业主导的现代工程技术突破的内在机制的研究很少，且语焉不详，本研究以中国石油为案例企业，通过扎根于案例材料，发现了中国石油现代工程技术突破的中心式技术创新决策机制、差序式技术创新组织机制、长尾式技术创新攻关机制，为微观层面的研究提供理论借鉴。

（2）以创新引领理论为分析框架，结合工程技术特征，提炼了针对工程技术情境的创新范式，克服了现有研究分析逻辑和研究结论碎片化的缺陷（刘海兵等，2021），扩展了技术突破体系研究的理论脉络，为工程技术企业技术创新突破提供针对性的政策启示。

（3）完善了创新引领与引领性创新的理论体系。作为一套范式的创新引领和引领性创新，按照库恩（Kuhn T. S.）基本范例、模式、模型、规范的视角看，讨论引领性创新在不同类型技术突破中的重要作用机制还十分缺乏（刘海兵，2021）。因此，该研究对理论体系的完善具有重要意义。

第四节 机制总结

在深入探讨创新如何引领现代工程技术突破的过程中，笔者发现创新引领现代工程技术突破的机制并非单一，而是多元化的。其中，中心式技术创新决策机制为工程技术的方向性创新提供了明确的指导，确保资源的高效配置和目标的精准达成。同时，差序式技术创新组织机制则通过分步骤、有层次的创新推进方式，确保了技术创新的系统性和连贯性。而长尾式技术创新攻关机制则专注于解决技术创新中的难点和瓶颈，通过有针对性的研究和攻关，推动技术创新的深入发展。接下来，本节将进一步详细解析这三种机制的具体运作方式和对现代工程技术突破的深远影响。

一、中心式技术创新决策机制

中心式技术创新决策机制为企业在复杂、模糊的技术创新环境中提供了一种优化决策的路径，这一机制强调了三个关键层面，即技术需求集中评价机制、创新资源统一配置、信息和成果有效共享。首先，需求集中评价机制是企业面对复杂情境时的决策前提。在这种情境下，企业目标可能并不明确，这时依赖以专家为核心的技术委员会进行集中评价就显得尤为重要。这种评价方式帮助企业在众多可能性中，找到最符合自身需求和目标的技术创新方向。其次，资源统一配置机制是中心式技术创新决策的核心。一旦需求得到明确和集中评价，如何合理配置资源以支持技术创新就变得至关重要。这一机制与专家委员会的需求评价相互协同，确保资源能够高效、准确地投入最需要的地方，从而最大化技术创新的效果。最后，信息和成果的有效共享是这一决策机制的重要反馈路径。技术创新不仅是新技术的研发，更包括组织内部知识的激活和共享。通过有效共享信息和成果，企业能够激发组织内部的知识存量，促进隐性知识的传播和应用，为未来的技术创新提供更肥沃的土壤。综上所述，中心式技术创新决策机制通过集中评价需求、统一配置资源，以及有效共享信息和成果，为企业提供了一个全面且高效的技术创新决策框架。

二、差序式技术创新组织机制

差序式技术创新组织机制在创新引领逻辑下，为工程技术突破奠定了坚实的知识基础。这一组织机制涵盖了多个层次，确保技术创新从基础研究到实际应用的顺畅转化。首先，围绕创新链的直属研究院是这一机制的核心，它覆盖了整个创新链的基本环节，为技术创新的整个过程提供全面的支持和指导。这里汇聚了大量的研究资源和专业人才，为技术创新提供了强大的动力。其次，技术分支齐全的二级研究院是对直属研究院的延伸与补充。它们专注于特定的技术领域，对基础研究环节进行深入挖掘，为技术创新提供更为详尽的知识和技术支持。最后，广泛分布的单点突破实验室在技术创新过程中起到了重要的桥梁作用。它们连接了基础研究技术成果与实际应用技术改进，确保研究成果能够顺利转化为实际应用的技术，推动工程技术的实质性突破。最后，促进成果转化的技术中心是创新链中的关键环节。技术中心负责将知识创造转化为经济价值，确保技术创新不仅仅是理论上的突破，更能为经济社会带来实实在在的效益。这是技术创新从理论到实践的最终环节，也是确保技术创新持续发展的直接保障。综上所述，差序式技术创新组织机制通过直属研究院、二级研究院、实验室和技术中心的协同作用，为工程技术突破提供了全面的知识基础和保障，推动了技术创新从基础研究到实际应用的顺利转化，为国家的科技进步和经济发展做出了重要贡献。

三、长尾式技术创新攻关机制

长尾式技术创新攻关机制在创新引领逻辑下为工程技术突破提供了重要的制度保障，确保技术创新的持续性和有效性。这一机制的运行基于一系列精心设计的行为和策略，以确保资源得到最佳利用，并推动技术创新的不断发展。首先，通过长期规划重大攻关技术，这一机制确保了工程技术创新的持续投入。这种长期规划不仅提供了稳定的资源支持，还鼓励研究团队持续努力，针对复杂和具有挑战性的工程技术问题进行深入研究。其次，聚焦专项关键技术突破是这一机制的核心策略之一。通过集中资源和努力，专注于特定的技术领域，该机制有助于形成工程技术创新的管理范式。这种范式确保了资源的高效利用，同时推动了技术团队之间的紧密合作，以实现技术的快速突破和应用。最后，多渠道支持核心项目是长尾式技术创新攻关机制的另一个要素。通过同时支持多个项目，这一机制为工程技术创新提供了互补的资源基础。不同项目可以共享资源、知识和经验，从而加速技术创新的步伐，并确保在更广泛的领域内实现技术突破。因此，长尾式技术创新攻关机制代表了创新引领逻辑下现代工程技术突破的典型管理范式。它结合长期规划、专项聚焦和多项目支持，为工程技术创新提供了一个全面、系统和有效的管理框架，旨在推动技术的持续突破和国家的快速发展。

第五节 总结

综上所述，本章详细探讨了创新在现代工程技术突破中的引领作用，并对相关机制进行了深入研究。通过案例分析、理论探讨和实证研究，本章为读者提供了一个全面的视角，了解现代工程技术突破的重要性和相关机制。首先，本章回顾了现代工程技术突破的研究动态，明确了其内涵和特征。对于复杂产品系统、工程人才培养、信息技术嵌入、工程环节管理及环境治理保护等方面的研究现状进行了详细梳理，进一步凸显了现代工程技术突破在企业竞争和国家崛起中的重要地位。其次，梳理了中国现代工程技术突破的现状与挑战。中国在现代工程技术突破方面取得了骄人的成就，也面临诸多约束。从技术创新能力不足、产业结构不合理，到市场机制不完善和国际环境的不利因素，这些都是中国工程技术突破面临的挑战。最后，我们引入了中国石油的案例。总结发现中心式技术创新决策机制、差序式技术创新组织机制和长尾式技术创新攻关机制，这些机制在中国石油的成功中发挥了重要作用。通过本章的研究，提炼了针对工程技术情境下的创新范式，克服了现有研究分析逻辑和研究结论碎片化的缺陷，扩展了技术突破体系研究的理论脉络，为工程技术企业技术创新突破提供针对性的政策启示，为中国为微观层面的研究提供理论借鉴，同时完善了创新引领与引领性创新的理论体系。

在当前全球化背景下，现代工程技术的突破对于国家经济发展与企业核心竞争力提升具有深远影响。本章致力于深入剖析创新如何有效引领现代工程技术的突破，并揭示其内在机制。本章对现代工程技术突破的研究动态进行了系统性回顾。通过详尽的文献综述，我们明确了现代工程技术的核心内涵与鲜明特征，包括其高度的复杂性、创新性及技术成果应用难等特点。同时，我们针对复杂产品系统、工程人才培养、信息技术嵌入、工程环节管理及环境治理保护等关键领域的研究现状进行了全面梳理，进一步凸显了现代工程技术突破在国家战略与企业发展中的重要地位。

我们深入剖析了中国现代工程技术突破的现状与挑战。尽管近年来中国在工程技术领域取得了一系列重要进展，但仍然面临诸多挑战与约束。这些挑战包括但不限于技术创新能力不足、产业结构优化亟待加强、市场机制尚需完善及国际竞争环境日趋复杂等。这些现实约束对中国现代工程技术突破的速度和深度产生了显著影响，要求我们深入探索创新引领机制，以突破这些瓶颈。

为了深入揭示创新引领现代工程技术突破的内在机制，本章选取中国石油作为典型案例进行深入研究。中国石油作为石油行业的领军企业，在工程技术领域具有显著的创新能力和实践经验。通过对其技术创新决策机制、技术创新组织机制及技术创新攻关机制进行深入剖析，我们发现这些机制在推动现代工程技术突破中发挥了至关重要的作用。中心式技术创新决策机制确保了技术创新方向的明确性和战略性的统一；差序式技术创新组织机制有效整合了内外部资源，形成了强大的创新合力；长尾式创新攻关机制则针对关键技术难题进行深入研究，实现了重大技术突破。基于案例分析，本章提炼出了工程技术情境下的创新范式。这一范式克服了现有研究在分析逻辑和结论上的碎片化问题，为技术突破体系研究提供了更为系统、全面的理论支撑。

我们认为，在现代工程技术领域，创新不仅是技术层面的突破，更是管理、组织、文化等多方面的协同创新。只有通过全面、系统的创新，才能推动现代工程技术的实质性突破，为国家经济发展和企业竞争力提升提供坚实支撑。综上所述，本章通过深入的理论分析与案例研究，系统揭示了创新引领现代工程技术突破的复杂机制和路径。这不仅为中国在现代工程技术领域的突破提供了有益的理论指导和实践借鉴，也为政府和企业制定相关政策和战略提供了重要的决策依据。未来，中国应进一步加大对现代工程技术的研发投入，完善创新体系，培养创新人才，以推动在工程技术领域取得更多重大突破和成果。

第七章　创新引领的关键核心技术突破机制——实证分析

从"加强关键核心技术攻关"到"打好关键核心技术攻坚战",再到"实施好关键核心技术攻关工程",攻克关键核心技术、突破"卡脖子"技术成为国家重大战略,并点燃了学者们的研究热情。通过对现有的研究性论文进行梳理,本研究发现大多数学者都是从国家政策层面和企业战略层面讨论关键核心技术突破的路径,研究类型主要为案例研究和一般性论述,关于关键核心技术突破路径的定量研究相对匮乏。因此,本章首先梳理了关键核心技术突破的企业创新现状,明确了现有企业创新活动的主要特征和存在的不足之处;其次在现有案例研究的基础上,提炼总结出关键核心技术突破的关键要素,通过定量研究的方法来探究关键共性技术、前沿引领技术、现代工程技术、颠覆性技术四类技术在突破关键核心技术时存在的差异性和一致性;最后总结出四类技术企业在关键核心技术突破路径的侧重点,与先前的案例研究结论相互印证,增加研究结论的有效性和准确性。

第一节　实施关键核心技术突破的企业的创新活动现状

在开展正式问卷调查工作前,本研究首先对关键核心技术突破的企业创新现状进行了深入了解和梳理,以此来保证研究方向的准确性和契合程度。为了更全面准确地了解当前企业创新现状,本研究充分考虑了行业分布、地理位置、技术类型等影响因素,精心挑选了二十余家实现关键核心技术突破的企业作为调查对象。其中,具有典型性代表的企业包括方大炭素新材料科技股份有限公司(方大炭素)、兰州兰石重工有限公司(兰石重工)、海尔集团有限公司(海尔集团)、重庆川仪自动化股份有限公司(重庆川仪)等一批行业领先企业。具体来说,方大炭素作为一家炭素生产企业，其在 φ800mm 超高功率石墨电极研制、碳纤维增强石墨电极接头研制、高耐蚀性高炉炭砖研制、高炉炭砖应用研究、高温气冷堆炭堆内构件制造技术研究、超级电容器用高性能活性炭研究等方面不断实现关键核心技术突破，成为世界炭素行业的领军企业。兰石重工作为一家石化装备制造企业，在国产化钛板板式热交换器、石油装备关键零部件数字化铸造及智能制造新模式、300MN 多缸薄板成型液压机组、核电站用焊接式板式热交换器、海洋自升式平台 12 000 米钻井装备、复合密封高压换热器等项目均取得了重要突破，填补了国内空白，并掌握了包括 15 000 米半潜式超深井海洋、陆地钻机，低阶煤气化装置，航天钛合金铸造工艺技术等在内的行业前沿核心技术。海尔集团作为一家电气机械和器材制造企业，其先后突破磁控冷鲜、空调可变分流等行业性科技难题，攻关的超高速离心机突破核心技术填补国产空白，自主研发了 BaaS 数字工业操作系统、行业首个智慧家庭垂直领域模型 HomeGPT 等数字科技产业关键技术，高频 PFC、压机驱动、风机驱动等核心算法技术达到国际领先水平。重庆川仪作为一家综合性自动化仪表制造企业，其在 MEMS 高精度传感器、核电仪控产品、高温高压双向密封等方面实现了关键核心技术突破，推出了多项具有自主知识产权的仪器仪表产品，打破了国外垄断；此外，公司还着眼于国民经济主战场，完成了超微差压变送器、LNG 接收站超低温高压阀门等一系列产品研发，成功实现了在石油化工、冶金、煤化工、光热发电等领域的国产化替代。通过对这些关键核心技术突破的企业进行深入细致的现状调查，我们发现了现有企业创新活动的主要特征和存在的不足之处，更准确地把握了行业的脉搏和发展方向。

一、企业创新的基本现状

在当今企业竞争的激烈环境中，企业创新已成为推动发展的核心动力，然而，企业创新的基本现状呈现出一定的复杂性和多样性。因此，本节将从企业关键核心技术"卡脖子"情况、企业对地区发展贡献、研发投入来源、研发支出占主营业务收入比重、研发内容、产品创新情况、知识产权情况和政府扶持政策情况等 8 个方面对企业创新的基本现状进行描述，使得研究可以更加深入、准确地开展。

（一）企业关键核心技术"卡脖子"的情况

由图 7.1 可以看出，近半数企业（48.14%）深陷"卡脖子"难题（得分为 5~7），远超整体平均水平，可能是受制于关键技术、核心部件及人才引进等原因。另有 37.04%企业处中等困境，虽然暂未遭重挫，仍需要强化自主创新与核心竞争力，以应对未来市场与技术之变。仅有 14.82%企业面临较小挑战（得分为 2~3），但仍需要保持警觉。整体来看，多数企业面临不同程度挑战，需要不断努力以提升自身实力。

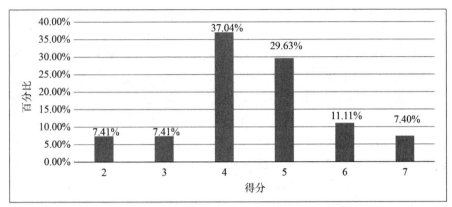

图 7.1　企业关键核心技术"卡脖子"严重程度

由图 7.2 可以看出，超过 80%的企业自信具备克服关键核心技术"卡脖子"难题的能力（得分为 3~7），展现出强烈的技术实力和创新精神。然而，仍有 11.11%的企业在这方面能力较低，需要得到更多关注和支持。政府、行业协会等应协助这些企业提升创新能力，突破技术瓶颈。

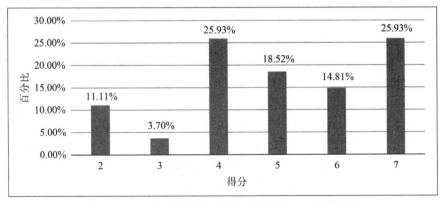

图 7.2　企业克服关键核心技术"卡脖子"难题的能力

（二）企业对地区发展战略的主要贡献

企业是立足于本地区经济运行中的断点、堵点、痛点问题，开展活动、促进经济畅通发展的重要主体，无论是从理论层面还是实证层面都表明，企业强，地区经济才会强。充满活力的大中小企业是中国经济韧性的重要保障，也是实现共同富裕的重要基础，地方企业担负着成为原创技术策源地、现代产业链链长的重要任务，也是关键核心技术突破的主要创新体。要想培育新动能，更好助力地方企业高质量发展，必须围绕服务国家重大战略需求，促进产业链创新链深度融合，并结合各地产业结构推动优势资源整合。这样才能更好地以企业之力助推地区进步，形成企业发展与地区经济发展的良性互动循环，其对地区发展战略的主要贡献主要表现在增加地方税收、提升就业率、发展产业特色、强化地方优势4个方面。

由图7.3我们可以看出，企业对地方发展的贡献主要集中在产业特色（74.07%）和地方税收（62.96%），但在就业（44.44%）和地方优势（37.04%）方面贡献不足。这表明企业在推动地方经济的同时，还需要加强在就业和地方特色发展上的努力，推动地方经济社会的协调发展。

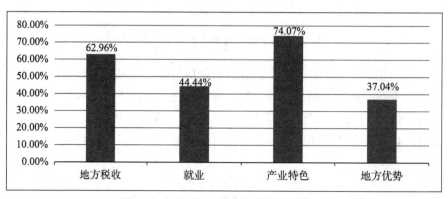

图7.3　企业对地方发展战略的贡献情况

（三）研发投入资金来源

关键核心技术需要投入大量的人力、物力和财力，研发投入资金可以确保项目有足够的资金支持，吸引更多的科研人才和资源投入关键核心技术的研发中。通过资金支持、风险承担、资源整合、创新资源，形成合力，加速关键核心技术的突破。研发投入资金来源主要可以分为以下几类。

（1）企业自身积累。企业通过自身生产经营活动，不断扩大积累而形成的创新资金，就归属于企业自身积累的范畴之中。

（2）政府财政支持资金。为了提高企业技术创新水平和培养更多的创新型人才，政府会对企业的科研发展进行重点支持或直接对科研项目进行拨款，以推动关键核心技术的突破。

（3）银行贷款。银行可以根据企业的具体需求和研发项目的特点，提供定制化的融资方案，帮助企业填补资金缺口，确保研发项目的顺利进行。

（4）投资者追加投资、引入风险资本、亲朋好友借贷等其他研发投入来源。

由图7.4可以看到企业研发资金来源情况。这表明企业在研发上多依赖自身和金融机构支持，政府和社会应进一步拓宽企业研发资金来源。

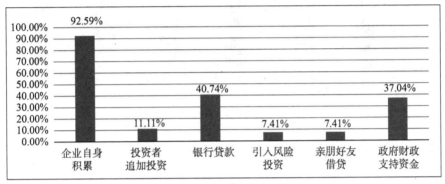

图7.4　企业研发资金来源情况

（四）研发支出占主营业务收入的比重

研发支出占比是指企业在一定时间内用于研究开发的支出占企业总支出的比例，包括企业在进行新产品、新工艺和新材料等的研究及开发过程中发生的各项费用，通常以年度为单位计算。这个比例可以反映企业在研发方面的投入程度，是评估企业创新能力、技术水平和市场竞争力的重要指标之一。从短期来看，可以视为研发投入成本占当期产出的比例，用以衡量研发成本在当期对经营成本比重的影响。从长期来看，研发支出占比可以视为该项新产品研发过程中所产生的成本额占该产品在生命周期内所有的销售收入的比例，用以衡量产品的运作业绩。一般来说，研发支出占主营业务收入的比重高于6%，表明企业对产品创新的重视程度较高，更可能实现关键核心技术的突破。

由图7.5我们可以看出，59.26%的受访企业研发支出占主营业务收入比重超过6%，显示出对研发活动的重视。而40.74%的企业研发支出占比较低，需要加强研发投入以提升竞争力。整体而言，企业应重视并加大研发力度，以应对市场竞争。

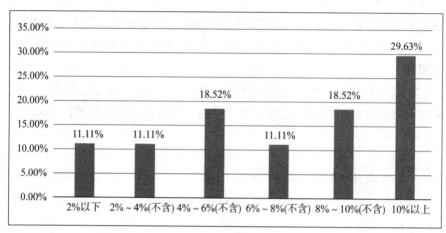

图 7.5　企业研发支出占主营业务收入的比重情况

（五）企业研发内容

　　企业研发内容是指企业在科技和创新方面所进行的一系列活动，这些活动旨在提高企业的科技水平、技术竞争力和创新能力。具体来说，企业研发内容通常包括以下几个方面。第一，技术研究。这是企业研发的核心内容，包括主导产品核心技术研究、企业前瞻技术研究。第二，新产品的开发。企业研发也包括新产品的开发和设计，以满足市场需求和客户要求。新产品开发和设计需要综合考虑市场需求、技术可行性、成本控制等因素，以确保产品的成功推出和市场竞争力。第三，工艺流程改进。企业研发还可以涉及生产工艺的改进和优化，以提高生产效率和产品质量，降低生产成本。通过工艺流程的改进，企业可以更加灵活地应对市场变化和客户需求。总的来说，企业研发内容涵盖了从技术研究、产品开发到工艺流程改进等多个方面，其中还涉及产品设计和工程化或试生产的内容，以适应市场需求、满足客户要求、推动企业持续发展。

　　由图 7.6 可以看出，受访企业在研发领域上分布多元，其中 70.37% 的企业致力于主导产品核心技术研究，59.26% 的企业开展新产品开发，55.56% 的企业关注工艺改进，48.15% 的企业重视产品设计。尽管前瞻技术研究和工程化或试生产的占比相对较低，但仍有企业投入其中。企业根据自身发展战略和市场需求，合理分配研发资源，侧重不同的研发领域，推动各个领域的均衡发展。

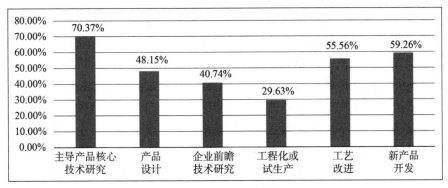

图 7.6 企业研发内容情况

(六) 企业产品创新情况

企业产品创新情况通常指的是企业在产品或服务上的创新程度和进展。产品创新是企业发展的重要驱动力,可以帮助企业开拓新市场、满足消费者需求、提高竞争力,并推动企业的可持续发展。企业产品创新情况可以从创新来源、创新类型、创新程度三个方面来评估。

1. 创新来源

由图 7.7 可以看出,企业创新来源于自主研发(88.89%),与高校、科研院所合作(50%)。而与企业集团和其他企业的合作创新占比较低(均为16.67%)。企业应加强内部研发,同时拓展外部合作,以促进持续创新。

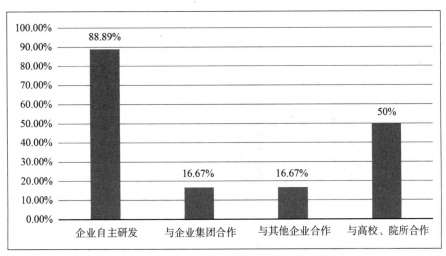

图 7.7 企业创新来源情况

2. 创新类型

由图 7.8 可以看出，企业创新类型多样，其中采用重大变化的新技术占比最高（72.22%）。此外，企业在产品功能、服务形式、新材料和中间产品等方面进行创新，占比分别为 38.89%、33.33%、22.22% 和 22.22%。受访企业不仅注重新技术的引入和应用，还在产品功能、服务形式、材料使用等方面进行了积极探索，这些创新举措有助于企业提升竞争力，实现可持续发展。

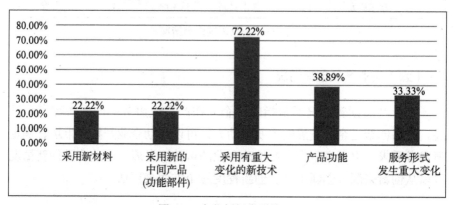

图 7.8　企业创新类型情况

3. 创新程度

由图 7.9 可以看到企业创新程度。企业应提升自主创新能力，与国际先进企业合作，以缩小与国际水平的差距。

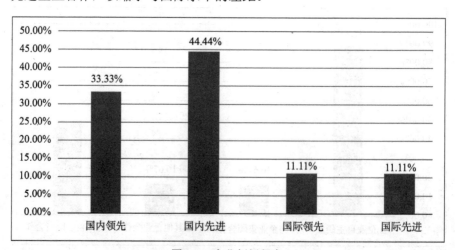

图 7.9　企业创新程度

（七）企业知识产权情况

企业知识产权情况是指企业在生产经营活动中所创造的智力成果的保护状况，包括专利权、商标权、著作权（版权）、商业秘密等，是企业创新能力和市场竞争力的重要体现，需要企业高度重视和加强管理。其中，知识产权的保护是企业产品创新的重要支撑。企业通过申请专利、商标等知识产权，可以保护自己的创新成果，防止竞争对手模仿和抄袭。同时，知识产权的积累也可以增强企业的技术壁垒和市场竞争力。对于企业知识产权情况的评估可以从知识产权产出情况、参与标准制定情况、知识产权运用的内部制约因素与知识产权运用的外部制约因素4个方面做出评价。

1. 知识产权产出情况

由图7.10可以看出，企业知识产权产出以申请专利、发明专利和注册商标为主，占比分别达77.78%、66.67%和62.96%。此外，不公开的新技术、获得版权、形成技术标准等也有一定产出。这些知识产权的产出同样体现了企业在不同领域的创新成果和知识产权保护意识。企业应继续加强在知识产权保护方面的投入和管理，通过申请专利、注册商标等手段，保护自身的创新成果和市场地位，为企业的可持续发展提供有力保障。

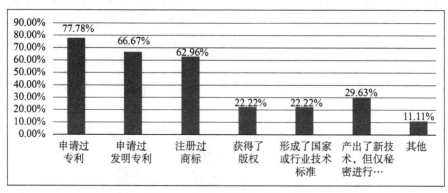

图7.10 企业知识产权产出情况

2. 参与标准制定情况

由图7.11我们可以看出，50%的受访企业参与行业标准制定，25%的受访企业参与产品标准制定，12.5%的受访企业参与技术标准制定，另有6.25%的受访企业分别参与地方和企业标准制定。总的来说，受访企业在不同标准制定方面的参与程度不尽相同，但都体现了企业在标准化工作中的重要角色和积极作用。企业应继续加强在标准化工作方面的投入和合作，推动标准化工作的深入发展，为行业进步和社会发展做出更大贡献。

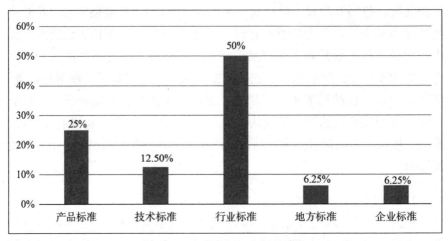

图 7.11　企业参与标准制定情况

3. 知识产权运用的内部制约因素

由图 7.12 可以看出限制企业知识产权运用的主要内部因素：产业化资金、试验平台条件限制（51.85%）、缺少无形资产运营理念（44.44%）及缺乏技术营销人才（40.74%）等。相比之下，缺少专利转让和许可的实施部门及知识产权价值不高对内部运营的制约影响较小，但也不能忽视；前者可能影响知识产权的转化效率，后者则可能影响企业的创新积极性。因此企业在运用知识产权时，应综合考虑以上因素，加强资金筹措、试验平台建设、理念更新和人才培养等方面的工作，更好地发挥知识产权的价值。

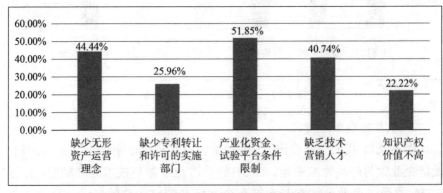

图 7.12　企业知识产权运用的内部制约因素

4. 知识产权运用的外部制约因素

由图 7.13 可以看出，企业运用知识产权面临的主要外部制约包括缺乏专利交易平台（48.15%）、缺少咨询服务和商业模式支持（37.04%），以及交易资产评估不规范、成本高（25.93%）。相比之下，政府扶持政策不到位、与投资方谈不拢、专利权被侵犯等其他因素的影响较小，但也不能忽视。这些因素可能在不同程度上影响企业的知识产权运用和市场竞争力。企业在运用知识产权时，需要充分考虑外部环境的制约因素，并积极寻求解决方案，政府和社会也应加强专利交易平台建设、规范交易资产评估等方面的工作，为企业创造更好的知识产权运用环境。

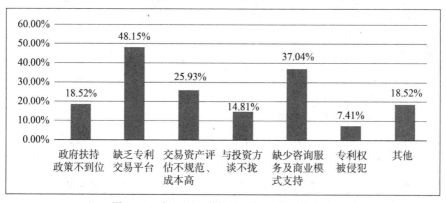

图 7.13　企业知识产权运用的外部制约因素

（八）政府扶持政策情况

政府扶持政策情况是指政府为了促进经济发展、鼓励企业创新、支持特定行业或群体而制定和实施的一系列政策措施。这些政策旨在为企业提供资金、税收、市场准入等方面的支持，以帮助企业克服困难、提高竞争力。一方面，企业获取政策渠道包括但不限于相关部门组织的政策宣讲、相关网站、电话咨询和专门设立的孵化器等。另一方面，企业政策申请满意度也有高中低之分，其主要受到申请流程的复杂程度的影响。在政府扶持政策的实施过程中，可能会因地区、行业、企业规模等因素而有所差异。政府会根据实际情况制定和调整政策，以更好地适应经济发展和企业需求。同时，企业需要积极了解政策、申请政策，以充分利用政策红利，推动自身发展。

1. 企业获取政策渠道

由图 7.14 可以看出，企业主要通过相关部门组织的政策宣讲及培训活动（92.59%）和相关网站（77.78%）获取政府政策，将电话查询（25.93%）和孵化器（29.63%）作为获取渠道的企业相对较少。因此，企业应充分利用宣讲活动和相关网站，政府也应加强这些渠道的建设和投入。

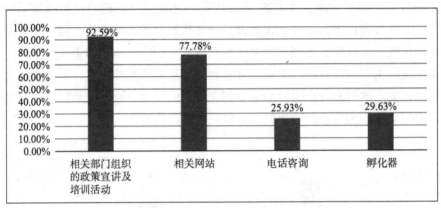

图7.14　企业获取政策渠道情况

2. 企业政策申请满意度

由图7.15可以看出，将近60%的受访企业对于政策申请满意度较高，认为申请流程简便，过程顺利，也有22.22%的受访企业认为政策申请流程相对复杂，有待进一步加强。此外，还有18.52%的受访企业对政策申请流程不满意，认为申请流程较烦琐，过程较复杂。因此，政府部门应进一步优化政策申请流程，实现优惠政策的全面落地。

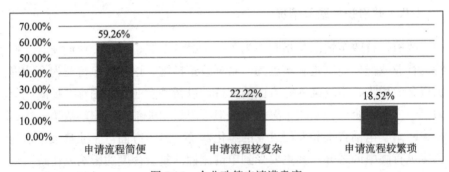

图7.15　企业政策申请满意度

综上所述，企业创新现状整体呈现积极态势。尽管在关键核心技术上遭遇瓶颈，但企业克服这些难题的能力正逐步增强。当前，企业研发主要聚焦于产品核心技术及新产品的研发，研发投入占主营业务收入比重较高，且投入呈持续增长趋势。然而，研发投入多源自企业自筹，政府支持力度仍需加大。在创新来源方面，企业以自主研发为主，研发能力持续提升。但值得注意的是，创新成果多限于国内领先，与国际水平尚存差距。知识产权方面，企业成果不断丰富，多数企业涉及专利申请和商标注册，半数企业参与行业标准制定。然而，知识产权的商业化运用受到资金短缺、交易平台缺乏等内外部因素的制约。在获取政府政策方面，企业的主要渠道是宣传活动和相关网站。政府应加大宣传力度，确保政策有效落地，同时提高企业对政策申请的满意度。总体而言，企业创新在多个方面取得进展，但仍需要政府、企业和社会共同努力，克服瓶颈，推动创新成果达到国际水平。

二、企业创新活动的主要特征

关于创新活动的主要特征，本书基于相关研究，重点关注创新战略、创新组织模式、创新合作网络、创新资源投入。创新战略是创新活动的指南。它决定了企业创新的方向、目标和路径，是企业根据自身特点和市场环境制定的长远规划。一个明确的创新战略可以帮助企业明确创新的目标，聚焦核心领域，避免盲目性和资源浪费。创新组织模式是创新活动的行为框架。灵活、高效、适应性强的创新组织模式可以更好地适应市场需求和技术变化，推动创新活动的顺利进行。创新合作网络是创新活动的重要支撑和平台，可以帮助企业获取更多的创新资源和信息，加速知识的传播和交流，激发创新思维和灵感。通过与其他企业、研究机构、高校等建立紧密的合作关系，可以共同开发新技术、新产品，实现资源共享和优势互补。创新资源投入是创新活动的基础和保障。创新活动需要大量的资金、人才、技术、信息等资源的支持。企业需要通过多种渠道筹集创新资金，吸引和培养创新人才，引进和研发新技术，收集和利用创新信息。同时，企业还需要合理分配和使用创新资源，确保创新活动顺利进行并取得实效。

（一）创新战略

近年来，越来越多的研究聚焦于企业的异质性创新行为，关于企业双元创新的讨论也不断丰富（范丽繁，王满四，2022；刘露露等，2023；凌鸿程，阳镇，2023）。本书根据组织学习和战略更新的不同范式，将企业的创新活动区分为利用式创新与探索式创新。探索式创新（exploratory innovation）是一种大幅度、根本性和激进性的创新活动，具有比利用式创新更大的风险，主要利用获取的新知识与新技能，制造新的产品和服务，开辟新市场和营销方式；利用式创新（exploitative innovation）是一种已成熟的、小幅度的、渐进的创新行为，注重利用现有知识和技能，对已有产品等进行完善。从研发活动目标群体看，探索式创新是运用新的知识与技能进行的创造活动，目的是吸引新顾客；而利用式创新仅是对原有产品或服务的完善，目的在于更好地满足已有顾客的需要。从研发风险看，探索式创新研发周期较长，不确定性更高，注重的是长期收益；而利用式创新研发周期较短，研发结果可预测性强且影响短期收益，因此相较于利用式创新，探索式创新需要更大的资金投入且投资周期更长，信息成本较高，投资风险更大。

1. 利用式创新

利用式创新的本质是现有技术、竞争优势、范式的重新定义和延伸。它处在一个机械的组织架构里面，有固定的系统、路径、程序和制度，以及稳定的市场和技术。利用式创新建立在已有的技术轨道上，以企业现有的知识基础为依托，强调对现有知识进行提炼、整合、强化和改进，它也包括已有知识的研究和重新使用，以及现有成分的改善。对于关键核心技术突破的企业而言，其利用式创新的表现具有如下特征。

由表7.1我们可以看出成功突破关键核心技术的企业在利用式创新方面具有较高的成效，平均值高达4.2。具体而言，在定期对现有产品和服务进行小规模调整方面，企业得分高达4.32，高于平均值。这表明企业注重产品和服务的持续优化，通过不断地小幅调整来适应市场变化和满足客户需求，从而保持竞争优势。同时，企业在提高产品和服务的供应效率方面也取得了显著成效，得分达到4.28。企业通过提升产品和服务的供应效率，为客户提供了更加快速、便捷的服务体验。此外，企业在完善现有产品和服务的提供方面也表现出色，得分为4.16。这表明企业注重对现有产品和服务进行持续改进和完善，不断提升产品质量和服务水平，以满足客户的期望和需求。在扩大市场份额方面，企业的得分为4.2，企业通过提升现有市场的规模经济效应，实现了市场份额的稳步增长。然而，值得注意的是，企业在引进经过改良的现有产品和服务以满足本地市场需求方面得分较低，为4.04，低于平均值。这可能意味着企业在针对本地市场进行产品和服务改良方面还有待加强，需要更深入地了解本地市场需求，推出更符合市场需求的产品和服务。

表7.1 突破关键核心技术的企业的利用式创新特征

变量名	最大值	最小值	平均值	标准差	中位数	方差
利用式创新	5	2.6	4.2	0.673	4.2	0.453
题项1：我们经常完善现有产品和服务的提供	5	1	4.16	1.179	5	1.39
题项2：我们会定期对现有产品和服务进行小规模调整	5	3	4.32	0.852	5	0.727
题项3：我们致力于引进经过改良的现有产品和服务，以满足本地市场需求	5	1	4.04	1.098	4	1.207
题项4：我们会提高产品和服务的供应效率	5	3	4.28	0.792	4	0.627
题项5：我们会扩大市场份额	5	3	4.2	0.645	4	0.417

综上所述，成功突破关键核心技术的企业在利用式创新方面展现出了持续优化现有产品和服务、挖掘和利用现有市场潜力及加强本地市场适应性等显著特征，但在本地市场的定制化创新方面还需要进一步努力。未来，企业可以进一步加强市场调研和需求分析，推出更具针对性的改良产品和服务，以满足不同客户的需求并拓展市场份额。

2. 探索式创新

探索式创新是一种追求突破性和根本性变革的创新方式，其意图是寻求新的可能性。企业通过探索式创新设计新产品、开辟尚无相关营销经验的细分市场、发展新的分销渠道、为新的消费者群体提供服务。这种创新行为强调获取和创造全新的知识，力求脱离和超越企业现有的知识基础，经常尝试同行业其他公司未采用过的经营战略和技术。这种创新能为组织带来新产品、新流程和新生产方式等，具有高风险、高收益的特点。然而，如果组织将有限的资源过多用于探索式创新，极易陷入"创新陷阱"，形成"探索—失败—无回报"的恶性循环。对于关键核心技术突破的企业而言，其探索式创新的表现具有如下特征。

由表7.2可以看出，突破关键核心技术的企业在探索式创新方面表现不佳，与利用式创新相比还存在较大差距，平均值仅为3.82。具体而言，企业在将本单位全新的产品和服务推向市场并实现商业化的过程中，表现出色，得分高达4分，这充分显示出企业在新产品开发和市场推广方面的强大实力。同时，企业也经常利用新市场的新机会，得分为4.04分，高于平均值，这反映出企业对于市场机会的敏锐洞察和快速响应能力。然而，在发明新的产品和服务方面,企业的得分仅为 3.88 分,这表明企业在创新能力和研发实力方面还有一定的不足,需要进一步加大投入和努力。此外,企业在当地市场尝试新产品和服务的得分也为 3.88 分,这同样显示出企业在本地市场的创新尝试和适应能力还有待加强。值得注意的是,企业在接受超出现有产品和服务的需求方面表现不佳,得分仅为 3.6 分,远低于平均值。这可能意味着企业在面对市场变化和消费者需求升级时,缺乏足够的灵活性和应变能力。同时,企业在经常使用新的分销渠道方面的得分也较低,为 3.52 分,这表明企业在拓展新的销售渠道和分销网络方面存在一定的困难,需要进一步提升渠道管理和市场开拓能力。

表 7.2 突破关键核心技术的企业的探索式创新特征

变量名	最大值	最小值	平均值	标准差	中位数	方差
探索式创新	5	2.167	3.82	0.819	4	0.671
题项 6:本单位接受超出现有产品和服务的需求	5	1	3.6	1.08	4	1.167
题项 7:我们发明新的产品和服务	5	2	3.88	1.054	4	1.11
题项 8:我们在当地市场尝试新产品和服务	5	2	3.88	0.927	4	0.86
题项 9:我们将本单位全新的产品和服务商业化	5	2	4	0.957	4	0.917
题项 10:我们经常利用新市场的新机会	5	2	4.04	1.06	4	1.123
题项 11:本单位经常使用新的分销渠道	5	1	3.52	1.005	4	1.01

综上所述,突破关键核心技术的企业在探索式创新方面表现出商业化能力强、市场机会利用敏锐的特征,但在原创性创新、市场需求适应和分销渠道创新方面仍有待加强。为了进一步提升探索式创新的能力,这些企业需要加大研发投入、提升市场适应能力并加强渠道管理,以更全面地推动创新成果的转化和应用。

(二)创新组织模式

由表 7.3 可以看出,突破关键核心技术的企业的创新组织模式的平均值为 3.704。具体而言,在企业内部,各类创新组织之间的协同关系表现较好,得分高达 3.96,这一分数高于平均值,显示出企业内部创新组织在协同合作方面具有一定的优势。企业在内外部创新资源协同方面得分为3.88，也高于平均值，这种有效协同为企业带来了更丰富的创新资源，提升了创新的质量与层次。值得注意的是，企业在中央研究院（即企业科技力量的总指挥协调机构）与事业部和产业线研发组织之间的关系密切程度方面得分较低，仅为3.64分，低于平均值，这反映出高层级研发组织与其他业务单元之间的沟通与协作存在不足。此外，企业在吸引和整合外部创新资源方面的能力也有待加强，得分仅为3.56分，同样低于平均值。外部创新资源是企业创新的重要来源，企业需要积极寻求与外部合作伙伴的合作，引进先进的技术和管理经验，提升企业的创新能力。最后，对于中央研究院的功能发挥的满意程度也较低，得分仅为3.48分，远未达到预期值。因此，企业需要重新审视中央研究院的定位和功能，优化其组织结构和运行机制，确保能够为企业的创新发展提供有力支持。

表7.3 突破关键核心技术的企业的创新组织模式特征

变量名	最大值	最小值	平均值	标准差	中位数	方差
创新组织模式	5	2	3.704	0.88	4	0.774
题项12：企业内部的各类创新组织之间的协同关系密切程度	5	2	3.96	0.889	4	0.79
题项13：对中央研究院的功能发挥的满意程度	5	1	3.48	1.046	4	1.093
题项14：中央研究院与事业部、产业线研发组织之间的关系密切程度	5	1	3.64	1.075	4	1.157
题项15：对外部创新资源具有较大吸引力、具有良好的整合能力	5	2	3.56	0.961	4	0.923
题项16：内外部创新资源之间的协同关系的密切程度	5	2	3.88	0.971	4	0.943

综上所述，突破关键核心技术的企业在创新组织模式方面展现出内部协同优势和外部资源整合能力的特征，但在高层级研发组织与其他业务单元协同及中央研究院功能发挥方面存在不足。企业需要进一步优化创新组织模式，加强内外部协同，进一步发挥中央研究院的作用，推动关键核心技术的突破和创新发展。

（三）创新合作网络

创新合作网络是对于企业（或组织）之间形成的复杂合作关系（以创

新或学习为目的或伴有知识生成或流动）的抽象，借以从知识动态性的角度分析产业的发展演化规律。广义上，企业的技术创新合作网络是一种制度安排，指企业以获取创新资源、提升创新能力为目的，通过契约关系或非正式合作等方式与其他创新主体建立彼此信任的、持久的、互利互动的各种关系。这些创新主体可能包括企业、大学、科研单位等，合作可以是非正式的，也可以是基于契约的正式合作。狭义而言，企业技术创新合作网络主要是指科研合作网络、企业内（间）的研发（R&D）合作网络、产学研合作网络等，这些都是合作网络的具体表现形式，也是创新合作网络重要组成部分。已有研究多侧重于创新合作网络的关系分布及结构演化（潘松挺，郑亚莉，2011；袁剑锋等，2017），因此，本书从创新合作网络的关系强度和关系广度两个维度分别进行探究。

1. 关系强度

在创新合作网络中，关系强度的高低对合作效果和创新绩效具有重要影响（谢洪明等，2012；李明星等，2020）。强关系通常意味着合作伙伴之间的信任度高、信息共享充分、协作紧密，有利于创新活动的深入开展和创新成果的产出。创新合作网络的关系强度也受到多种因素的影响，如合作伙伴之间合作的互补性、互动性、动态性等，这些因素的变化会影响合作关系的稳定性和持久性，进而影响创新合作网络的整体效果。

由表 7.4 可以看出，突破关键核心技术的企业的创新合作网络关系强度的平均值为 3.792。具体而言，企业在与创新伙伴之间的信任度方面表现出色，得分高达 4.12，这一数值远超平均值，显示出企业与合作伙伴之间建立了稳固的信任基础，为创新活动的顺利进行提供有力保障。此外，企业在与创新伙伴的交流频率方面也表现出较高水平，达到 3.72。这意味着企业能够保持与合作伙伴的紧密沟通，及时了解彼此的需求和进展，确保合作项目的顺利进行。同时，企业还积极开展多个项目的合作，与多个创新伙伴共同推进创新活动，进一步拓宽了合作的强度。在合作创新成果方面，企业也取得了显著的成绩，得分达到 3.76，与合作伙伴共同产出的创新成果在企业整体创新产出中所占比例较高，这充分说明企业通过与合作伙伴的协同创新，有效提升了自身的创新能力和水平。然而，值得注意的是，企业在与创新伙伴的合作中资源投入量方面的得分相对较低，仅为 3.64，低于平均值。这表明企业在合作过程中可能存在一定的资源投入不足问题，需要进一步加强资源整合和投入，以确保合作项目的顺利进行和取得更多创新成果。

表 7.4 突破关键核心技术的企业的创新合作网络关系强度特征

变量名	最大值	最小值	平均值	标准差	中位数	方差
关系强度	5	2.6	3.792	0.674	3.8	0.455
题项17：本企业与创新伙伴之间交流频率很高	5	2	3.72	0.843	4	0.71
题项18：本企业在与创新伙伴的合作中资源投入量很大	5	2	3.64	0.81	4	0.657
题项19：本企业与创新伙伴开展多个项目的合作	5	2	3.72	0.891	4	0.793
题项20：本企业与创新伙伴间有较高的信任度	5	2	4.12	0.881	4	0.777
题项21：本企业与创新伙伴的合作创新成果在企业创新产出中所占比例较高	5	2	3.76	0.97	4	0.94

综上所述，突破关键核心技术的企业在创新合作网络关系强度方面展现出高度信任、高频交流、多元化合作和显著创新成果等特征，但在资源投入方面仍有待加强。企业需要进一步加强资源整合和投入，以提升合作创新的深度，推动关键核心技术的突破和创新发展。

2. 关系广度

创新合作网络的关系广度多用企业在创新过程中与其他利益联结者建立联系的节点和数量来表现，直接影响企业获取外部资源和信息的能力，以及企业应对市场变化的能力。在创新合作网络中，关系广度的扩大可以帮助企业接触到更多的合作伙伴、潜在的市场机会和技术资源。这些合作伙伴可能来自不同的行业、领域或地区，他们之间的互补性和多样性可以为企业提供更多的创新思路和方法。

由表 7.5 可以看出，突破关键核心技术的企业的创新合作网络关系广度的平均值为 3.78，略低于关系强度的平均值。具体而言，企业在构建创新合作网络时，无论是与企业、研究机构、高校还是科研院所，都建立了紧密的联系，得分高达 4.08，远超过平均值。这种广泛的合作联系为企业带来了丰富的创新资源和多样的合作机会，有助于企业在技术创新方面取得更大突破。此外，企业在跨区域合作方面也表现出色，得分 3.92，同样高于平均值。这意味着企业不仅局限于本地合作，还积极寻求与其他地级市的创新伙伴建立合作关系，从而拓宽了合作的地域范围，进一步增强了创新合作网络的广度。然而值得注意的是，企业在与不同行业创新伙伴的合作联系方面得分略低，为3.68，这表明企业在跨行业合作方面有待加强，需要进一步扩大合作范围，与更多不同行业的创新伙伴建立合作关系，以获取更广泛的创新资源和知识。另外，企业在本地合作方面的得分远低于平均值，仅为3.44，这反映出企业在本地合作资源的整合和利用方面存在不足之处，需要进一步加强与本地创新伙伴的合作，充分发挥本地创新资源的作用，提升合作创新的效率和效果。

表7.5 突破关键核心技术的企业的创新合作网络关系广度特征

变量名	最大值	最小值	平均值	标准差	中位数	方差
关系广度	5	2.5	3.78	0.618	4	0.382
题项22：本企业与不同行业的创新伙伴具有广泛的合作联系	5	2	3.68	0.748	4	0.56
题项23：本企业与不同类型的创新伙伴（企业、研究机构、高校、科研院所）具有广泛的合作联系	5	3	4.08	0.702	4	0.493
题项24：本企业主要与本地（所在地级市）创新伙伴建立合作关系	5	2	3.44	0.917	4	0.84
题项25：本企业与跨区域（其他地级市）创新伙伴具有广泛的合作联系	5	2	3.92	0.812	4	0.66

综上所述，突破关键核心技术的企业在创新合作网络关系广度方面展现出多元化合作伙伴选择和跨区域合作广泛的特征，但在跨行业合作和本地合作方面仍有待加强。企业需要进一步优化合作策略，加强与其他行业和本地创新伙伴的合作，以拓宽创新合作网络的广度，推动关键核心技术的突破和创新发展。

（四）创新资源投入

创新资源是指企业技术创新活动中所需要的各种投入要素，这些要素主要包括人力、物力、财力等方面，在企业技术创新和整体发展中具有不可替代的作用。技术创新需要大量的资金投入，包括研发经费、技术创新基金等，得以支持企业进行技术研究和开发，引进先进的技术和设备，培养高素质的研发人才。本书将创新资源的投入划分为内部研发投入、技术购买投入、合作研发投入，并探讨各个投入特征。

1. 内部研发投入

内部研发投入是指企业为了开展科技创新活动而内部投入的成本和

费用，这通常包括研究与开发过程中的各项支出。具体来说，内部研发投入主要包括日常性支出（如研发人员的工资、奖金、福利，以及购置原材料、燃料等的支出）、资产性支出（如为研发活动而进行的固定资产建造、购置、改扩建和大修等的支出）和其他支出（如委托其他单位或与其他单位合作开展研发活动而支付的经费）。内部研发投入是企业提高自身核心竞争力和创新能力的重要手段之一。通过持续的研发投入，企业可以不断进行技术创新和产品创新，建立完善的研发机构和创新团队。

由表 7.6 可以看出，突破关键核心技术的企业的内部研发投入的平均值为 3.707。具体而言，企业内部创新工作人员的配备情况十分理想，其占员工总数的比例得分为 3.8，这一得分高于平均值，显示出企业在人力资源方面对创新活动的重视和投入。同时，企业在内部研发活动上的经费投入也相当可观，占企业销售额的比例得分为 3.72，这表明企业在研发创新方面有着稳定的投入，能够确保研发活动的顺利进行和取得预期成果。然而，值得注意的是，企业在内部研发创新设备投入方面的得分较低，为 3.6，低于平均值。虽然企业在人力资源和研发经费方面表现出色，但在研发设备的投入上稍显不足。这可能限制企业研发活动，影响创新成果的产出和效率。

表 7.6 突破关键核心技术的企业的内部研发投入特征

变量名	最大值	最小值	平均值	标准差	中位数	方差
内部研发投入	5	2.333	3.707	0.689	3.667	0.475
题项 26：内部研发创新设备投入占总设备资产投入的比例	5	2	3.6	0.764	4	0.583
题项 27：企业内部从事创新工作人员占员工总数的比例	5	2	3.8	0.913	4	0.833
题项 28：内部研发活动投入经费占企业销售额的比例	5	3	3.72	0.737	4	0.543

综上所述，企业在内部研发投入方面表现出对创新工作的重视，研发经费的投入适中，但在研发创新设备的投入上稍显不足。为了进一步提升核心技术突破的能力，企业可能需要加大在研发创新设备方面的投入，同时保持创新人力资源和研发经费的稳定投入。

2. 技术购买投入

技术购买投入是指企业为了获取外部技术资源而进行的购买行为，包括购买专利、技术许可、技术设备、技术软件等。这种投入方式是企业获取新技术、提高创新能力的重要途径之一。由于自主研发新技术通常存在较高的失败风险，通过购买技术，企业不仅可以减少研发过程中的不确定性和风险，快速获取外部成熟的技术资源，还促进了企业与外部技术机构、高校、科研院所等合作与交流，形成高效、开放的创新合作网络体系。

由表7.7可以看出，突破关键核心技术的企业的技术购买投入的平均值为3.667，略低于内部研发投入的平均值。具体而言，在市场化合作对象的种类方面，企业得分为3.8，高于平均值。这反映出企业积极寻求与多种类型的市场主体进行合作，以实现资源共享、优势互补，从而推动企业的技术创新和业务发展。此外，企业在参与市场化合作的项目数量方面的得分为3.64，与平均值大致持平。这说明企业在项目合作方面能够根据自身的发展需要和市场需求，合理安排参与市场化合作的项目数量。然而，在参与市场化合作资金投入占全部创新资金投入的比例方面，企业的得分为3.56，低于平均值。这在一定程度上表明企业在市场化合作的资金投入上持保守态度，或是在其他创新领域的投入较多，导致市场化合作的资金占比较低。

表7.7　突破关键核心技术的企业的技术购买投入特征

变量名	最大值	最小值	平均值	标准差	中位数	方差
技术购买投入	5	2.333	3.667	0.811	4	0.657
题项29：市场化合作对象的种类	5	2	3.8	0.816	4	0.667
题项30：参与市场化合作的项目数量占所有项目数量的比例	5	2	3.64	0.81	4	0.657
题项31：参与市场化合作资金投入占全部创新资金投入的比例	5	2	3.56	0.961	4	0.923

综上所述，突破关键核心技术的企业在技术购买投入方面表现出合作对象多样化和合作项目数量稳定的特征，但在资金投入方面还有一定的提升空间。通过优化合作对象和项目选择，以及适当增加技术购买的资金投入，企业可以进一步提升技术购买的效果，加速核心技术的突破和创新发展。

3. 合作研发投入

合作研发投入是指企业与其他企业或机构合作进行研发活动时，所投入的资金、技术、人力等资源，旨在通过合作，共同研发新技术、新产品，以共享研发成果，降低研发成本，提高研发效率。一方面，合作研发可以汇聚各方的研发资源，实现优势互补；不同企业或机构在研发过程中可以共享技术、设备和信息，减少重复投入，加速研发进程。另一方面，合作研发可以分摊研发经费，共享研发设备和场地，减轻企业的财务压力。企业与合作单位可以共同拥有研发成果的知识产权，避免知识产权纠纷，促进技术转移和产业升级，共同实现关键核心技术的突破。

由表 7.8 可以看出，突破关键核心技术的企业的合作研发投入的平均值为 3.48，远低于内部研发投入的平均值。具体而言，企业在合作对象的种类方面得分较高，为 3.6，高于平均值。这说明企业在寻求合作研发伙伴时，具有较为开阔的视野和选择范围，能够积极与多种类型的机构或企业建立合作关系。在合作研发资金投入占全部创新资金投入的比例方面，企业的得分为 3.48，与平均值持平。这表明企业在合作研发的资金投入上保持了一定的稳定性，既不过于保守，也不过于冒进。然而，在参与合作的项目数量占所有项目数量的比例方面，企业的得分为 3.36，低于平均值。这可能意味着企业在合作研发项目的选择上较为谨慎，或者内部研发项目占据了更大的比重。综上所述，突破关键核心技术的企业在合作研发投入方面表现出合作对象多样化、资金投入稳定的特征，但在合作项目数量上稍显不足。通过优化选择合作对象、加大合作研发投入、增加合作项目数量等措施，企业可以进一步提升合作研发的效果，加速核心技术的突破和创新发展。

表 7.8 突破关键核心技术的企业的合作研发投入特征

变量名	最大值	最小值	平均值	标准差	中位数	方差
合作研发投入	5	2	3.48	0.8	3.333	0.64
题项 32：合作对象的种类	5	2	3.6	0.764	4	0.583
题项 33：参与合作的项目数量占所有项目数量的比例	5	2	3.36	0.86	3	0.74
题项 34：合作研发资金投入占全部创新资金投入的比例	5	2	3.48	0.918	4	0.843

总体而言，企业创新活动呈现出鲜明的多元化特征。在创新战略维度上，企业在利用式创新方面，持续优化既有产品和服务，深入挖掘现有市场潜力，并在本地市场适应性上表现出色，然而，在定制化创新实践方面仍有待深化。同时，企业在探索式创新方面展现出强大的商业化运作能力和敏锐的市场机遇捕捉能力，但在原创性创新成果的培育、市场需求的精准适应及分销渠道的创新拓展等方面仍需进一步努力。从创新组织模式视角看，企业内部协同机制有效，外部资源整合能力突出，但在高层级研发组织与其他业务单元间的协同效率及中央研究院在创新体系中的核心作用发挥上尚存不足。在创新合作网络层面，企业构建了高强度的创新合作网

络关系，表现出高度的信任与合作频率，合作形式多元化，并取得了显著的创新成果；然而，资源投入水平仍需进一步提升以支撑合作的深度和广度。此外，企业在合作网络广度上展现了合作伙伴的多样性和跨区域合作的广泛性，但在跨行业合作和本地深度合作方面仍有较大的拓展空间。关于创新资源投入，企业内部研发投入稳定，体现了对创新工作的高度重视，但在创新设备的更新与升级方面稍显滞后；技术购买投入方面，企业合作对象多样，合作项目数量稳定，但资金投入水平仍有提升空间；在合作研发方面，企业合作对象多样化，资金投入保持稳定，但合作项目数量较少，有待进一步增加。未来研究可进一步探讨影响企业创新活动的深层次因素，并提出针对性的政策建议和实践指导。

三、企业创新活动存在的短板

经过深入研究，本节总结出企业创新活动存在以下几个关键短板。
（1）创新能力尚需进一步提升，以满足市场和技术的快速发展需求。
（2）分销渠道相对固化，缺乏灵活性和适应性。
（3）中央研究院在引领创新方面的作用尚不明显，未能充分发挥其作为企业内部创新核心的功能。
（4）资源整合能力不足，导致企业无法高效利用内外部资源。
（5）合作网络相对狭窄，缺乏与更多创新伙伴的深入合作。
（6）创新资源投入仍有不足，包括资金、人才和技术方面的投入，这直接影响了企业创新活动的规模和深度。
这些短板亟须企业高度重视并采取有效措施加以解决。

（一）创新能力有待提高

由图 7.16 可以看出，突破关键核心技术的企业的产品和服务创新能力高于平均值的占 52%，其余 48% 的受访企业的创新能力低于平均值，企业的创新能力有待进一步提高。在关键核心技术上取得突破的企业尽管在某种程度上已展现了较强的创新实力，但其中仍有部分企业的产品和服务创新能力较低。这一现象反映了即使在关键核心技术上有所建树的企业，其创新能力仍然参差不齐，存在较大的提升空间。这可能是因为部分企业在核心技术的研发与应用上过于聚焦，而忽视了在整体创新体系、创新文化、创新机制及创新人才等方面的全面建设。

第七章 创新引领的关键核心技术突破机制——实证分析 | 277

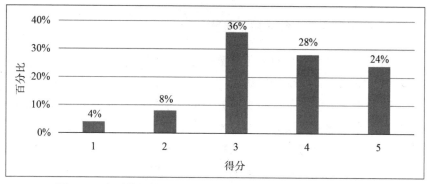

图 7.16 突破关键核心技术的企业的产品和服务创新能力情况

（二）分销渠道相对固化

由图 7.17 可以看出，对突破关键核心技术的企业使用新分销渠道的情况的调查中，发现只有 60%的受访企业高于平均值，其余 40%的受访企业的创新能力低于平均值，企业的分销渠道相对固化。60%的受访企业在使用新渠道方面高于平均值，这意味着这些企业成功利用了关键核心技术的突破，有效开拓了新的分销渠道。然而，还有 40%的受访企业在使用新渠道方面低于行业平均值，这可能是由于这些企业在技术突破方面相对滞后，或者对新渠道的认识和利用不足。这些企业可能面临着渠道老化、市场萎缩等问题，需要加大技术创新和渠道拓展的力度，以跟上市场的步伐。

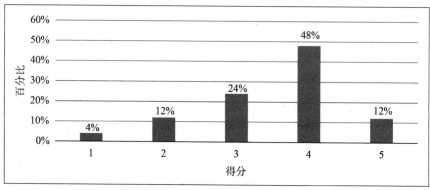

图 7.17 突破关键核心技术的企业的新分销渠道使用情况

(三) 中央研究院引领作用不显著

由图 7.18 可以看出，对突破关键核心技术的企业是否满意中央研究院的调查中，发现只有 60% 的受访企业比较满意，其余 40% 的受访企业对中央研究院的满意程度较低，中央研究院的功能发挥有待进一步凸显。中央研究院在企业中通常扮演着引领技术研发、把握创新方向的重要角色，其引领作用的显著性直接影响企业的技术进步和市场竞争力。如果中央研究院在技术研发、成果转化、市场响应、人才队伍等方面表现不佳，自然会导致企业的满意度下降。企业需要正视当前存在的问题，采取有效措施提升中央研究院的引领作用，从而提高企业的满意度和整体绩效。

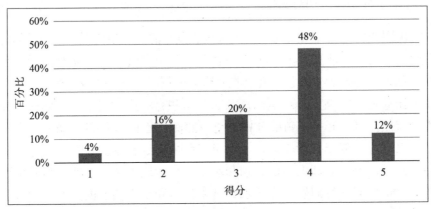

图 7.18　突破关键核心技术的企业对中央研究院的满意程度

(四) 缺乏资源整合能力

由图 7.19 可以看出，突破关键核心技术的企业的资源整合能力呈现出一种不均衡状态，仅有 56% 的受访企业显示出高于平均值的资源整合能力，这意味着这些企业在运用和整合内外部资源以支持关键核心技术突破方面做得较好。然而，令人担忧的是，仍有 44% 的受访企业资源整合能力低于平均值。这反映出这些企业在资源整合方面存在明显短板，可能面临资源获取困难、资源配置不合理或资源利用效率低下等问题。资源整合能力的不足将直接制约这些企业在关键核心技术上的突破能力，进而影响其市场竞争力和长期发展。因此，加强资源整合能力的建设和提升，应成为当前和未来企业发展的重要任务之一。

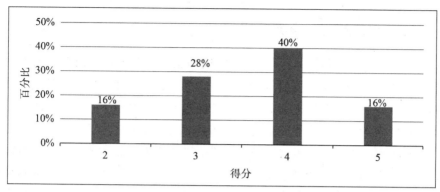

图7.19 突破关键核心技术的企业的资源整合能力

（五）合作网络不够广泛

由图7.20可以看出，突破关键核心技术的企业在本地合作伙伴关系构建上呈现出分化态势，仅有56%的受访企业（得分为4～5）表示与本地企业有深入的合作关系。这些企业通过与本地企业的紧密合作，不仅有效整合了本地资源，也通过知识共享和技术交流，推动了关键核心技术的突破。然而，仍有44%的受访企业表示与本地企业的合作水平较低，这意味着这些企业（得分为2～3）在本地合作网络的构建上还存在明显的短板，未能充分利用本地资源和优势，错失了许多潜在的合作机会。这种合作网络不够广泛，不仅限制了企业在关键核心技术上的突破能力，也可能影响企业的长期发展。因此，受访企业需要加强与本地企业的合作，拓宽合作网络，通过广泛建立合作关系网络，来实现创新能力的持续提升。

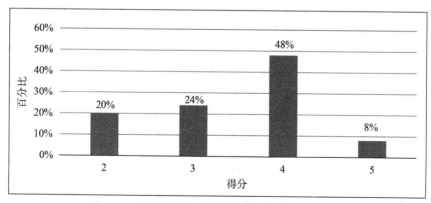

图7.20 突破关键核心技术的企业的本地合作情况

（六）创新资源投入不足

从图 7.21 可以看出，仅有 52% 的受访企业（得分为 4～5）在合作中投入了大量资源，这表明这些企业高度重视与合作伙伴之间的资源共享和协同合作，通过整合内外部资源来推动技术创新。而剩余的 48% 的受访企业（得分为 2～3）则在合作资源投入方面相对不足，这可能限制它们在技术突破方面的潜力和进度。同时，从图 7.22 可以看出，企业在研发设备投入资源方面的情况也类似。只有 52% 的受访企业（得分为 4～5）在创新设备的投入上表现出较大的力度，这些企业可能拥有先进的研发设备和技术平台，能够支持其进行高质量的技术创新和研发活动。然而，还有 48% 的受访企业（得分为 2～3）在研发设备投入方面存在不足，这可能影响它们的研发效率和创新能力。总的来说，突破关键核心技术的企业在合作与研发设备等创新方面的资源投入仍存在较大的提升空间，企业需要加强内外部资源的整合和投入，推动企业在关键核心技术上取得更大突破。

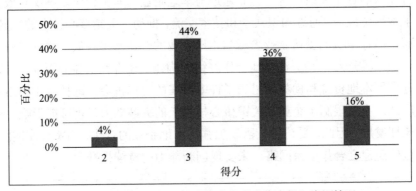

图 7.21 突破关键核心技术的企业在合作中投入资源情况

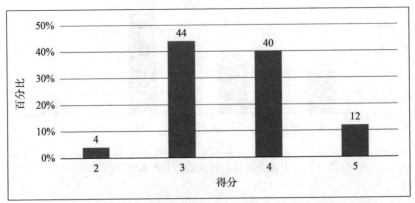

图 7.22 突破关键核心技术的企业的研发设备投入资源情况

第二节　关键核心技术突破的实证研究

目前关于关键核心技术突破的实证研究相对匮乏，仅有少数学者探究了数字技术（陈俊龙等，2024）、集聚效应（庞磊等，2023）、技术生命周期（袁野等，2022）、产业政策（郭本海等，2019）等变量对关键核心技术突破的影响。例如，陈俊龙等人以1999—2021年中国集成电路产业上市公司的专利数据为研究样本，识别筛选关键核心技术，并实证检验企业数字化对关键核心技术创新的影响；庞磊等人以1356家高新技术企业为样本，研究发现高新技术企业集聚、自主创新有效地推动了中国产业链关键环节可控能力的提升。对于关键核心技术突破路径的实证研究更为匮乏，仅有刘和东等人从政府角度探究了关键核心技术突破路径，构建了固定效应模型，深入分析了政府补贴、税收优惠、知识产权保护对企业突破性创新的综合影响机制。综上所述，目前关键核心技术突破路径的实证研究非常匮乏。因此，本研究基于现有案例研究的基础，通过构建量表的方式进行突破路径的实证分析，探究不同技术的异同。

一、指标选择

本研究在深度剖析与整合关键核心技术突破领域相关学者研究成果的基础上，构建了一个系统化、多维度的测量框架。该框架涵盖了创新战略、创新组织模式、创新合作网络和创新资源投入等4个核心维度，旨在全面而精准地评估关键核心技术的突破能力及发展态势。

（1）创新战略。创新战略是指企业在多大程度上进行创新以及采取了何种方式，以执行其商业战略和提升盈利能力（邵云飞等，2023）。在学术界对创新战略的研究中，通常将其划分为两种主要类型：探索式创新和利用式创新（颉茂华等，2022）。其中，探索式创新战略是企业为满足新市场需求，结合新颖知识与资源，进行技术创新，开发全新产品和服务的策略；而利用式创新战略则是企业深化现有知识与技术，改进已有产品与服务，满足当前市场和客户需求的战略（Müller等，2021）。本研究将创新战略作为测量维度之一，是因为创新战略在关键核心技术突破过程中具有引领与指导作用。一个明晰且具有前瞻性的创新战略能够精准定位突破方向，优化创新资源配置，进而提升创新活动的效率与成效。此外，创新战略还能有效激发创新主体的积极性与创造力，为关键核心技术的持续突破提供源源不断的动力。

（2）创新组织模式。创新组织模式是一种在实现技术供给和市场需求双重目标的基础上，关注创新链前端到后端及整个创新生态体系建设的制度融合型创新模式（沈梓鑫，2020）。此外，通过梳理组织模式的发展历程与演变，本研究发现贯彻始终的要素是决策权的集中程度，因此将创新组织模式分为集权型创新组织和分权型创新组织两种类型进行分析。创新组织模式作为关键核心技术突破的重要支撑，其选择与实施对创新活动的成功与否具有显著影响。一个灵活高效、适应性强的创新组织模式能够更好地适应外部环境的变化，促进创新资源的有效整合与利用，进而推动关键核心技术的突破。因此，将创新组织模式纳入测量框架，有助于剖析企业或组织在关键核心技术突破方面的组织结构与运行机制。

（3）创新合作网络。创新合作网络是创新主体在获取、吸收、转化、应用与重组知识过程中，持续不断地与其他主体创新要素进行互动所形成的总体结构（陈暮紫等，2019）。于长宏等人认为创新主体间联系广泛程度及联系紧密程度影响主体信息获取、资源共享和知识交流等方面的效率，进一步将创新合作网络分为关系广度和关系强度两方面，本研究也选择从这两个维度进行测量。随着科技全球化的加速推进，创新合作网络在关键核心技术突破中起到越来越重要的作用，企业或组织之间的合作日益成为推动技术突破的重要途径。一个完善的创新合作网络能够汇聚各方优势资源，实现技术、人才、资金等要素的互补与共享，进而加快关键核心技术的突破与转化。因此，通过评估创新合作网络的构建与运行情况，能够深入揭示企业或组织在关键核心技术突破方面的合作策略与成效。

（4）创新资源投入。创新资源投入是指企业在技术创新活动中所需的各种投入要素。曹勇等人研究提出，创新资源投入包括研发投入、人力资本、技术改造费用、技术引进费用及消化吸收费用等多个方面（孙春吉等，2015）；胡在铭则从财政科技投入和人力资源投入两方面对创新资源投入进行测度；李百兴等人基于前人研究将创新资源投入进一步分为创新人力资源投入与创新财力资源投入（肖静等，2023；刘冀徽等，2022）。创新资源投入作为关键核心技术突破的物质基础与保障，直接关系到创新活动的深入开展与关键核心技术的突破。因此，将创新资源投入作为测量维度之一，能够客观反映企业或组织在关键核心技术突破方面的投入水平与保障能力，为管理层提供决策依据。

综上所述，本研究的维度选择从不同角度反映了影响企业核心技术突破的关键因素，可以更深入地了解企业在关键核心技术突破方面的实际情况和差异，为政策制定和决策提供科学依据。

二、问卷设计

调查问卷总共包括三个部分,分别是导言部分、企业统计部分和量表部分。

导言部分中明确说明此次调查将对调查对象提供的所有信息进行严格保密,所有回答都用于学术研究。

本研究在构建关键核心技术突破的测量框架时,根据可能对研究变量产生影响的方面对企业统计题目进行了选取和编写,以此来提高测量的准确性、全面性和可信度,确保关键核心技术突破维度测量的研究结论的准确性和有效性。最终选取企业注册地、企业性质、企业主要产品所属技术领域、企业总资产、企业职工总人数、高新技术企业认定情况、技术突破数量、突破技术特征及技术创新依靠来源等9个企业统计变量。

本研究问卷主要包括创新战略、创新组织模式、创新合作网络和创新资源投入4部分量表。为便于进行数据分析,本研究均采用李克特的五点式计分方式,因此将对调查问卷进行信效度检验,确保问卷的有效性。

(1) 创造战略。借鉴Jansen等人提出的利用式创新与探索式创新量表,其中利用式创新包括"我们经常完善现有产品和服务的提供"等5个题项,探索式创新包括"本单位接受超出现有产品和服务的需求"等6个题项。

(2) 创新组织模式。本研究基于扎根理论的研究方法,识别了创新组织模式的核心维度,如创新能力、协调关系、领导风格等,构建了创新组织模式量表,包括"企业对外部创新资源具有良好的吸引和整合能力"等5个题项。

(3) 创新合作网络。本研究对创新合作网络关系的衡量选择关系强度、关系广度两个维度的指标(Capaldo,2007;Leiponen等,2008;董保宝,2012),其中关系强度包括"本企业与创新伙伴之间交流频率很高"等5个题项,关系广度包括"本企业与不同行业的创新伙伴具有广泛的合作联系"等4个题项。

(4) 创新资源投入。借鉴陶永明(2013)的创新资源投入量表,包括"内部研发创新设备投入占总设备资产投入的比例"等9个题项。

三、数据收集

(一) 预调查

为了保证调查问卷结构和数据的准确性,在正式展开调查前,我们进行了预调查，选取了 4 家分别在前沿引领技术、关键共性技术、颠覆性技术、现代工程技术领域实现了关键核心技术突破的企业，通过深入的走访和调查，我们对现有调查问卷进行了修改和完善。例如，将"企业职工总人数""企业总资产"的题项范围进行了扩大，以匹配研究样本；将"现在企业实现的关键核心技术突破类型"题项从技术类型改成技术所属的特征，易于被调查者理解。同时，还根据调查对象的企业类型调整了"企业性质"题项，确保所有样本都包含在内。此外，在与企业沟通时，我们发现不同技术类型企业在进行技术创新时依靠的创新资源不同，因此又增加了"目前企业的技术创新主要依靠来源"这一题项，并修改了问卷的题目语言表达方式和题项顺序，形成了正式调查问卷，并据此展开正式调查。

（二）正式调查

在本次正式问卷调查中，本研究严格遵循学术规范，对数据来源进行了严谨而细致的筛选与抽样，以确保数据的真实性和有效性。在样本选取上，本研究聚焦于那些在关键核心技术领域取得突破的企业，充分考虑了企业规模、行业分布等多重因素，通过科学的抽样方法，从众多优秀企业中精心挑选了二十多家有代表性的企业作为问卷调查对象。这些企业不仅代表了行业的先进水平，还展现了各自领域内的独特竞争优势和丰富的实践经验。在问卷设计方面，我们力求全面而深入，涵盖了企业的核心技术研发类型、创新战略导向、创新组织模式、创新合作网络及创新资源投入等多个要素。通过精心设计的问题，本研究旨在全面了解这些企业在关键核心技术突破方面的具体实践、侧重方向和异质性。同时，我们注重问卷的学术性和严谨性，确保问题的表述清晰、准确，便于被调查者理解和回答。在数据收集过程中，我们采用了多种渠道和方式，包括邮件发送、电话沟通、实地考察等，以确保问卷能够准确、高效地发放到目标企业，保证了问卷的回收率和数据的质量。最终，经过一段时间的收集和整理，本研究最终收到25份有效问卷，这些样本中企业的关键核心技术突破包括关键共性技术、前沿引领技术、现代工程技术、颠覆性技术等 4 类，且分布较为连续，保证了案例的异质性要求。通过对这些数据的深入分析和挖掘，我们能够更准确地把握行业的脉搏和发展方向，为企业决策提供有力支持。

四、实证分析

本次调查通过多渠道进行问卷发放，共收回问卷 26 份，根据作答时间是否合理、问题前后顺序是否合理来判断问卷是否有效，最终得到 25 份有效问卷。其中，国有企业占据超过 30%的比重，凸显了国有企业在当前经济生态中的核心地位；京津冀地区的企业样本占比达到 20%，反映了该区域在经济发展中的显著地位。企业自身方面，"10 亿元以下"的企业样本占比最高，达到 48%，这表明中小规模企业在样本中占据主导地位，对于经济增长和创新发展具有积极贡献；同时，超过四成的样本企业属于"500 人以下"的中小规模，进一步验证了中小企业在样本中的普遍性和重要性。在高新技术企业的认定上，高达 64%的企业被认定为"国家级高新技术企业"，这充分说明了样本企业在技术创新和研发能力上的卓越表现，对于推动高新技术产业的整体发展起到了关键作用，但是仍有 20%的企业没有获得高新技术企业认定，这些企业应加强技术研发和创新能力，提高研发投入和效率，以提升企业的整体竞争力和创新能力，争取在未来能够成功获得高新技术企业的认定。从技术领域看，"高技术服务业"的企业样本占比最高，达到 24%，这体现了高技术服务业在当前经济格局中的重要地位。此外，样本中技术创新实现内外部资源均衡协同的企业占比达到64%，36%的企业实现技术创新主要依靠内部创新资源，样本中没有企业仅仅依赖外部资源进行创新的，说明企业已经认识到自主创新的重要性，没有一味地依赖外部资源。关键核心技术突破数量超过 5 项的样本企业占比 52%，这体现了这些企业在技术创新方面的积极努力和显著成果。同时，关键共性技术在技术突破类型中占据主导地位，占比达到 36%，这进一步强调了共性技术在推动产业发展和提升企业竞争力方面的重要作用。此外，颠覆性技术和现代工程技术分别占比 24%和 28%，前沿引领技术占比仅 12%，这体现了前沿引领技术研发往往伴随着较高的技术风险和市场不确定性，企业在进行技术创新时可能对此有所顾虑，导致前沿技术的占比较低。具体情况如表 7.9 所示。

表 7.9 描述性统计分析

控制变量	分类	样本量/个	占比/%
企业性质	国有企业	9	36
	有限责任公司	5	20
	集体企业	1	4

（续表）

控制变量	分类	样本量/个	占比/%
企业性质（续）	股份有限公司	4	16
	私营企业	6	24
企业注册地	京津冀	5	20
	珠三角	2	8
	长三角	5	20
	成渝地区	1	4
	中部地区	3	12
	东部地区（除长三角）	4	16
	东北地区	1	4
	西北地区	3	12
	其他地区	1	4
企业总资产	10 亿元以下	12	48
	10 亿~50 亿元（不含）	4	16
	50 亿~100 亿元（不含）	2	8
	100 亿~500 亿元（不含）	2	8
	500 亿元以上	5	20
企业职工总人数	500 人以下	12	48
	500~1000 人	3	12
	1000~5000 人	3	12
	5000~2 万人	2	8
	2 万人以上	5	20
高新技术企业认定情况	经认定的国家级高新技术企业	16	64
	经相关部门认定的高新技术企业	4	16
	无	5	20
企业主要产品所属技术领域	电子信息	5	20
	光机电一体化	2	8
	航天航空	1	4
	高技术服务业	6	24

（续表）

控制变量	分类	样本量/个	占比/%
企业主要产品所属技术领域（续）	新能源、高效节能	3	12
	地球、空间、海洋工程	1	4
	新材料	2	8
	环境与资源	1	4
	其他	4	16
企业技术创新主要依靠来源	内部创新资源	9	36
	内外部均衡协同	16	64
企业实现的关键核心技术突破的数量	1~2项	9	36
	3~4项	3	12
	5~9项	6	24
	10项及以上	7	28
企业实现的关键核心技术突破的特征	基础性、通用性、关联性	9	36
	前沿性、前瞻性、新兴性	3	12
	前瞻性、突破性、变革性	6	24
	多主体、非线性、动态性、集成性	7	28

五、信效度检验

（一）信度检验

信度是反映被测变量的真实程度的指标。如表 7.10 所示，利用 SPSS 软件分析后得知，调查问卷的调查变量的克朗巴系数都在 0.8 以上，说明问卷的可靠性、稳定性和内部一致性较好，可信度较高。

表 7.10　信度检验

量表	项目数/个	Cronbach 的 α 系数
创新战略	11	0.837
创新组织模式	5	0.867
创新合作网络	9	0.867
创新资源投入	9	0.883

（二）效度检验

效度分析可以检验量表结果的正确性和真实性。如表 7.11 所示，经过 SPSS 软件计算，调查问卷的 KMO 统计量为 0.811，大于 0.8，表明内容效度较高，问卷的题目相对完整。

表 7.11 效度检验

KMO 值		0.811
Bartlett 球形度检验	近似卡方	57.495
	df	6
	p 值	0.000

六、差异性分析

本研究通过深入的实地调研，有效地搜集了二十余家企业关于关键核心技术突破的一手资料。在详尽的数据分析基础上，我们根据技术属性及创新特质，将这些企业精准划分为关键共性技术、前沿引领技术、颠覆性技术和现代工程技术四大类别。进一步对比这四类企业，我们发现它们在创新战略、组织模式、合作网络及资源投入等方面呈现出显著的差异性。

（一）创新战略差异性

对表 7.12 中的数据进行分析，我们可以清晰地观察到关键共性技术、前沿引领技术、颠覆性技术和现代工程技术这四类技术在探索式创新和利用式创新方面的显著差异。具体而言，颠覆性技术在探索式创新方面表现尤为突出，得分高达 4.333，显著高于其他三类技术。对于颠覆性技术来说，其高分可能源于其固有的创新特质。颠覆性技术旨在彻底改变现有的技术框架和市场格局，因此它天然地具备强烈的探索精神和对未知领域的挑战意愿。这种技术类型通常不满足于现有的技术边界，而是积极寻求突破性的创新机会，因此在探索式创新方面得分较高。同时，由于其创新成果的潜在巨大价值，颠覆性技术在利用式创新方面同样表现出色，通过不断优化和完善技术，确保其在实际应用中的竞争力。

表 7.12　创新战略差异性分析

标题	关键核心技术突破类型			
	关键共性技术	前沿引领技术	颠覆性技术	现代工程技术
探索式创新	3.352	4.056	4.333	3.881
利用式创新	3.844	4.133	4.633	4.314

前沿引领技术在探索式创新方面也展现出了较高的得分,超过了4分,这体现了前沿引领技术在引领行业技术发展趋势、推动技术前沿探索方面的积极作用。同时,前沿引领技术在利用式创新方面也取得了不错的成绩,得分为4.133分,表明其在技术优化、效率提升等方面也具备较强的能力。究其原因,前沿引领技术通常代表着行业的最新发展方向和趋势,因此它们在探索新技术、新应用方面具备天然的优势。前沿引领技术企业往往拥有强大的研发能力和创新团队,能够紧跟科技发展的步伐,不断推动技术的突破和进步。同时,这些企业也注重技术的实际应用和商业化,通过利用式创新将前沿技术转化为实际生产力。

相比之下,关键共性技术在探索式创新方面的得分较低,仅为3.352,远低于其他技术类型。这可能与其技术属性和市场定位有关,关键共性技术通常更侧重于技术的实用性和市场推广,更注重满足现有市场的需求和提升技术效率。因此,这类技术在探索新技术、新应用方面的投入和动力可能相对不足。此外,关键共性技术企业可能更关注技术的稳定性和可靠性,而非追求突破性的创新,这也可能导致其在探索式创新方面得分较低。

现代工程技术在利用式创新方面表现较为突出,得分高达4.314,超过了前沿引领技术,排名第二。现代工程技术在利用式创新方面的得分较高,这与其技术属性和应用领域密切相关。现代工程技术注重技术的集成和工程化应用,强调将先进技术转化为实际生产力。因此,这类技术更侧重于对现有技术的优化和完善,通过利用式创新提升技术的效率和性能。同时,现代工程技术也关注技术的实际应用和市场推广,注重技术的商业价值和市场竞争力,这也使其在利用式创新方面表现出色。然而,在探索式创新方面,现代工程技术的得分较低,可能与其更侧重于技术的实际应用和工程化转化有关。

综合来看,关键共性技术更偏向于利用式创新,注重技术的实用性和市场推广;前沿引领技术和颠覆性技术在探索式创新和利用式创新方面都表现出较高的得分,显示出在技术创新方面的全面性和深入性;而现代工程技术则更侧重于利用式创新,强调技术的集成和工程化应用。

（二）创新组织模式差异性

经过对表 7.13 中的数据进行剖析，我们可以发现不同技术类型的创新组织模式得分存在显著差异，这背后反映了技术特点对组织模式选择的深刻影响。颠覆性技术以其高度的创新性和破坏性著称，其创新组织模式得分高达 4.133 分，明显倾向于分权模式。这种分权模式允许组织内部成员更加自主地进行探索与实验，减少决策层级，加快信息传递，从而更好地适应颠覆性技术的快速变化与不确定性。前沿引领技术作为引领科技发展方向的先锋，同样需要灵活应对科技前沿的动态变化。因此，其创新组织模式也倾向于分权，得分达到 4 分。分权模式有助于前沿引领技术快速响应科技前沿的新发现和新需求，保持技术的领先地位。

表 7.13 创新组织模式差异性分析

标题	关键核心技术突破类型			
	关键共性技术	前沿引领技术	颠覆性技术	现代工程技术
创新组织模式	3.178	4	4.133	3.886

相比之下，现代工程技术更注重实用性和稳定性，其创新组织模式得分略低，为 3.886 分，偏向集权模式。集权模式能够确保资源的集中调配和任务的统一协调，有利于现代工程技术在复杂项目中实现高效执行和质量控制。关键共性技术作为支撑整个产业发展的基础技术，其稳定性和可靠性至关重要。因此，其创新组织模式得分最低，为 3.178 分，显示出较高的集权程度。集权模式能够确保关键共性技术的标准化和规范化，降低技术转移和应用的成本。但与此同时，集权模式也可能抑制关键共性技术在创新方面的潜力，限制其在新技术领域的拓展。

综上所述，技术特点对创新组织模式得分的影响不容忽视。颠覆性技术和前沿引领技术因其高度创新性和不确定性更适合分权模式，而现代工程技术和关键共性技术则因其实用性和稳定性的需求更倾向于集权模式。

（三）创新合作网络差异性

表 7.14 的数据详细揭示了关键共性技术、前沿引领技术、颠覆性技术和现代工程技术这四类技术在创新合作网络方面的差异化表现。在创新合作网络关系的广度维度上，前沿引领技术以 4.167 的得分显著超越其他三

类技术,这主要源于其前沿性和探索性特质,使得该技术更易吸引来自不同领域与行业的合作伙伴,进而构建出广泛的创新合作网络。颠覆性技术紧随其后,以 3.833 的得分展现了其在创新合作网络广度建设上的显著成效。颠覆性技术凭借其突破性的创新特点,能够突破传统技术框架,因此也较易吸引多元化的合作伙伴。相比之下,关键共性技术得分仅为 3.667,这在一定程度上反映了其在创新合作网络广度建设上的不足,这可能是由于其更多地聚焦于特定产业或领域,合作对象相对固定和有限。现代工程技术得分 3.714,表明其在创新合作网络广度方面处于适中水平,可能既展现出一定的合作广度,又受到某些限制。

表 7.14 创新合作网络差异性分析

标题	关键核心技术突破类型			
	关键共性技术	前沿引领技术	颠覆性技术	现代工程技术
关系广度	3.667	4.167	3.833	3.714
关系强度	3.489	3.933	4.1	3.857

在创新合作网络的关系强度维度上,颠覆性技术以 4.1 的得分独占鳌头。这主要归因于其创新性和突破性,使得合作双方能够形成更为紧密和深入的合作关系,共同推动技术的研发和应用。前沿引领技术以 3.933 的得分紧随其后,其在创新合作网络强度建设上也取得了显著成果。前沿引领技术的前沿性和探索性同样有助于形成紧密的合作关系,推动技术的不断创新和进步。现代工程技术得分 3.857,显示出其在创新合作网络强度方面也有较好的表现。这可能得益于现代工程技术在多个领域的广泛应用和融合,使得合作双方能够形成较强的相互依赖和合作关系。相比之下,关键共性技术的得分仅为 3.489,其在创新合作网络强度建设上相对较弱。这可能是由于其合作对象的局限性和合作内容的相对单一性导致的。

综合以上分析,不同技术类型在创新合作网络关系的广度和强度方面表现出显著差异。前沿引领技术和颠覆性技术整体得分均较高,但前者更侧重于关系广度的建设,后者则更侧重于关系强度的深化。这种差异可能与各自的技术特点和应用领域密切相关。关键共性技术整体得分偏低,提示我们需要在创新合作网络的广度和强度建设上对其进行更多的探索和提升。而现代工程技术在两方面投入相对均衡,表明其创新合作网络建设呈现较为稳定的态势。

（四）创新资源投入差异性

从表 7.15 的数据中，我们可以观察到关键共性技术、前沿引领技术、颠覆性技术、现代工程技术在创新资源投入方面所表现出的显著差异。这些差异不仅体现在投入的类型上，也体现在不同技术类型之间投入力度的不同。在内部研发投入方面，颠覆性技术以 4.111 的得分高居榜首，显著超过其他三类技术。这一结果可能源于颠覆性技术的高风险性和高收益性。由于颠覆性技术具有改变行业规则、重塑市场格局的潜力，因此企业在进行内部研发时，可能更倾向于将资源投入这类技术上，以期获得更大的竞争优势。相比之下，关键共性技术、前沿引领技术和现代工程技术在内部研发投入方面的得分则相对较低。这可能是因为这些技术虽然同样重要，但相对于颠覆性技术而言，它们更加成熟稳定，风险较低，因此企业在进行内部研发时的投入力度可能有所保留。

表 7.15 创新资源投入差异性分析

标题	关键核心技术突破类型			
	关键共性技术	前沿引领技术	颠覆性技术	现代工程技术
内部研发投入	3.704	3.667	4.111	3.381
技术购买投入	3.519	4	3.833	3.571
合作研发投入	3.333	3.556	3.833	3.333

在技术购买投入方面，前沿引领技术以 4 分的得分位列第一，显示出企业在引进外部技术时，对前沿引领技术的重视程度。前沿引领技术往往代表着行业发展的最新方向，企业通过购买相关技术，可以快速获取先进技术，提升自身技术实力。关键共性技术、颠覆性技术和现代工程技术在技术购买投入方面的得分虽然不及前沿引领技术，但也呈现出一定的投入力度。这表明企业在技术引进方面，会根据技术类型的特点和自身需求，进行有针对性的投入。在合作研发投入方面，颠覆性技术再次以 3.833 的得分拔得头筹。这一结果表明，企业在寻求外部合作以推动颠覆性技术的研发时，更倾向于通过合作研发的方式来实现资源共享、风险共担，从而加速技术的研发进程。关键共性技术、前沿引领技术和现代工程技术在合作研发投入方面的得分相对较低，这可能反映了这些技术在合作研发方面的不同需求和特点。例如，关键共性技术可能更多地依赖于行业内的协作和共享，而前沿引领技术则可能更需要与高校、科研机构等外部合作伙伴

进行深入合作。综上所述，不同技术在创新资源投入方面存在差异，为了更好地推动技术创新和产业发展，企业需要根据技术类型的特点和自身需求，制定科学合理的创新资源投入策略。

第三节 关键核心技术突破的差异性机制分析

表 7.16 是我们总结出来的理论框架，从表中可以看出，关键共性技术、前沿引领技术、颠覆性技术和现代工程技术在创新战略、创新组织模式、创新合作网络、创新资源投入这 4 个维度上存在异同。

表 7.16 理论框架

维度		关键核心技术类型			
		关键共性技术	前沿引领技术	颠覆性技术	现代工程技术
创新战略	探索式创新		√		
	利用式创新	√	√	√	√
创新组织模式	集权型	√			√
	分权型		√	√	
创新合作网络	关系广度	√	√		
	关系强度			√	√
创新资源投入	内部研发投入	√	√	√	
	技术购买投入	√	√	√	√
	合作研发投入			√	√

下面将进行具体分析。

一、关键共性技术方面

关键共性技术作为产业创新体系中的关键要素，侧重于实施利用式创新战略，构建集权型的创新组织模式。这种战略与组织模式的融合，旨在强化创新合作网络的关系广度，进而提升整个产业的技术水平和竞争力。在创新合作网络方面，共性技术的研发需要企业跨越组织边界，与高校、研究机构等外部实体建立广泛的合作关系。这种跨界合作有助于获取多元化的创新资源和知识，推动共性技术的突破和应用。在共性技术的研发过程中，创新资源的投入主要聚焦于内部研发和技术购买，而合作研发则相对不足，这在一定程度上限制了关键共性技术的创新速度与深度。以华为为例，作为一家在通信领域具有全球影响力的企业，华为在共性技术的研发上采用了集权型的创新组织模式。华为设立了专门的研发机构，集中了大量的研发资源和人才，致力于推动5G、人工智能等产业共性技术的突破。同时，华为积极构建创新合作网络，与全球多所高校和研究机构建立了紧密的合作关系，共同推动技术的研发和应用。在创新资源投入方面，华为不仅注重内部研发，还通过技术购买等方式获取外部创新资源。

二、前沿引领技术方面

前沿引领技术深度融合了探索式创新与利用式创新两种战略范式，借助分权型组织模式实现技术的突破性进展。在前沿引领技术的创新进程中，创新合作网络关系广度的建设至关重要。通过构建与不同领域、不同行业合作伙伴的广泛联系与合作，前沿引领技术能够汇聚更多的创新资源与信息，从而加快创新步伐。此外，这种合作网络的构建也有助于降低创新风险与成本，提升创新的成功率。在创新资源的投入上，前沿引领技术主要聚焦于内部研发与技术购买。内部研发是前沿引领技术获取核心技术及知识产权的关键途径，通过持续的研发投入，企业能够持续推出具有市场竞争力的新产品与服务。技术购买则是一种快速获取外部创新资源的方式，通过购买先进的技术与专利，企业能够迅速提升自身的技术实力与市场竞争力。以比亚迪为例，它在内部研发上投入巨大，拥有完整的电池、电机、电控等核心技术，实现了新能源汽车关键零部件的自主研发和生产。同时，比亚迪积极与外部合作伙伴开展技术合作和资源共享，通过引进和吸收国际先进技术，不断提升自身的创新能力和市场竞争力。此外，比亚迪注重创新合作网络的建设，与多所高校、科研机构建立了紧密的产学研合作关系，共同开展新能源汽车相关技术的研发和应用。

三、颠覆性技术方面

颠覆性技术在创新战略领域实现了探索式创新与利用式创新的融合，进而推动了企业的创新进程。从创新组织模式的角度看，颠覆性技术推动了企业向分权型组织模式的转变，更快速地响应市场变化，激发组织的创新活力。在创新网络方面，颠覆性技术强调关系强度的建设。随着全球化与信息化的深入发展，企业间的联系愈发紧密，通过构建稳固的合作关系，可以实现资源共享、知识传递与风险共担，进而提升整个创新网络的竞争力。此外，颠覆性技术在创新资源投入方面展现出了其独特的价值。企业不仅需要加大内部研发的投入力度,进行自主创新,还需要通过技术购买、合作研发等方式,获取外部的创新资源,形成内外结合的多元化创新资源投入体系。以美的集团为例,近年来美的集团在颠覆性技术的浪潮中积极探索和实践创新战略,展现出卓越的创新能力。该集团不仅成功开发了一系列具备行业前沿水平的智能家电产品,同时不忘对现有产品进行持续优化和升级,从而显著提升了产品的综合性能与用户体验。在创新资源的投入方面,美的集团不仅增强了内部研发的力度,通过加大研发投入,提升自主研发能力;还通过技术购买、合作研发等多种方式,有效整合了外部的创新资源和能力,实现了内外部创新资源的良性互动。此外,美的集团采用分权型管理模式,为员工营造了一个宽松自由的创新环境,有效激发了员工的创新热情,提高了企业响应市场变化的敏捷度。同时,美的集团还积极与上下游企业、科研机构等建立紧密的合作关系,通过产学研一体化,共同开展技术研发和市场推广,实现了产业链与创新链的深度融合。

四、现代工程技术方面

在创新战略层面,现代工程技术显著倾向于利用式创新。此种策略侧重于在既有技术体系基础上进行精细化、高效化的改造与升级,通过持续优化既有技术路径,实现产品性能的提升与市场占有率的扩大。在创新组织模式方面,现代工程技术多倾向于采用集权型组织结构。此种模式通过集中调配资源、统一决策指挥,确保了创新活动的系统性与高效性。在创新网络构建上,现代工程技术注重关系强度的建设。通过强化与创新伙伴之间的合作与交流,构建紧密的创新网络,实现资源共享、知识传递与技术协同。这种关系强度的建设不仅有助于降低创新过程中的不确定性与风险,还能促进新技术、新知识的快速扩散与应用。在创新资源投入方面,现代工程技术涵盖了技术购买与合作研发等多种方式。技术购买为企业提供了快速获取先进技术与知识产权的途径,为创新活动提供了有力支撑;而合作研发则能集合多方优势资源,共同攻克技术难题,推动技术创新的深入发展。以白鹤滩水电站为例,这一工程在技术创新方面充分体现了上述特点。在创新战略上,白鹤滩水电站充分利用了现有的工程技术,对水电站的设计、建设和运行进行了优化和创新,提高了发电效率和可靠性。在组织模式上,白鹤滩水电站采用了集权型的组织结构,确保了工程建设的顺利进行和高效管理。在创新网络方面,白鹤滩水电站与多家科研机构和高校建立了紧密的合作关系,共同攻克了一系列技术难题,推动了水电技术的创新发展。在创新资源投入方面,白鹤滩水电站不仅购买了先进的技术设备，还与多家企业合作进行研发，共同推动了水电技术的进步。

综上所述，关键共性技术、前沿引领技术、颠覆性技术和现代工程技术在创新战略、创新组织模式、创新合作网络和创新资源投入上各有侧重和特点。在制定创新战略时，需要充分考虑不同技术的特性和需求，选择合适的组织模式和合作网络，并合理配置创新资源，以实现技术创新效益的最大化。

第四节　关键核心技术突破的共性机制分析

一、制定高瞻远瞩的创新战略

制定高瞻远瞩的创新战略是关键核心技术突破的首要路径，是引领企业文化和经营哲学的重要载体，为创新行为、创新范式提供了方向上的指引。"高瞻远瞩"的出处有两种说法；这里只列出其中一种说法，即清代夏敬渠所写的《野叟曝言》："遂把这些粉白黛绿，莺声燕语，都付之不见不闻，一路高瞻远瞩，要领略湖山真景。"高瞻远瞩意即看得高远，目光远大，不要只顾眼前的繁华景象。而这一特征正是创新引领关键核心技术突破的战略逻辑。"使命—逻辑—行动"构成了三位一体的刻画维度。

（一）使命：从人类发展趋势中确定意义性创新

21世纪以来，创新成果给人类带来了收益，但负面效应也逐渐显现，诸如基因伦理危机、核科学应用与核技术管理风险等，不仅对人类健康构成严重威胁，也对人类社会生活秩序造成极大挑战。与此同时，伴随科技的进步与人类文明的不断演进，气候变暖、能源需求、资源有限性、食品安全、民众健康、社会老龄化等问题成为发展的重大挑战。在此背景下，超越经济利益的创新使命问题成为公共部门和学者共同关注的焦点。代表性的是欧盟于2011年发布的"地平线2020"发展报告中提出"责任式创新"（responsible innovation，RI）[1]，责任式创新提倡了一种分享责任的社会契约（Steviennade Saille，2013），是研究与创新活动的自我反思、自我评估和重构，总体上认为创新应与社会价值实现相统一，提出以来至今影

---

[1] 梅亮，陈劲，李福嘉. 责任式创新："内涵—理论—方法"的整合框架[J]. 科学学研究，2018(3): 521-530.

响深远。2019 年清华大学技术创新研究中心主任陈劲提出有意义的创新（meaningful innovation，MI），认为在愈发高度不确定性的环境中创新应将转移力转向"更加长期与深层次的社会意义与人类发展大趋势"上[①]，依靠意义确定创新目标和创新的主动性。

创新引领关键核心技术突破的过程中，企业应秉持长期主义发展理念，直面人类社会发展的挑战；直面挑战的宣言即是选择的创新战略不仅成就了企业自己，也促进了行业、社会、人类的共同进步。因此，要想实现关键核心技术突破，就必须紧扣人类社会发展大趋势，必须根植于企业自身的基础，提高社会责任意识，以天下为己任，扩大眼界与格局，增强服务社会的意识，而不应仅将短期利益当作企业发展的唯一目标。

如微软公司设立初期提出了"让每个办公桌上、每个家里都有一台个人计算机"的愿景；随着微软整体业务的扩展，微软公司逐步开始向桌面计算机软件之外的软件市场发展，如服务器、移动设备、嵌入式设备等，在这个方向的驱动下，微软调整了企业的愿景：在任何时候，任何地方，在任何设备上，提供能够使人类发挥最大潜力的优秀软件；2002 年，随着信息技术的进一步应用和互联网的高速发展，微软进一步更新了自己的企业愿景：帮助全世界的个人和企业发挥他们的最大潜力。西门子聚焦未来发展趋势，密切关注老龄化、城市化、气候变化、全球化等与人类和社会发展息息相关的问题，不断调整业务组合，以便为全人类共同面临的最严峻挑战提供解决方案，从而使西门子得以可持续创造价值，进而带来有吸引力的股东回报；在 2020 愿景战略规划中，西门子将数字化、建筑、交通运输、能源、医疗健康等业务作为公司重点产业布局。法国电力认为储能、光伏及电动汽车是塑造未来能源系统的关键，因此在中长期技术研发战略（2030）中聚焦智能电网、智慧用能及可再生能源三大战略领域，以智慧城市、储能技术、电能替代等技术为重点研究与开发方向，持续增加在储能方面的研发投入，并组建新光伏研发中心；其目的是构建下一代电力系统，巩固并发展有竞争力的低碳发电技术。

（二）逻辑：创新逻辑超越市场逻辑

基于市场逻辑的创新从属于战略、服务于战略，而战略往往是企业综合考量内外部经营环境后作出的最符合企业理性目标的方案集，但并没有从根本上回应在一个涵盖政府、社会、行业、企业的宏大视野中"企业为

[①] 陈劲,曲冠楠,王璐瑶. 有意义的创新：源起、内涵辨析与启示[J]. 科学学研究,2019(11):2054-2063.

什么创新""如何创新"的问题。如此看来,基于市场逻辑的创新并不总是符合"从人类发展趋势中确定意义性创新"的使命,作为达成理性目标的手段,是否有助于增进行业与社会共同福祉是不确定的,甚至不排除为了自身利益而实施的创新有损害行业和社会福祉的可能。而基于创新逻辑的创新,价值导向超脱于企业自身利益和价值的满足,致力于促进企业自身利益和社会利益的双元平衡,更重视在促进社会进步的过程中实现自身利益;突破企业自身价值考量去考虑创新,创新是履行社会责任的必要不充分手段,贡献于企业、行业、社会和国家,依靠创新型文化自觉这种内生动力推动创新。这也是引领性创新的基本内涵。①

基于创新逻辑的创新是创新引领关键核心技术突破过程中企业创新行动的逻辑出发点。如苹果公司为了在制造过程中减少材料的消耗,设计师和工程师们不断采用创新的方式,用更少的材料制造产品。在苹果的产品中,Mac Pro 的铝金属和钢材料用量比上一代减少了 74%;21.5 英寸 iMac 的用料比第一代产品减少了 68%;而全新 MacBook 比第一代 MacBook Air 节省了 32%的铝金属。即使一般人没有留意的产品包装,苹果的设计师也寻找各种方法设计了更小的包装并尽可能多地使用再生纸。从 2016 年开始,苹果公司超过 60%的包装用纸来自再生木纤维,iPhone 7 包装盒内的配件盘就采用可持续竹纤维和甘蔗渣混合制成。而到了 iPhone X 时代,苹果开始使用纤维材料来取代包裹着电源适配器的聚丙烯材料。GE 实施"绿色创想"业务战略,旨在为市场开发使用更少能源和资源的产品,同时降低本公司自身运营中能源和水资源的消耗,其中突出的案例包括高效能机车、智能电网设备和高质量的风力发电机等;自 2010 年至今,GE 全球绿色创新研发投入 50 亿美元,而相关认证产品累计为 GE 公司创收达 250 亿美元。

(三)模式:基于探索性创新提升创新新颖性

创新在很大程度上依赖于企业吸收外部知识、与已有知识结合并提供新的市场供应能力(Roper, Du, Love, 2008),因此对于企业而言其战略挑战则为如何寻找、整理和利用内外部知识与信息资源,以最大化并维持创新(Zahra, George, 2002)。创新的新颖性通过企业的技术和市场双元探索性创新实现,技术的新颖性是根本。这是因为,探索性创新帮助企业获得异质性的新技术知识和新市场知识,有利于避免"学习短视",从而

---

① 刘海兵,许庆瑞. 引领性创新:一种创新管理新范式——基于海尔集团洗衣机产业线的案例研究(2013—2020 年)[J]. 中国科技论坛, 2020(9): 39-48.

基于新知识建立的新技术轨道和市场轨道实现原始创新、突破性创新和颠覆性创新，从根本上拉开与行业其他企业的技术距离和市场距离，由此获得长期竞争优势。企业通过探索性创新提升创新新颖性，可始终站在行业技术的前沿，洞悉行业发展趋势，抢占产业链的价值高点。而新颖性是提高创新独占性、获得高额创新租金的基础。因此，依靠新颖性，企业可以获得强大的产品经营能力和优异的财务绩效。

如西门子追求潮流设定者（trendsetter）战略，这种致力于掌握关键领域颠覆性技术的探索性创新（exploratory innovation），使西门子掌握的技术始终处于行业前列，有力地保证了西门子技术和市场创新的新颖性。而这种新颖性也给西门子带来卓越的创新绩效和经营绩效，2023财年西门子集团营业收入达到778亿欧元，名列2020年福布斯全球企业2000强榜第63位。谷歌的10倍哲学中提出要比竞争对手优秀10倍，也要比前一版本优秀10倍。谷歌光纤可以为已覆盖的美国城市提供速度高达1GB/s的超级数据传输服务，这比美国现有的网络的平均传输速度快100倍。但谷歌的主要目的不是为了开发新商业领域或在全球范围内直接与电信公司及电缆公司竞争，而是着眼于未来的新应用程序、在线流媒体服务以及虚拟现实。这种超前的技术创新布局给谷歌带来了强大的技术实力，根据美国商业专利数据库发布的报告，截至2021年1月4日，谷歌拥有21 762项国际专利，全球排名第13位，在互联网公司中仅次于微软排名第2。[①]在技术创新的驱动下，谷歌母公司Alphabet 2023年的营业收入高达3074亿美元，营业利润为737.95亿美元。

二、建设二元协同的研发组织结构

为了获得可持续的竞争优势，在创新引领关键核心技术突破过程中，企业需要对当前能力利用与未来机会探索进行权衡（Wilden等，2018）。根据组织学习和战略更新的不同范式，企业创新战略可分为探索性创新和利用性创新。为了提升创新效率、快速追赶领导者，利用性创新战略能够帮助后发者通过利用内部知识快速响应市场变化（Sudhir，2016；Li等，2010），但是过度利用现有知识可能使企业产生路径依赖性与"学习短视"，错失长期发展机会（Levinthal，March，1993；Sohn等，2009）。另一方面，若过度地探索新知识，也会耗费组织大量资源，且由于新技术的收益不确定导致失败率较高，很容易陷入"创新陷阱"（Gupta等，

---

① 资料来源：https://www.ificlaims.com/rankings-global-assets-2020.htm。

2006）。对于企业而言，要平衡好探索性创新与利用性创新两者之间的关系。二元协同的研发组织结构便是重要的手段，"二元"和"协同"是研发组织结构的核心特征。

（一）构建面向二元创新的分布式研发组织

研发组织结构决定了企业内部创新注意力、创新权力分配、研发信息沟通和创新资源分配模式。通过观察 20 家世界一流创新企业不难发现，绝大多数世界一流创新企业采用了分布式研发组织结构设计。一方面建立集中式研发组织，如中央研究院研发体系和实验室体系，对竞争前技术、前瞻性技术进行研究；另一方面，则建立分散式研发组织，在靠近用户端的产品线布局能够及时响应市场需求的中短期产品开发部门。因此，分散式研发结构是一种集权和分权相结合的结构设计，这种结构较好地利用了集中式研发组织和分散式研发组织的优点，又尽可能克服了它们的弊端。

集中式研发组织使得企业远离市场需求的短期压力，有利于企业集中创新注意力、发挥资源合力，能更自由地跨越组织边界对更广阔的、更深层的技术领域进行技术搜索，从事有利于实施企业高瞻远瞩创新战略的长期技术研发，并获得异质性新知识。这类研发的不确定性高、难度大、周期长、知识密集度高，需要企业投入高度的创新注意力，进行集中式创新权力配置，信息沟通要十分便捷。集中式研发组织容易形成突破性创新和颠覆性创新，创新成果一般是支持若干产品的关键核心技术，可能并不局限于某个事业部或者分公司；但集中式研发组织距离客户较远，不易利用客户知识。

分散式研发组织的其中一项任务是利用客户获得市场知识（于茂荐，2021）。创新是高风险的活动，考虑到经营活动的可持续性，企业需要以基于客户的确切知识降低由于探索性创新带来的风险系数。然而，利用客户获得有用的知识常常是隐形的或不明确的[①]，尤其要接近领先客户极具挑战性。这就需要产品设计者与客户进行频繁而有效的交流和互动。分散式研发组织的权能设置、行为逻辑、考核方式有助于产品线、事业部或分公司更接近客户，能够根据客户需求及时做出反应，并快速整合企业内外部创新资源开发本地化产品而响应客户需求，由此增加企业与客户之间的黏

[①] Von Zedtwitz M, Gassmann O. Market versus technology drive in R&D internationalization: Four different patterns of managing research and development[J]. Research Policy, 2002, 31(4)：569-588.

性。但分散式研发组织容易忽视关乎企业长期利益的研发，容易丧失对未来技术的理解和储备。

比如，到访谷歌园区的人会看到两台高速运转的"机器"。一台是赚钱机器，即通过高端的搜索引擎技术，雇用上千员工经营广告业务；另一台是未来机器，即成立无数实验室，聚集数千名信息技术研究者、机械制造工程师、生物学家及医药学者进行基础研究。2015年重组后，谷歌X实验室等从事新业务的部门成为独立的子公司。前者利用分散式研发组织发展相对成熟稳定的业务，主要以利用现有知识的渐进性创新为主。后者利用集中式研发组织从事面向未来的前瞻性业务，主要以探索式创新和突破性创新为主。GE的全球研发中心更多关注能应用到各业务集团下一代新产品上的、改变游戏规则的技术，将这些技术开发出来后转到各业务集团，由各业务集团的团队进行技术的应用开发，这些项目占60%～70%；还有20%的项目近期可能没有直接的产品应用，但属于业务集团感兴趣的、关乎未来发展的前瞻性技术，研究中心必须预测未来的发展趋势，判断要在哪些领域里发展。再如Intel成立了Intel Labs，该实验室主要负责中长期（3～5年以上）的关键技术研发，同时每个部门还从事产品驱动的研发。

可以看出，谷歌、GE、Intel等世界一流创新企业普遍采用了既有中央研究院体系的集中式研发组织，又有产品线、事业部或分公司研发体系的分散式研发组织，共同构成了既从事探索性创新、又进行利用性创新的分布式研发组织体系，保证了世界一流创新企业不仅可以储备着眼未来的竞争前技术，而且可以占据中短期产品市场。

（二）构建技术导向、市场导向互动的创新协同机制

技术导向（Laddawan，Selvarajah，2018）和市场导向（Zhou，Li，2010）是战略导向（strategic orientation）的两个解释维度，反映了企业对外部环境和内部环境理解基础上的资源选择方向，是对企业经营团队创新认知的诠释。技术导向的研发组织是集中式研发组织，而市场导向的组织是分散式研发组织。世界一流创新企业的成功之处在于不仅组建了面向二元创新的研发组织，更关键的是，较好地实现了技术导向和市场导向两者的有序互动，从而提升了动态且平衡的创新能力。

如西门子在中央研究院与事业部之间建立了"联合研究屋"，采取这种机制可以使研究院更好地服务于事业部这些内部客户，获取其需求和任务，并与其保持紧密的合作关系和沟通渠道；另外，研究院的预算经费被要求有60%～70%左右来自事业部。研究院需要确保合作成果能让事业部

受益，为事业部带来实际经济价值，从而创造更多的合作机会，获得事业部更多的支持；各事业部一般都有自己的研发（R&D）机构，这些机构也是研究院的最直接合作伙伴，如何有效定义各自分工，发挥各自优势，互相配合，是个挑战。谷歌不仅重视开发以科技洞见为基础的产品，目的是引领甚至颠覆现有市场，而且重视开发"联合研究屋"项目。谷歌搜索引擎的强大力量，以及为引擎提供动力的数据中心惊人的效率，都是建立在一个个"联合研究屋"项目上的。由此谷歌形成了70/20/10的创新资源配置原则。即将 70%的资源配置给核心业务，20%分配给新兴产品，10%投在全新产品上。

因此，创新引领关键核心技术突破过程中的企业必须建立兼顾探索性创新和利用性创新的二元研发组织，即在确保核心业务的同时专门设立超前创新部门。这样做的目的有二。其一，既保持传统业务的持续性运转，维持企业的现实基础，又兼顾企业探索性创新带来的新产品和新工艺的推广；其二，由于创新具有高风险性和不确定性，二元研发组织的设立和协同有利于企业大胆创新，降低创新可能为企业带来的负面冲击。

三、高强度投入创新资源

研发投入是创新活动和创新能力提升的基础设施，一般分为研发资金投入和研发人才投入两部分。其中，关于研发投入和创新绩效、创新能力关系的研究已十分丰富，认为研发投入和创新绩效、创新能力之间不是简单的线性关系，当企业研发投入超过一定阈值时，增加研发投入会挤占企业在管理、市场等方面投入，管理和市场创新活动的受限会降低不确定性环境中的组织动态能力，从而降低技术创新活动对组织的贡献，这种"挤出效应"解释了"为什么大量高价值公司积累了没用的能力"（Teece，1997）。也正因为如此，很多研究在讨论研发投入与创新绩效、创新能力之间的调节变量，包括政府创新政策（杨冬梅等，2021）、独立董事结构（陈岩等，2018）、技术董事的专家效应（龚红和彭玉瑶，2021）、高管团队稳定性（王佳，2020）等，如龚红和彭玉瑶认为技术内部董事在创新方面存在短期行为，更关注企业短期业绩的提升，会限制高风险和高不确定性的创新活动，因而并不能发挥"专家效应"，对创新绩效会产生显著的抑制作用，同时，对于高研发投入的企业，技术独立董事对创新绩效的正向影响会削弱。然而，一个不争的事实是，世界一流创新企业在战略的设定中都明确保持高强度研发投入。这说明，要实现关键核心技术突破，高强度研发投入是必要而非充分条件。一种可能的解释是，企业成长过程中努力通过管理、市场、制度、文化的创新克服了由高强度研发投入带来的"挤出效应",并持续确保高强度研发投入从而实现高压强原理下的突破性创新,帮助企业获得异质性新知识、发明异质性新技术、开拓新市场,收获高创新绩效。

(一) 高强度研发投入

美国企业创新能力之所以能遥遥领先,与其高额的研发投入密不可分,根据欧盟工业研发投资排名,美国企业在研发投入方面表现明显优于其他国家,美国的强创新公司无一例外都有着较高的研发强度。表 7.17 展示了 Alphabet、META、微软、苹果等 17 家公认的创新型领军企业 2022 年的研发投入总额及研发强度,Alphabet 以 370.336 亿欧元占据榜首,研发强度达到 14.0%,17 家企业的平均研发投入为 169.04 亿欧元,研发强度为 15.7%。在中国,华为、阿里巴巴、腾讯等企业近些年发展迅猛,创新能力突出,已经具备较强的创新能力和国际竞争力,表 7.18 展示了华为等中国 10 家创新表现突出企业的研发投入和研发强度,其中,仅有华为以 209.25 亿欧元的研发投入总额超过表 7.17 所列的世界创新型领军企业的均值,10 家企业的均值为 62.403 亿欧元,与世界创新型领军企业研发投入均值的半数仍有差距。

领军型企业也十分重视研发人才。自 1997 年起,三星始终保持营业额 5%以上的研发强度,其工程师占员工比例也大幅提升到 24%。西门子公司在全球共有 4.8 万名专业人员从事研究开发。SAP 研发人员占总人数的 29%,2020 年研发投入 24.54 亿欧元,占营业额的 16.29%。已经实现并跑、局部实现领跑的中国企业同样证实了研发人才投入对成长为世界一流创新企业的重要性。华为在全球现有超过 8 万名研发人员,占总人数的 45% 左右。美的目前研发人员超过 1.5 万人,其中外籍资深专家超过 500 人,近两年研发人员数量在员工总人数中占比稳定在 10.5%左右。京东方 2020 年投入 94.41 亿元,占营业额的 6.97%,研究人员占员工数量的比重均在 25%以上。

表 7.17 世界一流创新企业研发投入及研发强度

公司	国家	所属产业	2022 年研发投入/百万欧元	研发强度/%
Alphabet(谷歌母公司)	美国	计算机服务和软件	37033.6	14.0
META(Facebook 母公司)	美国	计算机服务和软件	31519.8	28.8
微软	美国	计算机服务和软件	25496.9	12.8

（续表）

公司	国家	所属产业	2022年研发投入/百万欧元	研发强度/%
苹果	美国	通讯类电子产品	24611.9	6.7
华为	中国	信息与通信技术	20925.0	24.3
大众汽车	德国	汽车	18908.0	6.8
三星电子	韩国	通讯类电子产品	18435.4	8.2
英特尔	美国	半导体	16433.5	27.8
罗氏	瑞士	制药	14267.8	22.2
强生	美国	制药	13691.2	15.4
默克（美国）	美国	制药	11080.1	19.9
辉瑞	美国	制药	10712.5	11.4
通用汽车	美国	汽车	9188.1	6.3
阿斯利康	英国	制药	8943.4	21.5
百时美施贵宝	美国	制药	8823.4	20.4
丰田汽车	日本	汽车	8776.1	3.3
诺华制药	瑞士	制药	8520.5	17.5
平均投入			16904.0	15.7

注：数据来源 2023 EU R&D Scoreboard。

表7.18 中国创新型领军企业研发投入及研发强度（2022年）

公司	所属产业	研发投入/百万欧元	研发强度/%
华为	信息与通信技术	20925.0	24.3
腾讯	计算机服务和软件	8240.3	11.1
阿里巴巴	计算机服务和软件	7681.4	6.6
中国建筑	建筑	6669.9	2.4
中国铁路	建筑	3697.4	2.4
中国铁建	建筑	3356.7	2.3
百度	计算机服务和软件	3129.0	18.9
中国交建	建筑	3109.9	3.2
上汽	汽车	2800.4	3.0
中国电建	建筑	2793.0	3.7
平均投入		6240.3	7.8

（二）高基础研发的经费占比

中国领先企业的研发投入结构仍需调整。随着人类对科学技术探索的不断深入及企业创新水平的提高，跟踪模仿逐渐不能满足企业发展的需要。然而，颠覆性技术的开发不是空中楼阁，需要强大的基础研发奠基，企业的研发工作将逐渐向基础研究延伸。

作为世界上一流创新企业最多的国家，美国的经验值得学习。《中国研发经费报告（2022）》显示，中国基础研究经费中企业执行占比仅为6.52%，同期美国基础研究企业执行占比达32.14%。此外，欧洲理事会公布的《2023年欧盟工业研发投资记分牌》显示，美国公司的研究经费是世界上最多的，美国的技术公司占据了世界前四的位置，Alphabet、META、微软、苹果分别排在第一到第四，而华为则排在第五。华为近几年的跨越式增长和在5G技术上取得的卓越成就，得益于对基础研发的持续投入，华为亦表示计划将20%~30%的研发经费用于基础研究。

四、形成价值共创的创新生态系统

美国战略专家穆尔首先提出了商业生态系统概念，将其概念化为"基于组织互动的经济联合体"，是"一种由客户、供应商、主要生产商、投资商、贸易合作伙伴、标准制定机构、工会、政府、社会公共服务机构和其他利益相关者等构成的动态结构系统"（Moore，1993）。随后，有学者将商业生态系统与创新管理研究相结合，指出创新生态系统已经成为一种新的范式（创新范式3.0，线性创新—创新系统—创新生态系统）（李万等，2014；王海军等，2021），并发展成为包含企业微观、产业中观和国家宏观的多层次嵌套系统。在微观层次，企业创新生态系统是市场与组织的网络，以其为载体企业能够在维持公司核心业务的同时，向客户提供更复杂的解决方案。在企业创新生态系统的推动下，企业与其合作伙伴可以开展合作创新，实现价值共创。开放式创新、用户创新为创新生态系统的研究和兴起奠定了基础（柳卸林，王倩，2021）。可通过创新生态系统更全面地理解创新合作网络，不仅思考创新网络的中心企业怎样整合供应商、竞争者、用户的知识，而要思考中心企业怎样赋能网络成员促进价值共创，形成价值网络。创新引领关键核心技术突破的另一个重要原因就是形成价值共创的创新生态系统，强大的知识触达能力和成员协调能力使创新生态系统得以保持强大的竞争力的核心能力。

（一）形成强大的知识触达能力

知识触达能力被定义为"由两方或多方合作者共同持有的一种动态能力，该能力能够促进各方对现有知识的了解"[1]。也就是说，知识触达能力强调合作各方了解彼此拥有的知识资源，并且在需要时能参考合作方的知识创造协同价值。知识触达能力强调能力和资源的非重复建设，即合作各方不会"窃取"和"觊觎"彼此的核心能力和资源，只是将资源和能力"借鉴为我所用"，以使用权代替控制权。[2][3]一个可续的、健康的企业创新生态系统，应当是生态成员之间的知识相互触达，并非像开放式创新模式那样过于强调从企业外部整合创新资源。只索取而不贡献的生态成员在动态发展中必然会被整个系统淘汰出局，否则创新生态系统将不可持续。形成强大的知识触达能力，意味着系统成员可以专注于开发和利用异质性知识。

比如西门子开展了知识互换活动。目前已经有三个知识互换中心在运作，它们分别是与慕尼黑工业大学建立的有关医药技术和通信技术的知识互换中心，与亚琛工业大学建立的有关工业技术和专业人才开发的知识互换中心，与丹麦技术大学（Technical University of Denmark）就可持续工程、环境技术、生物技术、医药技术建立的知识互换中心。另外有两个特殊的知识互换中心，即在德国格拉夫瓦尔德大学（University of Greifswald）建立的有关医药技术的知识互换中心，以及在弗雷堡科技大学（Freiberg Technical University）建立的有关污水处理、矿业技术的知识互换中心。再如通用公司构建的 WORK-OUT 体系，让客户、供应商也直接可以参与研制和开发过程。SAP 创立了一个"人员往来项目"，目的是让公司的研发更加靠近客户而进行价值创新。一方面，公司邀请客户来 SAP 工作一段时间；另一方面，SAP 也让其雇员（主要是开发人员）到客户公司工作一段时间。这样，在不增加额外研发投入的情况下，通过与竞争对手、顾客结盟，公司获得了特定产业系统的产业性专业知识，能够更好地为合作伙伴的客户所接受，除了共同分担研发费用外，其既定的研发资源可用于更多的项目开发。IXM 通过组建开放实验室、成立创新项目和创新团队等方式，来加强创新参与者之间的交流与合作，提高创新效率。

---

[1] Grant R, Baden-Fuller C. A Knowledge Accessing Theory of Strategic Alliances[J]. Journal of Management Studies, 2004, 41(1) : 61-84.

[2] Clifford Defee C, Fugate B S. Changing Perspective of Capabilities in the Dynamic Supply Chain Era[J]. The International Journal of Logistics Management, 2010, 21(2) : 180-206.

[3] 宋华，陈思洁. 高新技术产业如何打造健康的创新生态系统：基于核心能力的观点[J]. 管理评论，2021，33(6)：76-84.

因此，在创新生态系统中，自主创新能力的提升使企业不仅仅局限于吸收外部知识，也不局限于专利发明的获取、互利或转让，而是和高等院校、科研院所、供应商、客户等系统成员进行知识互换，形成知识触达能力。知识触达能力形成了系统成员相互依存、相互信赖的关系，为系统的价值创造提供了知识基础。

（二）形成强大的系统成员协调能力

系统成员之间的相互依赖关系是建立在价值共创需求基础上的，成员之间的协调和互动是整个系统价值共创的力量之源。因此，创新生态系统的生成和维持依赖于强大的系统成员协调能力。[1]这是因为，当竞争由企业转向创新生态系统时，原有的企业与企业之间的交易关系转变为价值共创的联盟关系，"一荣俱荣、一损俱损"成为成员在生态系统中行事的基本规范，成员之间因为相同的价值创造诉求而形成良好的协调沟通关系。然而，在弱市场机制的调节中，成员的异质性和多样性对松散的生态系统结构构成严峻挑战；如果无法调节处理成员之间的利益冲突或利益供需矛盾，整个系统将无法维持稳定，甚至可能解体。既要发挥成员异质性的优势，又要协调成员之间的关系，是一个健康的、可续的创新生态系统必须妥善解决的问题。协调系统成员关系并不能依靠系统每一个成员自发地完成，企业常成为所在主导产业的创新生态系统的中心成员，中心成员的协调活动更具有让成员服从于系统整体秩序的能力，从而使整个创新生态系统得以持续运转，并确保让每个成员从中获益。

系统中心成员的知识、技术和商业化能力更强，因此，对系统中心成员积极赋能是世界一流创新企业常用的一种协调工具。如西门子技术加速器通过提供专家建议和资金支持来帮助建立或启动新的创业公司，将不属于西门子集团核心业务但具有潜力的技术引入创业公司，确保及时获取外部的优势技术、商业机会，并实现内部知识产权的商业价值最大化。SAP企业级创新营一头连接初创公司，一头连接SAP智慧企业框架，为初创企业提供了6个方面的服务：①创新场景孵化；②商业前景分析，即根据联合创新场景，协助合作伙伴对商业前景进行评估和分析；③技术可行性验证；④产品开发指导；⑤对优秀的联合创新场景提供市场推广支持；⑥由SAP Partner Adoption Center（SAP中国联合创新中心）提供产品认证服务。

---

[1] Helfat C E, Raubitschek R S. Dynamic and Integrative Capabilities for Profiting from Innovation in Digital Platform-based Ecosystems[J]. Research Policy, 2018, 47(8): 1391-1399.

意大利国家电力公司（Enel）积极赋能体现在对于外部创意给予的技术、资金、市场方面的支持。在技术方面，提供外部人员不具备的专业知识和专业技能；在资金方面，Enel 会极力说服投资人对可行的项目进行投资，值得强调的是，这项工作是由 Enel 完成的；在市场方面，Enel 将购买基于开放式创新研发的产品，以便通过工业规模的应用拉动市场需求，再以市场需求拉动该产品的持续创新并形成产品生态。

通过对合作企业和供应商在技术和资金上的赋能，形成价值共创的利益共同体。不仅可以增强产业链整体竞争力，也有利于企业获取风险技术。在数字技术发展的环境下，还要重视与竞争对手的合作，以准确把握行业趋势技术，从中捕获颠覆性商业机会。

五、建立全面创新的制度

（一）获得战略性创新型企业家的有力支持

创新引领关键核心技术突破需要企业家的战略眼光与持续支持。海尔集团董事局主席张瑞敏超前感知了用户导向、员工至上的企业发展模式，在 2005 年创造性提出"人单合一"的管理模式，以应对家电激烈的市场竞争。"人单合一"超越了丰田的"改善"和"阿米巴"管理模式，并且为海尔集团进一步迈入生态圈为核心的商业新模式打下了坚实的基础。张瑞敏进一步提出的"产品让位于场景、产业让位于生态"的崭新经营理念，不仅让海尔稳居世界家电企业的前茅，而且支撑了海尔在物联网若干领域对核心技术的拥有。

因此，对企业家而言，创新是其主要职能，企业家必须明确三类需求，分别是当前的用户需求、未满足的用户需求及未明确的用户需求。当前的用户需求是企业存在和生存的基础；未满足的用户需求是企业创新的方向及动力；未明确的用户需求则是企业需要加以重视的方面，可以时刻警醒企业创新，采取积极措施防患于未然。IBM 的创始人托马斯·沃森（Thomas Watson）早年有一个定则：IBM 每 10 年就应该来一次"彻底改造"。老托马斯的"彻底改造"之举是放弃机械卡片机全面进入电子化，小托马斯的"彻底改造"之举是投资 50 亿美元研发大型机 System 360。此后两个世纪的时光跨越中，IBM 秉承了这种"彻底改造"的传统，IBM 收获的是巨大的技术领先和经济效益。IBM 领导层对创新的传承和坚守是 IBM 创新战略及其管理背后的重要推手。IBM 的创新管理历经几十载，有着深厚的历史沉淀，充满了变革精神。

所以，正如美国经济学家约瑟夫·熊彼特所述，企业家们"永不间断的创新行为"是经济增长的根本动力。进一步发扬企业家精神在创新中的重要作用，积极履行习近平总书记对企业家的"爱国、创新、诚信、社会责任、国际视野"的要求，培养具有战略视野、关注全球未来科技趋势的企业家，将有助于培育世界一流创新企业。企业家在持续做好现有产业经营管理的同时，必须把未来科技趋势的研判、核心技术的掌握和前沿引领技术、颠覆性技术的开发作为企业工作的新重点，以建设世界一流创新企业为抓手，加大核心技术自主可控程度，完善标准制订、品牌辐射、中华文化输出等"非财务"指标，努力加大研发投入乃至基础研究投入，联合高校院所加强关键核心共性技术相关研发，加快提升关键共性技术攻关引领能力，加快组建创新联合体，不断完善产学研协同、大中小融通、国有民营互补、本土跨国共生的新型创新生态体系。

（二）获得全员创新的有力支持

创新不仅仅是高层领导的事情，每一位员工对企业的创新发展都可以贡献一份力量。为了成长为世界一流创新企业，企业必须充分重视全员创新。

华为有超过 1.5 万名专业化人才从事基础研究，有 6 万余名人才从事应用型研究。此外，作为创新型企业，还要建立对创新部门充分认可的制度。比如，提升创新部门在公司的地位，赋予创新部门更多的自主权等。创新是多元异类人才互动的结果。企业要为全员创新营造一个良好的氛围。如国家电网广泛开展企业双创线下活动，连续多年举办"青年创新创意大赛"，吸引企业 8 万余名青年职工参与。迄今已成立"劳模创新工作室""质量管理（QC）小组""职工技术创新团队""青年创新工作室"等线下众创空间超过 19 万个，累计获得专利数量超过 1 万项。

实施全员创新的主要措施如下。

（1）设计自由探索的机制。鼓励自由探索，一方面，激发了员工由好奇心驱使的创新激情，无论是参与者规模和参与的意愿都得到了极大提升；另一方面，在没有明确目标约束的情况下，更易扩大知识搜索的宽度和深度。在谷歌内部，没有人会轻易否定哪个想法太傻，或者太空泛，相反其领导人愿意刺激员工思考。鼓励员工自由探索的典型措施是 20%法则。20%法则允许员工用 20%的工作时间进行自主探索，意味着公司的科学家和工程师每周可花费长达一天的时间研究自己的构想。20%法则使得谷歌拥有了一个庞大的创意机器，建立了数以百计或数以千计的研究项目。3M 公司有名的"15%规则"就是允许每个技术人员在工作时间内可用 15%的时间来"干私活"。SAP 公司推出大力支持员工实现梦想的 Let's Shine 项目（员工梦想创意大赛），对最终获奖员工给予经费支持。

（2）创造开放的对话平台，如适宜的工作场所、信息分享机制、头脑风暴、动态互动等。亚马逊发起了许多有趣的项目来保持员工的创新能力，比如为员工提供参与艺术研讨会和创新课程机会的"表达实验室"，以及由 100 位员工组成的亚马逊交响乐团，还为员工提供有助于激发创新与合作的办公场所。微软创建了微软车库，一个旨在促进草根创新的中心。IBM 在企业内网设立了一个名为"Think Place"的在线工具。全球所有员工，不分地域和层级，每天 24 小时随时可以把自己富有创意的想法实名公布到这个空间里；一批有资历的管理人员被选定为"创新促进员"。

（3）不应仅关注企业内部的创新资源，还应将目光放在企业的外部，关注客户与社会。要大力推动用户创新，从用户层面汲取创新的创意来源，海尔的开放式用户创新平台 HOPE 就集中了全球的力量来解决创新问题，既降低了企业的创新风险，又实现了创新的有效发展；另外要关注社会全员在其他领域的创新，关注社会创新的发展动向，紧跟社会对创新的需求，防止被新兴技术颠覆。

六、建设鼓励冒险、宽容失败的创新文化

企业应该鼓励冒险，允许失败，从根源上消除员工对创新的担忧和顾虑。创新文化是企业文化重要的构成部分，营造了企业创新的环境氛围，体现了企业的创新态度，也规定了企业创新的价值观和创新的行为规范，明确回答了为了什么而创新、坚持什么样的创新路径、重点在哪些领域创新等问题。根据计划行为理论，创新文化所营造的组织氛围会提高员工对于创新意向和行为的积极态度，降低创新不确定性所带来的社会压力（Ajzen，1991）。创新文化已经成为企业文化中不可或缺的构成部分，很多企业声称鼓励创新，从环境氛围到创新奖励都有利于创新。另外，企业应当鼓励冒险、宽容失败，这是创新引领关键核心技术突破过程急需的创新文化。

（一）鼓励冒险

创新是高风险的活动；相比利用性创新，探索性创新的风险更高。探索性创新是世界一流创新企业探索未知、储备未来技术、主导行业技术发展趋势的重要手段。如果没有鼓励冒险的制度设计，从事探索性创新的积极性必定受到抑制。

鼓励冒险的措施如下。

（1）鼓励不受限制的自由探索。探索性创新赖以进行的知识基更深、更广，甚至缺乏已有知识基，往往具有不可预测的不确定性。因此，鼓励自由探索才有可能突破人类认知的有限理性，发现新规律，发明新技术，开辟新市场。在谷歌的办公楼里，设有两块约 10 米长的白板，一块写着谷歌的外星计划，另一块是"谷歌的大师计划"。上面均是员工书写、绘制的各种异想天开的"计划"：如买下火星、消灭罪恶、开办谷歌银行，当然也有做出谷歌的操作系统——这其中一些注定不会实现，但也有一些已经变成了现实。这就形成了一种"没有限制"的开发哲学。谷歌的工程师可以在设计一个产品之初，不去考虑 CPU 计算能力、存储、带宽、商业化等众多限制想象力的问题。因此，谷歌内才能进行大量多数企业难以开展的项目。微软的企业文化鼓励员工保持好奇心、保持想象力，用技术创新来满足客户未能表达和未被满足的需求。

（2）奖励冒险创新的行为。奖励是冒险创新的动力。对于高风险的创新，若一旦失败就认定绩效考核不合格，只会让有意冒险创新者望而却步，企业的探索性创新也就止步于此。因此，鼓励冒险，除了支持员工开展不受限制的自由探索项目，还要给予相应的奖励，当然是区别于获得了探索性技术的奖励，主要体现在员工的高福利和对冒险创新行为的评估奖励。3M 实行员工终身雇佣制，让员工有安全感；15%的自由时间，允许员工"酿私酒"，让员工有自由感；为了提高员工的精神追求，每年还会选出前 20 名杰出的研发人员，对其进行嘉奖表彰；此外，还特意为普通员工设立了"发明家奖"，这一奖项颁发给利用 15%工作时间开发出新产品的员工。Intel 非常鼓励冒险精神，即便员工经过冒险却未达到什么目标，公司也会宽容员工的行为，鼓励和奖赏承担风险的行为。

（二）宽容失败

冒险创新是高压力情境下的创新活动，只有鼓励冒险没有宽容失败，则冒险的创新行为不可持续，可以说，宽容失败是鼓励冒险的减压器。宽容失败，意味着企业对非个人主观意愿的失败给予物质和精神的认可，尽管从绩效的视角看没有直接给企业带来创新的贡献，但积累了企业的研发知识、培养了研发人才，更重要的是，是后续冒险创新行为的"探路石"。很多企业支持创新但并不宽容失败，一个普遍的现象是，对成功的研发项目给予高额回报，但对研发失败的项目却没有任何奖励，甚至要启动追责、问责程序。

3M 公司对"错误"有着很高的包容度，他们认为每个"错误"本身都包含成功的影子，公司坚信"失败乃成功之母"，公司管理者鼓励员工不惧错误和失败，大胆创新。亚马逊员工会定期对新产品和服务进行试验及测试，其中有些产品取得了巨大成功，而有些产品却失败而被改进或放弃，但从这些失败中得到的经验也将成为下一个伟大创意的基础。阿里巴巴是中国最先投资云计算研究的企业，尽管最初的百度、腾讯等互联网巨头并不看好云计算的发展，但阿里巴巴怀着允许失败、大胆尝试的心态，一直持续投入资金研究云计算，才有了今天的城市大脑、车路协同及最近的飞象工业互联网平台。企业还必须建立开放、宽容、自由、活泼的创新文化。尊重文化差异，建立更加多样化的员工队伍，在与异类人才互动的过程中激发创新。谷歌公司一直致力于建立轻松愉悦的创新文化与创新环境，不限制员工的行为，同时构建了许多灵活的创新方式，如建立创新小团队，建立供内部交流合作的网络平台，由此实现信息的互通共享，为创新排除一切障碍。

七、形成科学的创新管理系统

哈佛商学院管理学者罗莎贝斯·莫斯·坎特曾经说过，尽管许多企业都在强调创新的重要性，却没有获得创新的实质性突破，其主要原因是没有合理的战略、没有实现新旧业务的连接、没有适宜的流程控制，也缺少恰当的领导者及鼓励创新的氛围。许多企业创新之所以能够取得不错的成绩，都是源于对创新的有效管理。例如，中国国际海运集装箱集团开启了创新升级战略，横向整合了企业各个模块与外界的合作，纵向打通了信息的沟通渠道，以全员参与为基础，综合科技创新和管理创新，最终实现了系统的战略创新。

企业的重要管理活动大致可以分为质量管理、项目管理、知识管理及创新管理。传统意义上的企业管理主要包括质量管理和项目管理，而新一代的创新型企业还要注重知识管理和创新管理。知识是企业赖以生存的一项重要的隐性资源，而创新是企业未来发展的重要驱动力。对知识和创新的管理需要企业突破以往的定式思维，保持变化、包容的心态。例如，近年来惠而浦公司经过多重布局，从改变领导职能、价值观、文化、知识管理、奖惩机制等各个方面入手，成立"创新团队""创新委员会""创新E空间"等，在各个环节实现了与全球资源的融合与对接，全面促进创新管理，提升企业的创新水平。

第五节　总结

本章主要进行了关键核心技术突破路径的实证分析。在前期理论探讨与案例研究的基础上,本章进一步通过实证方法深入剖析关键核心技术的突破路径,旨在为学术研究与政策实践提供更扎实的依据。首先,本章对关键核心技术突破的企业现状进行了系统性分析。通过梳理文献资料和实地调研数据,归纳出当前企业在关键核心技术创新活动中所展现的主要特征,如创新主体的多元化、创新模式的多样化等。揭示了企业在技术创新过程中面临的挑战,如创新投入不足、资源配置效率不高及创新成果转化机制不畅等。这些问题的存在严重制约了关键核心技术的突破,亟待深入研究与解决。其次,基于前期案例研究的结论,本章精心选取了创新战略、创新组织模式、创新合作网络和创新资源投入这4个核心指标,以全面衡量关键核心技术的突破程度。这4个指标不仅涵盖了技术创新的多个关键环节,而且能够深入反映企业在技术创新过程中的内在机制与外在表现。为了获取准确而丰富的数据,研究采用问卷调查与深度访谈相结合的方式,对二十余家代表性企业进行了深入调研。最后,通过对调研数据的差异性分析,发现不同类型的关键核心技术在创新战略、创新组织模式、创新合作网络和创新资源投入等方面呈现出显著的差异与特点。具体而言,关键共性技术更加注重创新资源的共享与整合,通过构建紧密的创新合作网络实现技术突破;前沿引领技术则强调创新战略的前瞻性与创新组织的高效性,通过精准的战略定位与灵活的组织结构推动技术创新;颠覆性技术关注创新资源的深度投入与风险防控机制的建立,通过持续的研发投入与风险管理保障技术突破;而现代工程技术则重视创新组织模式的创新性与合作网络的广泛性,通过创新性的组织安排与广泛的合作机制推动技术创新。此外,本研究提炼了创新引领关键核心技术突破的共性机制,包括布局高瞻远瞩的创新战略、建设二元协同的研发组织结构、高强度的创新资源投入、形成价值共创的创新生态系统、建设全面创新的创新制度、建设鼓励冒险与宽容失败的创新文化、形成科学的创新管理系统。这些共性机制为企业提供了关键核心技术突破的路径指引,企业需要结合自身实际和市场需求,制定合适的创新策略与措施,以推动关键核心技术的突破和企业的持续发展。

综上所述,本章通过实证分析揭示了关键核心技术突破的路径与机制,为企业的技术创新实践提供了有益的指导,也为政策制定者提供了重要的决策参考。未来研究可进一步拓展样本范围,深化对关键核心技术突破内在机制的理解,以推动相关领域的研究与实践不断向前发展。

第八章　建设具有中国特色的创新引领企业文化

创新引领文化体现为一种积极倡导、鼓励和支持创新的文化氛围，它不仅是企业持续繁荣的驱动力，更是国家在全球竞争中保持领先地位的关键要素。这种文化的形成，能够极大地激发人们的创新思维和创新能力，推动知识的创造、传播和应用，进而促进科技、经济、社会等多个领域的全面进步。在推动关键核心技术突破的过程中，创新引领文化发挥着至关重要的作用。它不仅为技术突破提供了明确的思想指导，还通过促进组织模式的创新、构建广泛的合作网络、推动资源的深度投入等方式，为技术创新提供了源源不断的内在动力。实质上，创新引领文化是突破机制的根本所在，它渗透在机制运行的每一个环节中，驱动着机制的高效运转。同时，机制的运行也反过来促进了创新引领文化的进一步发展和完善，两者相互促进、共同发展。因此，积极培育和优化创新引领文化，对于推动关键核心技术突破、提升企业乃至国家的核心竞争力，具有深远而重要的意义。

第一节　理论基础

一、研究背景

中国正处于转型经济和超越追赶(beyond catching-up)（吴晓波，张好雨，2018）的风口浪尖上，需要有前瞻性的、系统的管理理论引导并支撑制造业的发展。然而，立足"超越追赶"的中国管理理论并未得到充分的挖掘，所以理论滞后于管理实践、与管理实践脱节的问题较为突出（魏江，2018）。习近平总书记在陕西考察时，指示要围绕产业链部署创新链、围绕创新链布局产业链，推动经济高质量发展迈出更大步伐（人民网，2020）。为落实总书记的讲话精神，带领企业实现"0"到"1"的突破，责任式创新（梅亮、陈劲，2015）、有意义的创新（陈劲、曲冠楠、王璐瑶，2019）、引领性创新（刘海兵、许庆瑞、吕佩师，2020）等理论的提出打破了全面创新（许庆瑞、谢章澍、杨志蓉，2004）对内部要素的"偏爱"，逐渐重视创新外部性，鼓励越来越多的企业超越自身谋求可持续竞争优势的边界，寻找更广泛意义上的企业价值。梅永红曾直言中国缺的不是企业，而是有引领性的创新型企业。引领性创新试图从创新引领（不同于战略引领）的视角重塑企业价值创造逻辑，从而实现超越追赶。刘海兵等人将海尔集团洗衣机产品的创新发展作为典型样本，从价值导向、对创新的态度、效应、驱动力（VAED）等 4 个维度界定创新引领的概念；并发现创新引领的过程包括创新意愿、创新战略、创新行为和核心能力（ISAC 模型）。

文化对于企业发展的重要性不言而喻。Harrison 等人曾言：如果我们从经济发展史学到什么，那就是文化会使局面几乎完全不一样。文化具有的内在价值观能引导大众，帮助组织适应环境并整合企业内部的资源要素。当企业成员对于文化能够"内化于心，外化于行"时，企业所推崇的价值观等将影响成员的行为决策、思维模式，有利于企业价值的提升（Graham, Grennan, Harvey 等，2016）。鉴于企业文化的重要性，习近平总书记多次提出"文化自信"，并认为文化自信是更广泛、更深厚的自信。在引领性创新的概念、过程的基础上，学者们对于企业文化、创新文化展开了零散的研究，如企业文化的内涵、层次，创新文化的内涵、结构与企业的匹配性等。然而在创新驱动发展已进入"创新引领"阶段的当今时代，各个行业的领先企业在实施引领性创新的过程中需要借助怎样的企业文化力量实现超越追赶的相关研究却有所欠缺。因此，本章试图通过在企业文化的理论基础上，探究出中国企业文化与西方发达国家企业文化的不同之处，在消化吸收外国先进企业文化的基础上发展有中国特色的企业创新文化，帮助领先企业实现超越追赶。

二、理论基础

20 世纪 80 年代以 Pascale 为代表的学者对美国、日本企业的竞争模式进行比较和分析，并提出企业文化理论；该理论在美国社会后现代主义思潮的社会思想中得到发展。此后，学术界掀起了"企业文化"研究热潮。随着改革开放的深入开展，企业文化的相关理论被引入中国，于是中国学术界对其进行了相关研究。对企业文化的早期研究阶段主要是以国外先进理论为基础，针对企业文化的相关概念进行探索和拓展。

（一）企业文化相关概念

企业文化是在长期实践活动中形成的，作为一种植根于企业内部的信念和价值观，能够为企业成员提供普遍认可和遵循的且具有本企业特色的观念、意识、作风和行为规范的总和（Schein E H, 1984）。而企业文化具有开放性、适应性、聚集性、内部非线性、交互性（John, Narver 等, 2004）、植根性、动态性、特异性及隐匿性（孙爱英、李垣、任峰, 2006）等特征。对企业文化研究的过程中分离出一些专有名词，如组织文化、企业家文化、领导文化等，本书不区分微观层面上的专有名词，认为企业文化是一个广义层面的概念。

（二）企业文化的结构

企业文化是一个多层次的结构，较为有代表性的层次分类是精神层、制度层、行为层和物质层（Hofstede, Neuijen, Ohayv, 1990）。雍少宏在引进西方关于企业文化的理论知识的基础上，得出企业文化由经营理念、价值观、行为方式三个方面构成。张强等人在美国学者提出的愿景架构模型的基础上，提出了企业价值观体系应该包括核心价值观和一般价值观两个部分。陈春花等人通过知识图谱对组织文化的研究进行统计后发现，组织文化的研究包含多个层次（国家、组织、团队、个人等）、多个地区（跨文化）、多个领域（创新领域、领导力领域、信任领域、社会责任领域）、多种方法（量表开发、元分析等），是综合性研究。由此，本书借助企业文化结构中的精神层，确定企业文化的构成如下。

企业文化包含几个重要的部分，即企业愿景、使命、价值观、企业家精神与领导风格等。企业愿景是企业对未来的设想和展望，是企业在未来要达到的理想状态，回答企业将成为什么的问题；企业使命是企业存在的理由，回答企业为什么而存在。显然，企业愿景和使命为实施引领性创新企业提供目标。价值观是企业成员共同认可和推崇的价值评判标准，也称为观念或者理念，是企业成员在长期的生产实践中产生并共同遵守的思维模式和职业道德，回答企业为实现使命和愿景如何采取行动的问题。企业价值观为实施引领性创新的企业提供动力。企业家精神是指某些人使用所具有的组织、劳动、资本等资源用于生产活动、寻找新的商业机会及开展新的商业模式的特殊才能，为实施引领性创新的企业提供方向。

如果把企业比作一架在蓝天上飞翔的飞机，企业的愿景和使命是机翼，主要作用是产生升力，支持企业不断地进步发展，达到目标。企业的价值观是机身，装载企业成员的行为模式、思维等各种观念和指导思想，从而将企业成员与企业愿景、使命相连接。企业家精神与领导风格代表机长位置，负责领导机组的一切活动，对企业的一切工作、经营情况负责。企业的底线在尾翼部分，虽然飞机的每一部分出了问题都会发生致命的损失，但是尾翼一旦出现问题，飞行中的飞机将突然冲向地面，无法继续飞行。因此，企业在运行过程中，一旦出现无法平衡的问题，很可能就会倒闭。如图8.1所示。

图 8.1　企业文化的结构

（三）企业文化的效应

张强等人在美国学者提出的愿景架构模型的基础上，提出了企业价值观体系应该包括核心价值观和一般价值观两个部分。按照文化与主体之间的关系，可分为整体文化、社会文化及主观文化（Hong、Morris、Chiu 等，2013）。按照企业的焦点在内部或外部、柔性或控制两个维度上的不同选择，可分为4种类型：支持型、革新型、效率型和官僚型（Cameron，1985）等。

在创新成为中国企业生存与发展的关键因素（Hamel、Prahalad，1994）的今天，创新文化作为企业创新领域的一个重要因素，是影响企业兴衰的一个重要因素（Kotter，Heskitt，1992）。如果将文化类比为生物基因，创新文化则是组织内部最关键的精神密码（Robinson，Cousins，2004）。许庆瑞等人提出创新文化包含精神和外在的表现，如价值观、行为规则、制度等，创新文化是为了激发创新的思想、鼓励创新行为及促进创新实施而产生的。随着企业从战略引领时代进入创新引领时代，创新文化发展到新状态。企业家情怀是企业家更高层次的理想追求和精神归属，立足于社会、人民、利益相关者及环境而存在（王飞绒，赵鑫，李正卫，2019），包括远大志向、仁爱利他、淡泊名利、环境友好及工匠情节等5个维度（李正卫，李建慧，王飞绒，2017）。鉴于不同内涵，学者们研究了创新文化与企业的匹配性。杨建君等人验证了不同文化类型对技术创新方式的影响，结果表明集体主义文化对突变创新具有显著的正向影响，而个人主义文化则促进渐进创新，所以企业要谨慎进行企业文化的建设，根据企业类型选择企业文化。上市公司普遍认同信任文化对于创新水平的促进作用（程博，熊婷，潘飞，2020），制造业上市公司尤其强调对于客户的信任，即客户型文化的作用（毕晓芳，邢晓辉，姜宝强，2020）。而信任文化中，合作的作用也不容忽视（潘健平，潘越，马奕涵，2019）。例如，客家、广府、福佬三个商帮的企业数据表明，这三个以乡土社会为典型代表的企业，创新能力更强（赵子乐，林建浩，2019）。对于社会责任的履行也有利于提升企业文化对于创新的影响力（Gonzalez-Rodriguez，2019）；家族企业中的"家文化"（即家长拥有绝对权威，重视家族权益）则不利于创新活动的进行（李京文，袁页，甘德安，2017）。

中国企业文化的研究存在如下不足之处。

（1）现有研究大多数是零散的、片段式的，缺乏系统的理论体系。中国关于企业文化的研究来自于西方理论的引进，学者对于企业文化的研究似乎停留在引进、模仿的状态中，仍然是对于内涵、特征、影响的拓展等。

（2）中国学者对于企业文化的研究大多数从属于企业战略，在引领性创新实施节点上，无法形成配套的企业文化来指导企业发展。引领性创新作为关注企业外部性的新范式，虽然对于创新文化与企业匹配性上已经开始重视外部的联系，如客户型文化、合作创新的研究等，但是企业文化在引领性创新实施过程中的重要作用并未完全体现出来，只是传统战略指导下的从属关系，而非产生驱动力促进引领性创新。

下面通过企业文化的典型实践，探讨变革过程中应该如何确定企业文化的内容。

第二节　企业文化的典型实践

社会的基本经济单位经历了原始社会的氏族部落、奴隶社会的奴隶主庄园、封建社会的家庭和手工作坊等形式，在资本主义社会演进为现代形式的"企业"。16世纪，西欧资本主义萌芽，农民的大量土地被剥夺，随之家庭手工业急剧瓦解，企业的雏形即资本主义初期的工场手工业建立。18世纪，随着西方各国工业革命的开展，大机器的使用、雇佣制度、劳动分工等使得生产走向社会化，工厂制建立，企业真正诞生。19世纪末，自由资本主义向垄断资本主义过渡，技术不断进步，规模不断扩大，经营权与所有权分离，企业走向成熟，成为真正意义上的现代企业。

西欧国家的工场手工业发展到工厂制，最后演进到现代企业。伴随着不同国家和地区技术水平、相关制度的不断完善，企业文化基础理论逐渐清晰；梳理企业文化的本土化应用能够更清晰地了解企业文化的历史脉络，以及企业文化发展的底层逻辑。表8.1总结了西欧、美国、日本等国家和地区的企业文化。

表8.1 企业文化本土化应用

维度	西欧	美国	日本
价值基础	人文主义与人性关怀	个人主义与英雄主义	集体主义与团队精神
治理方式	科学治理	科学治理	博采众长、柔性管理
企业价值观	重视科学创新、产品质量	冒险精神与鼓励创新	继承传统、精益求精
目标		效益至上，追求利润最大化	
道德理念	罪感文化	罪感文化	耻感文化

一、西欧国家企业文化的特质

西欧国家的企业文化具有以下特质。

（1）人文主义与人性关怀。西欧国家的企业家普遍强调职工互爱与劳资和谐，实施雇员参与制度与高福利制度，在文化建设的过程中，重视对于员工自信心的培养。

（2）个人主义。西欧国家自文艺复兴时期开始，对于个人权利有了意识。在企业中，在组织环境良好的基础上，成员都要求满足更高需求及个人精神的独立。

（3）理性精神。西欧国家的理性精神起源于希腊文明及古罗马的法制文化，并且西欧国家本身经历了唯名论、唯实论之争，以及随后的宗教改革运动，最终确定了理性主义。西欧国家有比较坚实的法律基础，绝对主义国家作为现代国家的雏形，为现代国家提供了理性化的基本制度框架。因此，西欧国家的企业管理精神和文化深深植根于理性的基础上，力求制度化、程序化，以此作为高效率的保证，企业员工严格按照规章制度工作，以"法理"为中心。由于理性精神的影响，西欧国家的企业成员大多重视逻辑思维。

（4）重视科学创新、产品质量。西欧国家政府和企业大多将研究开发作为主要的战略任务进行实施，投入大量的人财物等资源进行技术创新，并强调对产品质量的精益求精，所以德国啤酒、法国红酒等产品才会成为世界精品。

（5）罪感文化。罪感文化提倡建立绝对的道德标准，目标是构建一个充满美德的社会。一旦人们察觉到自己违背了"绝对的道德标准"，便会有一种深重的罪恶感，就算不被人发现，自己也会受到罪恶感的影响。罪感文化本身具有批评和怀疑的态度，所以企业不会使用过多的公示，因为担心企业成员会产生一种不被信任的感觉。

二、美国企业文化特质

美国从成立之日起，在本土只发生过一场南北战争，稳定的国内环境有利于经济的发展。伴随着工业革命的良好契机，美国成为世界上的超级大国，美国企业随之成熟。美国企业文化具有如下特点。

（1）个人主义与英雄主义。美国是个移民大国，早期居民是从欧洲等地迁移而来，当进入陌生的环境中，移民们没有亲戚朋友的帮助，所以只能依靠自己，这样的生存环境使得个人主义色彩严重，没有对于企业和国家的荣辱感和归属感等。个人主义使得企业很重视成员的个性，崇尚个人的自由发展。对于企业贡献巨大的人物通常被推崇为英雄，个人主义色彩的严重性使得人民对于英雄普遍推崇，容易造成权威文化，即领导人更喜欢运用权力的魅力造成员工的崇拜心理。

（2）科学治理。与西欧国家一样，美国也是一个崇尚法律、纪律严明的国家。所以在美国企业中，以规章制度为行为规范的准则，以此实现管理的高效和有序。

（3）冒险精神与鼓励创新。移民的行为使得人们必须不断进行探索，寻找最合适的方式生存和生活，所以形成了不断冒险和不断创新的精神。国家也从各个层面支持企业的创新。如1980年国会通过的《拜杜法案》，使私人部门享有联邦资助科研成果的专利权成为可能，形成了一股促进科研成果进行商业化转化的强大动力。有效地促进了商业领域的创新，支持了企业文化的创新精神。

（4）效益至上，追求利润最大化。移民文化造成了文化的多元化，没有标准判断文化的好与坏，所以实用主义哲学应运而生，即"有用即是真理"。这样的经营哲学在企业中表现为企业喜欢并且擅长用数量评价事物，关心效益指标。而美国是典型的资本主义社会，没有经历封建社会，所以资产阶级的本质表现得更为透彻。与实用主义哲学相结合，美国企业追求利润最大化，企业获利情况不仅与企业直接相关，与企业家在社会上的地位与形象也直接相关。

（5）罪感文化。与西欧国家的罪感文化相同，由于美国移民大多来自西欧国家，所以移民性格中所具有的罪感文化同样被引入美国文化中。

三、日本企业文化特质

美国与日本企业竞争模式的对比，使得学者们开始注意到企业文化的重要性。日本的企业文化具有如下特点。

（1）集体主义与团队精神。日本是一个岛国，自始至终都是单一的民族文化，所以人民对于国家有着强烈的认同感，在企业中表现为对于企业的认同感。而企业注重对于团队精神的培养，不鼓励员工相互竞争，认为团结合作才能更有利于企业的生存和发展。对于团队能力的重视及个人能力的弱化，导致日本企业大多实施终身雇佣制和年功序列制。晋升主要凭借相应的职务、年资、工龄等，并不鼓励员工之间竞争，强调成员之间的团结协作，如果有过分的自我表现会被打压。这样的文化使得企业氛围很和谐。

（2）博采众长、柔性管理。日本以善于学习著称，企业在管理过程中也注重学习。充分吸收国外先进的知识成果，如西方科学管理方法、中国优秀的传统文化等，从而在实践中不断地尝试，找到最适合企业的方式方法。

（3）继承传统，精益求精。日本地域狭小，资源匮乏，为了在这样恶劣的环境中生存下去，日本人养成了精细的文化习惯。在企业文化上，很重视细节，不允许在细节上出现错误。因此，与西欧国家的企业不同，日本企业并不率先进行创新，而是将细节做到极致。日本企业家多是风险规避者，不愿意付出创新带来的高风险成本。但是能够快速掌握全球工艺，然后精益求精，并且在价格和品质上优于竞争对手。

（4）报恩文化。日本明治维新之前，有一条法律条文：遇到争端，无关者不得干预。这一法律条文表明了报恩文化的影响。正是由于报恩文化，日本家族式企业能够选择真正适合的人继承企业，能够"基业长青"。

（5）耻感文化。相对于罪恶感，日本人更注重所做的事情给自己带来的羞耻感。做错一件事时，如果没有旁人知道，就可以当作这件事没有发生，自己不会主动进行忏悔和赎罪。所以，一旦有不好的事情发生，日本人的第一想法是极力掩饰和否定，从中能看出他们对于名誉的重视。因为日本人的耻感文化，企业通常没有绩效考核，害怕一旦考核被公开，成员的耻感文化会使其产生过激行为。

从企业文化的典型实践可以看出，在价值基础上，西欧国家和美国作为典型的资本主义国家，对于个人利益的重视超过国家、集体利益，而日本作为岛国，强调集体主义和团队精神。西欧国家和美国强调科学治理的理念，因为人为的治理缺少科学性，对于组织中不同个性成员的治理是一件很困难的事情；由于组织中的成员个性不同，所以创新的提出显得自然，并且在创新时更多考虑利益和收益。但是日本是一个岛国，资源的匮乏使得日本在进行创新时，更多地考虑风险，而不是收益，较为保守，所以更加强调对于传统优秀工艺技术、成熟的技术进行改良，精益求精，最终提升创新能力。在道德观念上，西欧国家和美国鉴于对于宗教的敬畏，是一种罪感文化，而日本由于自然地理环境、儒家文化及神道教教义三方面的影响，形成了集体意识、阶级意识和服从意识，这三种意识共同作用形成了日本人的耻感文化。

通过对不同国家和地区的企业文化的梳理可以发现，文化作为人类特有的社会现象之一，与一定地域条件下的种族特性密切相关，且发展程度和形态受政治、经济条件的影响，所以本土化的企业文化对于企业发展的影响最大，最能够指导企业发展的方向。

随着"一带一路"倡议的实施，企业走出去的步伐加快，使得文化冲突成为新的管理问题，因此，企业管理者需要深入分析跨国文化的影响及融合策略，为中国企业提供更适合"走出去"的企业文化。方太集团成立于1996年，于2017年成为细分厨电领域首家销售额跨越100亿的企业，最开始，方太集团的管理者践行着西方管理思想，然而，随着2008年金融危机使得西方企业遭受严重打击，管理者开始思考西方管理模式的不足。方太第二届领导人茅忠群掌舵后，一直都很关注儒家思想，提出以儒家文化为根本构建企业文化。这样的企业文化使得方太拥有儒家文化"仁"的特质，不管是在企业愿景、使命弘扬方面还是在协调企业内部成员关系方面，这种企业文化都成功地激发了成员的自驱动，使其在高端厨电领域不断创新、进步与发展。因此，中国企业在吸收借鉴他国的基础上，应该融合本土文化，使企业文化成系统、成体系，而不是零散地跟随。

第三节　中国企业文化的内核

历史上，有很多国家在发展过程中试图"超越追赶"。如经济实力居拉美首位的巴西，在 20 世纪 60 年代到 70 年代中期，经济增速达到年均 10%，被世界誉为"巴西奇迹"。虽然经济增长率没有持续奇迹般地增长更长时间，但仍然在 2018 年时，GDP 总量达到世界第 9 位。而墨西哥在 2018 年的 GDP 总量约为 1.22 万亿美元，位居世界第 15 位。两国都是当今世界重要的经济体。墨西哥是玛雅文化和阿兹特克文化的发祥地，在发展的过程中，融合了印第安土著文化和欧洲文化，从而形成了具有本国特色的歌舞、绘画、音乐、戏剧等文化。巴西、墨西哥等国虽然在历史上都曾创造经济增速的奇迹，但是因为企业文化无法支撑企业创新发展，以至技术水平迟迟无法实现实质性突破；另外，某些西方国家的持续性打压等因素也导致其无法实现超越。反观西欧、美国等地区和国家，其恰恰抓住了工业革命的时机，大力进行技术创新；日本等东方国家博采众长，对产品工艺等精益求精，都成功步入"一流国家"的行列。不难看出，企业的发展需要良好的氛围、领导者前瞻性的眼光、合理的制度等因素，而企业文化的指导作用不可忽视。成功企业的文化都是在本土文化的基础上，在实践中不断尝试才能最终变成适合企业发展的企业文化。

一、中华传统文化内核

习近平总书记在中共中央政治局第十八次集体学习会议上指出"中华优秀传统文化是我们最深厚的文化软实力，也是中国特色社会主义植根的文化沃土"。中华文明是世界文明史上唯一连续性的文明。中华文明孕育出的中国优秀传统文化、党和人民伟大斗争中孕育出来的革命文化及社会主义先进文化等都是中华民族的精神标识，沉淀中华民族最深层的精神追求，赋予了中华民族伟大的生命力和凝聚力。

（一）朴素的"人本"思想

人本思想是指企业在生产经营过程中，物质创造和制度制定等活动都以人为载体。核心是尊重人的独立和主动性、激发人的所有潜能，重点是满足人们当前的合理需要，更深层次地调动人的工作积极性。在追求"人本"的同时,注重"和"思想。儒家曾提出"仁民而爱物""德润万物,泽被天下"等生态环境意识,强调在满足人欲的前提下注重"天人一体"的共同发展。而朴素人本不仅仅是对于"小我"的关注,还包括"大我"的追求,即致力于社会价值的增量和民生幸福。人本思想的提出最早可以追溯到孔孟之道,如义利观强调统治者要肩负起相应的社会责任,要以身作则,重视民众,以维护自己的统治。而在社会主义先进文化中则体现文化的特征为民族的、科学的、大众的,价值取向需要有利于个人、家庭、国家及全人类。这样的思维帮助企业设立经济效益和社会效益并重的目标,在追求利润最大化的同时兼顾员工成长、自然环境保护、社会进步等。

(二)法治思想

法治思维是将法律作为判断是非和处理事务的准绳,要求崇尚法治、尊重法律,运用法律手段解决问题和推进工作。法治思维对于管理者而言,不仅包括自身对于问题的判断需要进行法律上的思考,还包括在企业管理过程中,对于员工的管理、企业事务的处理也要以法律为准绳。中华优秀传统文化中法家的"以法治国"就是最典型的法治思维的体现。法家强调要以法治国,首先是法的平等适用,如战国时期魏国政治家李悝"不别亲疏,不殊贵贱,一断于法"的主张,与原有的"礼不下庶人,刑不上大夫"的"礼治"是相悖的;其次,表明要科学立法,包括对于民意的顺应,厚赏重罚,立法有据等,最终实现法治化。如管仲提出"令顺民心",且法令需要"易见、易知、易为"等。商鞅、韩非子等法家思想家则主张厚赏重罚,韩非子表明"是以赏莫如厚而信,使民利之;罚莫如重而必,使民畏之;法莫如一而固,使民知之",并且要立法有据,有证可查。现代社会的法治思维不是"以法治国",而是"依法治国"。依法治国是依据法律规定治理国家,但国家的管理者需要依据绝大多数人民的意志和利益制定出法律,所以主体是人民。

(三)变革创新

在这个社会大变革时代,企业只有不断进行变革和创新,才能适应外部环境的变化,获取竞争优势。变革与创新文化在中华传统优秀文化中已有体现。如《周易》中的"变易"指的就是自然界和人类社会的不断变化和更新,并且"穷则变,变则通,通则久"。儒家的中庸思想强调权变,即因时因地而变化,不断改变策略和方法。孟子说:"执中无权,犹执一也。

所恶执一者，为其贼道也。举一而费百也。"意思是如果只执中却没有灵活性，不能因时因地因条件等制宜，会有损于仁义之道。荀子所言"与时迁徙，与世偃仰"也是强调因时因地制宜。中国共产党带领人民在伟大斗争中孕育出来的革命文化也是变革和创新文化的一种体现。

（四）商帮文化

商帮是以乡土亲缘为纽带，拥有会馆办事机构和标志性建筑的商业集团。经过几百年商品经济的发展，出现了"五大商帮"，包括粤商、徽商、晋商、浙商、鲁商。粤商的兴起主要依靠贸易和运输，全国各地都出现了他们的会馆，甚至漂洋过海遍及世界各地。徽商经营范围以盐、典当、茶、木材最为著名，他们一直崇尚爱国、进取、奉献等商业精神。晋商以驼帮、船帮及票号为三座丰碑，驼帮将茶叶带到了俄罗斯、蒙古等国，船帮帮助采办洋铜，而票号则改变了人们的理财方式。浙商和气、共赢、低调、敢闯，尤其是清朝末年，为工商业的近代化做出了很大贡献。鲁商结合儒家思想，将"仁义礼智信"和"温良恭俭让"表现得淋漓尽致，形成的鲁商文化以"以义致利、诚信为本、乐善好施、以酒会友"等为特征。

二、面临的挑战

中国企业在构建和实践企业文化时，面临一系列挑战与困境，具体而言，这些困境包括以下两个方面。

（1）企业使命的偏短期主义导致企业过于追求短期利润，忽视了长远的社会责任和可持续发展目标。

（2）企业在长远发展方面过于奉行单一竞争模式和粗放的发展模式，不仅限制了企业的创新能力和多元化发展道路，还影响了企业的管理效率和产品质量。

第四节　培育创新引领的企业文化

培育创新引领的企业文化对企业实现持续进步和保持竞争力具有至关重要的作用。首先，从企业发展的核心动力看，创新是不可或缺的驱动力。它能推动企业在产品、服务和管理模式上实现重大突破，从而在激烈的市场竞争中占据有利地位。其次，创新引领的企业文化在激发员工的创新思维和创造力方面发挥着关键作用。这种文化能够营造出一种积极、开放的创新氛围，鼓励员工勇于挑战传统，尝试新方法，形成全员参与创新的良好态势。此外，创新引领的企业文化还有助于构建开放、合作、共享的生态系统。这种文化强调企业间的合作与交流，通过与外部伙伴的紧密合作，企业能够获取更多的创新资源，加速创新成果的转化和应用。因此，企业应当高度重视创新文化的培育和发展，将其融入企业的战略规划和日常运营中，使其成为推动企业持续进步和保持竞争力的不竭动力。

一、长期主义：以用户为中心

为吸收中华优秀传统文化中的朴素"人本"思想，削弱短期主义思维的影响，本书认为实施引领性创新的企业如果想要获得持久的竞争力，就必须树立长期主义思维。长期主义是专注长期价值的认知方法与行为模式（吴朋，2019），长期思维是以终局决定布局，管理者需要构建今后十年甚至二十年的市场洞见和远大格局。对于实施引领性创新的企业来说，长期主义意味着要以用户需求为中心。首先，企业要随着时代的变化，洞察用户需求，从而持续进行技术、产品、营销等方面的改进，保障企业的可持续创新。其次，长期主义意味着企业要抵御短期利益的诱惑，不以牺牲用户价值为代价做有损企业口碑和信誉的事情，保证企业长期愿景的实现。美国等资本主义国家的企业以股东价值最大化作为企业经营的目标，配合资本的力量使得美国企业在世界上获得话语权，然而这样的目标不适用于中国企业。中华优秀传统文化中的朴素人本思想决定了人民是推动历史的主体，所以不能只满足"股东"这小部分人的利益。对于实施引领性创新的中国企业来说，追求长期主义意味着企业目标以用户需求为中心，回归顾客价值。当今世界是一个变化着的世界，企业需要关注的要素不能局限于技术、产品、工艺，最重要的是关注变化中唯一不变的事物，即用户的价值。

历史上的商帮的形成和存在的理由中都不可避免有着以用户需求为中心的影子，如鲁商的"德为本、义为先、义致利"的商业思想、徽商的"勤俭、奉献"的商业精神等。阿里巴巴创办于1999年，最初的创办目标是为了支持小企业的利益，相信互联网能够创造公平的环境，让小企业通过创新与科技拓展业务，更有效地参与国内和国际的市场竞争。阿里巴巴坚持客户第一，为客户提供最大化的产品价值和服务价值，并以用户需求和价值作为唯一的判断准则，而不以竞争对手为依据。阿里巴巴利用互联网技术发展电商，就是对于用户需求的回应，因为电商发展的时期，用户已经拥有数字习惯，电商的发展不过是迎合用户，而非改变用户需求与习惯。

二、整体观：价值共创

实施引领性创新的企业，对于创新范式的解读已经从单一的竞争模式转变为整体观，对于客户、利益相关者乃至整个社会的重视体现出整体观的重要性。创新范式对于整体观的呼唤，表明今天企业的底层逻辑从单一的竞争变为整体的"共生"。共生来自生物学的观点，从价值的创造与分享的视角，企业的共生关系分为寄生、偏利共生和互利共生三种类型。共生关系存在于企业与外部组织、环境之间。企业之间的共生是合作企业之间相互依存的一种互惠的经济关系，企业之间寄生和偏利共生的合作关系难以维系，所以互利共生的合作关系应该为常态（顾力刚，谢莉，2015）。

如今的市场有一个变化，就是企业绩效的影响因素由内部移到外部，也就是说，当企业将内部调整好，流程设计好，将效率提高等，不一定绩效就会提高。但是，当有一个新进入者不使用你所制定的游戏规则却做得更好时就能发现，企业的绩效是由外部决定的。并且，今天企业之间仅分享成果是不够的，因为分享只能得到共鸣，却不产生新的价值，所以需要协同共生。共生型的组织有四重境界，分别为共生信仰、顾客主义、技术穿透及"无我"领导（陈春花，2018）。由中国北车股份有限公司、中国南车股份有限公司合并组建成立的中国中车，继承南车、北车的优秀文化，通过整个供应链上的合作（即关系型交易）形成互利共生的模式，成为世界一流的轨道交通装备企业。中车集团在发展的初期，技术水平低于供应链的其他企业，于是利用关系型交易以较低的成本获得信息、技术、资源等；在发展的后期，中车集团的发展已经远远超过其他企业，倒逼其他企业进行创新发展。这样的互利共生合作模式不仅提升了企业的创新能力，还促进了社会的整体发展。

三、人民性：家国情怀

家国情怀是中华优秀传统文化的基本内涵之一。所谓的"家国情怀"，是主体对于共同体的一种认同，并促使其发展的思想和理念。内涵包括家国同构、共同体意识和仁爱之情。无论是"国破则家亡，国兴则家昌"的朴素见识，"亦余心之所善兮，虽九死其犹未悔"的价值追求，"一家仁，一国兴仁；一家让，一国兴让"的理想，还是"先天下之忧而忧，后天下之乐而乐"的担当，都在中华儿女的精神血脉中体现出家国情怀。新时代中国高质量发展的基本价值特征中，主体价值特征是人民性，各项经济工作的出发点和落脚点是最广大人民群众的根本利益。因此，全社会都应该以人民性为经济社会工作的基本价值追求，对于企业来说，以人民性为价值追求的具体内涵就是家国情怀的弘扬。

然而，随着西方社会拜金主义、享乐主义的冲击，资本的逐利性使得企业在面对市场厮杀时无法独善其身。在中国超越追赶的阶段中，实施引领性创新的企业必须弘扬家国情怀，把家国情怀融入企业价值观中，让每个成员、每个组织把个人价值与社会成长、国家命运紧密相连，共同创造中国美好生活和未来。格力电器股份有限公司董事长董明珠曾在多个场合提出企业家精神中应有的"家国情怀"。她曾在一次直播中直言，格力会不断进行同行产品的检验，一旦发现不合格产品就会进行举报。格力电器无疑是推动市场良性运转的鲶鱼，能够不断推动行业和社会进步。

四、宇宙观：环境友好型、资源节约型工程

中华传统文化强调的人和自然环境的共同发展的朴素人本思想，实际上是"天人合一"的"宇宙观"的表现。《孟子》所云"不违农时，谷不可胜食也；数罟不入洿池，鱼鳖不可胜食也；斧斤以时入山林，材木不可胜用也"，表明在小农经济时代，保持人与自然的和谐相处，遵循自然规律，就能得到大自然的馈赠。

随着现代社会的发展，世界变成地球村，各国努力提高自己的经济水平，而由此带来的资源能源短缺、环境污染及气候变化等问题成为全球共同的危机。中国企业在注重经济发展的同时，要将中华传统文化中的"宇宙观"融入企业文化中，构建新时代两型工程，即资源节约型与环境友好型工程，提高资源集约利用水平，推广新型能源，改善修复生态环境（陈晓红，唐湘博，李大元等，2020）。

资源节约型与环境友好型工程（简称两型工程）指的是人类为追求自身的可持续发展，根据整体、协调、循环、再生的控制论原理，采用资源高效开发与集约利用、环境保护、生态修复等技术，系统地设计、规划、调控经济社会和环境生态系统的结构要素、工艺流程、反馈机制、控制机构，以获取高经济和生态效益的工程活动的总称（Mitsch，2012；陈晓红等，2016）。方大炭素新材料科技股份有限公司是世界领先、亚洲最大的优质炭素制品生产供应基地，是国内涉核炭材料科研生产基地，也是石墨电极全球单体产量最大的工厂。2018年，方大炭素秉持"绿水青山就是金山银山"的绿色发展理念，着力打造"资源节约型、环境友好型"企业，打造"花园式工厂"，从水、气、声、渣这4个方面入手对污染物进行全面排查，最终确定了34个环保技改项目。随着环保绩效的提高和环境面貌的

改善，方大炭素先后取得了 CNAS 实验室认可证书，以及 ISO9001 质量体系、ISO14001 环境体系和 OHSAS18001 职业健康安全管理体系认证证书，通过提升环保绩效和环境面貌助力企业持续发展。

五、平等观念：兄长式领导模式

对于现代社会而言，官本位思维带来"唯上是从"的制度安排，领导人的意见成为判断是非曲直的标准，这样的等级观念使得中国一些企业的领导模式是"家长制"。

兄长式领导模式指的是在一种相对平等的人治氛围下，淡化命令式指挥及完美人格的圣贤形象，而强调魅力感召、愿景凝聚，注重与组织成员共享物质精神利益的领导方式。相对于家长制对于管理者权威的倚重，兄长制管理模式更倾向于在平等的交流沟通过程中，依靠规章制度解决矛盾，褪去了等级色彩；管理者凭借自己出色的才能和平易近人的作风，激发员工共鸣从而为企业共同奋斗，而非依靠权力获取威信（杨斌，丁大巍，2012）。

海尔集团的人单合一商业模式将兄长式领导模式表现得淋漓尽致。人单合一的基本含义是每个员工直接面对用户，创造用户价值，并在为用户创造价值的过程中实现自己的价值。人单合一倒逼战略和组织发生颠覆性的变化，实现了企业平台化、员工创客化及用户个性化。企业平台化指的是企业从传统的科层制组织变为共创共赢的平台，向着资源运筹与人才整合的平台转型，不再强调集中式的中心管控，成为平台化的资源配置与专业服务组织。而管理者也从发号施令者变为资源的提供者和员工的服务者。传统模式下，用户听员工的，员工听企业的；而在人单合一模式下，企业听员工的，员工听用户的。企业的管理者只是为员工提供资源、信息的"兄长"，员工是自己的 CEO，组成直面市场的自组织。这样的领导模式就是平等观念为基础的"兄长式"领导模式。

六、蚂蚁精神：工匠精神打造集体主义团队

众所周知，中国的高铁已经远销海外，成为中国在世界上亮丽的名片。但中国的制造业就整体而言仍然大而不强，中国的高端装备的关键基础材料、零部件很多还是依赖进口，比如高档数控机床和配套的数控系统等就需要进口。中国制造业出口大多依靠价格优势赢得竞争，质量效益并不高；甚至在中国国内，产品、工艺、技术质量等也有待提升。而质量提升需要工匠精神的发挥。

工匠精神，包括爱岗敬业的职业精神、精益求精的品质精神及追求卓越的创新精神。因此，对于实施引领性创新的企业而言，成员应该发挥蚂蚁精神，每个人都应该以集体利益为主；为了集体利益，每个人发挥工匠精神，以爱岗敬业的职业精神、精益求精的品质精神及追求卓越的创新精神打造集体主义团队。企业家情怀中的"工匠情结"是蚂蚁精神的验证。

蚂蚁的群体中，每一只蚂蚁有固定的角色。蚁后负责产卵，是专职的产卵机器；雄蚁或父蚁主要负责与蚁后交配；兵蚁负责保卫蚁穴，是战士；工蚁则负责建造和扩大巢穴、采集食物、喂养幼蚁和蚁后等大部分工作。可以看出，蚁群中没有绝对的等级，只有绝对的分工。并且，在绝对的分工中，蚂蚁吃苦耐劳，它们可以承载比自己身体重几倍的物体。工匠精神只强调单个个体，而蚂蚁精神最主要的是对团队精神的培养。当蚁群受到威胁时，工蚁会选择"自爆"等方式将毒液喷洒在对方身上，或者以自己的牺牲，最大限度地保护蚁群。英国一位动物学家曾将一支点燃的蜡烛放在蚁巢中，蚂蚁为了逃生，迅速聚拢，抱成一团，然后像雪球一样飞速滚动。蚁群的逃离，是最外层蚂蚁用自己躯体换来的。这样的方式就是集体主义。

资本主义国家强调个人主义，而中华民族自古强调集体主义，这种集体主义不仅表现在制定的企业目标中会关注社会效益，还体现在团队精神的培养上。如商帮本身就是以乡土亲缘为纽带建立的团队。于 2020 年 5 月启动改名运动的蚂蚁金服，已经正式更名为"蚂蚁科技集团股份有限公司"，简称蚂蚁集团。蚂蚁集团当初起这个名字就是表明要从细小处做起。蚂蚁虽小，但是它们齐心协力，永不放弃，展现出令人惊叹的力量。"千里之堤，毁于蚁穴"就从另一个角度反映出集体的力量。华为是全球领先的信息与通信技术（ICT）基础设施和智能终端提供商，致力于把数字世界带给每个人、家庭及组织，构建万物互联的智能世界。2020 年获得世界品牌五百强第十名，世界十大电信品牌第一名。早在 2016 年，华为获得了中国质量领域最高政府性荣誉"中国质量奖"，是该制造领域的第一名。创始人任正非曾多次指出，华为最重要的基础是质量，所以华为会为了解决一个在跌落环境下致损概率仅为 1/3000 的手机摄像头的缺陷，投入数百万人民币进行不断测试以解决问题；会为了解决热销手机中的小缺陷而关停生产线，不惜影响数十万台手机的发货时间，也要保证手机的质量上乘。学术界普遍将华为文化概括为"狼性文化"，蚂蚁精神在团队表现上与狼性文化具有很强的相似性，然而本书认为中国人更像蚂蚁，更强调分工协作基础上的团队精神。

七、社会底线和生命红线：法律和伦理道德

中华优秀传统文化中法家的"以法治国"强调法律面前人人平等、立法科学等，现代社会强调的"依法治国"等规章制度表明了法律的重要性。即使从法律的视角看，治理模式已从传统的人治转变为现代法治。法治理念的缺失、法律思维的断层等会阻碍引领性创新企业文化的发展。底线是指区域或者范围的边界，借指人或事的最低要求。企业未来所处的社会应该是文明社会，而文明社会的底线是坚守法律，即遵守法律的要求，以法律为最基本、最低要求的行为规范。而文明企业，尤其是实施引领性创新的企业也应该将法律作为判断是非和处理事务的准绳，需要崇尚法治、尊重法律，善于运用法律手段解决问题和推进工作。

老子曾说：法令滋彰，盗贼多有。指的是法律命令越是显著周密，盗贼就越多。虽然这句话是针对战国时期的混乱社会而言的，但也从另一个角度上表明了道德的重要性。2003年，安徽出现一些婴儿腹泻、严重营养不良的情况；2004年，有大量的"大头娃娃"出现。经调查，原因在于空壳奶粉中加入了三聚氰胺。这些不合格的奶粉，由于营养成分严重不足，造成婴儿的身体难以正常成长，甚至身体的器官会逐渐衰竭；如果不及时停止劣质奶粉的摄入，婴儿的身体会衰竭。2018年，长春长生生物科技公司违规生产狂犬病疫苗，企业编造生产记录和产品检验记录，随意变更工艺参数和设备，仅流入山东的不合格疫苗就有252 600支，而这些不合格疫苗很有可能无法起到治疗效果，狂犬病发病后的死亡率是100%，影响极其严重。这些企业发生的问题，除了政府监管滞后外，最重要的是企业自发性的伦理道德的缺失。

伦理，是关于人性、人伦关系及结构等问题的基本原则的概括，道德是调节人与人、人与自然之间关系的行为规范的总和。也就是说，伦理是客观的、他律的，道德是主观的、自律的。中华文化强调伦理道德的重要性。如明清时期以雄厚资本居于全国十大商帮之首的晋商，他们的伦理就深受儒家文化的影响，晋商由于受到儒家的义利观、敬业观和仁和观的影响，在伦理道德上以晋商精神赢得世人的尊重。中国如今是市场经济体制，市场经济是基于社会需要和生产能力的一种平衡，在市场经济体制下的企业对于利润、收益的追求是必然的，而对于伦理道德的要求存在不同程度的忽视。资本主义国家对于资产阶级的重视，使得企业对于金钱的追求冲击着伦理道德的底线。然而，对于正在超越追赶、正在实施引领性创新的中国企业来说，伦理道德应该是生命线。企业伦理道德与社会责任常常会

放在一起进行探讨,然而企业伦理道德与社会责任发挥的作用是不一样的。企业伦理道德应该是生命线,市场对企业违背道德的容忍度应该为零;而社会责任则应该是企业目标,放在与经济利益同等的位置上。

表 8.2 总结了引领性创新企业的文化内核。

表 8.2 引领性创新企业的文化内核

企业文化的结构	现存问题	解决方案	具体构念	案例证据
企业使命	短期主义思维:机会主义、速成主义及犹豫主义	长期主义	以用户为中心	中华优秀传统文化:鲁商的"德为本、义为先、义致利"的商业思想,徽商的"勤俭、奉献"的商业精神等;阿里巴巴:坚持"客户第一"。以互联网技术发展电商,迎合了用户已经拥有的数字习惯;海尔集团:始终坚持"人的价值第一"的发展主线,并且始终以用户需求为中心进行发展。卡奥斯(COSMOplat)的建立,代表中国自主知识产权智能制造的最高水平,也重新定义了以用户为中心的智能制造模式
企业愿景	单一的竞争逻辑	整体观	价值共创	中国中车:中车集团在发展的初期,技术水平低于供应链中的其他企业,于是利用关系型交易以较低的成本获得信息、技术、资源等;在发展的后期,中车集团的发展已经远远超过其他企业,倒逼其他企业进行创新发展
		人民性	家国情怀	格力电器:让世界爱上中国造。不断进行市场上同行产品的检验,成为推动市场活力的鲶鱼
	高投入、高污染、高排放、低产出的粗放发展模式	宇宙观	环境友好型、资源节约型工程	方大炭素:秉持"绿水青山就是金山银山"的绿色发展理念,着力打造"资源节约型、环境友好型"企业,环保工作上打造"花园式工厂",从水、气、声、渣等 4 个方面入手对污染物全面排查,最终确定了 34 个环保技改项目。随着环保绩效和环境面貌的提高,方大炭素先后取得了 CNAS 实验室认可证书,以及 ISO9001 质量体系、ISO14001 环境体系和 OHSAS18001 职业健康安全管理体系认证证书,通过提升环保绩效和环境面貌助力企业可持续发展

（续表）

企业文化的结构	现存问题	解决方案	具体构念	案例证据
企业家精神与领导风格	官本位思维带来的等级观念	兄长式领导模式	平等观念下的领导与管理	海尔集团：人单合一使得企业平台化。企业平台化指的是企业从传统的科层制组织变为共创共赢的平台，向着资源运筹与人才整合的平台转型，不再强调集中式的中心管控，而是平台化的资源配置与专业服务组织。而管理者也从发号施令者变为资源的提供者和员工的服务者
企业价值观	制造业大而不强、个人主义（拜金主义、享乐主义）盛行	蚂蚁精神	工匠精神打造集体主义团队	中华优秀传统文化：商帮是以乡土亲缘为纽带建立的团队； 蚂蚁集团：曾用名"蚂蚁金服"，名称的由来为蚂蚁精神； 华为：华为最重要的基础是质量，所以华为会为了解决一个在跌落环境下致损概率仅为1/3000的手机摄像头的缺陷，投入数百万人民币进行不断测试以解决问题；会为了解决热销手机中的小缺陷而关停生产线，不惜影响数十万台手机的发货时间，也要保证手机的质量
底线与红线	法律意识淡薄、食品安全问题等频频出现	法律和伦理道德	法律是社会底线；道德是生命红线	"大头娃娃"事件、长生疫苗事件

第五节　总结

本章旨在剖析引领性创新企业文化的内核和结构。根据现有企业文化的理论基础及企业文化的典型实践（以西欧国家、美国、日本为主），得出中国实施引领性创新的企业一方面要学习西方先进企业文化，另一方面要在充分吸收借鉴中华优秀传统文化的基础上，积极探索中国企业引领性创新文化的全新内涵。中国企业必须充分吸收和利用西方成熟与优秀的企业管理、组织与文化体系，又必须将其融汇于本国特殊的物质、经济与文化环境中，才能形成自身独特的文化软实力。以中华优秀传统文化（朴素人本、法治思想、变革创新、商帮文化）为引领性创新企业文化的内核，将变革创新融入引领性创新范式中，针对企业文化实践困境，按照企业使命、企业愿景、企业家精神与领导风格、企业价值观及底线与红线的结构，提出引领性创新企业文化的内容。

创新引领作为一种新的创新范式，不同于传统全面创新，开始重视创新外部性，鼓励越来越多的企业超越自身谋求可持续的竞争优势，寻找更广泛意义上的企业价值。因此，实施引领性创新的企业要重视内部与外部的交互，以用户为中心的企业使命是对用户价值的重视，价值共创是与利益相关者的交互，家国情怀表明企业与社会、国家同舟共济，打造环境友好型、资源节约型工程的企业愿景强调企业与生态环境的交互、兄长式领导模式及具备蚂蚁精神的企业价值观是对以上交互层次的实现方式。中国企业要以法律为社会底线，以伦理道德为生命红线。

第九章 研究总结

第一节 研究结论

作为长期、持续、高投入研发形成的独特技术体系，关键核心技术是国家发展的核心驱动力，更是中国经济高质量增长、国家安全保障的关键支撑。它不仅建立了并维持着产业的竞争优势，更在复杂多变的国际环境中，为中国产业链、创新链、价值链向中高端迈进提供了坚实阶梯。随着科学技术的迅猛发展与创新成为现代国家发展的内生动力，关键核心技术的突破显得尤为关键。它代表着国家在高科技领域的竞争力和综合实力，是应对外部技术封锁、保障国家安全的重要武器。同时，这一突破还能促进产业升级转型，推动经济向高质量发展，最终造福广大人民群众。因此，关键核心技术突破对于国家长远发展具有举足轻重的意义，中国必须高度重视并持续投入研发，以确保国家在全球科技竞争中立于不败之地。

为了进一步探究关键核心技术突破路径，笔者引用了习近平总书记在中国科学院第十九次院士大会、中国工程院第十四次院士大会上的重要讲话内容。习近平总书记强调了"四个自信"的重要性，并指出要以关键共性技术、前沿引领技术、现代工程技术、颠覆性技术创新为突破口，勇于探索新领域，努力实现关键核心技术的自主可控，确保国家和企业在创新和发展上的主动权。基于这一重要阐述，笔者认为关键核心技术主要分布在关键共性技术、前沿技术、工程技术和技术创新这四类典型领域中。然而，并非所有技术都属于关键核心技术，只有那些关键共性技术中的关键技术、前沿技术中的引领技术、工程技术中的现代技术、技术创新中的颠覆性技术，才是中国企业迫切需要突破的重点。为区分这4类关键核心技术的典型特征，笔者提出了技术轨道、技术趋势、技术位势和技术扩散性这4个核心变量作为重要情境进行刻画，这些变量有助于我们更深入地理解不同关键核心技术突破的路径和方式。此外，本研究创造性地提出了创新引领新范式作为理论基础，这一范式充分吸收了二次创新、组合创新和全面创新的理论精髓，并根植于中国企业发展的实际路径和面临的现实困境。通过这一范式，可以更好地指导中国企业在关键核心技术上的突破和创新。

创新引领范式与之前主流的战略管理范式最大的不同之处在于从创新驱动向创新引领的转变。具体来说，创新驱动聚焦于将创新作为除土地、资金、劳动力之外的核心价值创造要素，通过管理者的资源调配、创意设计、流程优化和研发等活动，提升企业的全要素生产率。而创新引领则在此基础上进一步提升了创新的重要性，将其置于企业管理的核心位置。因此，创新驱动与创新引领既有区别也有联系，本研究重点阐述了创新驱动与创新引领的区别，主要体现在以下几个方面。①两者发展的底层逻辑不同。创新驱动主要基于经济逻辑，追求效率最大化；而创新引领则更多基于创新逻辑，不仅考虑经济性，还强调创新的外部性和更广泛的社会价值。②两者发展的文化基础不同。创新驱动的文化基础是企业价值或企业绩效，关注如何最大化企业利益；而创新引领的文化基础是底线思维和科技安全，强调从产业和国家视角出发，追求创新的更广泛意义。③两者的重点不同。创新驱动将创新视为实现企业战略的工具和手段，其工具性突出而价值性相对不足；而创新引领则将创新提升至战略先导的位置，强调在平衡企业自身利益与外部公共利益的基础上，通过创新实现企业战略，主张创新的工具性和价值性相统一。

作为一种秉持创新价值导向的、通过积极的创新行为构建企业在行业内长期竞争优势的可持续发展机制，创新引领范式对企业核心能力提升起到根本性的推动作用。具体来说，创新引领范式包括两方面核心要素（或两个模型）。一是引领性创新的认知模型。从创新引领企业的创新规划实践看，以价值实现、社会责任为追求是领先企业创新规划的底层逻辑。如百年名企杜邦，始终将创新与人类幸福生活联系在一起，摒弃对人类社会有害的创新，实现了从火药到材料再到医药生物的技术创新路径。此外，长期主义、开放共享、价值共创是引领性创新的三大遵循。当前时代背景下，企业只有秉持长期主义创新观，识别并坚持对未来发展具有深远影响的重大创新，才能实现引领性创新。同时，开放共享、价值共创的创新理念有利于企业开放边界，打造外部创新生态，增加可能的创新机会，介入多领域、多层次的知识，孕育颠覆性创新。如华为的开发者联盟、意大利国家电力的 Enel X 创新生态系统等，将企业转型为连接高校、科研机构、技术中介等多种创新主体的开放创新平台。在开放的创新生态中,更好地探索对人类未来发展有意义的创新趋势,实现引领性创新。二是引领性创新的机制模型。引领性创新是一个跨层次(企业层、行业层、国家层)的系统性创新模型,主要体现在以下几方面。①企业层微观机制是引领性创新范式得以实现的根本。其中,引领性创新观的渗透是企业微观机制形成的关键。引领性创新观决定了企业的创新实现路径,从而影响着行业创新模式。②行业中观创新生态是引领性创新范式的重要支撑,也是国家层与企业层之间的重要联结。企业创新行为通过行业中观生态反馈到国家政策层,而国家政策通过影响行业治理作用于企业创新。良性竞争、互利共生的行业中观生态能够促进引领性创新范式的形成。③国家层宏观政策是对引领性创新范式的顶层设计。通过创新治理、制度规范等手段保障了企业实现引领性创新的外部情境。在个体、行业、国家三个层次的不断反馈互动中,引领性创新范式逐渐形成,各层次的核心机制构成了引领性创新的机制模型。

基于上述前期理论准备工作,笔者将前沿引领技术、关键共性技术、颠覆性技术、现代工程技术创新作为技术研究情境,深入探讨了引领性创新在不同类型技术突破中的重要作用机制,刻画了突破不同技术的关键路径,拓展了创新引领的现实意义,为创新混沌状态的企业或国家破局提供了更多可能。以下是本书得出的主要研究结论。

首先是前沿引领技术方面。本书选择华为作为创新引领前沿技术突破的典型案例企业,研究发现创新引领前沿技术突破的机制主要有激发创新引领的创始人印记使能机制、以创新引领为内核的创新文化嵌入机制、支持创新引领的战略协同机制,以及保障创新引领的科技安全治理机制。其中,创始人印记使能机制强调了管理者在技术创新过程中的能动性角色,主导了企业前沿引领技术突破的路径选择;以创新引领为内核的创新文化嵌入机制包含创新引领为内核的文化建构和文化嵌入两阶段组织行为;支持创新引领的战略协同机制包括全要素动态整合机制、组织结构生态化机制;科技安全治理机制是创新引领前沿引领技术突破的"压舱石",确保技术体系和产品体系的可控性。

其次是关键共性技术方面。选择方大炭素与青山控股作为创新引领关键共性技术突破的典型案例企业,总结出创新引领关键共性技术的机制主要包括资源编排模式演进机制、以创新引领为核心的创新认知与战略重构机制、以知识积累为核心的自主创新机制和以社会责任为核心的文化驱动机制。其中,资源编排模式演进机制包括追赶起步阶段的"获取式构建、稳定式捆绑、调用式撬动"的资源编排模式、追赶加速阶段的"积累式构建、丰富式捆绑、协调式撬动"的资源编排模式和追赶超越阶段的"积累式构建、开拓式捆绑、部署式撬动"的资源编排模式；以创新引领为核心的创新认知与战略重构机制建立高管的创新认知、动态更新和优化组织惯例、重构员工的创新认知；以知识积累为核心的自主创新机制注重外部知识的搜寻与获取、内部知识的转化与重组；以社会责任为核心的文化驱动机制可以驱动企业做出社会利益和企业利益双元平衡的技术创新部署，例如，青山控股面向"碳达峰""碳中和"的精细化工艺展开部署，积极承担笔尖钢先进工艺开发，形成关键共性技术突破的动态能力。

再次是颠覆性技术方面。选择美的集团作为创新引领颠覆性技术突破的典型案例企业，对案例进行深入挖掘，总结出创新引领颠覆性技术突破的机制主要包括战略认知与重构机制、技术创新能力积累机制、数字化能力构建机制、用户导向的创新机制和基于开放式创新的资源协同机制。其中战略认知与重构机制认为企业要想在创新引领下实现颠覆性技术的成功突破，需要在战略上高度重视创新，充分认识数字化转型的重要性，并积极拥抱新技术范式，从而不断提升自身的竞争力和市场地位；技术创新能力积累机制是企业竞争力的重要来源之一，通过不断的技术积累和再创新，企业可以不断提高自身的原创技术水平和颠覆性创新能力；数字化能力构建机制在技术创新能力和数字化能力的支撑下，通过机会识别、产品规划、技术突破和迭代颠覆促进了高端颠覆性创新的实现；用户导向的创新机制是指企业以用户需求和反馈为基础，通过开展用户调研、建立用户反馈机制、研究用户体验等手段，将用户的需求融入产品设计和创新过程中，实现产品创新和优化的方法；基于开放式创新的资源协同机制有助于激发企业内部的创新活力，促进企业与外部创新者之间的知识共享和技术交流，为企业带来新的创新思路和方案，对推动颠覆性技术高效转化是非常重要的。

最后是现代工程技术方面。选择中国石油作为创新引领突破现代工程技术的典型案例，通过扎根于案例材料，发现现代工程技术突破的中心式技术创新决策机制、差序式技术创新组织机制、长尾式技术创新攻关机制。首先，中心式技术创新决策机制提供了工程技术创新的最优路径，搭建了科学的技术架构体系，保障了技术方向的正确性；自上而下统筹管理的资源配置模式有利于资源的最优配置路径；信息和成果的有效共享是中心式技术创新决策的重要目标，是"创新引领"逻辑下提升组织创新活跃度、创新潜力，从而突破现代工程技术的关键路径。其次，差序式技术创新组织机制提供了工程技术突破的知识基础。在明确了技术开发架构和分支方向后，还需要从知识创造到知识经济化全过程的知识基础机构来保障研发的顺利进行。从企业案例看，中国石油以差序式技术创新组织机制打造了工程技术突破的技术体系，全方位、多层次保障了工程技术创新所需的复杂知识基础。最后，长尾式技术创新攻关机制提供了工程技术突破的制度保障。中心式创新决策机制为工程技术明确了基本路径，差序式研发组织机制为工程技术突破提供了知识基础。但是，工程技术的突破是一场"持久战"，需要通过明确的制度来保证创新的韧性和持续性。

另外，重点对创新引领关键核心技术突破的差异性机制和共性机制进行了细致分析。首先，笔者对关键核心技术突破的企业进行了现状调查，梳理后总结了现有企业创新活动的特征和存在的不足之处；其次，选取创新战略、创新组织模式、创新合作网络和创新资源投入这 4 个指标来评测关键核心技术突破，通过采访 20 余家企业，得到了严谨准确的数据；最后通过对数据进行差异性分析，认为关键共性技术、前沿引领技术、颠覆性技术和现代工程技术在创新战略、创新组织模式、创新合作网络、创新资源投入等 4 个维度上存在异同。

（1）在创新战略方面，关键共性技术侧重于实施利用式创新战略，将战略与组织模式相融合，以强化创新合作网络的关系广度；前沿引领技术则深度融合了探索式创新与利用式创新两种战略范式；颠覆性技术在创新战略领域实现的是探索式创新与利用式创新的融合，推动了企业的创新进程；现代工程技术则显著倾向于利用式创新，侧重于在既有技术体系基础上进行精细化、高效化的改造与升级，通过持续优化既有技术路径，实现产品性能的提升与市场占有率的扩大。

（2）在创新组织模式方面，关键共性技术多构建集权型的创新组织模式；前沿引领技术则侧重于借助分权型组织模式实现技术的突破性进展；而颠覆性技术推动了企业向分权型组织模式的转变，能够更快速地响应市场变化，激发组织的创新活力；现代工程技术与关键共性技术一样，多倾向于采用集权型组织结构，主张通过集中调配资源、统一决策指挥，以确保创新活动的系统性与高效性。

（3）在创新合作网络方面，关键共性技术的研发离不开企业跨越组织边界，与高校、研究机构等外部实体建立广泛的合作关系；前沿引领技术同样重视创新合作网络关系广度的建设，通过构建与不同领域、不同行业合作伙伴的广泛联系与合作，能够汇聚更多创新资源与信息；与之不同的是，颠覆性技术和现代工程技术强调关系强度的建设，通过构建稳固的合作关系，强化与创新伙伴之间的合作与交流，实现资源共享、知识传递与风险共担，进而提升整个创新网络的竞争力。

（4）在创新资源投入方面，关键共性技术和前沿引领技术对于创新资源的投入主要聚焦于内部研发和技术购买，合作研发则相对不足，这在一定程度上限制了共性技术的创新速度与深度；而对于颠覆性技术企业而言，不仅要加大内部研发的投入力度，进行自主创新，还需要通过技术购买、合作研发等方式，获取外部的创新资源，形成内外结合的多元化创新资源投入体系；现代工程技术则是侧重于进行技术购买与合作研发，对于自主研发的资源投入相对较少。

可以看到，关键共性技术、前沿引领技术、颠覆性技术和现代工程技术在创新战略、创新组织模式、创新合作网络和创新资源投入上各有侧重和特点。因此在制定创新战略时，需要充分考虑不同技术的特性和需求，选择合适的组织模式和合作网络，并合理配置创新资源，以实现技术创新的最大效益。

同时，不能忽视创新引领关键核心技术突破的共性机制。一是布局高瞻远瞩的创新战略，四类创新技术均遵从了"使命—逻辑—行动"三位一体的创新指南。二是建设二元协同的研发组织结构，对于创新引领关键核心技术突破过程中的企业而言，也要平衡好探索性创新与利用性创新两者之间的关系。三是高强度的创新资源投入，要想实现关键核心技术突破，离不开持续的高强度创新资源投入，从而实现高压强原理下的突破性创新，帮助企业获得异质性新知识、发明异质性新技术、开拓新市场、收获高创新绩效。四是形成价值共创的创新生态系统，强大的知识触达能力和成员协调能力是创新生态系统得以保持强大竞争力的核心能力。五是建立全面创新的创新制度，这种全面性能够确保创新活动的广泛性和深入性，也注重了创新范围的全时空性和创新联系的协同性。六是建设鼓励冒险、宽容失败的创新文化，这种创新文化所营造的组织氛围能够极大地提高员工对于创新意向和行为的积极态度，降低创新不确定性所带来的社会压力，是创新引领关键核心技术突破过程急需的创新文化。七是形成科学的创新管理系统，除了传统的质量管理和项目管理，新一代的创新型企业还要注重知识管理和创新管理，进一步优化资源配置，加速创新引领关键核心技术突破的进程。不可否认的是，不论是创新引领关键核心技术的差异性机制还是共性机制，制度的底层始终是文化，创新引领文化也始终是支撑这些创新引领机制（制度）的核心所在。只有以创新引领为核心的创新文化嵌入机制充分发挥了作用，创新的各项制度方可稳步推进，才能促进组织"自运行"地持续提升创新能力，推动关键核心技术持续突破，助力中国企业实现高质量发展。

此外，本书还探究了创新引领机制和创新引领文化的深层关系。研究指出，在推动关键核心技术突破的过程中，创新引领文化发挥着至关重要的作用。它不仅为技术突破提供了明确的思想指导，还通过促进组织模式的创新、构建广泛的合作网络、推动资源的深度投入等方式，为技术创新提供了源源不断的内在动力。实质上，创新引领文化是突破机制的根本所在，它渗透在机制运行的每一个环节中，驱动着机制的高效运转。同时，机制的运行也反过来促进了创新引领文化的进一步发展和完善，两者相互促进、共同发展。因此，积极培育和优化创新引领文化，对于推动关键核心技术突破、提升企业乃至国家的核心竞争力，具有深远而重要的意义。对此，笔者提出了以下创新引领文化的建设路径：①以用户为中心的长期主义；②价值共创的整体观；③家国情怀的人民性；④环境友好型、资源节约型工程的宇宙观；⑤兄长式领导模式的平等观念；⑥工匠精神打造集体主义团队的蚂蚁精神；⑦法律和伦理道德的社会底线和生命红线。

通过提出这些创新引领文化的建设路径，笔者希望可以帮助企业促进创新文化的培育和发展，将其融入企业的战略规划和日常运营中，使其成为推动企业持续进步和保持竞争力的不竭动力。

综上所述，本书明确了关键核心技术突破对于中国发展的重要意义，基于国家发展的需求，进一步地划分了关键核心技术的类型，并创造性地提出了创新引领范式，为后续研究提供了理论基础。基于此，本书将关键核心技术划分为前沿引领技术、关键共性技术、颠覆性技术、现代工程技术等4类技术类型，通过不同案例分别刻画了创新引领技术突破的路径和机制。同时，对关键核心技术突破路径进行了实证分析，发掘了创新引领关键核心技术突破的差异性机制和共性机制。此外，还提出创新引领文化对创新引领突破机制的重要性，并提出了关于创新引领文化建设的多条路径，为中国企业突破关键核心技术提供了有益帮助。

第二节 研究不足之处与展望

尽管本书研究了多家中国一流企业突破关键核心技术的路径，分析了不同技术类型的突破路径机制，但是仍存在不足和欠缺。

（1）虽然将关键核心技术分成了前沿引领技术、关键共性技术、颠覆性技术、现代工程技术等4类，进一步细分了关键核心技术，但是除了关键共性技术外其他技术类型仅选取了一家企业，缺乏同技术类型企业间的相互对比，研究结论存在特殊性，缺乏普适性。

（2）关键共性技术的研究虽然选用了两家企业进行研究分析，有效地提高了研究结论的可靠性，但是在选择案例时没有控制案例企业的企业规模、企业性质、地域分布、产业领域等基本信息，导致研究得出的两条关键共性技术突破路径间存在异质性，不能通过对两个案例进行两两对比印证，提出高度适合关键共性技术突破的路径机制。

（3）本书基于扎根理论，选取多家企业进行了关键核心技术突破路径的案例研究，关于关键核心技术突破路径的定量研究则比较缺乏。仅有一章对这4类技术在创新战略、创新组织模式、创新合作网络、创新资源投入等方面存在的差异性进行了实证分析，梳理出4类技术突破路径的差异性，但是没有进一步对关键核心技术突破路径进行定量分析。

未来，笔者将从定性和定量两方面持续展开关键核心技术突破路径研究。其中，在定性研究方面，笔者将持续跟进相关企业，在之后的研究中采用多案例的研究方法分别对4类技术展开研究，严格控制案例企业的企业信息变量，以此来增加研究结论的普适性和可靠性；在定量研究方面，现有研究关于关键核心技术突破路径的定量研究相对匮乏，基于此笔者将从理论层面展开研究，开发关键核心技术突破的量表，并试图通过采用客观数据进行分析，来刻画关键核心技术突破的路径与机制，为中国企业实现关键核心技术突破提供有益帮助。

参考文献

[1] 安同良. 中国企业技术能力的高度化发展：技术创造[J]. 科技进步与对策，2006(2)：17-20.

[2] 北京日报. 提升财政资金支持的技术成果转化率——关于科技创新培育产业竞争新优势的思考[EB/OL]. 2019-04-08，http://www.cssn.cn/zx.

[3] 毕克新，黄平，李婉红. 产品创新与工艺创新知识流耦合影响因素研究——基于制造业企业的实证分析[J]. 科研管理，2012，33(8)：16-24.

[4] 毕晓方，邢晓辉，姜宝强. 客户型文化促进了企业创新吗？——来自中国制造业上市公司的经验证据[J]. 会计研究，2020(2)：166-178.

[5] 蔡莉，等. 数字技术对创业活动影响研究回顾与展望[J]. 科学学研究，2019，37(10)：1816-1824.

[6] 曹桂斌. 新能源工程建设质量管理策略研究——以青豫直流二期光伏光热项目为例[J]. 光源与照明，2022(10)：101-103.

[7] 曹晓阳. 关于颠覆性技术概念的观点荟萃[EB/OL]. 2021-06-16.

[8] 曹勇，苏凤娇，赵莉. 技术创新资源投入与产出绩效的关联性研究——基于电子与通讯设备制造行业的面板数据分析[J]. 科学学与科学技术管理，2010，31(12)：29-35.

[9] 岑杰，陈盈，周祎娜. 新兴企业如何构建技术空间？技术能力组合的作用[J]. 科研管理，2021，42(6)：84-93.

[10] 曾春影，茅宁，易志高. CEO 的知青经历与企业并购溢价——基于烙印理论的实证研究[J]. 外国经济与管理，2019，41(11)：3-14.

[11] 曾德麟，欧阳桃花. 复杂产品后发技术追赶的主供模式案例研究[J]. 科研管理，2021，42(11)：25-33.

[12] 曾德明，孙佳，戴海闻. 技术多元化、技术距离与企业二元式创新：以中国汽车产业为例[J]. 科技进步与对策，2015，32(17)：61-67.

[13] 曾宪聚，陈霖，严江兵，杨海滨. 高管从军经历对并购溢价的影响：烙印——环境匹配的视角[J]. 外国经济与管理，2020，42(9)：94-106.

[14] 曾宪奎. 关键核心技术攻关新型举国体制研究[J]. 湖北社会科学，2020(3)：26-33.

[15] 曾宪奎. 高质量发展背景下我国国有企业创建世界一流企业问题研究[J]. 宁夏社会科学，2020(1)：81-88.

[16] 曾孝平，颜芳，曾浩. 新时期电子信息类工程人才培养模式探索与实践[J]. 中国大学教学，2023(Z1)：11-18.

[17] 常建华，张秀再. 基于 OBE 理念的实践教学体系构建与实践——以电子信息工程专业为例[J]. 中国大学教学，2021(Z1)：87-92+111.

[18] 常青青，刘海兵. 世界一流企业的科技创新管理机制——基于德国西门子公司的

案例研究[J]. 中国科技论坛，2022(4)：47-57.
[19] 陈朝月，许治. 政府 R&D 资助政策对企业共性技术项目决策的影响探究[J]. 管理评论，2019，31(9)：70-80.
[20] 陈春花. 传统企业数字化转型能力体系构建研究[J]. 人民论坛·学术前沿，2019(18)：6-12.
[21] 陈春花，马胜辉. 中国本土管理研究路径探索——基于实践理论的视角[J]. 管理世界，2017(11)：158-169.
[22] 陈春花，尹俊. 组织文化研究的演化路径、知识图谱及研究展望[J]. 外国经济与管理，2009，41(11)：70-85.
[23] 陈芳芳. 高新技术企业价值评估探析[J]. 财会通讯，2011(5)：81-82.
[24] 陈凤，戴博研，余江. 从追赶到后追赶：中国领军企业关键核心技术突破的目标迁移与组织惯性应对研究[J]. 科学学与科学技术管理，2023，44(1)：163-182.
[25] 陈光. 科技"新冷战"下我国关键核心技术突破路径[J]. 创新科技，2020，20(5)：1-6.
[26] 陈国权，陈科宇. 基于时空理论的团队最优区分管理框架研究[J/OL].
[27] 陈宏权，曾赛星，苏权科. 重大工程全景式创新管理——以港珠澳大桥工程为例[J]. 管理世界，2020，36(12)：212-227.
[28] 陈劲，阳镇，尹西明. 双循环新发展格局下的中国科技创新战略[J]. 当代经济科学，2021，43(1)：1-9.
[29] 陈劲，尹西明，梅亮. 整合式创新：基于东方智慧的新兴创新范式[J]. 技术经济，2017(12)：1-10+29.
[30] 陈劲，尹西明. 范式跃迁视角下第四代管理学的兴起、特征与使命[J]. 管理学报，2019，16(1)：1-8.
[31] 陈劲，桂彬旺，陈钰芬. 基于模块化开发的复杂产品系统创新案例研究[J]. 科研管理，2006(6)：1-8.
[32] 陈劲，郭彬，杨伟. 世界一流企业的科技创新管理体系[J]. 企业管理，2021(6)：112-115.
[33] 陈劲，景劲松，童亮. 复杂产品系统创新项目风险因素实证研究[J]. 研究与发展管理，2005(6)：62-69+95.
[34] 陈劲，李佳雪. 一流创新企业成长路径[J]. 企业管理，2020(4)：113-116.
[35] 陈劲，刘海兵，杨磊. 科技创新与经济高质量发展：作用机理与路径重构[J]. 广西财经学院学报，2020(3)：28-42.
[36] 陈劲，刘海兵. 争创世界一流创新企业的中国之路[J]. 创新管理学报，2024(1)：1-12.
[37] 陈劲，刘海兵. 打造世界一流创新企业[M]. 北京：企业管理出版社，2022.
[38] 陈劲，曲冠楠，王璐瑶. 有意义的创新：源起、内涵辨析与启示[J]. 科学学研究，2019(11)：2054-2063.
[39] 陈劲，曲冠楠. 有意义的创新：引领新时代哲学与人文精神复兴的创新范式[J]. 技术经济，2018，37(7)：1-9.
[40] 陈劲，宋建元，葛朝阳，朱学彦. 试论基础研究及其原始性创新[J]. 科学学研究，2004(3)：317-321.
[41] 陈劲，阳镇，尹西明. 双循环新发展格局下的中国科技创新战略[J]. 当代经济科学，2021，43(1)：1-9.

[42] 陈劲, 阳镇, 朱子钦. "十四五"时期"卡脖子"技术的破解: 识别框架、战略转向与突破路径[J]. 改革, 2020(12): 5-15.

[43] 陈劲, 阳镇. 融通创新视角下关键核心技术的突破: 理论框架与实现路径[J]. 社会科学, 2021(5): 58-69.

[44] 陈劲, 杨硕, 朱子钦. 面向国家战略科技力量的高校创新体系建设研究[J]. 科教发展研究, 2022, 2(1): 70-93.

[45] 陈劲, 尹西明, 梅亮. 整合式创新: 基于东方智慧的新兴创新范式[J]. 技术经济, 2017(12): 1-10+29.

[46] 陈劲, 朱子钦, 梅亮. 意义导向的科技创新管理模式探究[J]. 科学学与科学技术管理, 2019, 40(12): 3-18.

[47] 陈劲, 朱子钦. 关键核心技术"卡脖子"问题突破路径研究[J]. 创新科技, 2020(7): 1-8.

[48] 陈劲. 从技术引进到自主创新的学习模式[J]. 科研管理, 1994(2): 32-34+31.

[49] 陈劲. 引领性创新: 突破关键核心技术的重要范式——评《引领性创新: 一种创新管理新范式》系列研究成果[J]. 创新科技, 2022, 22(2): 93.

[50] 陈景彪. 我国科技创新人才体制机制的改革与完善[J]. 行政管理改革, 2022(9): 53-61.

[51] 陈静, 宫黎明. 机器视觉在军事领域的应用现状及发展趋势[J]. 遥测遥控, 2022, 43(6): 124-135.

[52] 陈静, 唐五湘. 共性技术的特性和失灵现象分析[J]. 科学学与科学技术管理, 2007(12): 5-8.

[53] 陈娟. 颠覆性技术的产生和作用机制[J]. 企业导报, 2011(9): 287.

[54] 陈俊龙, 史佳岩, 孙小敏. 企业数字化对关键核心技术创新的影响——基于1999—2021年集成电路产业专利数据的实证研究[J]. 工业技术经济, 2024, 43(1): 82-92.

[55] 陈力田, 赵晓庆, 魏致善. 企业创新能力的内涵及其演变: 一个系统化的文献综述[J]. 科技进步与对策, 2012, 14(29): 154-160.

[56] 陈力田. 企业技术创新能力演化研究述评与展望: 共演和协同视角的整合[J]. 管理评论, 2014, 26(11): 76-87.

[57] 陈暮紫, 秦玉莹, 李楠. 跨区域知识流动和创新合作网络动态演化分析[J]. 科学学研究, 2019, 37(12): 2252-2264.

[58] 陈伟, 付振通. 复杂产品系统创新中知识获取关键影响因素研究[J]. 情报理论与实践, 2013, 36(3): 62-67.

[59] 陈伟, 林超然, 孔令凯, 等. 基于专利文献挖掘的关键共性技术识别研究[J]. 情报理论与实践, 2020, 43(2): 92-99.

[60] 陈晓东, 刘洋, 周柯. 数字经济提升我国产业链韧性的路径研究[J]. 经济体制改革, 2022(1): 95-102.

[61] 陈晓红, 唐湘博, 李大元, 等. 构建新时代两型工程管理理论与实践体系[J]. 管理世界, 2020, 36(5): 189-203+18.

[62] 陈晓红, 徐戈, 冯项楠, 等. 公众对于"两型社会"建设的态度—意愿—行为分析[J]. 管理世界, 2016(12): 90-101.

[63] 陈晓楠, 胡建敏, 陈爱玲. 人工智能领域"民转军"案例研究与可行性分析——基于军民融合视角[J]. 理论观察, 2020(12): 77-80.

[64] 陈旭, 江瑶, 熊焰, 张凌恺. 关键核心技术"卡脖子"问题的识别及应用: 以AI

芯片为例[J]. 中国科技论坛, 2023(9)：17-27.
[65] 陈彦斌, 刘哲希. 中国企业创新能力不足的核心原因与解决思路[J]. 学习与探索, 2017(10)：115-124+176.
[66] 陈云腾, 陈卓. 基于中台架构的国有交通投资集团数字化转型研究[J]. 科学决策, 2023(1)：78-103.
[67] 陈贞才, 任家华. 企业理论新视点：中小企业及其网络研究[J]. 西南民族大学学报(人文社科).
[68] 成琼文, 郭波武, 张延平, 赵晓鸽. 后发企业智能制造技术标准竞争的动态过程机制——基于三一重工的纵向案例研究[J]. 管理世界, 2023, 39(4)：119-139+191+140.
[69] 程博, 熊婷, 潘飞. 信任文化、薪酬差距与公司创新[J]. 科研管理, 2020, 41(2)：239-247.
[70] 程全中, 谭博仁, 王勇, 齐涛. 机器学习在化学工程中应用研究的若干进展[J]. 化学工程, 2022, 50(9)：23-29.
[71] 程永波, 宋露露, 陈洪转, 朱明旭, 杨秋. 复杂产品多主体协同创新最优资源整合策略[J]. 系统工程理论与实践, 2016, 36(11)：2867-2878.
[72] 代海燕. 环境工程中的项目管理策略探讨[J]. 环境工程, 2020, 38(9)：273.
[73] 代明远, 王明江, 肖利伟, 杨文军. 工程机械产品虚拟设计应用综述[J]. 机械设计, 2020, 37(3)：128-134.
[74] 邓燃, 高吉军, 杨青, 贾璐. 节能绿色环保技术在土木工程施工中的应用策略[J]. 建筑科学, 2022, 38(9)：186.
[75] 翟青. 世界一流企业的创新模式研究——德国西门子集团的科技创新体系[J]. 科技管理研究, 2009, 29(8)：468-471.
[76] 丁树全. 制造企业外部知识源搜索策略影响因素研究[D]. 浙江大学, 2007.
[77] 董彬, 吴涛, 姚志刚, 王君, 李建庆, 赵文娟, 刘龙祥, 孙春龙, 宿志伟, 刘滨. 基于虚拟仿真技术的生物工程类综合实验教学改革与实践[J]. 生物工程学报, 2022, 38(4)：1671-1684.
[78] 樊继达. 以新型举国体制优势提升关键核心技术自主创新能力[J]. 中国党政干部论坛, 2020(9)：48-51,
[79] 樊健生, 王琛, 宋凌寒. 土木工程智能计算分析研究进展与应用[J]. 建筑结构学报, 2022, 43(9)：1-22.
[80] 樊霞, 黄妍, 朱桂龙. 产学研合作对共性技术创新的影响效用研究[J]. 科研管理, 2018, 39(1)：34-44.
[81] 樊霞, 吴进. 基于文本分析的我国共性技术创新政策研究[J]. 科学学与科学技术管理, 2014, 35(8)：69-76.
[82] 范旭, 刘伟. 中国光纤产业前沿引领技术自主可控实现之路[J/OL].
[83] 冯轶伦, 郭将. 企业技术合作创新的问题研究[J]. 中国市场, 2020(14)：165-166+175.
[84] 冯远航, 陈涛, 财音青格乐, 张传波, 卢文玉. 新工科背景下生物工程五层次实践教学体系的构建[J]. 生物工程学报, 2020, 36(5)：1012-1016.
[85] 付玉秀, 张洪石. 突破性创新：概念界定与比较[J]. 数量经济技术经济研究, 2004(3)：73-83.
[86] 高传贵. 企业自主创新内生性驱动因素的影响机制与系统构建研究[D]. 山东大学,

2018.
- [87] 高菲,王峥,王立. 新型举国体制的时代内涵、关键特征与实现机理[J]. 中国科技论坛, 2023, 321(1): 1-9.
- [88] 高良谋,马文甲. 开放式创新：内涵、框架与中国情境[J]. 管理世界, 2014(6): 157-169.
- [89] 高巍,毕克新. 制造业企业信息化水平与工艺创新能力互动关系实证研究[J]. 科学学与科学技术管理, 2014, 35(8): 96-103.
- [90] 高旭东. 健全新型举国体制的基本思路与主要措施[J]. 人民论坛·学术前沿, 2023(1): 51-59.
- [91] 龚红,常梦月,董姗. 突破"卡脖子"技术：技术重组与跨界搜索对企业关键核心技术创新的影响[J]. 珞珈管理评论, 2023(5): 24-45.
- [92] 辜胜阻,吴华君,吴沁沁,等. 创新驱动与核心技术突破是高质量发展的基石[J]. 中国软科学, 2018(10): 9-18.
- [93] 顾力刚,谢莉. 商业生态系统中企业共生的实证研究[J]. 中国科技论坛, 2015(2): 85-90.
- [94] 光明网. 产业基础高级化发展迈向高质量[EB/OL]. 2019-08-30, https://m.gmw.cn.
- [95] 郭本海,陆文茜,王涵,乔元东,李文鹉. 基于关键技术链的新能源汽车产业政策分解及政策效力测度[J]. 中国人口·资源与环境, 2019, 29(8): 76-86.
- [96] 郭本海,张笑腾,张济建. 企业参与产业共性技术研发：双重溢出、模型与实证[J]. 科研管理, 2020, 41(11): 75-89.
- [97] 郭斌. 大国制造：中国制造的基因优势与未来变革[M]. 北京：中国友谊出版公司, 2019.
- [98] 郭红领,王尧,马琳瑶,曹思涵,古博韬,黄玥诚,方东平. 土木工程施工安全研究的现状与趋势[J]. 华中科技大学学报(自然科学版), 2022, 50(8): 89-98.
- [99] 郭宏,伦蕊. 新冠疫情下全球产业链重构趋势及中国应对[J]. 中州学刊, 2021(1): 31-38.
- [100] 郭姣. 环境工程中计算机辅助设计的运用探析[J]. 环境工程, 2022, 40(5): 302-303.
- [101] 郭磊,周燕芳,蔡虹. 基于机会窗口的后发国家产业追赶研究——中国智能手机产业的案例[J]. 管理学报, 2016(3): 359-365.
- [102] 郭平. 基于前沿技术距离的企业异质性创新问题研究[D]. 云南大学, 2017.
- [103] 郭艳婷,梅亮. 复杂产品系统追赶：基于"内容—过程—情境"的研究述评[J]. 南开管理评论: 1-25.
- [104] 郭艳婷,郑刚,刘雪锋,于亚. 复杂产品系统后发企业如何实现快速追赶——中集海工纵向案例研究(2008-2021)[J]. 管理世界, 2023, 39(2): 170-186.
- [105] 国家中长期科学和技术发展规划纲要(2006—2020年)[J]. 中华人民共和国国务院公报, 2006(9): 7-37.
- [106] 韩二伟. 基于创始人视角的组织印记、双元学习与创新绩效的关系研究[D]. 西安理工大学, 2019.
- [107] 韩建元,陈强. 美国政府支持共性技术研发的政策演进及启示——理论、制度和实践的不同视角[J]. 中国软科学, 2015(5): 160-172.
- [108] 韩祥宗,杨泽宇. 资源配置导向战略与企业创新：企业国家重点实验室的角色[J].

现代管理科学, 2022 (3): 83-91.

[109] 韩宇, 董超. 关于科技非对称发展战略的理论思考[J]. 人民论坛·学术前沿, 2016(19): 86-91.

[110] 韩元建, 陈强. 对共性技术概念的再认识[J]. 中国科技论坛, 2014(7): 127-132.

[111] 何建洪, 贺昌政. 企业技术能力、创新战略对创新绩效的影响研究[J]. 软科学, 2012, 26(8): 113-117.

[112] 何培育, 杨莉. 数字经济时代企业数据知识产权保护困境与对策探析[J]. 重庆理工大学学报(社会科学), 2023, 37(6): 80-90.

[113] 何清华, 田子丹, 罗岚. 基于扎根理论的中国重大工程复杂性维度模型构建[J]. 中国科技论坛, 2021(8): 126-134.

[114] 洪小娟, 蒋妍. 面向2035年促进科技型中小企业创新能力建设的路径和措施[J]. 中国科技论坛, 2021(6): 9-11.

[115] 洪银兴, 刘爱文. 内生性科技创新引领中国式现代化的理论和实践逻辑[J]. 马克思主义与现实, 2023(2): 12-19.

[116] 洪勇, 苏敬勤. 我国复杂产品系统自主创新研究[J]. 公共管理学报, 2008(1): 76-83+124-125.

[117] 侯珂, 李鑫浩, 阮添舜. 创新生态系统不确定性条件下后发企业何以实现颠覆性创新——基于SOR模型的动态能力中介作用[J]. 科技进步与对策, 1-11.

[118] 侯媛媛, 刘文澜, 刘云. 中国通信产业自主创新体系国际化发展路径和影响机制研究——以华为公司为例[J]. 科技促进发展, 2011(11): 32-40.

[119] 胡登峰, 黄紫微, 冯楠, 等. 关键核心技术突破与国产替代路径及机制: 科大讯飞智能语音技术纵向案例研究[J]. 管理世界, 2022, 38(5): 188-208.

[120] 胡京波, 欧阳桃花, 张凤. 复杂产品创新生态系统互补性管理研究: 以商飞C919为例[J]. 科技进步与对策, 2023, 40(12): 42-53.

[121] 胡凯, 谢芬, 杨滨瑜, 等. 基于专利文本挖掘的产业关键共性技术识别与应用研究[J]. 科技管理研究, 2023, 43(8): 21-31.

[122] 胡璞, 虞沧. 人工智能自动化系统在环境工程中的应用[J]. 环境工程, 2022, 40(8): 244-245.

[123] 胡旭博, 原长弘. 关键核心技术: 概念、特征与突破因素[J]. 科学学研究, 2022, 40(1): 4-11.

[124] 胡在铭. 科技创新投入对区域创新产出的影响分析——以河南省为例[J]. 贵州大学学报(社会科学版), 2016, 34(4): 26-30.

[125] 黄晗, 张金隆, 熊杰. 追赶视角下复杂产品的复杂性及其突破机制[J]. 科学学研究, 2022, 40(11): 2010-2018+2092.

[126] 黄鲁成, 成雨, 吴菲菲, 等. 关于颠覆性技术识别框架的探索[J]. 科学学研究, 2015, 33(5): 654-664.

[127] 黄满盈, 邓晓虹. 高端装备制造业转型升级驱动因素分析[J]. 技术经济与管理研究, 2021(9): 56-61.

[128] 黄曼, 朱桂龙, 刘芳, 等. 基于三螺旋模型的产学研协同创新机制研究: 以潜水设备行业为例[J]. 华南理工大学学报(社会科学版), 2020, 22(1): 72-81.

[129] 黄群慧, 等. 世界一流企业管理——理论与实践[M]. 北京: 经济管理出版社, 2019.

[130] 黄寿峰. 中国式现代化视域中的新型举国体制: 演进、内涵与优化[J]. 人民论坛·学

术前沿, 2023(1): 34-41.

[131] 黄天蔚, 刘海兵, 杨磊, 陈劲. 创新引领产业关键共性技术突破的机制研究——基于方大炭素的案例研究[J]. 科学学与科学技术管理, 2022, 4(8): 99-116.

[132] 贾建锋, 唐贵瑶, 李俊鹏, 等. 高管胜任特征与战略导向的匹配对企业绩效的影响[J]. 管理世界, 2015(2): 120-132.

[133] 江鸿, 吕铁. 政企能力共演化与复杂产品系统集成能力提升——中国高速列车产业技术追赶的纵向案例研究[J]. 管理世界, 2019, 35(5): 106-125+199.

[134] 江鸿, 石云鸣. 共性技术创新的关键障碍及其应对——基于创新链的分析框架[J]. 经济与管理研究, 2019, 40(5): 74-84.

[135] 江娴, 魏凤. 基于专利分析的共性技术识别研究框架[J]. 情报杂志, 2015, 34(12): 79-84.

[136] 姜迪, 李向辉, 徐寅, 李旭东. 基于五维评价模型分析的世界一流企业培育路径研究——以江苏省为例[J]. 现代管理科学, 2022(3): 118-126.

[137] 焦悦, 熊鹂, 翟勇, 叶纪明. 颠覆性技术及其对转基因发展的启示[J]. 农业科技管理, 2016, 35(5): 23-26.

[138] 颉茂华, 王娇, 刘铁鑫. 国企混改提升企业战略绩效路径研究——双元创新理论下的双案例分析[J]. 科研管理, 2022(4): 1-19.

[139] 解学梅, 韩宇航. 本土制造业企业如何在绿色创新中实现"华丽转型"——基于注意力基础观的多案例研究[J]. 北京: 管理世界, 2022, 38(3): 76-106.

[140] 金丹, 杨忠, 花磊, 邵记友. 领军企业复杂产品系统创新的实现机制研究: 基于创新链的视角[J]. 学海, 2021(2): 137-142.

[141] 金珺, 陈赞, 李诗婧. 数字化开放式创新对企业创新绩效的影响研究——以知识场活性为中介[J]. 研究与发展管理, 2020, 32(6): 39-49.

[142] 荆象新, 锁兴文, 耿义峰. 颠覆性技术发展综述及若干启示[J]. 国防科技, 2015, 36(3): 11-13.

[143] 康兴涛, 李扬. 跨区域多层次合作的政府治理模式创新研究——基于政府、企业和社会关系视角[J]. 商业经济研究, 2020(9): 189-192.

[144] 康子冉. 新时期前沿引领技术环节产学研协同创新的障碍与突破机制[J]. 内蒙古: 科学管理研究, 2021, 39(6): 2-7.

[145] 蓝海林, 张明, 宋铁波. "摸着石头过河": 动态与复杂环境下企业战略管理的新诠释[J]. 管理学报, 2019(3): 317-324.

[146] 李百兴, 杨龙溪. 管理者权力与企业数字化转型[J]. 财会月刊, 2023, 44(20): 36-43.

[147] 李冰, 丁堃, 孙晓玲. 企业潜在技术合作伙伴及竞争者预测研究: 以燃料电池技术为例[J]. 情报学报, 2021, 40(10): 1043-1051.

[148] 李波, 杜勇, 邱联昌, 庞梦德, 张伟彬, 刘树红, 李凯, 彭英彪, 周鹏, 郑洲顺, 宋旼, Seifert H. 浅谈集成计算材料工程和材料基因工程: 思想及实践[J]. 中国材料进展, 2018, 37(7): 264-283.

[149] 李东红, 陈昱蓉, 周平录. 破解颠覆性技术创新的跨界网络治理路径——基于百度Apollo自动驾驶开放平台的案例研究[J]. 管理世界, 2021, 37(4): 130-159.

[150] 李宏贵, 曹迎迎. 新创企业的发展阶段、技术逻辑导向与创新行为[J]. 科技管理研究, 2020, 40(24): 127-137.

[151] 李纪珍, 邓衢文. 产业共性技术供给和扩散的多重失灵[J]. 科学学与科学技术管

理，2011，32(7)：5-10.

[152] 李纪珍. 共性技术供给与扩散的模式选择[J]. 科学学与科学技术管理，2011，32(10)：5-12.

[153] 李金华. 中国建设制造强国进程中前沿技术的发展现实与路径[J]. 吉林大学社会科学学报，2019，59(2)：5-19+219.

[154] 李京文，袁页，甘德安. "家文化"与家族企业创新投入的关系研究[J]. 科技管理研究，2017，37(12)：31-36.

[155] 李靖华，毛丽娜，王节祥. 技术知识整合、机会主义与复杂产品创新绩效[J]. 科学学研究，2020，38(11)：2097-2112.

[156] 李俊江，孟勐. 技术前沿、技术追赶与经济赶超——从美国、日本两种典型后发增长模式谈起[J]. 华东经济管理，2017，31(1)：5-12+2.

[157] 李廉水，石喜爱，刘军. 中国制造业40年：智能化进程与展望[J]. 中国软科学，2019(1)：1-9，30.

[158] 李培哲，菅利荣，刘勇. 知识转移视角下复杂产品产学研协同创新管理机制研究[J]. 科技管理研究，2019，39(2)：203-208.

[159] 李珮璘. 中外跨国公司国际竞争力的比较研究[J]. 世界经济研究，2015(4)：104-112+129.

[160] 李泊溪. 世界一流企业发展思考[J]. 经济研究参考，2012(10)：25-37.

[161] 李树文，罗瑾琏，唐慧洁，胡文安，柳乐. 使命驱动科创企业产品突破性创新实现的路径[J]. 北京：科研管理，2023，44(1)：164-172.

[162] 李维维，于贵芳，温珂. 前沿引领技术攻关中的政府角色：学习型创新网络形成与发展的动态视角——美、日半导体产业研发联盟的比较案例分析及对我国的启示[J]. 北京：中国软科学，2021(12)：50-60.

[163] 李显君，孟东晖，刘暐. 核心技术微观机理与突破路径——以中国汽车AMT技术为例[J]. 北京：中国软科学，2018(8)：88-104.

[164] 李显君，熊昱，冯堃. 中国高铁产业核心技术突破路径与机制[J]. 科研管理，2020，41(10)：1-10.

[165] 李晓华，曾昭睿. 前沿技术创新与新兴产业演进规律探析——以人工智能为例[J]. 财经问题研究，2019(12)：30-40.

[166] 李晓松，雷帅，刘天. 基于IRD的前沿技术预测总体思路研究[J]. 情报理论与实践，2020，43(1)：56-60.

[167] 李欣旖，郄海霞. 基于学习进阶的本科项目制教学实践特征与行动逻辑——以得克萨斯大学奥斯汀分校机械工程系为例[J]. 高等工程教育研究，2022(2)：93-99.

[168] 李兴旺，陶克涛，张敬伟，贺妍婧，李炳杰. TMT主导逻辑从抽象概念到"管理工具"解构——一家企业竞争战略的案例研究[J]. 南开管理评论，2022，25(1)：15-28.

[169] 李正卫，李建慧，王飞绒. 企业家情怀的内涵界定与量表开发：理论与实证[J]. 技术经济，2017，36(7)：43-47.

[170] 李政，刘春平，罗晖. 浅析颠覆性技术的内涵与培育——重视颠覆性技术背后的基础科学研究[J]. 全球科技经济瞭望，2016，31(10)：53-61.

[171] 李政，刘涛，敬然. 培育世界一流中国汽车企业：差距、潜力与路径[J]. 经济纵横，2022(3)：59-67.

[172] 列宁，1986. 列宁全集，第三十七卷[M].

[173] 林惠娟, 李朝明. 企业协同知识创新流程研究[J]. 科技管理研究, 2012, 32(3): 131-134.

[174] 林楷奇, 郑俊浩, 陆新征. 数字孪生技术在土木工程中的应用: 综述与展望[J]. 哈尔滨工业大学学报, 2014(1): 1-18.

[175] 林善波. 动态比较优势与复杂产品系统的技术追赶——以我国高铁技术为例[J]. 科技进步与对策, 2011, 28(14): 10-14.

[176] 林祥. 何为中国特色自主创新道路之"特色"[J]. 科学学研究, 2015, 33(6): 801-809, 823.

[177] 林学军, 官玉霞. 以全球创新链提升中国制造业全球价值链分工地位研究[J]. 当代经济管理, 2019(11): 25-32.

[178] 林亚清, 赵曙明. 基于战略柔性与技术能力影响的制度支持与企业绩效关系研究[J]. 管理学报, 2014, 11(1): 46-54.

[179] 林姿葶, 郑伯埙, 周丽芳. 家长式领导之回顾与前瞻: 再一次思考[J]. 管理学季刊, 2017(4): 1-32.

[180] 刘安蓉, 李莉, 曹晓阳, 魏永静, 安向超, 张科, 张建敏, 苗红波. 颠覆性技术概念的战略内涵及政策启示[J]. 中国工程科学, 2018, 20(6): 7-13.

[181] 刘波, 常珏宁, 龙彦召. 基于技术预见视角的共性技术筛选实证研究[J]. 科学学与科学技术管理, 2014, 35(10): 26-34.

[182] 刘春晖, 赵玉林. 创新驱动的航空航天装备制造业空间演化——基于演化计量经济学的实证分析[J]. 宏观经济研究, 2016(5): 87-98 +138.

[183] 刘冬. 数字化与智能化在农业机械工程设计中的应用[J]. 中国农业资源与区划, 2023, 44(7): 48+65.

[184] 刘钒. 构建关键核心技术攻关新型举国体制[N]. 中国社会科学报, 2020-06-16(1).

[185] 刘海兵, 阚玉月, 许庆瑞. 后发复杂产品系统核心技术突破机制——基于中国中车的纵向案例研究(1986—2019年)[J]. 中国科技论坛, 2021(8): 48-58.

[186] 刘海兵, 刘洋, 黄天蔚. 数字技术驱动高端颠覆性创新的过程机理: 探索性案例研究[J]. 管理世界, 2023, 39(7): 63-81+99+82.

[187] 刘海兵, 许庆瑞, 吕佩师. 从驱动到引领: "创新引领"的概念和过程——基于海尔集团的纵向案例研究(1984—2019)[J]. 广西财经学院学报, 2020, 33(1): 127-142.

[188] 周原冰. 怎样才算"国际一流企业"[J]. 企业文明, 2012(3): 101-10-2.

[189] 刘海兵, 许庆瑞. 后发企业战略演进、创新范式与能力演化[J]. 科学学研究, 2018, 36(8): 1442-1454.

[190] 刘海兵, 许庆瑞. 资源活化: 中华老字号创新能力提升的路径——基于山西杏花村汾酒集团的探索性案例研究(1948—2018) [J]. 广西财经学院学报, 2019(3): 87-105.

[191] 刘海兵, 许庆瑞. 引领性创新: 一种创新管理新范式[J]. 中国科技论坛, 2020, 36(9): 40-50.

[192] 刘海兵, 许庆瑞. 引领性创新: 一种创新管理新范式——基于海尔集团洗衣机产业线的案例研究(2013—2020年)[J]. 中国科技论坛, 2020(9): 39-48.

[193] 刘海兵, 许庆瑞. 资源活化: 中华老字号创新能力提升的路径——基于山西杏花村汾酒集团的探索性案例研究(1948—2018)[J]. 广西财经学院学报, 2019, 32(3):

87-105.

[194] 刘海兵,杨磊,许庆瑞. 后发企业技术创新能力路径如何演化?——基于华为公司1987—2018年的纵向案例研究[J]. 北京:科学学研究,2020,38(6):1096-1107.

[195] 刘海兵,杨磊. 后发高新技术企业创新能力演化规律和提升机制[J]. 北京:科研管理,2022,43(11):111-123.

[196] 刘海兵. 创新情境、开放式创新与创新能力动态演化[J]. 科学学研究,2019(9):1680-1693.

[197] 刘合帮. 现代工程技术在建筑工程管理中的应用[J]. 房地产世界,2021(4).

[198] 刘和东,陆雯雯. 政府推动企业突破核心技术的机制及效应研究[J]. 创新科技,2021,21(9):24-35.

[199] 刘红波,张帆,陈志华,王龙轩. 人工智能在土木工程领域的应用研究现状及展望[J]. 土木与环境工程学报(中英文):1-20.

[200] 刘冀徽,田青,吴非. 董事长研发背景与企业数字化转型——来自中国上市企业年报文本大数据识别的经验证据[J]. 技术经济,2022(8):60-69.

[201] 刘建华,孟战,姜照华. 基于投入产出法的新能源核心技术和前沿技术研究[J]. 科技管理研究,2017,37(7):26-33.

[202] 刘敏,张锴,董政,林萌菲. 重大工程团队动态创新能力演化动力模型研究——以港珠澳大桥岛隧项目为例[J]. 管理案例研究与评论,2022,15(3):270-282.

[203] 刘琦岩,曾文,车尧. 面向重点领域科技前沿识别的情报体系构建研究[J]. 情报学报,2020,39(4):345-356.

[204] 刘睿智,胥朝阳. 竞争战略、企业绩效与持续竞争优势——来自中国上市公司的经验证据[J]. 科研管理,2008(6):36-43.

[205] 刘文勇. 颠覆式创新的内涵特征与实现路径解析[J]. 商业研究,2019(2):18-24. DOI:10.13902/j.cnki.syyj.2019.02.003.

[206] 刘延松,张宏涛. 复杂产品系统创新能力的构成与管理策略[J]. 科学学与科学技术管理,2009,30(10):90-94.

[207] 刘岩,蔡虹,沈聪. 技术知识基础网络结构对企业成为关键研发者的影响——基于中国电子信息行业的实证分析[J]. 研究与发展管理,2020,32(4):61-72.

[208] 刘洋,董久钰,魏江. 数字创新管理:理论框架与未来研究[J]. 管理世界,2020,36(7):198-217+219.

[209] 刘洋,魏江,江诗松. 后发企业如何进行创新追赶——研发网络边界拓展的视角[J]. 管理世界,2013(3):96-110+188.

[210] 刘玉梅,温馨,孟翔飞. 基于技术轨道跃迁的突破性技术预测方法及应用研究[J]. 情报杂志,2021,40(11):39-45,15.

[211] 刘云,刘继安,王雪静,等. 我国创新人才培养的短板在哪里[J]. 中国经济评论,2023(1):38-42.

[212] 刘云,杨展,齐超,等. 产业政策促进关键核心技术突破的路径研究:基于日本数控机床企业的纵向案例分析[J]. 科技促进发展,2022,18(7):843-853.

[213] 卢广志. 将"德治"思想融入企业建设[J]. 人民论坛,2018(21):92-93.

[214] 卢启程,梁琳琳,贾非. 战略学习如何影响组织创新——基于动态能力的视角[J]. 北京:管理世界,2018,34(9):109-129.

[215] 卢艳秋,施长明,王向阳. 技术集成能力对复杂产品创新绩效的影响机制[J]. 科技进步与对策,2022,39(3):21-29.

[216] 陆立军, 赵永刚. 关键共性技术研发: 重大技术装备制造行业转型升级的突破口——以浙江为例的实证研究[J]. 科技进步与对策, 2010, 27(21): 69-73.

[217] 陆亚东, 孙金云. 复合基础观的动因及其对竞争优势的影响研究[J]. 管理世界, 2014(7): 93-106.

[218] 罗伯特, 索尔索 L. 认知心理学[M]. 何华, 译. 南京: 江苏教育出版社, 2006.

[219] 罗瑾琏, 李树文, 唐慧洁, 等. 数字化生产力工具的创新突破条件与迭代过程: 容智信息科技的案例研究[J/OL]. 天津: 南开管理评论, 2022: 1-17.

[220] 罗炜, 唐元虎. 国内外合作创新研究述评[J]. 科学管理研究, 2000(4): 14-19.

[221] 罗正山, 徐铮, 李莎, 王瑞, 续晓琪, 徐虹. 生物工程在食品领域的研究与应用进展[J]. 食品与生物技术学报, 2020, 39(9): 1-5.

[222] 骆正清, 戴瑞. 共性技术的选择方法研究[J]. 科学学研究, 2013, 31(1): 22-29.

[223] 吕冲冲, 杨建君, 张峰. 不同理论视角下组织间合作创新的对比分析[J]. 西安交通大学学报(社会科学版), 2019, 39(2): 51-58.

[224] 吕一博, 赵漪博. 后发复杂产品系统制造企业吸收能力的影响因素——利用扎根理论的探索性研究[J]. 科学学与科学技术管理, 2014, 35(5): 137-146.

[225] 马寒. 马克思主义意识形态理论及其在当代中国发展研究[D]. 中共中央党校, 2018.

[226] 马美婷, 吴小节, 汪秀琼. 高管团队技术印记与企业绿色双元创新——环境注意力的中介作用[J]. 系统管理学报, 2023, 3(5): 976-994.

[227] 马永红, 孔令凯, 林超然, 等. 基于专利挖掘的关键共性技术识别研究[J]. 情报学报, 2020, 39(10): 1093-1103.

[228] 马永红, 杨晓萌, 孔令凯, 等. 基于产业异质性的关键共性技术合作网络研究[J]. 科学学研究, 2021, 39(6): 1036-1049.

[229] 梅景瑶, 郑刚, 朱凌. 数字平台如何赋能互补者创新——基于架构设计视角[J/OL]. 科技进步与对策: 1-8[2021-03-06].

[230] 梅亮, 陈劲. 责任式创新: 源起、归因解析与理论框架[J]. 管理世界, 2015(8): 39-57.

[231] 梅亮, 陈劲, 李福嘉. 责任式创新: "内涵—理论—方法"的整合框架[J]. 科学学研究, 2018(3): 521-530.

[232] 梅亮, 陈劲, 盛伟忠. 责任式创新——研究与创新的新兴范式[J]. 自然辩证法研究, 2014, 30(10): 83-89.

[233] 梅述恩, 聂鸣, 黄永明. 美国先进技术计划(ATP)的研究开发机制及启示科学管理研究[J]. 2007, 25(1): 117-120.

[234] 梅永红. 创新驱动的体制思考[J]. 理论视野, 2010(4): 40-42.

[235] 孟东晖, 李显君, 梅亮, 齐兴达. 核心技术解构与突破: "清华—绿控"AMT技术 2000—2016 年纵向案例研究[J]. 北京: 科研管理, 2018, 39(6): 75-84.

[236] 孟庆伟, 刘铁忠. 自主创新与知识整合案例分析[J]. 科学学与科学技术管理, 2004(2): 78-82.

[237] 明星, 胡立君, 王亦民. 跨界高端颠覆性创新模式研究: 理论与案例验证[J]. 科技进步与对策, 2020, 37(15): 11-17.

[238] 穆天, 杨建君. 公共支出政策对企业 R&D 支出的效应研究[J]. 研究与发展管理, 2015, 27(5): 44-52.

[239] 欧光军, 杨青, 雷霖. 国家高新区产业集群创新生态能力评价研究[J]. 科研管理,

2018(8)：63-71.

[240] 欧阳桃花, 曾德麟. 中国商用客机后发技术追赶模式研究：复杂系统管理视角[J]. 管理评论, 2023, 35(6)：323-334.

[241] 潘健平, 潘越, 马奕涵. 以"合"为贵？合作文化与企业创新[J]. 金融研究, 2019(1)：148-167.

[242] 潘绵臻, 毛基业. 再探案例研究的规范性问题——中国企业管理案例论坛(2008)综述与范文分析[J]. 管理世界, 2009(2)：99-107+176.

[243] 庞磊, 阳晓伟. 中国产业链关键环节自主可控何以实现——对高新技术企业集聚效应与技术创新的考察[J]. 南方经济, 2023(5)：107-126.

[244] 彭新敏, 刘电光. 基于技术追赶动态过程的后发企业市场认知演化机制研究[J]. 管理世界, 2021, 37(4)：180-198.

[245] 彭新敏, 史慧敏, 李佳楠. 管理认知、资源编排与后发企业技术追赶[J]. 宁波：宁波大学学报(人文科学版), 2022, 35(2)：87-95.

[246] 彭新敏, 郑素丽, 吴晓波, 吴东.《后发企业如何从追赶到前沿——双元性学习的视角》,《管理世界》, 2017(2)：142-158。

[247] 钱丽, 王文平, 肖仁桥. 产权差异视角下中国区域高技术企业创新效率研究[J]. 管理工程学报, 2019(2)：99-109.

[248] 乔黎黎, 韩小涛, 刘中全. 基于重大科技基础设施建设迈向一流大学的路径分析——复杂产品系统动态能力演化视角[J]. 科技进步与对策, 2021, 38(23)：10-19.

[249] 曲冠楠, 陈凯华, 陈劲. 颠覆性技术创新：理论源起、整合框架与发展前瞻[J]. 科研管理, 2023, 44(9)：1-9.

[250] 全毅. 新时期中国对外开放面临的严峻挑战及其战略选择[J]. 和平与发展, 2019(6)：1-18+130+136-142.

[251] 冉龙, 陈劲, 董富全. 企业网络能力、创新结构与复杂产品系统创新关系研究[J]. 科研管理, 2013, 34(8)：1-8.

[252] 人民日报新论：科技创新是赢得未来的关键[EB/OL]. 人民日报, 2020-10-09, http://news.cyol.com.

[253] 习近平：瞄准世界科技前沿, 实现前瞻性基础研究、引领性原创成果重大突破[EB/OL]. 人民日报, 2020-10-28.

[254] 任曙明, 马橙. 大数据应用与中国企业创新资源错配[J/OL]. 科学学研究.

[255] 尚涛. 全球价值链中代工企业能力转型、持续升级与支撑机制构建[J]. 中国科技论坛, 2016(6)：55-61.

[256] 邵云飞, 蒋瑞, 杨雪程. 顺水推舟：动态能力如何驱动企业创新战略演化——基于西门子(中国)的纵向案例研究[J]. 技术经济, 2023, 42(3)：90-101.

[257] 沈梓鑫. 美国的颠覆性技术创新：基于创新型组织模式研究[J]. 福建师范大学学报(哲学社会科学版), 2020(1)：91-100+172.

[258] 盛伟忠, 陈劲. 企业互动学习与创新能力提升机制研究[J]. 科研管理, 2018, 39(9)：1-10.

[259] 盛永祥, 周潇, 吴洁, 施琴芬. 政府和企业对产业共性技术两种研发投资类型的比例研究[J]. 科技进步与对策, 2017(6)：62-68.

[260] 舒丽慧, 陈工, 陈政融. 后发企业原始性创新能力形成的创新范式——基于华为公司的案例研究[J]. 广西财经学院学报, 2020(3)：43-54.

[261] 宋凯,朱彦君. 专利前沿技术主题识别及趋势预测方法——以人工智能领域为例[J]. 情报杂志, 2021, 40(1): 33-38.

[262] 宋立丰, 区钰贤, 王静, 刘箭章. 基于重大科技工程的"卡脖子"技术突破机制研究[J]. 科学学研究, 2022, 40(11): 1991-2000.

[263] 宋颖. 基于障碍因素分析的中小企业自主创新能力提升的机制探讨[J]. 知识经济, 2019(18): 25-27.

[264] 宋杼宸. 颠覆式技术对企业管理的冲击[J]. 中国工业评论, 2018(4): 82-87.

[265] 苏敬勤, 高昕. 中国制造企业的低端突破路径演化研究[J]. 科研管理, 2019, 40(2): 86-96.

[266] 苏敬勤, 刘静. 复杂产品系统中动态能力与创新绩效关系研究[J]. 科研管理, 2013, 34(10): 75-83.

[267] 苏鑫, 赵越. 产业共性技术扩散三阶段模型构建与仿真研究[J]. 科技进步与对策, 2019, 36(12): 71-79.

[268] 孙爱英, 李垣, 任峰. 企业文化与组合创新的关系研究[J]. 科研管理, 2006(2): 15-21.

[269] 孙鳌. 政府在产业集群共性技术供给中的作用[J]. 南方经济, 2005(5): 40-42.

[270] 孙春吉, 李新功. 技术创新资源投入对产业创新绩效的影响——基于非RD投入的调节效应[J]. 发展研究, 2015(4): 33-36.

[271] 孙谋轩, 朱方伟, 国佳宁, 关月. 变革型领导对团队韧性的影响: 意义建构视角[J]. 哈尔滨: 管理科学, 2021, 34(3): 27-41.

[272] 孙锐, 石金涛, 李海刚. 组织学习、知识演化创新与动态能力扩展研究[J]. 情报科学, 2006(9): 1292-1296+1305.

[273] 孙圣兰, 夏恩君. 突破性技术创新对传统创新管理的挑战[J]. 科学学与科学技术管理, 2005, 26(6): 72-76.

[274] 孙早, 许薛璐. 前沿技术差距与科学研究的创新效应——基础研究与应用研究谁扮演了更重要的角色[J]. 中国工业经济, 2017(3): 5-23.

[275] 覃君松, 陈舸, 刘莉莎, 易雨橙, 万克洋, 吴俊青. 把红色基因融入企业文化内核[J]. 当代电力文化, 2020(1): 66-67.

[276] 谭劲松, 宋娟, 王可欣, 赵晓阳, 仲淑欣. 创新生态系统视角下核心企业突破前沿引领技术——以中国高速列车牵引系统为例[J/OL]. 天津: 南开管理评论, 2022: 1-28.

[277] 谭劲松, 张红娟, 林润辉. 产业创新网络动态演进机制模拟与实例[J]. 管理科学学报, 2019, 22(12): 1-14.

[278] 谭志雄, 罗佳惠, 韩经纬. 比较优势、要素流动与产业低端锁定突破: 基于"双循环"新视角[J]. 经济学家, 2022(4): 45-57.

[279] 汤文仙, 李京文. 基于颠覆性技术创新的战略性新兴产业发展机理研究[J]. 技术经济与管理研究, 2019(6): 95-99.

[280] 唐娉婷. 高速列车核心装备系统创新方法浅析[J]. 技术与市场, 2017, 24(11): 11-12.

[281] 唐晓莹, 王孟钧, 王青娥, 廖娜. 基于风险可控的重大基础设施工程技术决策机制研究[J]. 管理现代化, 2020, 40(4): 70-73.

[282] 陶飞, 张辰源, 刘蔚然, 张贺, 马昕, 高鹏飞, 张建康. 数字工程及十个领域应用展望[J]. 机械工程学报, 2023, 59(13): 193-215.

[283] 田立加, 高英彤. "双循环"新发展格局中企业品牌建设的价值内涵与实践路径探析[J]. 重庆社会科学, 2022(6): 79-90.
[284] 田莉, 张劼浩. CEO 创业经验与企业资源配置——基于烙印理论的实证研究[J]. 南开管理评论, 1-21.
[285] 仝自强, 李鹏翔, 陶建强. 后发企业如何从颠覆性技术中获取价值? [J]. 科学学研究, 2019, 37(6): 1053-1061.
[286] 童亮, 陈劲. 复杂产品和系统的开发过程——地铁综合监控自动化系统案例研究[J]. 科研管理, 2006(4): 84-90.
[287] 万克栋, 桂文娟. 对油气田新能源工程技术发展的思考[J]. 油气田地面工程, 2023, 42(4): 1-7+15.
[288] 万鹏, 谢磊, 2018-03-20. 大力弘扬中华优秀传统文化[N]. 人民网[EB/OL]. http://theory.people.com.cn/n1/2018/0320/c40531-29877608.html.
[289] 汪明月, 李颖明, 王子彤, 等. 创新链视角下企业共性技术创新参与对绿色技术创新的影响研究[J]. 管理学报, 2023, 20(6): 856-866.
[290] 汪涛, 韩淑慧. 重大工程中国有企业主导整合实现产业技术追赶机制[J]. 技术经济, 2021, 40(9): 56-64.
[291] 王超发, 韦晓荣, 谢永平, 柴建, 杨德林. 重大工程复杂信息系统的关键核心技术创新模式——以中国空间站为例[J]. 南开管理评论: 1-18.
[292] 王崇锋, 孔雯. 基于二模 ERGM 模型的企业技术创新行为同群效应研究——以 5G 通讯技术领域为例[J]. 科技进步与对策: 1-11.
[293] 王范琪. 民营企业的"国有"出身对企业创新投入的影响研究[D]. 北京邮电大学, 2021.
[294] 王飞绒, 赵鑫, 李正卫. 企业家情怀与创新投入关系的实证研究[J]. 科研管理, 2019, 40(11): 196-205.
[295] 王桂平, 邝国良. 不完善市场机制下的广东省产业转移研究[J]. 特区经济, 2011(1): 27-29.
[296] 王海花, 杜梅. 数字技术、员工参与与企业创新绩效[J]. 研究与发展管理, 2020: 1-11.
[297] 王海军, 陈劲, 冯军政. 模块化嵌入的一流企业产学研用协同创新演化: 理论建构与案例探索[J]. 科研管理, 2020, 41(5): 47-59.
[298] 王海南, 王礼恒, 周志成, 王崑声, 崔剑. 新兴产业发展战略研究(2035)[J]. 中国工程科学, 2020, 22(2): 1-8.
[299] 王绛. 我国企业要大力提升核心竞争力[J]. 现代国企研究, 2023(3): 25-29.
[300] 王靖宇, 刘长翠, 张宏亮. 产学研合作与企业创新质量: 内部吸收能力与外部行业特征的调节作用[J]. 管理评论, 2023, 35(2): 147-155.
[301] 王康, 陈悦, 宋超, 等. 颠覆性技术: 概念辨析与特征分析[J]. 科学学研究, 2022, 40(11): 1937-1946.
[302] 王可达. 提高我国关键核心技术创新能力的路径研究[J]. 探求, 2019(2): 38-46.
[303] 王丽雅, 吕涛. 共性技术革新网络对物流企业创新绩效的影响机理: 基于往期创新绩效的调节效应[J]. 商业经济研究, 2022(22): 115-118.
[304] 王林尧, 赵滟, 张仁杰. 数字工程研究综述[J]. 系统工程学报, 2023, 38(2): 265-274.
[305] 王孟钧, 唐晓莹, 邱琦, 唐娟娟. 重大基础设施工程技术决策风险因素作用机

[306] 王敏, 银路. 突破关键核心技术"卡脖子"困境的路径研究[J]. 清华管理评论, 2022, 101(5): 45-50.

[307] 王瑞琪, 原长弘. 制造业领军企业关键核心技术突破因素: 基于 8 家中国制造业 500 强企业的多案例研究[J]. 科技管理研究, 2022, 42(14): 85-93.

[308] 王伟. 新时代中国共产党党性修养路径研究[D]. 中共中央党校, 2018.

[309] 王文跃, 侯俊杰, 毛寅轩, 靳捷, 卢志昂. 面向复杂产品研制的 MBSE 体系架构及其发展趋势研究[J]. 控制与决策, 2022, 37(12): 3073-3082.

[310] 王兴旺, 董珏, 余婷婷, 陈一梅, 陈天天. 基于多种类型信息计量分析的前沿技术预测方法研究[J]. 情报杂志, 2018, 37(10): 70-75+89.

[311] 王扬眉, 梁果, 王海波. 家族企业继承人创业图式生成与迭代——基于烙印理论的多案例研究[J]. 管理世界, 2021, 37(4): 198-216.

[312] 王郁, 杨乃定, 王琰, 王杜, 方玫. 复杂产品研发网络逆向国际化能否激发企业创新行为[J]. 科技进步与对策, 2022, 39(10): 102-111.

[313] 王钰莹, 原长弘. 产学研融合管理策略与关键核心技术突破[J]. 科学学研究, 2023(11): 2028-2036.

[314] 魏江. 未来已来, 战略范式却还是老一套? [J]. 经理人, 2018(6): 42-43.

[315] 魏江, 焦豪. 创业导向、组织学习与动态能力关系研究[J]. 北京: 外国经济与管理, 2008(2): 36-41.

[316] 魏江, 王丁, 刘洋. 来源国劣势与合法化战略——新兴经济企业跨国并购的案例研究[J]. 管理世界, 2020, 36(3): 101-120.

[317] 魏江, 王铜安. 装备制造业与复杂产品系统(CoPS)的关系研究[J]. 科学学研究, 2007(S2): 299-304.

[318] 魏江, 许庆瑞. 企业技术能力与技术创新能力之关系研究[J]. 科研管理, 1996, 17(1): 22-26.

[319] 魏镜轩. 社会学视阈下城市化建设中的环境工程问题与对策研究[J]. 环境工程, 2021, 39(12): 270.

[320] 魏美玉. 井冈山红色基因的内涵与功能研究[D]. 华东交通大学, 2016.

[321] 文金艳, 曾德明, 徐露允, 等. 结构洞、网络多样性与企业技术标准化能力[J]. 北京: 科研管理, 2020, 41(12): 195-203.

[322] 邬欣欣, 沈尤佳. 关键核心技术攻关新型举国体制的方略[J]. 山东社会科学, 2022(5): 22-33.

[323] 吴东, 吴晓波. 技术追赶的中国情境及其意义[J]. 自然辩证法研究, 2013, 29(11): 45-50.

[324] 吴画斌, 刘海兵. 传统制造业创新型人才培养的路径及机制——基于海尔集团 1984—2019 年纵向案例研究[J]. 广西财经学院学报, 2019, 32(4): 123-136.

[325] 吴金希, 闫亭豫. 发展国家战略科技力量要高度重视产业共性技术研究院建设[J]. 科技导报, 2021, 39(4): 31-35.

[326] 吴可凡, 王伟, 张世玉, 车宏鑫, 蔡林, 陈祥. 技术不连续性视角下颠覆性技术识别方法研究[J]. 北京: 情报理论与实践, 2022, 45(10): 125-131.

[327] 吴朋. 坚守长期主义是持续增长的底层逻辑[N]. 中华工商时报, 2019-11-22(3).

[328] 吴先明, 梅诗晔. 基于自主创新的追赶战略: 资源依赖视角[J]. 经济管理, 2016, 38(6): 29-40.

[329] 吴晓波，陈宗年，曹体杰. 技术跨越的环境分析与模式选择以中国视频监控行业为例[J]. 研究与发展管理，2005，17(1)：66-72.

[330] 吴晓波，付亚男，吴东，雷李楠. 后发企业如何从追赶到超越？——基于机会窗口视角的双案例纵向对比分析[J]. 管理世界，2019，35(2)：151-167+200.

[331] 吴晓波，郭雯，苗文斌. 技术系统演化中的忘却学习研究[J]. 北京：科学学研究，2004(3)：307-311.

[332] 吴晓波，聂品. 技术系统演化与相应的知识演化理论综述[J]. 北京：科研管理，2008(2)：103-114.

[333] 吴晓波，余璐，雷李楠. 超越追赶：范式转变期的创新战略[J]. 管理工程学报，2019，34(1)：1-8.

[334] 吴晓波，张好雨. 从二次创新到超越追赶：中国高技术企业创新能力的跃迁[J]. 社会科学战线，2018(10)：85-90+2.

[335] 吴晓波. 二次创新的进化过程[J]. 科研管理，1995(2)：27-35.

[336] 吴晓云，张欣妍. 企业能力、技术创新和价值网络合作创新与企业绩效[J]. 管理科学，2015，28(6)：12-26.

[337] 武川，王宏起，李玥，张琳峰. 战略性新兴产业前沿技术领域预测与合作潜力——基于主题相似网络关系的分析视角[J/OL]. 系统工程，2021-06-19：1-10.

[338] 武川，王宏起，王珊珊. 前沿技术识别与预测方法研究——基于专利主题相似网络与技术进化法则[J]. 中国科技论坛，2023(4)：34-42.

[339] 武建龙，王昂扬，杨仲基. 创新生态系统视角下中国后发企业技术创新赶超战略研究[J]. 创新管理学报，2024(1)：43-64.

[340] 武亚军. "战略框架式思考""悖论整合"与企业竞争优势——任正非的认知模式分析及管理启示[J]. 管理世界，2013(4)：150-163+166-167+164-165.

[341] 习近平. 决胜全面建成小康社会,夺取新时代中国特色社会主义伟大胜利——在中国共产党第十九次全国代表大会上的报告[N]. 新华社，2017-10-27.

[342] 习近平. 习近平在全国科技创新大会、两院院士大会、中国科协第九次全国代表大会上的讲话[N]. 新华社，2016-5-30.

[343] 习近平. 在企业家座谈会上的讲话[EB/OL]. http://cpc.people.com.cn/n1/2020/0721/c64094-31792294.html，2020-07-21.

[344] 席鹭军. 国外高新技术产业化政策及对中国发展高新技术产业的启示[J]. 求是，2007(12)：89-92.

[345] 肖静，曾萍. 数字化能否实现企业绿色创新的"提质增量"？——基于资源视角[J]. 科学学研究，2023，41(5)：925-935+960.

[346] 肖磊，唐晓勇，胡俊超. 中国式经济现代化：发展规律、实践路径与世界意义[J]. 当代经济研究，2023(7)：37-52.

[347] 肖振红，李炎. 产学研协同发展、知识产权保护与技术创新绩效——基于动态面板门限机理实证分析[J]. 管理评论，2023，35(6)：72-81.

[348] 谢卫红，李忠顺，李秀敏，马风华. 数字化创新研究的知识结构与拓展方向[J]. 经济管理，2020(12)：1-19.

[349] 谢卫红，林培望，李忠顺，郭海珍. 数字化创新：内涵特征、价值创造与展望[J]. 外国经济与管理，2020，42(9)：19-31.

[350] 新华网. 科技创新是人类社会发展进步的重要动力[EB/OL]. 2017-12-08.

[351] 邢萌，杨朝红，毕建权. 军事领域知识图谱的构建及应用[J]. 指挥控制与仿真，

2020，42(4)：1-7.

[352] 邢小强，汤新慧，王珏，张竹. 数字平台履责与共享价值创造——基于字节跳动扶贫的案例研究[J]. 管理世界，2021，37(12)：152-176.

[353] 邢小强，周平录，张竹，汤新慧. 数字技术、BOP 商业模式创新与包容性市场构建[J]. 管理世界，2019(12)：116-136.

[354] 行业转型升级的突破口——以浙江为例的实证研究[J]. 科技进步与对策，2010，27(21)：69-73.

[355] 熊勇清，白云，陈晓红. 战略性新兴产业共性技术开发的合作企业评价——双维两阶段筛选模型的构建与应用[J]. 科研管理，2014(8).

[356] 徐晓丹，柳卸林，黄斌，王倩. 用户驱动的重大工程创新生态系统的建构[J]. 科研管理，2023，44(7)：32-40.

[357] 徐阳，金晓威，李惠. 土木工程智能科学与技术研究现状及展望[J]. 建筑结构学报，2022，43(9)：23-35.

[358] 徐拥军，王露露. 华为公司知识管理的特点及启示[J]. 广西财经学院学报，2020，33(2)：25-33.

[359] 许海云，王振蒙，胡正银，王超，朱礼军. 利用专利文本分析识别技术主题的关键技术研究综述[J]. 情报理论与实践，2016，39(11)：131-137.

[360] 许晖，张海军. 制造业企业服务创新能力构建机制与演化路径研究[J]. 北京：科学学研究，2016(2)：298-311.

[361] 许佳琪，汪雪锋，雷鸣，等. 从突破性创新到颠覆性创新：内涵、特征与演化[J]. 科研管理，2023，44(2)：1-13.

[362] 许江波，姚滢萱. 企业创新能否抑制僵尸企业对供应商的溢出效应[J]. 财会月刊，2019(18)：21-28.

[363] 许庆瑞，陈劲，尹西明. 企业经营管理基本规律与模式[J]. 清华管理评论，2019(5)：6-11.

[364] 许庆瑞，郑刚，陈劲. 全面创新管理：创新管理新范式初探——理论溯源与框架[J]. 管理学报，2006(2)：135-142.

[365] 许庆瑞，陈劲，尹西明. 企业经营管理基本规律与模式[J]. 清华管理评论，2019(5)：6-11.

[366] 许庆瑞，吴晓波，陈劲，吴东，等. 中国制造：超越追赶的创新战略与治理结构研究[M]. 北京：科学出版社，2019.

[367] 许庆瑞，谢章澍，杨志蓉. 全面创新管理(TIM)：以战略为主导的创新管理新范式[J]. 研究与发展管理，2004(6)：1-8.

[368] 朱沆，叶文平，刘嘉琦. 从军经历与企业家个人慈善捐赠——烙印理论视角的实证研究[J]. 南开管理评论，2020，23(6)：179-189.

[369] 许庆瑞，张军. 企业自主创新能力演化规律与提升机制[M]. 北京：科学出版社，2017.

[370] 许庆瑞，郑刚，陈劲. 全面创新管理：创新管理新范式初探——理论溯源与框架[J]. 管理学报，2006(2)：135-142.

[371] 许庆瑞，郑刚，喻子达，沈威. 全面创新管理(TIM)：企业创新管理的新趋势——基于海尔集团的案例研究[J]. 科研管理，2003(5)：1-7.

[372] 许庆瑞，朱凌，王方瑞. 海尔的创新型"文化场"——全面创新管理研究系列文章[J]. 科研管理，2005(2)：17-22.

[373] 许庆瑞. 全面创新管理：理论与实践[M]. 北京：科学出版社，2007.
[374] 许庆瑞. 研究与发展管理[M]. 北京：高等教育出版社，1986.
[375] 许婷，杨建君. 企业间信任、合作模式与合作创新绩效——知识库兼容性的调节作用[J]. 华东经济管理，2017，31(12)：35-43.
[376] 薛凯，高飞，阎君，吴晓蕊，杨飞. 航天重大工程复杂软件系统管理的创新与实践[J]. 导弹与航天运载技术，2021(6)：95-100.
[377] 颜爱民，孙毅聪，刘晶玲，李小娟，朱月琴. 印记视角下民营企业经营哲学的演变：基于大汉集团的纵向单案例研究[J]. 管理学报，2022，1(6)：789-800.
[378] 阳镇，陈劲. 拨开迷雾："卡脖子"技术的再审视及其破解[J]. 开放时代，2023(4)：79-92+7.
[379] 阳镇. 关键核心技术：多层次理解及其突破[J]. 创新科技，2023，23(1)：14-24.
[380] 杨斌，丁大巍. "兄长式"而非"家长制"：基于文化视角的当代中国企业领导模式研究[J]. 清华大学学报(哲学社会科学版)，2012，27(2)：151-157+160.
[381] 杨博文，伊彤. 企业参与国家战略科技力量建设的路径分析与对策研究[J]. 科学管理研究，2022，40(5)：118-126.
[382] 杨浩昌，李廉水. 高技术企业知识与产品创新协同的测度及启示[J]. 科学学研究，2018(10)：1889—1895.
[383] 杨焕智，谢丽娟. 电子信息技术在建筑智能化工程中的运用研究[J]. 工业建筑，2022，52(3)：260.
[384] 杨建君，杨慧军，马婷. 集体主义文化和个人主义文化对技术创新方式的影响——信任的调节[J]. 管理科学，2013，26(6)：1-11.
[385] 杨磊，刘海兵. 创新情境视角下的开放式创新路径演化[J]. 北京：科研管理，2022，43(2)：9-17.
[386] 杨莲娜，冯德连. 中国企业迈向世界一流：多维度评价、差距与解决方案[J]. 江淮论坛，2020(1)：90-97.
[387] 杨乃定，王郁，王琰，张延禄. 复杂产品研发网络中企业技术创新行为演化博弈研究[J]. 中国管理科学：1-13.
[388] 杨宁，李冰，徐武彬，张继尧. 工程机械节能减排现状及发展新趋势[J]. 机械设计与制造，2021(1)：297-300+304.
[389] 杨尚东. 国际一流企业科技创新体系的特征分析[J]. 中国科技论坛，2014(2)：154-160.
[390] 杨思莹. 政府推动关键核心技术创新：理论基础与实践方案[J]. 经济学家，2020(9)：85-94.
[391] 杨晓英，徐红. 我国科学技术创新能力不足之原因[J]. 河南科技大学学报(社会科学版)，2010，28(5)：82-85.
[392] 杨虞波罗、吕骞. 2020-04-27. 围绕产业链部署创新链，围绕创新链布局产业链[N]. 人民网[EB/OL]. http://scitech.people.com.cn/n1/2020/0427/c1007-31689495.html.
[393] 姚明明，吴晓波，石涌江，戎珂，雷李楠. 技术追赶视角下商业模式设计与技术创新战略的匹配——一个多案例研究[J]. 管理世界，2014(10)：149-162+188.
[394] 叶飞，李怡娜. 供应链伙伴关系、信息共享与企业运营绩效关系[J]. 工业工程与管理，2006(6)：89-95.
[395] 殷辉，陈劲. 共性技术下异质企业对学研方合作行为的演化博弈仿真分析[J]. 科技进步与对策，2015，32(8)：101-107.

[396] 尹西明, 陈红花, 陈劲. 中国特色创新理论发展研究[J]. 科技进步与对策, 2019, 36(19): 1-8.

[397] 尹西明, 陈劲, 海本禄. 新竞争环境下企业如何加快颠覆性技术突破——基于整合式创新的理论视角[J]. 天津社会科学, 2019(5): 112-118.

[398] 尹西明, 李楠, 陈万思, 等. 新中国70年技术创新研究知识图谱分析与展望[J]. 科学学与科学技术管理, 2019, 40(12): 19-34.

[399] 尹西明, 李一凡, 李纪珍, 陈劲. 人工智能国际领先机构OpenAI创新管理模式及对中国的启示[J]. 创新科技, 2023, 23(9): 78-90.

[400] 雍少宏. 论企业文化的构成要素[J]. 宁夏大学学报(哲学社会科学版), 1998(1): 105-107.

[401] 于长宏, 崔丙群, 张晓雨. 农业科技企业创新合作网络关系对技术创新绩效的影响路径[J]. 科技和产业, 2024, 24(5): 78-86.

[402] 余江, 陈凤, 张越, 刘瑞. 铸造强国重器: 关键核心技术突破的规律探索与体系构建[J]. 中国科学院院刊, 2019, 34(3): 339-343.

[403] 余维新, 熊文明. 关键核心技术军民融合协同创新机理及协同机制研究——基于创新链视角[J]. 技术经济与管理研究, 2020(12): 34-39.

[404] 余新创. 全方位做大做强高端制造业[J]. 中国金融, 2023(16): 22-23.

[405] 余义勇, 杨忠. 如何有效发挥领军企业的创新链功能——基于新巴斯德象限的协同创新视角[J]. 南开管理评论, 2020, 23(2): 4-15.

[406] 袁野, 吴超楠, 陶于祥, 李晶莹. 关键技术的后发追赶与动态比较——基于人工智能技术生命周期的实证分析[J]. 中国科技论坛, 2022(6): 90-100.

[407] 袁媛, 张东生, 王璐. 高端装备制造企业复杂产品系统竞争优势形成机理研究[J]. 河南社会科学, 2019, 27(8): 92-99.

[408] 约翰尼斯·贝尔. 西门子传[M]. 北京: 中译出版社, 2018.

[409] 韵江. 战略过程的研究进路与论争: 一个回溯与检视[J]. 管理世界, 2011(11): 142-163.

[410] 张毅, 闫强. 企业复杂核心技术的后发追赶及动力机制——基于华为无线网络技术的纵向案例研究[J]. 科技进步与对策, 2023(3): 1-11.

[411] 张春阳, 徐岩, 丁堃. 战略学习: 研究述评与展望[J]. 北京: 外国经济与管理, 2020, 42(5): 60-73.

[412] 张钢, 张灿泉. 基于组织认知的组织变革模型[J]. 西安: 情报杂志, 2010, 29(5): 6-11.

[413] 张杰. 中国关键核心技术创新的特征、阻碍和突破[J]. 江苏行政学院学报, 2019(2): 43-52.

[414] 张杰. 中国前沿引领技术创新的机制体制障碍与改革突破方向[J]. 南通: 南通大学学报(社会科学版), 2020, 36(4): 108-116.

[415] 张军, 许庆瑞. 提升企业自主创新能力: 从哪里出发? [J]. 清华管理评论, 2017(Z2): 32-39.

[416] 张军, 许庆瑞. 提升企业自主创新能力: 从哪里出发? [J]. 清华管理评论, 2017(Z2): 32-39.

[417] 张珂, 王金凤, 冯立杰. 面向颠覆式创新的后发企业价值网络演进模型——以海尔集团为例[J]. 企业经济, 2020(2): 68-75.

[418] 张可, 高庆昆. 基于突破性技术创新的企业核心竞争力构建研究[J]. 管理世界,

2013(6): 180-181.

[419] 张立国, 黄世亮, 焦剑, 等. 国防生物领域颠覆性技术动态识别框架构建研究[J]. 解放军预防医学杂志, 2020, 38(10): 1-5.

[420] 张琳, 席酉民, 杨敏. 资源基础理论60年: 国外研究脉络与热点演变[J]. 北京: 经济管理, 2021, 43(9): 189-208.

[421] 张路蓬, 薛澜, 周源, 张笑. 战略性新兴产业创新网络的演化机理分析——基于中国2000—2015年新能源汽车产业的实证[J]. 科学学研究, 2018, 36(6): 1027-1035.

[422] 张鹏, 杨艳君, 宋丽雪. GPS产业的共性技术识别、演进及其启示——基于专利分析[J]. 技术经济, 2016, 35(12): 60-75+89.

[423] 张强, 李颖异. 企业价值观体系的架构及要素[J]. 管理世界, 2015(10): 184-185.

[424] 张青, 华志兵. 资源编排理论及其研究进展述评[J]. 经济管理, 2020, 42(9): 193-208.

[425] 张三保, 陈晨, 张志学. 举国体制演进如何推动关键技术升级——中国3G到5G标准的案例研究[J]. 北京: 经济管理, 2022, 44(9): 27-46.

[426] 张守明, 张斌, 张笔峰, 刘毅. 颠覆性技术的特征与预见方法[J]. 科技导报, 2019, 37(19): 19-25.

[427] 张树满, 原长弘. 制造业领军企业如何培育前沿引领技术持续创新能力? [J]. 北京: 科研管理, 2022, 43(4): 103-110.

[428] 张文魁. 世界一流企业八个特征[J]. 港口经济, 2012(2): 26.

[429] 张骁, 王洁, 柳志娣, 曹鑫. 创业者印记影响机会评估和利用的认知机制——基于晨光生物的案例分析[J]. 管理科学学报, 2023, 26(6): 96-113.

[430] 张秀峰, 胡贝贝, 张莹, 陈光华. 国家高新区出口转化绩效及影响因素研究——基于创新驱动的视角[J]. 科学学研究, 2021, 39(6): 1026-1035.

[431] 张学文, 陈劲. 科技自立自强的理论、战略与实践逻辑[J]. 科学学研究, 2021, 39(5): 769-770.

[432] 张亚东, 何海燕, 孙磊华, 常晓涵. "卡脖子"关键核心技术壁垒的关键特征、运行机制与应对策略[J]. 科技和产业, 2023, 23(5): 1-6.

[433] 张燕. 供应链中企业合作创新研究的现状及展望[J]. 产业与科技论坛, 2017, 16(17): 130-132.

[434] 张杨, 数字经济关键核心技术的自主发展模式探究[J]. 管理学刊, 2023(4): 146.

[435] 张羽飞, 原长弘. 产学研深度融合突破关键核心技术的演进研究[J]. 科学学研究, 2022, 40(5): 852-862.

[436] 张媛, 孙新波, 钱雨. 传统制造企业数字化转型中的价值创造与演化——资源编排视角的纵向单案例研究[J]. 北京: 经济管理, 2022, 44(4): 116-133.

[437] 张振刚, 林丹. 一流制造企业创新能力评价体系的构建[J]. 统计与决策, 2021, 37(4): 181-184.

[438] 张志菲, 罗瑾琏, 李树文, 钟竞. 基于技术范式转变的后发数字企业能力建构与追赶效应研究[J/OL]. 南开管理评论, 2023(6): 1-19.

[439] 张志强, 鲁达菲. 前沿技术、吸收能力与中国区域产业的协同发展[J]. 经济理论与经济管理, 2015(7): 74-86.

[440] 张治河, 苗欣苑. "卡脖子"关键核心技术的甄选机制研究[J]. 陕西师范大学学报（哲学社会科学版）, 2020, 49(6): 5-15.

[441] 仉文岗，何祥嵘，刘汉龙，孙伟鑫，韩馥柽，Raul Fuentes，Gustavo Paneiro. 仿生土木工程研究进展与展望[J]. 土木与环境工程学报（中英文）：1-16.

[442] 赵传海. 论中国社会主义的文化基因[J]. 华北水利水电学院学报（社科版），2007(23)：117.

[443] 赵骅，李江，魏宏竹. 产业集群共性技术创新模式：企业贡献的视角[J]. 科研管理，2015(6)：53-59.

[444] 赵锐，冉武平，吕疆红. "新工科"背景下土木工程设计改革创新探索[J]. 环境工程，2022，40(3)：283.

[445] 赵小华. 基于信息经济学理论的国有企业激励机制和人力资源管理改革研究[J]. 改革与开放，2015 (1)：120-121+128.

[446] 赵永刚，郑小碧. 基于参与者智力决策的产业关键共性技术创新研究[J]. 科技进步与对策，2013(1)：60-63.

[447] 赵长轶，谢洪明，郭勇，孔祥林. 大国重器研制的关键核心技术突破——东方电气集团 G50 重型燃气轮机纵向案例研究[J]. 管理世界，2023，3(12)：20-39.

[448] 赵子乐，林建浩. 海洋文化与企业创新——基于东南沿海三大商帮的实证研究[J]. 经济研究，2019，54(2)：68-83.

[449] 郑刚，莫康，王颂，邹腾剑，邓宛如. 吸收速度、互补资产链接与前沿引领技术突破[J]. 北京：科学学研究：1-18.

[450] 郑刚，莫康，朱国浩，于亚. 复杂产品系统、资源编排与核心技术快速突破[J]. 科学学研究：1-15.

[451] 郑赛硕，王学昭，陈小莉. 共性技术识别方法构建与实证研究——以集成电路行业为例[J]. 图书情报工作，2021，65(15)：130-139.

[452] 郑彦宁，袁芳. 颠覆性技术研发管理研究[J]. 科研管理，2021，42(2)：12-19.

[453] 郑毅，刘军. 复杂产品一体化架构与创新绩效——基于新松机器人公司的案例研究[J]. 管理案例研究与评论，2019，12(3)：245-258.

[454] 郑月龙，白春光，李登峰. 考虑市场化开发的产业共性技术供给决策研究[J]. 中国管理科学，2021：1-12.

[455] 郑月龙，刘思漫，白春光. 考虑多主体参与的产业共性技术研发模式比较研究[J]. 中国管理科学，2021，29(8)：44-56.

[456] 郑月龙，杨柏，王琳. 产业共性技术研发行为演化及多重失灵研究[J]. 科研管理，2019，40(5)：164-174.

[457] 郑月龙，周冰洁，白春光. 基于微分博弈的产业共性技术产学研合作研发契约研究[J]. 工程管理科技前沿，2023，42(1)：35-43.

[458] 中国经济网. 世界知识产权组织报告：中国前沿技术创新进步显著[EB/OL]. 2015-11-13, http://intl.ce.cn.

[459] 中国经济网. 基础研究经费占比为何提高到 8%以上[EB/OL]. 2021-03-20, https://baijiahao.baidu.com.

[460] 周浩，龙立荣. 绩效考核中宽大效应的成因及控制方法[J]. 心理科学进展，2005(6)：104-111.

[461] 周华，韩伯棠. 基于技术距离的知识溢出模型应用研究[J]. 科学学与科学技术管理，2009 (7)：111-116.

[462] 周华蓉，贺胜兵，刘友金. 后发企业突破低端锁定的三方演化博弈分析[J]. 运筹与管理，2021，30(12)：58-64.

[463] 周萌, 朱相丽. 新兴技术概念辨析及其识别方法研究进展[J]. 情报理论与实践, 2019, 42(10): 162-169.

[464] 周琪, 侯雪茹, 长青. 意义建构视角下绿色商业模式设计的形成机制——基于蒙草生态的探索性案例研究[J]. 北京: 经济管理, 2022, 44(9): 107-129.

[465] 周兴贵, 李伯耿, 袁希钢, 骆广生, 袁渭康. 化学产品工程再认识[J]. 化工学报, 2018, 69(11): 4497-4504.

[466] 周洋, 张庆普. 高端颠覆性创新的技术演进轨迹和市场扩散路径[J]. 研究与发展管理, 2017, 29(6): 99-108.

[467] 周永庆, 陈劲, 景劲松. 复杂产品系统的创新过程研究——以HL公司大型电站集散控制系统为例[J]. 经济管理, 2004(14): 4-10.

[468] 周振, 赵晓丹, 蒋路漫, 胡晨燕, 时鹏辉, 王罗春. 环境工程专业一体化实践教学体系构建[J]. 实验技术与管理, 2020, 37(10): 171-175.

[469] 朱兵, 陈定江, 蒋萌, 任钰成, 曹煜恒, 周文戟, 胡山鹰, 金涌. 化学工程在低碳发展转型中的关键作用探讨——从物质资源利用与碳排放关联的视角[J]. 化工学报, 2021, 72(12): 5893-5903.

[470] 朱桂龙, 黄妍. 产学研合作对共性技术研发创新影响的实证检验——以生物技术领域为例[J]. 科技进步与对策, 2017, 34(11): 47-54.

[471] 朱正伟, 储开斌, 焦竹青, 徐守坤. 以解决复杂工程问题能力为导向的电子信息类实践育人模式[J]. 实验技术与管理, 2019, 36(7): 1-4.

[472] 祝良荣, 潘露丹. 复杂产品系统产业链研究文献综述[J]. 中国商论, 2020(20): 103-104.

[473] Nambisan, Satish, Mike Wright, Maryann Feldman. The Digital Transformation of Innovation and Entrepreneurship: Progress, Challenges and Key Themes[J]. Research Policy. 2019, 48 (8):237-253.

[474] Yoo Y, Boland R Jr, Lyytinen K, Majchrzak A. Organizing for innovation in the digitized world[J]. Organization Science, 2012(23): 1398-1409.

[475] Abernathy W J, Utterback J M, Patterns of Industrial Innovation[J]. Innovation Technology Review, 1978(7):58-64.

[475] Abernathy W J, Utterback J M. Patterns of Industrial Innovation[J]. Innovation/Technology Review, 1978, 7:58-64.

[476] Abrell T, Benker A, Pihlajamaa M. User knowledge utilization in innovation of complex products and systems: An absorptive capacity perspective[J]. Creativity and innovation management, 2018, 27(2): 169-182.

[477] Abrell T, Pihlajamaa M, Kanto L. The role of users and customers in digital innovation: Insights from B2B manufacturing firms[J]. Information & Management, 2016, 53(3):324-335.

[478] Acar, Oguz A. Motivations and Solution Appropriateness in Crowdsourcing Challenges for Innovation[J]. Research Policy, 2019, 48 (8):187-206.

[479] Yoo Y. The tables have turned:how can the information systems field contribute to technology and innovation management research?[J]. Journal of the Association for Information Systems, 2012, 14(4). Available at:http://aisel. aisnet. org/jais/vol14/iss5/4.

[480] Yuhang Y. The Application of Computer Technology in Electronic Information Engineering[J]. Journal of Physics:Conference Series, 2021.

[481] accounting review, 2012, 87(2):363-392.
[482] Aithal P S, Aithal S. Study of Various General-Purpose Technologies and Their Comparison Towards Developing Sustainable Society[J]. International Journal of Management, Technology, and Social Sciences (IJMTS), 2018, 3(2):16-33.
[483] Akroyd C, Kober R. Imprinting founders' blueprints on management control systems[J]. Management Accounting Research, 2020, 46: 100645.
[484] Alan R S. Disruptive Technology: An Uncertain Future [C]. The 6th Conference on Science and Engineering Technology, 2005.
[485] Albert Bandura. 思想和行动的社会基础——社会认知论[M]. 林颖, 王小明, 译. 上海: 华东师范大学出版社, 2000: 32-32.
[486] Amit R, Schoemaker P. Strategic Asset and Organizational Rent[J]. Strategic Management Journal, 1993, 14(1): 33-46.
[487] Amit R, Zott C. Crafting business architecture: The antecedents of business model design[J]. Strategic Entrepreneurship Journal, 2015(9): 331-350.
[488] An Sha. The Application of Big Data in Electronic Information Engineering[J]. Journal of Physics: Conference Series, 2021, 1881(4).
[489] Andersen B. The evolution of technological trajectories 1890-1990 [J]. Structural Change and Economic Dynamic, 1998, 4(9):5-34.
[490] Andersén J, Ljungkvist T. Resource orchestration for team-based innovation: a case study of the interplay between teams, customers, and top management[J]. R&D Management, 2021, 51(1): 147-160.
[491] Anderson N, Yang Mu, Chunjia Han. Stimulating Innovation:Managing Peer Interaction for Idea Generation on Digital Innovation Platforms[J]. Journal of Business Research, 2019(125):456-465.
[492] Argote L, Miron-spektor E. Organizational learning: From experience to knowledge[J]. Organization science, 2011, 22(5): 1123-1137.
[493] Argyris C, Schon D. Organizational Learning: A Theory of Action Perspective[M]. 1978, Reading, MA: Addison Wesley.
[494] Audebrand L K, Camus A, Michaud V. A mosquito in the classroom: using the cooperative business model to foster paradoxical thinking in management education[J]. Journal of management education, 2017, 41(2):216-248.
[495] Bahemia H. Squire B. A Contingent Perspective of Open Innovation in New Product Development Projects[J]. the Summer Conference 2010 on "Opening Up Innovation: Strategy, Organization and Technology", London, 2010.
[496] Balachandra R, Friar J H. Factors for success in R&D projects and new product innovation : contextual tramework[J]. IEEE Transactions on Engineering Management, 1997, 44(3):276-287.
[497] Barney J. Firm Resources and Sustained Competitive Advantage[J]. Journal of Management, 1991, 17(1):99-120.
[498] Baron J N, Hannan M T, Burton M D. Building the Iron Cage: Determinants of Managerial Intensity in the Early Years of Organizations[J]. American Sociological Review, 1999, 64(4): 527-547.
[499] Barrett M, Davidson E, Prabhu J, Vargo S L. 2015. Service Innovation in the Digital

Age: Key Contributions and Future Directions[J]. MIS Quarterly. 39(1):135-154.

[500] Baum J R, Wally S. Strategic decision speed and firm performance[J]. Strategic Management Journal, 2003(24):1107-1129.

[501] Baykara T, Özbek S, Ceranoğlu A N. A Generic Transformation Of Advanced Materials Technologies:Towards More Integrated Multi-Materials Systems Via Customized R&D And Innovation[J]. The Journal Of High Technology Management Research, 2015, 26(1): 77-87.

[502] Beckman C M, Burton M D. Founding the future:path dependence in the evolution of top management teams from founding to IPO[J]. Organization Science, 2008, 19(1):3-24.

[503] Bekar C, Carlaw K, Lipsey R. General purpose technologies in theory, application and controversy:a review [J]. Journal of Evolutionary Economics, 2018, 28(5):1005-1033.

[504] Benner M J, Tushman M. Process Management[J]. Technological Innovation and Organizational Adaptation, 2002:75-120.

[505] Benner M J, Tripsas M. The Influence of Prior Industry Affiliation on Framing in Nascent Industries:the Evolution of Digital Cameras[J]. Strategic Management Journal, 2012, 33(3):277-294.

[506] Bing L. Civil Engineering Based on Big Data and BIM Technology[J]. Journal of Physics:Conference Series, 2021, 1881(4).

[507] Birnbaum R, Christensen C M, Raynor M E. The Innovator's Dilemma:When New Technologies Cause Great Firms to Fail[J]. Academe, 2005, 91(1):80.

[508] Björkdahl, Joakim. Strategies for Digitalization in Manufacturing Firms[J]. California Management Review, 2020, 62 (4):17-36.

[509] Blank S. Why The Lean Start-Up Changes Everything[J]. Harvard Business Review, 2013, 91(5):63-72.

[510] Boland R J, Lyytinen K, Yoo Y. Wakes of innovation in project networks:The case of digital 3-D representations in architecture, engineering, and construction[J]. Organization Science, 2017, 18(4): 631-647.

[511] Börjesson S, Elmquist M. Developing Innovation Capabilities: A Longitudinal Study of a Project at Volvo Cars[J]. Creativity & Innovation Management, 2011, 20(3):171-184.

[512] Bougon M, Weick K, Binkhorst D. Cognition in Organizations:An Analysis of the Utrecht Jazz Orchestra[J]. Administrative Science Quarterly, 1977(22):606-631

[513] Bower J L, Christensen M C. Disruptive technologies:Catching the wave [J]. Harvard Business Review, 1995, 73(1):75-76.

[514] Bryant Peter. Imprinting by Design:The Micro-foundations of Entrepreneurial Adaptation[J]. Entrepreneurship Theory and Practice, 2014, 38(5):1081-1102.

[515] Bughin, Jacques, Nicolas van Zeebroeck. The Best Response to Digital Disruption[J]. MIT Sloan Management Review, 2017, 58 (4):80-86.

[516] Cameron K S. Cultural congruence, strength, and type:relationships to efffectiveness[J]. The Review of Higher Education.

[517] Campbell-hunt C. What Have We Learned about Generic Competitive Strategy? A

Mera-analysis[J]. Strategic Management Journal, 2000, 21(2):127-154.

[518] Cappa, Francesco, Raffaele Oriani, Enzo Peruffo, Ian McCarthy. Big Data for Creating and Capturing Value in the Digitalized Environment: Unpacking the Effects of Volume, Variety, and Veracity on Firm Performance[J]. Journal of Product Innovation Management.

[519] Carlaw K I, lipsey R G. Sustained endogenous growth driven by structured and evolving general purpose technologies[J]. Journal of Evolutionary Economics, 2011, 21(4):563-593.

[520] Carpenter M A, Fredrickson J W. Top management teams, global strategic posture and the moderating role of uncertainty[J]. Academy of Management Journal, 2001(44):533-545.

[521] Carroll G R, Hannan M T. Density Dependence in the Evolution of Populations of Newspaper Organizations[J]. American Sociological Review, 1989, 54(4):524-541.

[522] Castel P, Friedberg E. Institutional Change as an Interactive Process:The Case of the Modernization of the French Cancer Centers[J]. Organization Science, 2010, 21(2):311-330.

[523] Castellani D, Zanfei A. Technology Gaps, Absorptive Capacity and the Impact of Inward Investments on Productivity of European Firms[J]. Economics of Innovation and New Technology, 2003, 12(6):555-576.

[524] Chadwick C, Super J F, Kwon K. Resource Orchestration in Practice: CEO Emphasis on SHRM, Commitment-based HR systems, and Firm Performance[J]. Strategic Management Journal, 2015, 36(3):360-376.

[525] Chan, Ho Fai, Naomi Moy, Markus Schaffner, Benno Torgler. The Effects of Money Saliency and Sustainability Orientation on Reward Based Crowd funding Success[J]. Journal of Business Research, 2019(125):443-455.

[526] Chang S, Eggers J P, Keum D D. Bottleneck Resources, Market Relatedness, and the Dynamics of Organizational Growth. Organization Science, 2021.

[527] Chen Fangfang. Analysis of Value Evaluation of High-tech Enterprises [J]. Communication of Finance and Accounting, 2011(5):81-82.

[528] Chen Jin, Liu Haibing, Yang Lei. Technological innovation and high- quality economic development:mechanism and path reconstruction[J]. Journal of Guangxi University of Finance and Economics, 2020 (3):28-42.

[529] Chen Litian, Zhao Xiaoqing, Wei Zhishan. The connotation and evolution of enterprisc innovation capability:a systematic literature review[J]. Science & Technology Progress and Policy, 2012, 14 (29):154-160.

[530] Chesbrough H W, Crowther A K. Beyond High Tech:Early Adopters of Open Innovation in other Industries[J]. R&D Management, 2006, 36(3): 3229-3236.

[531] Chesbrough H. Open Innovation:The New Imperative for Creating and Profiting from Technology[M], Cambridge, MA:Harvard Business School Press Books.

[532] Chevalier-Roignant B, Flath C M. Trigeorgis L. Disruptive innovation, market entry and production flexibility in heterogeneous oligopoly. Production and Operations Management, 2019, 28(7), 1641-1657.

[533] Choung J Y, Hwang H R, Song W. Transitions of Innovation Activities in Latecomer Countries:An Exploratory Case Study of China[J]. World Development, 2014,

54(1):156-167.

[534] Christensen C M. The innovator's dilemma:When new technologies cause great firms to fail. Boston: Harvard Business Review Press.

[535] Christensen C M, McDonald R, Altman E J. Palmer J E. Disruptive innovation:An intellectual history and directions for future research. Journal of Management Studies, 2018, 55(7), 1043-1078.

[536] Christensen C M, Raynor M E. McDonald R. What is disruptive innovation? Harvard Business Review, 2015, 93(12), 44-53.

[537] Christensen C M. Raynor M. The Innovator's Solution:Creating and Sustaining Successful Growth, Boston: Harvard Business Review Press.

[538] Claessens S, Djankov S, Klapper L. Resolution of corporate distress in East Asia[J]. Journal of Empirical Finance, 2003, 10(1-2):199-216.

[539] Claussen, Jörg, Maria A, Halbinger. The Role of Pre-Innovation Platform Activity for Diffusion Success:Evidence from Consumer Innovations on a 3D Printing Platform[J/OL]. Research Policy. https://doi.org/10.1016/j.respol.2020.103943.

[540] Clifford Defee C, Fugate B S. Changing Perspective of Capabilities in the Dynamic Supply Chain Era[J]. The International Journal of Logistics Management, 2010, 21(2):180-206

[541] Cohen W M, Levinthal D A. Absorptive Capacity:A New Perspective on Learning and Innovation[J]. Administrative Science Quarterly, 1990, 35(1):128-152.

[542] Cohen B. Amoros J E. Municipal demand-side policy tools and the strategic management of technology life cycles. Technovation, 2014, 34(12), 797-806.

[543] Collis D J. Research Note:How Valuable are Organizational Capabilities [J]. Strategic Management Journal, 1994, 15(S1):143-152.

[544] Colombo M G, Foss N J, Lyngsie J. What drives the delegation of innovation decisions? The roles of firm innovation strategy and the nature of external knowledge[J]. Research Policy, 2021, 50(1):104134.

[545] Covin J G, Slevin D P. The influence of organization structure on the utility of an entrepreneurial top management style[J]. Journal of Management Studies, 1988, 25(3):217-234

[546] Covin J G, Lumpkin G T. Entrepreneurial orientation theory and research: Reflections on a needed construct[J]. Entrepreneurship theory and practice, 2011, 35(5):855-872.

[547] Crockett D R. McGee J E. Payne G T. Employing new business divisions to exploit disruptive innovations:The interplay between characteristics of the corporation and those of the venture management team. Journal of Product Innovation Management, 2013, 30(5), 856-879.

[548] Cumming, Douglas, Michele Meoli, Silvio Vismara. Investors' Choices Between Cash and Voting Rights:Evidence from Dual-Class Equity Crowd funding[J]. Research Policy. 2019, 48 (8):137-149.

[549] Czarnecki S , Rudner M . Recycling of Materials from Renovation and Demolition of Building Structures in the Spirit of Sustainable Material Engineering[J]. Buildings, 2023, 13(7).

[550] Danneels E. Trying to Become a Different Type of Company:Dynamic Capability at Smith Corona[J]. Strategic Management Journal, 2010, 32(1):1-31

[551] Danneels E. Disruptive technology reconsidered:A critique and research agenda [J]. Journal of Product Innovation Management, 2004, 21(4): 246-258.

[552] David C, Mowery, Joanne E. Oxley and Brian S. Silverman. Technological overlap and interfirm cooperation:implications for the resource-based view of the firm[J]. Research Policy, 1998, 27(5):507-523.

[553] David F. Development and industrial application of integrated computational materials engineering[J]. Modelling and Simulation in Materials Science and Engineering, 2023, 31(7).

[554] Davies A, Brady T. Organisational capabilities and learning in complex product systems:towards repeatable solutions[J]. Research policy, 2000, 29(7-8):931-953.

[555] Davies A, Brady T. Policies for a complex product system[J]. Futures, 1998, 30(4):293-304.

[556] De Cock R, Andries P, Clarysse B. How founder characteristics imprint ventures' internationalization processes:The role of international experience and cognitive beliefs[J]. Journal of World Business, 2021, 56(3):101163.

[557] Dew N, Read S, Sarasvathy S D, et al. Effectual versus predictive logics in entrepreneurial decision-making:Differences between experts and novices[J]. Journal of Business Venturing, 2009, 24(4):287-309.

[558] Donaldson L. The contingency theory of organizations[M]. Thousand Oaks, CA:Sage. 2001.

[559] Dosi G. Technological Paradigms and Technological Trajectories[J]. Research Policy, 1982, 11(2):147-162.

[560] Dowell G, Swaminathan A. Entry Timing, Exploration, and Firm Survival in the Early Us Bicycle Industry[J]. Strategic Management Journal, 2006, 27(12): 1159-1182.

[561] Drucker, P. Innovation and Entrepreneurship[M]. New York: Harper & Row, 1954.

[562] Eisenhardt K. Building Theories From Case Study Research[J]. Academy Of Management Review, 1989, 14(3):532-550.

[563] Eisenhardt K. Building Theories From Case Study Research[J]. Academy Of Management Review, 1989, 14(3):532-550.

[564] Eiteneyer, Nils, David Bendig, Malte Brettel. Social Capital and the Digital Crowd:Involving Backers to Promote New Product Innovativeness[J]. Research Policy, 2019, 48 (8):384-401.

[565] Elkinst, Kellerr T. Leadership in research and development organizations: a literature review and conceptual framework[J]. Leadership Quarterly, 2003, 14(4-5):587-606.

[566] Fang E, Palmatier R W, Grewal R. Effects of customer and innovation asset configuration strategies on firm performance[J]. Journal of Marketing Research, 2011, 48(3):587-602.

[567] Fortune A, Mitchell W. Unpacking Firm Exit at the Firm and Industry Levels:The Adaptation and Selection of Firm Capabilities[J]. Strategic Management Journal, 2012, 33(7):794-819.

[568] Francesco Paolo Appio, Federico Frattini, Antonio Messeni Petruzzelli, Paolo Neirotti. Digital Transformation and Innovation Management:A Synthesis of Existing Research and an Agenda for Future Studies[J]. Journal of Product Innovation Management. 2021, 38(1):4-20.

[569] Fu X, Fu X M, Romero C C, et al. "Exploring New Opportunities Through Collaboration within and Beyond Sectoral Systems of Innovation in the Fourth Industrial Revolution", Industrial and Corporate Change, 2020, https://doi.org/10.1093/icc/dtaa058.

[570] Furceri D, Sousa R M. The Impact Of Government Spending On The Private Sector:Crowding - Out Versus Crowding In Effects[J]. Kyklos, 2011(4):516-533.

[571] Gann D M, Salter A J. Innovation in project-based, service-enhanced firms:the construction of complex products and systems[J]. Research policy, 2000, 29(7-8):955-972.

[572] Gao J, Li J, Cheng Y, et al. Impact of Initial Conditions on New Venture Success:a Longitudinal Study of New Technology-based Firms[J]. International Journal of Innovation Management, 2010, 14(1):41-56.

[573] Genin A L, Tan J, Song J. Relational Assets or Liabilities? Competition, Collaboration, and Firm Intellectual Property Development in the Chinese High-Speed Train Sector. Journal of International Business Studies, 2021. DOI:10. 1057/s41267-021-00482-7.

[574] Georghiou L. The UK technology foresight programme[J]. Futures, 1996, 28(4):359-377.

[575] Gereffi G, Lee J. Why the world suddenly cares about, global supply chains[J]. Journal of supply chain management, 2012, 48(3):24-32.

[576] Geroski P A, Mata J, Portugal P. Founding conditions and the survival of new firms[J]. Strategic Management Journal, 2010. 31:510-529.

[577] Gioia D A, Price K N, Hamilton A L, et al. Forging an identity:An insider-outsider study of processes involved in the formation of organizational identity[J]. Administrative Science Quarterly, 2010, 55(1):1-46.

[578] Gioia D A, Corley K G, Hamilton A L. Seeking Qualitative Rigor in Inductive Research[J]. Organizational Research Methods, 2013, 16(1): 15-31.

[579] Gomes C, Silva C A, Marques C A, et al. Biotechnology Applied to Cosmetics and Aesthetic Medicines[J]. Cosmetics, 2020, 7(2).

[580] González-Rodríguez M R, Martín-Samper R C, Köseoglu M A, et al. Hotels' corporate social responsibility practices, organizational culture, firm reputation, and performance[J]. Journal of Sustainable Tourism, 2019, 27(3):398-419.

[581] Govindarajan V, Kopalle P K, Danneels E. The effects of mainstream and emerging customer orientations on radical and disruptive innovations. Journal of Product Innovation Management, 2011, 28(s1), 121-132

[582] Govindarajan V, Kopalle P K. Disruptiveness of innovations: measurement and an assessment of reliability and validity[J]. Strategic Management, Journal, 2006, 27 (2), 189-199.

[583] Govindarajan V, Kopalle P K. The usefulness of measuring disruptiveness of innovations ex post in making ex ante predictions[J]. Prod. Innov. Manag, 2016, 23 (1), 12-19.

[584] Graham J R, Grennan J, Harvey C R, et al. Corporate culture:The interview evidence[J]. Duke I&E Research Paper, 16-70.
[585] Grandori A. Neither hierarchy nor identity:knowledge-governance mechanisms and the theory of the firm[J]. Journal of management and Governance, 2001, 5(3-4):381-399.
[586] Gruber M, Fauchart E. Darwinians, Communitarians and Missionaries:the Role of Founder Identity in Entrepreneurship[J]. Academy of Management Journal, 2011, 54(5):935-957.
[587] Guennif S, Ramani S V. Explaining Divergence in Catching-up in Pharma between India and Brazil Using the NSI framework[J]. Research Policy, 2012, 41(2):430-441.
[588] Guo Lei, Zhou Yanfang, Cai Hong. Research on industrial catch-up of late-developing countries based on opportunity window-the case of China's smart phone industry [J]. Chinese Journal of Management, 2016(3):359-365.
[589] Guo J, Pan J, Guo J, Gu F, Kuusisto J. Measurement framework for assessing disruptive innovations. Technological Forecasting and Social Change, 2019, 139, 250-265.
[590] Gupta A K, Smith K G, Shalley C E. The Interplay between Exploration and Exploitation[J]. Academy of Management Review, 2006, 49(4): 693-706.
[591] Hall J K, Martin M. Disruptive Technologies, Stakeholders and the Innovation Value-Added Chain:A Framework for Evaluatin.
[592] Hambrick D C. Upper Echelons Theory:An Update[J]. Academy of Management Review, 2007, 32(2):334-343.
[593] Hamel G, Prahalad C K. Competing for the future[J]. Harvard business review, 1994, 72(4):122-128.
[594] Harris L C, Ogbonna E. The Strategic Legacy of Company Founders[J]. Long Range Planning, 1999, 32(3):333-343.
[595] Harrison, Lawrence E. Culture Matters[J]. National Interest.
[596] Helfat C E, Raubitschek R S. Dynamic and Integrative Capabilities for Profiting from Innovation in Digital Platform-based Ecosystems[J]. Research Policy, 2018, 47(8):1391-1399.
[597] Helleloid D, and Simonin B. Organizational learning and a firm's core competence[J]. Competence-based competition, 1994, 5:213-239.
[598] Heskett J L, Kotter J P. Corporate culture and performance[J]. Business Review. 1992, 2(5):83-93.
[599] Hienerth C, Lettl C. Perspective:Understanding thenature and measurement of the lead user construct[J]. Journal of Product Innovation Management, 2017, 34(1):3-12.
[600] Hill C W L, Rothaermel F T. The performance of incumbent firms in the face of radical technological innovation. Acad. Manag. Rev, 2003, 28 (2), 257-274.
[601] Hobday M, Rush H. Technology management in complex product systems (CoPS)-ten questions answered[J]. International Journal of Technology Management, 1999, 17(6):618-638.
[602] Hobday M. East Asian latecomer firms:Learning the technology of electronics[J]. World Development, 1995, 23.

[603] Hobday M. Product complexity, innovation and industrial organisation[J]. Research policy, 1998, 26(6):689-710.
[604] Hoffman D, Kopalle P, Thomas P. The "right" consumers for better concepts: Identifying consumers high in emergent nature to develop new product concepts[J]. Journal of Marketing Research, 2010, 47 (5):854-865.
[605] Hofstede G, Neuijen B, Ohayv D D, et al. Measuring Organizational Cultures:A Qualitative and Quantitative Study across Twenty Cases[J]. Administrative Science Quarterly, 1990, 35(2):286-316.
[606] Hong Y, Morris M W, Chiu C, et al. Multicultural minds:A dynamic constructivist approach to culture and cognition[J]. American psychologist, 2000, 55(7):709.
[607] https://doi.org/10.16192/j.cnki.1003-2053.20230331.001.
[608] Huesig S, Timar K, Doblinger C. The influence of regulation and disruptive potential on incumbents' submarket entry decision and success in the context of a network industry[J]. Prod. Innov. Manag. 2014, 31 (5), 1039-1056.
[609] Hung K P, Chou C. The impact of open innovation on firm performance: The moderating effects of internal R&D and environmental turbulence. Technovation, 2013, 33 (10-11), 368-380.
[610] Iansiti, Marco, Karim R, Lakhani. Digital Ubiquity:How Connections, Sensors, and Data Are Revolutionizing Business[J]. Harvard Business Review. 2014, 92 (11):90-99.
[611] J K, K M, M Z. Combining mechanical engineering with IoT capability[J]. Geographische Rundschau, 2020, 72(7-8).
[612] Jerzmanowski M. Total Factor Productivity Differences:Appropriate Technology Vs. Efficiency[J]. European Economic Review, 2007, 51(8):2080-2110.
[613] Jingfeng Zang, Yunqing Liu. New Engineering Construction and Development of Electronic Information Specialty under the Concept of OBE[J]. Curriculum and Teaching Methodology, 2021, 4(6).
[614] Jinho B, Beomjoo Y. Application of Machine Learning to Predict the Engineering Characteristics of Construction Material[J]. Multiscale Science and Engineering, 2023, 5(1-2).
[615] Johnson S, Kaufmann D, McMillan J, et al. Why do firms hide? Bribes and unofficial activity after communism[J]. Journal of Public Economics, 2000, 76(3):495-520.
[616] Jonsson K, Mathiassen L, Holmström J. Representation and Mediation in Digitalized Work:Evidence from Maintenance of Mining Machinery[J]. Journal of Information Technology, 2018, 33(3), 216-232.
[617] Karimi, Jahangir, Zhiping Walter. Corporate Entrepreneurship, Disruptive Business Model Innovation Adoption, and Its Performance:The Case of the Newspaper[J]. Industry Long Range Planning, 2016, 49 (3):342-60.
[618] Kash D E, Rycoft R W. Patterns of innovating complex technologies:a framework for adaptive network strategies[J]. Research Policy, 2000, 29(7-8):819-831.
[619] Kim L. Imitation to Innovation:The Dynamics of Korea's Technological Learning[M]. Boston, MA:Harvard Business Press, 1997.
[620] Kim W, Lee J D. Measuring the Role of Technology-Push and Demand-Pull in the

Dynamic Development of Semiconductor Industry:The Case of the Global DRAM Market[J]. Journal of Applied Economics, 2009, 12(1):83-108.

[621] Kim Y, Bae J, Yu G. Patterns and Determinants of Human Resource Management Change in Korean Venture Firms After the Financial Crisis[J]. International Journal of Human Resource Management, 2013, 24(5):1006-1028.

[622] Kokshagina O, Gillier T, Cogez P, et al. Using Innovation Contests To Promote The Development Of Generic Technologies[J]. Technological Forecasting & Social Change, 2017, 11 (4):152-164.

[623] Kostoff R N, Boylan R, Simons G R. Disruptive technology roadmaps. Technol. Forecast. Social Change, 2004, 71 (1-2), 141-159.

[624] Kuhn T S. The structure of scientific revolutions [M]. Beijing:Peking University Press, 2012.

[625] Laddawan L, Selvarajah C, Hewege C. Relationship between market orientation, entrepreneurial orientation, and firm performance in Thai SMEs: The mediating role of Marketing capabilities[J]. International Journal of Business & Economics, 2018, 17(3):213-237.

[626] Landini F, Malerba F, Bell M, et al. A history-friendly model of the successive changes in industrial leadership and the catch-up by latecomers[J]. Research Policy, 2017 (46-2):134-156.

[627] Laursen K, Salter A. Open for Innovation:The Role of Openness in Explaining Innovation Performance Among U. K. Manufacturing Firms[J]. Strategic Management Journal, 2006, 27(2):131-150.

[628] Lavie D. Capability Reconfiguration:An Analysis of Incumbent Responses to Technological Change[J]. Academy of Management Review, 2006, 31(1):153-174.

[629] Lee B, Sohn S. Exploring the effect of dual use on the value of military technology patents base on the renewal decision[J]. Scientometrics, 2017, 112(3):1203-1227.

[630] Lee K, Lim C. Technological regimes, catching-up and leapfrogging: findings from the Korean industries[J]. Research Policy, 2001, 30(3): 459-483.

[631] Lee K, Malerba F. Catch-up Cycles and Changes in Industrial Leadership:Windows of Opportunity and Responses of Firms and Countries in the Evolution of Sectoral Systems[J]. Research Policy, 2017, 46(2):338-351.

[632] Levinthal D A, March J G. The Myopia of Learning[J]. Strategic Management Journal, 1993, 14(8):95-112.

[633] Levitt B March J G. Organizational Learning[J]. Annual Review of Sociology, 1988, 14(14):319-340.

[634] Lin Xuejun, Guan Yuxia. A study on promoting the division of labor in China's manufacturing global value chain by global innovation chain [J]. Contemporary Economic Management, 2019(11):25-32.

[635] Liu Haibing, Xu Qingrui, Lv Peishi. From driving to leading:the concept and process of "innovation leading"-a longitudinal case study based on Haier Group (1984—2019) [J]. Journal of Guangxi University of Finance and Economics, 2020 (1):127-142.

[636] Liu Haibing, Xu Qingrui. Resource activation:the way to improve the innovation

ability of Chinese time-honored brands-based on the exploratory case study of Shanxi Xinghua village Fenjiu group (1948—2018) [J]. Journal of Guangxi University of Finance and Economics, 2019 (3):87-105.

[637] Liu Haibing, Xu Qingrui. The strategic evolution, innovation paradigm and capability evolution of late-developing enterprises [J]. Studies in Science of Science, 2018, 36 (8):1442-1454.

[638] Maarten R, Dobbelaere, Pieter P, Plehiers, Ruben Van de Vijver, Christian V, Stevens, Kevin M, Van Geem. 化学工程中机器学习的优势、限制、机会和挑战[J]. Engineering, 2021, 7(9): 23-45.

[639] Mael F, Ashforth B E. Alumni and their alma mater: A partial test of the reformulated model of organizational identification[J]. Journal of Organizational Behavior, 1992, 13(2).

[640] Mahto R V, Belousova O, Ahluwalia S. "Abundance-A New Window on How Disruptive Innovation Occurs", Tech-nological Forecasting and Social Change, 2020, 155, 119064.

[641] Maitlis S. The Social Processes of Organizational Sensemaking [J]. The Academy of Management Journal, 2005, 48(1):21-49.

[642] March J. Exploration and Exploitation in Organizational Learning[J]. Organization Science, 1991, 2(1):71-87.

[643] Mariani, Marcello M, Samuel Fosso Wamba. Exploring How Consumer Goods Companies Innovate in the Digital Age:The Role of Big Data Analytics Companies[J]. Journal of Business Research, 2020(121): 338-52.

[644] Markides, C. "Disruptive Innovation:In Need of Better Theory", Journal of Product Innovation Management, 2006, 23(1):19-25.

[645] Marquis, András, Tilcsik Christopher. Imprinting:Toward a Multilevel Theory[J]. Academy of Management Annals, 2013, 7(1):195-245.

[646] Mathews J A. Competitive Advantages of the Latecomer Firm: A Resource-Based Account of Industrial Catch-Up Strategies[J]. Asia Pacific Journal of Management, 2002, 19(4):467-488.

[647] Mcevily B, Jaffee J, Tortoriello M. Not All Bridging Ties Are Equal:Network Imprinting and Firm Growth in the Nashville Legal Industry, 1933-1978[J]. Organization Science, 2012, 23(2):547-563.

[648] Meint Smit, Xaveer Leijtens, Huub Ambrosius, Erwin Bente. An Introduction To Inp-Based Generic Integration Technology[J]. Semiconductor Science And Technology, 2014(29):1-41.

[649] Melnychuk T, Schultz C, Wirsich A. The effects of university-industry collaboration in preclinical research on pharmaceutical firms' R&D performance:Absorptive capacity's role[J]. Journal of Product Innovation Management, 2021, 38(3):355-378.

[650] Meyers P W. Non-linear Learning in Large Technological Firms:Period four Implies Chaos[J]. Research Policy, 1990(19):97-115.

[651] Miller R, Hobday M, Leroux-Demers T, et al. Innovation in complex systems industries:the case of flight simulation[J]. Industrial and corporate change, 1995, 4(2):363-400.

[652] Mitsch W J. What is ecological engineering? [J]. Ecological Engineering,

2012(45):5-12.

[653] Mittal S, Diallo S, Tolk A. Emergent Behavior in Complex Systems Engineering (A Modeling and Simulation Approach), Complex Systems Engineering And The Challenge Of Emergence[M]. 2018.

[654] Mohammad N, Nasirul M H, Mohiuddin S A, et al. Energy Engineering Approach for Rural Areas Cattle Farmers in Bangladesh to Reduce COVID-19 Impact on Food Safety[J]. Sustainability, 2020, 12(20).

[655] Mohammed S, Klimoski R, Rentsch J R. The Measurement of Team Mental Models: We Have No Shared Schema[J]. Organizational Research Methods, 2000, 3(2):123-165

[656] Moore J F. The Death of Competition:Leadership and Strategy in the Age of Business Ecosystems[M]. New York: Harper Collins.

[657] Müller J M, Buliga O, Voigt K. The role of absorptive capacity and innovation strategy in the design of Industry 4. 0 business models—A comparison between SMEs and large enterprises[J]. European Management Journal, 2021, 39(3):333-343.

[658] Nadkarni S, Narayanan V K. Strategic Schemas, Strategic Flexibility and Firm Performance:The Moderating Role of Industry Clockspeed [J]. Strategic Management Journal, 2007, 28(3):243-270.

[659] Nambisan, Satish, Robert Baron A. On the Costs of Digital Entrepreneurship: Role Conflict, Stress, and Venture Performance in Digital Platform-Based Ecosystems[J]. Journal of Business Research. 2019(125):520-532.

[660] Narayan S. Sidhu J S, Volberda H W. From Attention to Action: The Influence of Cognitive and Ideological Diversity in Top Management Teams on Business Model Innovation[J]. Journal of Management Studies, 2021, 58(8):2082-2110.

[661] Narver J C, Slater S F, Maclachlan D L, Responsive and Proactive Market Orientation and New-Product Success*[J]. Journal of Product Innovation Management, 2010, 21(5):334-347.

[662] Nason R S, Wiklund J, Mckelvie A. Orchestrating Boundaries:The Effect of R&D Boundary Permeability on New Venture Growth[J]. Journal of Business Venturing, 2019, 34(1):63-79.

[663] Nelson R R. An evolutionary theory of economic change[M]. Cambridge Massachusetts: harvard university press, 2009.

[664] Newman H W, Chen M J. World-class Enterprises: Resource Conversion and Balanced Integration, Challenges for Global Enterprise in the 21st Century [C]. Academy of Management National Meetings, 1999.

[665] Orlikowski W. CASE tools as organizational change: investigating incremental and radical changes in systems development. MIS Q, 1993, 17(3), 309-340.

[666] Ou Guangjun, Yang Qing, Lin lei. Research on evaluation of innovation ecological capacity of industrial clusters in national high-tech zones [J]. Science Research Management, 2018 (8):63-71.

[667] Padgett D, Mulvey M S. Differentiation via technology:strategic positioning of services following the introduction of disruptive technology. J. Retail, 2007, 83 (4), 375-391.

[668] Pan S L, Tan B. Demystifying Case Research:A Structured- Pragmatic- Situational

(Sps) Approach To Conducting Case Studies[J]. Information & Organization, 2011, 21(3):161-176.

[669] Parry M E, Kawakami T. "The Encroachment Speed of Potentially Disruptive Innovations with Indirect Network Externalities:The Case of E-readers", Journal of Product Innovation Management, 2017, 34(2):141-158.

[670] Pascale R T, Athos A G. The art of Japanese management[J]. Business Horizons, 24(6), 1981, 83-85.

[671] Patatoukas P N. Customer-base concentration:Implications for firm performance and capital markets:2011 american accounting association competitive manuscript award winner.

[672] Peters T, Waterman R H. Insearch of excellence:Lessons from America's best run companies[M]. New York:Harper&Row, 1982.

[673] Pettigrew A M. Longitudinal field research on change:theory and practice[J]. Organization Science, 1990, 1(1):267-292.

[674] Phelps C C. A longitudinal study of the influence of alliance network structure and composition on firm exploratory innovation[J]. The Academy of Management Journal, 2010, 53(4):890-913.

[675] Pilinkiene V. R&D Investment And Competitiveness In The Baltic States[J]. Procedia-Social And Behavioral Sciences, 2015, 2(13):154-160.

[676] Porter M E. Competitive strategy:Techniques for analyzing industries and competition.

[677] Porter M E. What is a Strategy? [J]. Harvard Business Review, 1996(6): 61-78.

[678] Porter M E. Competitive Advantage: Creating and Sustaining Superior Performance[M]. New York: Free Press, 1985.

[679] Powell W W. Sandholtz K W. Amphibious entrepreneurs and the emergence of organizational forms[J]. Strategic Entrepreneurship Journal, 2012(6):94-115.

[680] Prahalad C K, Hamel G. The core competence of the corporation[J]. Harvard Business Review, 1990(3):275-292.

[681] Pubule J, Kalnbalkite A, Teirumnieka E, et al. Evaluation of the Environmental Engineering Study Programme at University[J]. Environmental and Climate Technologies, 2019, 23(2).

[682] Qian Li, Wang Wenping, Xiao Renqiao. Research on innovation efficiency of regional high-tech enterprises in China from the perspective of property rights differences[J]. Journal of Industrial Engineering and Engineering Management, 2019(2):99-109.

[683] Quan Yi. The severe challenges and strategic choices of China's opening up in the new era[J]. Peace and Development, 2019(6):1-18+ 130+136-142.

[684] Ran W, Cheng X, Runshi D, et al. A secured big-data sharing platform for materials genome engineering:State-of-the-art, challenges and architecture[J]. Future Generation Computer Systems, 2023.

[685] Rindfleisch, Aric, Matthew O'Hern, Vishal Sachdev. The Digital Revolution, 3D Printing, and Innovation as Data[J]. Journal of Product Innovation Management, 2017, 34(5):681-690.

[686] Robinson T T, Cousins J B. Internal participatory evaluation as an organizational learning system:A longitudinal case study[J]. Studies in Educational Evaluation, 2004, 30(1):1-22.

[687] Roche M P, Conti A, Rothaermel F T. Different founders, different venture outcomes:a comparative analysis of academic and non-academic startups[J]. Research Policy, 2020, 49(10):104-162.

[688] Romijn H, Albaladejo M. Determinants of Innovation Capability in Small Electronics and Software Firms in Southeast England[J]. Research Policy, 2012, 31(7):1053-1067.

[689] Sahut J M, Hikkerova L, Moez K. Business model and performance of firms[J]. International Business Research, 2013, 6(2), 64-76.

[690] Samson A, Ulrica E. Combined Catalysis:A Powerful Strategy for Engineering Multifunctional Sustainable Lignin-Based Materials[J]. ACS Nano, 2023.

[691] Samuel L. An influential journal elevating the civil engineering profession and raising its image in the engineering league[J]. Computer- Aided Civil and Infrastructure Engineering, 2021, 36(10).

[692] Sasaki I, Kotlar J, Ravasi D, Vaara E. Dealing with revered past:historical identity statements and strategic change in Japanese family firms[J]. Strategic Management Journal, 2020, 41(3):590-623.

[693] Sawhney M, Prandelli E. Communities Of Creation: Managing Distributed Innovation In Turbulent Markets[J]. California Management Review, 2000, 42(4):24-54.

[694] Schein E H. Culture as an environmental context for careers[J]. Journal of Organizational Behavior, 1984, 5(1):71-81.

[695] Schein E H. The Role of the Founder in Creating Organizational Culture[J]. Organizational Dynamics, 1983, 12(1):13-28.

[696] Schilling M A. Technology Shocks. Technological Collaboration, and Innovation Outcomes[J]. Organization Science, 2015, 26(3):668-686.

[697] Schmick C, Kieser A. How much do specialists have to learn from each other when they jointly develop radical product innovations? [J]. Research Policy, 2008, 37(67):1148-1163.

[698] Schultz D E, Peltier J. Social media's slippery slope:Challenges, opportunities and future research directions[J]. Journal of Research in Interactive Marketing, 2013, 7(2), 86-99.

[699] Schumpeter J A. The Theory of Economic Development:An Inquiry Into Profits, Capital, Credit, Interest, and the Business Cycle[M]. Cambridge, MA, Harvard University Press, Boston.

[700] Schumpeter J A. Capitalism, socialism and democracy[M], London: Allen and Unwin, 1942.

[701] Scott W R. Institutional Theory:Contributing to a Theoretical Research Program[J]. Great Minds in Management: The Process of Theory Development.

[702] Sekhar J A, Dismukes J P. Generic innovation dynamics across the industrial technology life cycle: platform equation modeling of invention and innovation activity[J]. Technological Forecasting and Social Change, 2009, 76(1):192-203.

[703] Shaikh, Maha, Natalia Levina. Selecting an Open Innovation Community as an Alliance Partner: Looking for Healthy Communities and Ecosystems[J]. Research Policy, 2019, 48 (8):103-116.

[704] Sherif K, Zmud R W, Browne G J. Managing peer-to-peer conflicts in disruptive information technology innovations: the case of software reuse. MIS Q, 2006, 30(2):339-356.

[705] Shinkle G A, Kriauciunas A P. The Impact of Current and Founding Institutions on Strength of Competitive Aspirations in Transition Economies[J]. Strategic Management Journal, 2012, 33(4):448.

[706] Shu Lihui, Chen Gong, Chen Zhengrong. Innovative paradigm for the formation of original innovation capability of late-developing enterprises-A case study based on Huawei Company [J]. Journal of Guangxi University of Finance and Economics, 2020 (3):43-54.

[707] Si S, Chen H. A literature review of disruptive innovation:What it is, how it works and where it goes[J]. Journal of Engineering and Technology Management, 2020(56):101-568.

[708] Si S, Chen H, Liu W, Yan Y. Disruptive Innovation, Business Model and Sharing Economy:The Bike-Sharing Cases in China. Management Decision. Online now.

[709] Simsek Z, Fox B C, Heavey C. "Whats Past Is Prologue":A Framework, Review, and Future Directions for Organizational Research on Imprinting[J]. Journal of Management, 2015, 41(2):288-317.

[710] Sinha P N, Jaskiewicz J, Gibb, Combs J G. Managing history:how New Zealand's Gallagher Group used rhetorical narratives to reprioritize and modify imprinted strategic guideposts[J]. Strategic Management Journal, 2020, 41(3):557-589.

[711] Sirmon D G, Hitt M A, Ireland R D. Managing Firm Resources in Dynamic Environments to Create Value:Looking Inside the Black Box[J]. Academy of Management Review, 2007, 32(1):273-292.

[712] Sirmon D G, Hitt M A, Ireland R D, et al. Resource Orchestration to Create Competitive Advantage:Breadth, Depth, and Life Cycle Effects[J]. Journal of Management, 2011, 37 (5):1390-1412.

[713] Sohn E, Chang S Y, Song J. Technological Catching-up and Latecomer Strategy:A Case Study of the Asian Shipbuilding Industry[J]. College of Business Administration, 2009, 15(2):25-57.

[714] Stinchcombe A L. Social Structure and Organizations[J]. Advances in Strategic Management, 1965, 17(1):229-259.

[715] Stoyanov S, Woodward R, Stoyanova V. Simple Word of Mouth or Complex Resource Orchestration for Overcoming Liabilities of Outsidership[J]. Journal of Management, 2018, 44(8):3151-3175.

[716] Strohmaier R, Rainer A. Studying general purpose technologies in a multi-sector framework: the case of ICT in Denmark[J]. Structural Change and Economic Dynamics, 2016, 36(3):34 - 49.

[717] Strumsky D, Lobo J. Identifying the sources of technological novelty in the process of invention[J]. Research Policy, 2015, 44(8):1445-1461.

[718] Suarez F F. Battles for technological dominance:An integrative framework[J]. Research Policy, 2004, 33(2):271-286.

[719] Suddaby R, Coraiola D, Harvey C, Foster W, History and the micro-foundations of dynamic capabilities[J]. Strategic Management Journal, 2020, 41(3):530-556.

[720] Suddaby R, Foster W M, Quinn-Trank C. Rhetorical history as a source of competitive advantage. The globalization of strategy research[M]. London, England:Emerald Group, 2010.

[721] Tabbah R, Maritz A. Demystifying disruptive innovation phenomenon: Economic and societal impacts[J]. Revista De Cercetare Si Interventie Sociala, 2019, 64:9-24.

[722] Tan J, Hu D, Shao P. Research on Sustainable Development Strategy of Civil Engineering and Environment in the New Era[J]. Journal of Civil Engineering and Urban Planning, 2022, 4(2).

[723] Tassey G. Annotated Bibliography of Technology's Impacts on Economic Growth [J]. National Institute of Standards and Technology, 2009.

[724] Tassey G. Choosing Government R&D Policies:Tax Incentives Vs. Direct Funding[J]. Review Of Industrial Organization, 1996, 11(5): 579-600.

[725] Tassey Gregory. The disaggregated technology production function:a new model of university and corporate research[J]. Research Policy, 2005, 34(3):287-303.

[726] Tassey Gregory. Underinvestment in Public Good Technologies[J]. The Journal of Technology Transfer, 2004, 30(1-2):89-113.

[727] Teece D J, Pisano G, Shuen P A. 1997. Dynamic capabilities and strategic management[J]. Strategic management journal. 18(7):509-533.

[728] Teece D J. Explicating Dynamic Capabilities:The Nature and Micro- foundations of (Sustainable) Enterprise Performance[J]. Strategic Management Journal, 2007(28):190-223.

[729] Teece D J. Profiting from innovation in the digital economy:Enabling technologies, standards, and licensing models in the wireless world[J]. Research Policy, 2018, 47(8), 1367-1387.

[730] Teece D J. Capturing Value From Knowledge Assets: The New Economy, Markets For Know-How, And Intangible Assets[J]. California Management Review, 1998, 40(3):55-79.

[731] Teece D J. Profiting From Technological Innovation:Implications for Integration, Collaboration, Licensing and Public Policy"[J]. Research Policy, 1986, 15(6):285-305.

[732] Tegarden D P , Sheetz S D. Group Cognitive Mapping:A Methodology and S ystem for Capturing and Evaluating Managerial and Organizational Cognition[J]. The int ernational Journal of Management Science, 2003, 31(2):113-125

[733] Tilson D, Lyytinen K, Sørensen C. Digital infrastructures:The missing is research agenda[J]. Information Systems Research, 2010, 21(4), 748-759.

[734] Tripsas M. Technology, Identity, And Inertia Through The Lens Of 'The Digital Photography Company'[J]. Organization Science, 2009, 20(2), 441-460.

[735] Tseng F, Cheng A, Peng Y. Assessing market penetration combining scenario analysis, Delphi, and the technological substitution model:the case of the OLED TV market[J]. Technological forecasting & social change, 2009, 76(7);897-909.

[736] Uzzi B. Social structure and competition in interfirm networks:The paradox of

embeddedness[J]. Administrative science quarterly.

[737] Vanhaverbeke W, Van de, Vareska V, Chesbrough H. Understanding the advantages of open innovation practices in corporate venturing in terms of real options[J]. Creativity and Innovation Management, 2008, 17(4):251-258.

[738] Verhoeven D, Veugelers R. Measuring technological novelty with patent-based indicators[J]. Research Policy, 2016, 45(3):707-723.

[739] Von Hippel E. Lead Users:A Source of Novel Product Concepts[J]. Management Science, 1986, 32(7):791-805.

[740] Vona F, consoli D. Innovation and skill dynamics:a life-cycle approach[J]. Industrial & Corporate Change, 2015, 24(6):1393-1415.

[741] Wang J R, Xue Y J, Yang J. Boundary-Spanning Search and Firms' Green Innovation:The Moderating Role of Resource Orchestration Capability[J]. Business Strategy and The Environment, 2020, 29(2): 361-374.

[742] Wang, Wanxin, Ammara Mahmood, Catarina Sismeiro, Nir Vulkan. The Evolution of Equity Crowd funding:Insights From Co-Investments of Angels and the Crowd[J]. Research Policy, 2019, 48 (8):372-384.

[743] Wei C, Li Z. Government Roles In The Industrial Generic Technology Innovation Research[C]. Paris:Atlantis Press, 2017, 72:48 - 52.

[744] Wei Jiang, Xu Qingrui. Research on the relationship between technological capability and technological innovation capability of enterprises [J]. Science Research Management, 1996, 17 (1):22-26.

[745] Wijarwanto F, Wijanarka S B. Employability Skills of Vocational High School Expertise Mechanical Engineering at Surakarta City[J]. American Journal of Educational Research, 2019, 7(11).

[746] Wu B, Wan Z, Levinthal D A. Complementary assets as pipes and prisms:Innovation incentives and trajectory choices[J]. Strategic Management Journal, 2014, 35(9):1257-1278.

[747] Wu Xiaobo, Chen Zongnian, Cao Tijie. Environmental analysis and mode selection of technological leapfrogging, taking Chinese video surveillance industry as an example[J]. Research and Development Management, 2005, 17 (1):66-72.

[748] Xi Jinping. Secure a Decisive Victory in Building a Moderately Prosperous Society in All Respects and Strive for Great Success of Socialism with Chinese Characteristics for a New Era Delivered at the 19th National Congress of the Communist Party of China[N]. Xinhua News Agency, 2017-10-27.

[749] Xi Jinping. Xi Jinping's Speech at China Science and Technology Innovation Contest and the General Assembly of CAS (Chinese Academy of Sciences) Members and The Ninth National Congress of China Association for Science and Technology[N]. Xinhua News Agency, 2016-5-30.

[750] Xi Lujun. Foreign high-tech industrialization policy and its enlightenment to China's development of high-tech industry [J]. Truth Seeking, 2007(12):89-92.

[751] Xiang Kong. Why are social network transactions important? Evidence based on the concentration of key suppliers and customers in China[J]. China Journal of Accounting Research, 4(3):0-133.

[752] Xiaoqi Y, Jing Z, Jingui Y. Construction of Water Conservancy and Energy

Engineering Structure Platform Based on Cloud Computing[J]. Wireless Communications and Mobile Computing, 2022, 2022.

[753] Xu qingrui, Zhang jun. Evolution law and promotion mechanism of independent innovation capability of enterprises [M]. Beijing:Science Press, 2017.

[754] Xu Qingrui, Zheng Gang, Yu Zida, et al. Total Innovation Management (TIM): a new trend of enterprise innovation management-a case study based on Haier group [J]. Scientific Research Management, 2003(5):1-7.

[755] Xu Qingrui. Research and development management [M]. Beijing: Higher Education Press, 1986.

[756] Xu Z, Li H. Assessing Performance Risk for Complex Product Development: A Simulation-Based Model[J]. Quality and Reliability Engineering International, 2013, 29(2):267-275.

[757] Yang Haochang, Li Lianshui. Measurement and enlightenment of the synergy between knowledge and product innovation in high-tech enterprises[J]. Studies in Science of Science, 2018 (10):1889-1895.

[758] Yao Mingming, Wu Xiaobo, Shi Yongjiang, et al. Matching business model design and technological innovation strategy from the perspective of technology catch-up, a multi-case study[J]. Management World, 2014(10):149-162+188.

[759] Yin, R. Case Study Research:Design and Methods[M]. London:Sage Publications, 1994.

[760] Ying C, Huida Z. Marine renewable energy project:The environmental implication and sustainable technology[J]. Ocean and Coastal Management, 2023, 232.

[761] Yoo Y, Hendfridsson O, Lyytinen K. The new organizing logics of digital innovation:an agenda for information systems research[J]. Information Systems Research, 2010, 21, 724-735.

[762] Zhang Lupeng, Xue Lan, Zhou Yuan, et al. Analysis of the evolution mechanism of innovation network in strategic emerging industries —— Based on the empirical study of China's new energy automobile industry from 2000 to 2015 [J]. Studies in Science of Science, 2018, 36 (6):1027-1035.

[763] Zhang Q M, Zhang W M. Study on Ecological Environment Material in Industrial Design [J]. Advanced Materials Research.

[764] Zheng Y. Unlocking Founding Team Prior Shared Experience:a Transactive Memory System Perspective[J]. Journal of Business Venturing, 2012, 27(5):577-591.

[765] Zhou Hua, Han Botang. Applied research on knowledge spillover model based on technology distance[J]. Science of Science and Management of Science & Technology, 2009 (7):111-116.

[766] Zhou K Z, Li C B. How strategic orientations influence the building of dynamic capability in emerging economies[J]. Journal of Business Research, 2010, 63(3):224-231.

[767] Zhou K Z, Wu F. Technological Capability, Strategic Flexibility, and Product Innovation[J]. Strategic Management Journal, 2010, 31(5): 547-561.

[768] Zhou Y, Dong F, Liu Y, et al. Forecasting emerging technologies using data augmentation and deep learming[J]. Scientometrics, 2020, 123 (1):1-29.